Springer-Lehrbuch

Wilhelm Forst · Dieter Hoffmann

Funktionentheorie erkunden mit Maple®

Zweite, überarbeitete und aktualisierte Auflage

Prof. Dr. Wilhelm Forst
Universität Ulm
Deutschland

Prof. Dr. Dieter Hoffmann
Universität Konstanz
Deutschland

ISSN 0937-7433
ISBN 978-3-642-29411-2
ISBN 978-3-642-29412-9 (eBook)
DOI 10.1007/978-3-642-29412-9

Mathematics Subject Classification (2010): 97-01, 30-02, 32-01

Die Deutsche Nationalbibliothek verzeichnet diese Publikation in der Deutschen Nationalbibliografie; detaillierte bibliografische Daten sind im Internet über http://dnb.d-nb.de abrufbar.

Springer Spektrum

Gedruckt auf säurefreiem und chlorfrei gebleichtem Papier

Springer Spektrum ist eine Marke von Springer DE.
Springer DE ist Teil der Fachverlagsgruppe Springer Science+Business Media
www.springer-spektrum.de

Für unsere Enkelkinder

Matías, Louise, Luca, Nicolas, Gabriel, Étienne und Léon

Inhaltsverzeichnis

Vorwort zur ersten Auflage

Es gibt viele gute und auch sehr gute Bücher zur Funktionentheorie.

Das vorliegende Buch versucht keineswegs, allein die Zahl solcher Bücher zu erhöhen; das Hauptziel wird aus dem Untertitel deutlich: *„mit Maple erkunden"*. Die Kombination einer soliden und ausgefeilten Einführung in die Funktionentheorie und zugehöriger Arbeitsblätter mit *Maple vom Feinsten* macht den besonderen Reiz dieses Buches aus. Maple wird so mit den Inhalten der Funktionentheorie verknüpft, daß der *Schwerpunkt* auf *Erklärung* und *Visualisierung* liegt, nicht als bloßes Anhängsel.

Wir wollen Lernende, Lehrende und Praktiker gewinnen, ein solches Computeralgebrasystem im ‚Alltag' intensiv einzusetzen. Anwender können stärker für Themen wie Funktionentheorie gewonnen werden, wenn Verbindungen zur praktischen Rechnung erkennbar sind. Das dauernde Wechselspiel zwischen Text und ‚Maple-Worksheets', kurz MWSs, führt zu einer wesentlich besseren Durchdringung des Stoffes.

Wir hoffen, daß etwas von unserer Begeisterung auf die Leser überspringt, und Lehrende neue Impulse für die Gestaltung ihrer Vorlesungen mitnehmen.

Es wird eine allgemeine Einführung in die Funktionentheorie gegeben für Mathematiker, Physiker und Ingenieure — und allgemeiner für Studierende mit Mathematik als Nebenfach. Dabei haben wir durchaus auch *Bachelor-Studiengänge* im Auge.

T. NEEDHAM schreibt in [Nee], daß Mathematik oft so dargeboten werde wie Musik, bei der man *nur* Partituren liest, also sie weder spielt noch hört. Er betont die Kraft der *Visualisierung* gerade bei der Funktionentheorie. Bei uns wird zusätzlich gezeigt, wie man solche Dinge relativ leicht selbst machen kann.

In der Funktionentheorie ist dies besonders geboten: Der Verlauf einer reellwertigen Funktion einer reellen Variablen kann gut durch den Graphen in der (x, y)-Ebene $(\mathbb{R}^2)$ veranschaulicht werden. Bei einer komplexwertigen Funktion f einer komplexen Variablen z ist dies nicht ohne weiteres möglich, da dies auf den $\mathbb{R}^4$ führen würde. Man behilft sich meist damit, daß man *zwei* Ebenen — eine z-Ebene und eine w-Ebene — heranzieht. In der ersten markiert man Punkte z, in der zweiten die zugeordneten Punkte $w = f(z)$. Insbesondere durch die Bilder charakteristischer ‚Kurven', die z durchläuft, bekommt man so eine gute Vorstellung von f.

Unser Buch kann gewinnbringend für *alle* Studiengänge nach einer zweisemestrigen Einführung in die Analysis, also ab dem 3. Studiensemester herangezogen werden. Dem **Lernenden** werden mathematisch ‚saubere' und leistungsfähige Methoden an die Hand gegeben, was die praktische Arbeit wesentlich erleichtert. Der **Lehrende** findet ein solides und ansprechendes Buch, das er zur Orientierung oder als Begleittext ohne Vorbehalte empfehlen kann.

Gleich zu Beginn sei ausdrücklich gesagt: Vokabeln wie etwa ‚Leser' sollten stets als ‚Leser*in* und Leser' verstanden werden. Sprachliche Spielereien wie ‚LeserInnen' oder ‚der (die) Leser(in)' und Ähnliches finden wir unschön und wenig sinnvoll. Auch wenn wir das nicht fortwährend betonen: *Die weiblichen Leser des Buches sind uns herzlich willkommen.*

Das vorliegende Buch kann den *Lernenden* von Beginn an begleiten und Grundlage oder Ergänzung zu der Einführung in die Funktionentheorie im Grundstudium bieten. Es vermittelt eine gute Basis für die Beschäftigung mit weiterführenden oder allgemeineren Themen und vor allem für die vielfältigen Anwendungen.

Das Buch kann dem *Lehrenden*, der die zu präsentierenden Themen und Methoden stärker heutigen computerunterstützten Möglichkeiten anpassen will, eine gute Hilfe und zuverlässiger Wegweiser sein.

Wir haben uns immer wieder bemüht, dem Leser die Ideen nahezubringen, ihn zum Mitmachen zu animieren. Dies hat die Darstellung stark geprägt.

Zu allen Themen finden sich im Text zahlreiche, meist vollständig durchgerechnete und mit Bedacht ausgewählte **Beispiele**. Die große Fülle der ausgeführten Beispiele zeigt ausgiebig das *„Wie“*, der sonstige Text erläutert das *„Warum“*. Die MWSs zeigen dann, wie man die Dinge mit einem Computeralgebrasystem umsetzen kann. Sie geben vielfältige Anregungen zum selbständigen Experimentieren.

Instruktive und sorgfältig ausgewählte **Abbildungen** tragen — auch schon im Textteil — zur Veranschaulichung des Stoffes bei und erleichtern so das Verständnis. Manche der Graphiken sind dabei von ästhetischem Reiz.

Auf ein detailliertes Durchgehen der Gliederung des Buches verzichten wir. Das ausführlich gehaltene Inhaltsverzeichnis gibt vorweg genügend Übersicht. Ein erstes Durchblättern dürfte zur Lektüre des gesamten Buches verführen. Es seien nur einige Besonderheiten des Textes erwähnt:

- Anders als in vielen sonstigen Lehrbüchern für das dritte Studiensemester wird der Stoff an dem orientiert, was in einem guten halben Semester — meist neben einer Einführung in die Gewöhnlichen Differentialgleichungen — machbar ist.
- Exemplarisch werden Anwendungsbeispiele aus dem Ingenieurbereich unter verschiedenen Aspekten angesprochen.
- Der Satz von Rouché wird durch ausführliche Überlegungen zum Routh-Kriterium ergänzt.

- MÖBIUS-Transformationen werden nicht als Selbstzweck behandelt, sondern mit dem Ziel, auch ihre Einsatzmöglichkeit bei der Lösung des DIRICHLET-Problems aufzuzeigen.
- Als weitere *konforme Abbildung* gehen wir kurz auf die JOUKOWSKI-Transformation ein.

Zur **inhaltlichen und didaktischen Konzeption** ist folgendes zu sagen:

Es soll den Lernenden ab dem dritten Semester begleiten und wird sicher auch später noch zuverlässiger Ratgeber und Nachschlagemöglichkeit sein. Es ist durchaus auch zum Selbststudium geeignet; denn es ermuntert fortwährend zu aktivem Mitdenken und eigenem Tun. Dabei ist die mathematische Darstellung durch die Computerrealisierung begleitet, dennoch sauber von ihr getrennt.

Die Darstellung ist weit entfernt davon, eine bloße Sammlung von Kochrezepten zu sein. Gerade die mathematisch strenge Herleitung zentraler Ideen und durchgehend präzise Formulierung und Darstellung fördern entscheidend Verständnis und Durchblick und geben so erst die gewünschte Sicherheit bei der Anwendung. An wenigen Stellen, wo ein vollständiger strenger Beweis uns nicht ratsam schien, wird ein Literaturverweis gegeben.

Einige Routineüberlegungen und Ergänzungen sind nur beispielhaft ausgeführt oder auch ganz ohne Beweis notiert, damit die Darstellung nicht langatmig wird.

Zu Maple

Computeralgebrasysteme wie Maple können mit innovativen Ansätzen Lehre, Lernen und den Gebrauch von Mathematik nachhaltig reformieren oder gar revolutionieren. Wir stehen erst am Anfang einer rasanten Entwicklung.

Der Stoff kann effizienter und weniger fehleranfällig erarbeitet werden, als dies allein mit Bleistift und Papier bzw. Kreide und Tafel möglich ist. Vor allem können viel komplexere Beispiele bearbeitet und visualisiert werden. Die ausgeführten und didaktisch aufbereiteten Worksheets geben *Vorschläge* und *Anregungen,* die selbständig ergänzt und modifiziert werden können.

Maple ist dabei sicher kein Rundum-Sorglos-Paket. Wir haben an manchen Stellen deshalb auch auf Schwächen kritisch hingewiesen. Wie bei vielen Dingen im Computerbereich, wünschten sich die Nutzer auch hier ruhigere und dafür deutlich ausgereiftere ‚Produkt-Zyklen'. Neben faszinierenden Dingen stehen auch solche, bei denen man sich die Haare rauft.

Wir *nutzen* Maple nicht nur, wie oft zu sehen, sondern *gestalten* damit und *setzen Ideen um*, hier speziell der Funktionentheorie.

Wir sind überzeugt, mit diesem Buch einen neuen Qualitätsmaßstab zu setzen, was für die Akzeptanz von Computeralgebrasystemen im Hochschulbereich — auch ausbaufähig in Richtung *e-learning* — förderlich sein wird.

Natürlich soll niemand mühsam Maple-Code abtippen. Diesen findet man — später auch mit Aktualisierungen — über

http://www.springer.com/mathematics/analysis/book/978-3-642-29411-2 .

An die Lehrenden

Das Konzept des Buches basiert auf unseren langjährigen Erfahrungen mit recht verschiedenartigen Veranstaltungen aus dem Gesamtspektrum der Analysis. Neben vielen Vorlesungen für Mathematik- und Physikstudenten der Anfangssemester bis hin zum Aufbaustudium an den Universitäten Konstanz und Ulm haben wir beide oft auch Serviceveranstaltungen abgehalten und so Gespür dafür entwickelt, was außerhalb des ‚Elfenbeinturms' benötigt wird. Gerade durch die Anforderung, Mathematik auf sehr verschiedenen Niveaus bei unterschiedlichen Ausrichtungen und zum Teil noch deutlich auseinander liegenden Eingangsvoraussetzungen zu lehren, ist im Laufe der Zeit vieles mehrfach überarbeitet, geglättet, verbessert und ergänzt worden und auf diese Weise ein — mathematisch und didaktisch — überzeugendes und bewährtes Konzept entstanden. Leistungsfähige und zugkräftige Methoden erwachsen in dieser Darstellung aus dem Zusammenspiel zwischen mathematisch ‚richtiger' Sichtweise, die Eleganz und Transparenz nach sich zieht, und Anwendungsorientierung.

Was die Kombination der Funktionentheorie mit Maple angeht, wird von uns Neuland beschritten, wo sich viele noch unwohl fühlen oder auch überhaupt nicht auskennnen. Die Skepsis mancher Kollegen ist auch uneingestandene Angst vor dem Unbekannten und noch nicht Vertrauten. Wir wollen besonders auch diejenigen Kollegen ansprechen, sie ermuntern und ihnen Hilfen geben, die bisher dem Einsatz von Computeralgebrasystemen auch in der Lehre eher skeptisch und distanziert gegenüberstehen. Die Möglichkeiten, das Lernen und Begreifen von Mathematik durch ein solches System zu unterstützen, sind faszinierend — nur wissen das viele Kollegen noch gar nicht und verschanzen sich deshalb hinter Beckmesserei.

Wir sind überzeugt, daß unser Buch langfristig neben den Klassikern der Funktionentheorie einen festen und besonderen Platz im Angebot einnehmen wird. Im Vergleich etwa zu FISCHER/LIEB, CONWAY oder AHLFORS liegen mathematisches Niveau und Stoffumfang hier *etwas* niedriger.

Es ist kein Buch allein für die Kollegen, sondern vor allem für die Lernenden, aber sicher kein Nürnberger Trichter. Die Lernenden werden von uns ein Stück des Weges an der Hand geführt, sie bekommen die Schönheiten am Wegesrand gezeigt, sie werden allerdings nicht in einer Sänfte getragen!

Da sich das Buch nicht ausschließlich an Studierende der Mathematik oder auch Physik und sicher nicht an Spezialisten wendet, hat es — in Umfang, Tiefe und Stoffauswahl — deutlich andere und wesentlich bescheidenere

Ziele als etwa die Darstellungen von FREITAG/BUSAM, REMMERT, BEHNKE/SOMMER oder auch HURWITZ/COURANT. Diese empfehlen wir interessierten Studenten, insbesondere auch wegen der bewundernswerten Fülle der Geschichtsbezüge und Anwendungen, zur ergänzenden und weiterführenden Lektüre.

Für den Gebrauch zu und neben Vorlesungen haben wir insgesamt einen realistischen Zeitplan im Auge und mußten uns so beschränken!

An die Lernenden

Mathematik lernt man — wie fast alles im Leben — vor allem durch eigenes Tun. Man sollte beim Durcharbeiten eines Mathematikbuches Bleistift, Papier und einen (großen) Papierkorb — und in diesem speziellen Fall einen Computer mit Maple — parat haben und fleißig nutzen.

Ausdrücklich sei gesagt: Die Länge der Darstellung eines einzelnen Themas in der Vorlesung oder in einem Buch entspricht nur selten dem zeitlichen Aufwand, der für das Durcharbeiten bis zum wirklichen Verständnis erforderlich ist.

Zum Gebrauch des Buches

□ soll das Ende eines Beweises optisch hervorheben. Mit „$\sqrt{}$" haben wir gelegentlich Routine-Überlegungen ‚abgehakt'. Manche Dinge haben wir grau oder farbig eingerahmt, um sie optisch stärker hervorzuheben. Natürlich gehört etwa bei Symbolen oder Notierungsweisen der Rahmen nicht dazu. In Beweisen haben wir ‚linke Seite' und ‚rechte Seite' mit ‚*ℓ.S.*' bzw. ‚*r.S.*' abgekürzt. ‚Œ' steht für *„Ohne Einschränkung"*.

Häufig haben wir einzelne Wörter oder Formulierungen mit einfachen Anführungsstrichen versehen: Dabei handelt es sich meist um eigentlich noch zu präzisierende Dinge.

Die Beispiele im Text sind abschnittsweise numeriert. Bemerkungen, Sätze und Folgerungen sind *gemeinsam* kapitelweise numeriert. Es kann also eine Bemerkung 3 auftreten, ohne daß es Bemerkung 1 und 2 gibt. Innerhalb eines Kapitels *zitieren* wir mit der jeweiligen Nummer. Mit *Satz n.m* hingegen zitieren wir Satz m aus Kapitel n aus einem anderen Kapitel oder den MWSs heraus.

Animationen, die im Buch nur auszugsweise zu sehen sind, haben wir am Rande durch das Symbol gekennzeichnet.

Durch die *Daumenindizes* können die einzelnen Kapitel schnell aufgefunden werden.

Wenn wir $z = x + iy$ für $z \in \mathbb{C}$ schreiben, meinen wir implizit $x, y \in \mathbb{R}$, ohne das an allen Stellen zu vermerken. Ebenso bedeutet $\nu \geq N$ für $N \in \mathbb{N}_0$ ‚automatisch' auch $\nu \in \mathbb{N}_0$.

Zum Maple-Layout

Da die recht einfache Darstellung über ‚Export LaTeX' unter Maple bei uns doch viele Wünsche — für eine Buchwiedergabe — offenließ, haben wir einen eigenen, uns voll befriedigenden Stil für die Ein- und Ausgabe von Maple gewählt und dabei das mögliche Zusammenspiel Maple-LaTeX-PostScript genutzt. Um ein besseres Schriftbild zu erhalten, haben wir manche Ausgaben geringfügig ‚geschönt', z. B. Klammern weggelassen oder hinzugefügt, manchmal etwa φ statt Φ oder P_1 statt P_1 geschrieben. Um Platz zu sparen, sind oft Maple-Ausgaben (auch Graphiken) nebeneinander plaziert. Titel von Graphiken wurden durchgehend im Text gesetzt.

Dank

Gern benutzen wir diese Gelegenheit, um noch einmal all denen zu danken, die uns bei der Erstellung des Buches unterstützt haben. Nur einige davon wollen wir namentlich besonders erwähnen:

Das gesamte Manuskript (Text und MWSs) haben durchgesehen Markus Sigg und Matthias Söhn. Jochen Fischer hat den gesamten Textteil Korrektur gelesen. Sie waren uns mit ihrer Sorgfalt eine große Hilfe, gelegentlich sehr kritisch und mahnend, immer der Sache dienend. Die Verantwortung für eventuell noch verbliebene Fehler liegt natürlich allein bei uns.

Gerlinde Adam und Natalia Fibich haben insbesondere Symbol-, Namen- und Sachverzeichnis vorbereitet. Simon Huhn hat u. a. verschiedene www-Präsentationen selbständig erstellt. Daniel Fleischer hat schöne Ideen eingebracht und D.H. einige Arbeiten abgenommen und diese sehr selbständig ausgeführt.

Unser Projekt *„Mathematik leichter lernen — mit Maple"*,

bei dem wir uns langfristig vorstellen, große Teile des Grundstudiums durch Vorlesungstexte abzudecken, die mit Maple begleitet, aufbereitet und wesentlich vertieft werden, hat schon vielfältige Anerkennung gefunden: W.F. hat von der Universität Ulm einen Lehrbonus für hervorragende Leistungen in der Lehre (Einsatz von Maple) erhalten. D.H. hat drei Jahre lang Projektmittel vom Ausschuß für Lehrfragen und Weiterbildung (ALW) und dem Senat der Universität Konstanz für innovative Initiativen in der Lehre erhalten.

Rainer Janssen verdankt D.H. als gutem Freund Anregungen, Ermutigung und manchen Rat, was das Arbeitsumfeld angeht.

Besonderen Dank schuldet er noch Matthias Söhn, der mit Umsicht, Sachkenntnis und selbständig ihm Dinge wie Computerauswahl, Konfigurierung und viele ähnliche Arbeiten abgenommen hat.

In der Endphase hat uns noch Matthias Auer unterstützt.

Ein Buch-Projekt wie dieses ist nicht ohne gute Computer-Arbeitsbedingungen zu realisieren. Hierfür danken wir unserem Ulmer Kollegen Franz Schweiggert sowie den Mitarbeitern seiner Abteilung. Von diesen sei Andreas Borchert namentlich erwähnt. Er hat bei der Computerverbindung Konstanz-Ulm bereitwillig und mit bewundernswerter Sachkenntnis Starthilfe gegeben und uns immer wieder mit Rat und Tat unterstützt.

Wir danken Sabine Bormann-Seyffart und Thomas Richard von der Firma Scientific Computers GmbH für wertvolle Unterstützung bei der Arbeit mit Maple 7.

Nicht zuletzt gilt unser besonderer Dank beim Springer-Verlag Clemens Heine (Editor Mathematics and Computing), der unserem Projekt von Beginn an aufgeschlossen gegenüberstand, das Buch in das Verlagsprogramm aufgenommen und dabei die farbliche Gestaltung ermöglicht hat. Unterstützt wurde er von Agnes Herrmann und Claudia Kehl.

Wir danken unseren *Ehefrauen*, die besonders in der langen Schlußphase der Bucherstellung viel Geduld mit ihren gestreßten und nur noch eingeschränkt alltagstauglichen Männern aufbringen mußten.

D.H. dankt noch Léon und Étienne, die ihm nachdrücklich zeigten — durch Weinen und Lachen —, daß es ungleich wichtigere Dinge im Leben gibt als ein noch so schönes Mathematikbuch.

Zum Schluß möchten wir allgemein, besonders aber auch den Fachleuten und Kennern, sagen: Wir würden uns über persönliche Reaktionen sehr freuen. Verbesserungsvorschläge, Hinweise auf Fehler(chen), Anregungen und konstruktive Kritik sind willkommen — aber auch Lob nehmen wir gerne entgegen!

Getröstet haben wir uns bei der scheinbar nicht enden wollenden Arbeit am Manuskript mit:

> *„So eine Arbeit wird eigentlich nie fertig, man muß sie für fertig erklären, wenn man nach Zeit und Umständen das möglichste getan hat."*
>
> J.W. von Goethe, Italienische Reise, 16. März 1787

Ulm — Wilhelm Forst
Konstanz — Dieter Hoffmann
3. Januar 2002

Vorwort zur zweiten Auflage

Das mathematische und didaktische Konzept der ersten Auflage dieses Buches ist insgesamt freundlich aufgenommen und von vielen Seiten *sehr* gelobt worden. Besonderen Gefallen an unserer Darstellung haben all die Lernenden und Lehrenden gefunden, die die zu behandelnden Themen und Methoden stärker heutigen computerunterstützten Möglichkeiten anpassen wollen und dabei schätzen, wie man auch schwierige Dinge mit dem Computer relativ einfach ‚begreifbar' machen kann. Die Akzeptanz von Computeralgebrasystemen im deutschsprachigen Hochschulbereich ist aber sicher noch ausbaufähig.

Nun ist eine Neuauflage notwendig geworden. In ihr wurde die Gesamtkonzeption nicht verändert, insbesondere das Bemühen, dass Studenten auch eine Idee davon vermittelt bekommen, wie komplexe Funktionen ‚aussehen'. Die enge Verzahnung mit dem Computeralgebrasystem Maple als mächtigem Werkzeug bietet vielfältige Vorteile für den Lernprozess.

Es wurden fast alle Abbildungen sorgfältig überarbeitet oder neu erstellt. Durch die Umstellung von Maple 7 auf Maple 15 waren die ‚Maple-Worksheets' zu aktualisieren.

Das neue Druckverfahren hat zudem zu einer weitgehenden Umgestaltung des Layouts geführt.

Wir danken Sabine Bormann, Maplesoft Europe GmbH, für die Bereitstellung von Maple 15 und Thomas Richard als kompetentem Ansprechpartner für wertvolle Unterstützung bei der Arbeit mit Maple 15.

Wer an unserer Darstellung Gefallen findet, sei auch auf [Fo/Ho] hingewiesen.

Ulm — Wilhelm Forst
Konstanz — Dieter Hoffmann
1. März 2012

Kapitel 1

Die komplexen Zahlen

1.1 Historisches

Ein wichtiger Ausgangspunkt für die Entwicklung der komplexen Zahlen war das Auftreten des Symbols

$$\boxed{\sqrt{-1}}$$

in dem Werk „*Ars Magna*" (1545) von GERONIMO CARDANO (1501–1576). Das Problem war, zwei (reelle?) Zahlen x_1, x_2 mit $x_1 + x_2 = 10$, $x_1 \cdot x_2 = 40$ zu finden, d. h. die quadratische Gleichung $x^2 - 10x + 40 = 0$ zu lösen. Formales Ausrechnen ergab $x_{1,2} = 5 \pm \sqrt{-1}\sqrt{15}$, wobei Cardano Schwierigkeiten hatte, dem Symbol $\sqrt{-1}$ eine konkrete Bedeutung zu geben.

Auch bei der Lösung kubischer Gleichungen, reduziert auf die spezielle Form $x^3 + px + q = 0$, trat $\sqrt{-1}$ auf. Die Substitution $x = u + v$ ergibt

$$u^3 + v^3 + (3uv + p)(u + v) + q = 0\,.$$

Diese Gleichung ist sicher erfüllt, wenn $u^3 + v^3 = -q$, $3uv = -p$ gilt. Wegen $(u^3 - v^3)^2 = (u^3 + v^3)^2 - 4u^3v^3$ folgt dann

$$u^3 - v^3 = 2\sqrt{\left(\frac{q}{2}\right)^2 + \left(\frac{p}{3}\right)^3}$$

bzw.

$$u^3 = -\frac{q}{2} + \sqrt{\left(\frac{q}{2}\right)^2 + \left(\frac{p}{3}\right)^3}\,, \quad v^3 = -\frac{q}{2} - \sqrt{\left(\frac{q}{2}\right)^2 + \left(\frac{p}{3}\right)^3}\,.$$

Kennt man eine Lösung u bzw. v dieser beiden Gleichungen mit $uv = -p/3$, so erhält man mit Hilfe der dritten Einheitswurzel $\omega := \frac{1}{2}\big(-1 + \sqrt{-1}\sqrt{3}\big)$ durch die sogenannten *Cardanischen Formeln*

$$x_1 = u + v\,,\ x_2 = u\,\omega + v\,\omega^2,\ x_3 = u\,\omega^2 + v\,\omega$$

die Lösungen x_1, x_2, x_3 der kubischen Gleichung.

RAFAEL BOMBELLI (1526–1572) fand so für die Gleichung $x^3 - 15x - 4 = 0$ auf dem Umweg über die komplexen Zahlen

$$u = \sqrt[3]{2 + 11\sqrt{-1}} = 2 + \sqrt{-1}\,, \quad v = \sqrt[3]{2 - 11\sqrt{-1}} = 2 - \sqrt{-1}$$

die *reellen* Lösungen $x_1 = 4$, $x_2 = -2 - \sqrt{3}$, $x_3 = -2 + \sqrt{3}$.

LEONHARD EULER (1707–1783) führte für die *imaginäre Einheit* $\sqrt{-1}$ die heute übliche Schreibweise

$$\boxed{i}$$

ein und stellte im Jahre 1748 über die Beziehung

$$\boxed{e^{ix} = \cos x + i \sin x}$$

einen Zusammenhang zwischen den wichtigsten elementaren Funktionen her.

Dies alles förderte eine zunehmende Akzeptanz der komplexen Zahlen. Man rechnete mit ihnen, ohne dass die Rechenregeln begründet waren, wie mit den reellen Zahlen und begnügte sich damit, die Ergebnisse nachträglich zu verifizieren.

CASPAR WESSEL (1745–1818) und JEAN-ROBERT ARGAND (1768–1822) brachten im Jahre 1797 bzw. 1806 erste *Begründungen auf geometrischem Wege* für das Rechnen mit komplexen Zahlen. Unabhängig davon führte CARL FRIEDRICH GAUSS (1777–1855) im Jahre 1811 die nach ihm benannte Gaußsche Zahlenebene ein. Endgültige Anerkennung fanden die komplexen Zahlen durch die rein arithmetische Begründung als geordnete Paare reeller Zahlen durch WILLIAM ROWAN HAMILTON (1805–1865) im Jahre 1835, wie man sie heute — als einfache konkrete mathematische Objekte — meist schon in den Grundvorlesungen im ersten Semester kennenlernt.

Die Schwierigkeiten, die die Mathematiker *früher* mit den komplexen Zahlen hatten, zeigen sich noch in den Bezeichnungen *„komplex"* und *„imaginär"*. Man vergleiche hierzu etwa EULER, „Vollständige Anleitung zur Algebra", Kapitel 13:

„Weil nun alle möglichen Zahlen, die man sich nur immer vorstellen mag, entweder größer oder kleiner als 0, oder etwa 0 selbst sind, so ist klar, daß die Quadratwurzeln von Negativzahlen nicht einmal zu den möglichen Zahlen gerechnet werden können. Folglich müssen wir sagen, daß dies unmögli-

che Zahlen sind. Und dieser Umstand leitet uns auf den Begriff von solchen Zahlen, welche ihrer Natur nach unmöglich sind, und gewöhnlich imaginäre *oder eingebildete Zahlen genannt werden, weil sie bloß in der Einbildung vorhanden sind.“*

Auch in die nicht-mathematische Literatur hat dies vielfältig Eingang gefunden. Ein Beispiel dazu aus ROBERT MUSIL, „Die Verwirrungen des Zöglings Törleß“:

„ ... *Ja. Das ist doch gar nicht so schwer. Man muß nur festhalten, daß die Quadratwurzel aus negativ Eins die Rechnungseinheit ist.“*
„Das ist es aber gerade. Die gibt es doch gar nicht. Jede Zahl, ob sie nun positiv ist oder negativ, gibt zum Quadrat erhoben etwas Positives. Es kann daher gar keine wirkliche Zahl geben, welche die Quadratwurzel von etwas Negativem wäre.“
„Ganz recht; aber warum sollte man nicht trotzdem versuchen, auch bei einer negativen Zahl die Operation des Quadratwurzelziehens anzuwenden? Natürlich kann dies dann keinen wirklichen Wert ergeben, und man nennt doch auch deswegen das Resultat nur ein imaginäres. Es ist so, wie wenn man sagen würde: hier saß sonst immer jemand, stellen wir ihm also auch heute einen Stuhl hin; und selbst wenn er inzwischen gestorben wäre, so tun wir doch, als ob er käme.“

....

„Wie soll ich das ausdrücken? Denk doch nur einmal so daran: In solch einer Rechnung sind am Anfang ganz solide Zahlen, die Meter oder Gewichte oder irgend etwas anderes Greifbares darstellen können und wenigstens wirkliche Zahlen sind. Am Ende der Rechnung stehen ebensolche. Aber diese beiden hängen miteinander durch etwas zusammen, das es gar nicht gibt. Ist das nicht wie eine Brücke, von der nur Anfangs- und Endpfeiler vorhanden sind und die man dennoch so sicher überschreitet, als ob sie ganz dastünde? Für mich hat so eine Rechnung etwas Schwindliges: als ob es ein Stück des Weges weiß Gott wohin ginge. Das eigentlich Unheimliche ist mir aber die Kraft, die in solch einer Rechnung steckt und einen so festhält, daß man doch wieder richtig landet.“

Schnell stellte sich — nach dem zögernden Beginn — heraus, dass das Rechnen mit komplexen Zahlen sehr oft auch wertvolle *reelle* Ergebnisse lieferte, und zwar sowohl neue als auch schon bekannte, letztere oft auf eleganterem Weg; zudem wurde manche reelle Aussage erst durch die Einbeziehung komplexer Zahlen ‚wirklich‘ verstanden.

1.2 Definition und Modelle komplexer Zahlen

Im Folgenden werden wir verschiedene Modelle für komplexe Zahlen kennenlernen. Mithin ist es zunächst nicht korrekt, von *den* komplexen Zahlen zu sprechen. Diese Modelle stimmen jedoch im wesentlichen überein. Genauer bedeutet dies:

Ein Körper der komplexen Zahlen ist ein kommutativer Körper, der die reellen Zahlen $\mathbb{R}$ als Teilkörper enthält, in dem ein Element i mit $i^2 = -1$ existiert, und dessen Elemente sich alle in der Form $a + ib$ mit reellen Zahlen a, b schreiben lassen. Für Mathematiker: Ein (kommutativer) Körper $\mathbb{C} = (\mathbb{C}, +, \cdot)$ heißt genau dann *„Körper der komplexen Zahlen"*, wenn:

(1) $\mathbb{R} \subset \mathbb{C}$, präziser ‚bis auf Isomorphie'

(2) Es existiert $i \in \mathbb{C}$ mit $i^2 = -1$.

(3) $\mathbb{C} = \{a + ib : a, b \in \mathbb{R}\} =: \mathbb{R} + i\mathbb{R}$

‚Bis auf Isomorphie' bedeutet: Es existiert $\varphi : \mathbb{R} \longrightarrow \mathbb{C}$ injektiv mit:
$\varphi(a + b) = \varphi(a) + \varphi(b)$ und $\varphi(a \cdot b) = \varphi(a) \cdot \varphi(b)$ $(a, b \in \mathbb{R})$. („*Einbettung*")
Es folgen offenbar $\varphi(0) = 0$ und $\varphi(1) = 1$.

Elemente aus $\mathbb{C}$ heißen *„komplexe Zahlen"*.

Mit dieser Definition ist natürlich noch *nichts* über die Existenz eines Körpers der komplexen Zahlen gesagt! Es gibt nun verschiedene Möglichkeiten, ‚die' komplexen Zahlen einzuführen und damit den Existenznachweis zu führen. Darum geht es im Folgenden:

Arithmetische Einführung der komplexen Zahlen

Wir erinnern an die übliche Einführung in der Analysis (man vergleiche dazu z. B. [Wa I, S. 166]):

In $\mathbb{C} := \mathbb{R}^2$ betrachten wir die beiden Operationen

$$(x, y) + (u, v) := (x + u, y + v) \qquad (\text{„Addition"}),$$
$$(x, y) \cdot (u, v) := (xu - yv, xv + yu) \qquad (\text{„Multiplikation"}).$$

Dann ist $(\mathbb{C}, +, \cdot)$ ein *(kommutativer) Körper* mit *Nullelement* $(0, 0)$ und *Einselement* $(1, 0)$. Alle *Regeln*, die man in der Analysis für die reellen Zahlen allein mit Hilfe der Körperaxiome herleitet, gelten daher auch in $\mathbb{C}$. *Definitionen* und *Bezeichnungen* können so entsprechend übernommen werden.

Hier ist die Einbettung durch die Abbildung $\varphi : \mathbb{R} \ni a \longmapsto (a, 0) \in \mathbb{C}$ gegeben. Daher können wir die reelle Zahl a mit der komplexen Zahl $\varphi(a) = (a, 0)$ *‚identifizieren'*, d. h. $\varphi(a)$ und a werden nicht mehr unterschieden. In diesem Sinne ist $\mathbb{R}$ *Teilkörper von* $\mathbb{C}$.

Mit $i := (0, 1)$ hat man dann $i^2 = (0, 1) \cdot (0, 1) = (-1, 0) = -1$. Damit folgt für $a, b \in \mathbb{R}$:

$$(a, b) = (a, 0) + (0, b) = (a, 0) + (0, 1)(b, 0) = a + ib.$$

Das Rechnen mit komplexen Zahlen lässt sich damit — im Gegensatz zu CARDANOs Zeiten jetzt wohlbegründet — zurückführen auf das Rechnen mit reellen Zahlen und i unter Beachtung von

$$i^2 = -1 \ .$$

Die komplexen Zahlen als Unterring der 2×2-Matrizen

In $\mathbb{C} := \left\{ \begin{pmatrix} a & -b \\ b & a \end{pmatrix} : a, b \in \mathbb{R} \right\}$ nehmen wir als $+$ und $\cdot$ die Addition und Multiplikation von Matrizen *(linear-algebraische Einführung)*. Aufgrund von

$$\begin{pmatrix} a & -b \\ b & a \end{pmatrix} + \begin{pmatrix} c & -d \\ d & c \end{pmatrix} = \begin{pmatrix} a+c & -(b+d) \\ b+d & a+c \end{pmatrix} \quad \text{und}$$

$$\begin{pmatrix} a & -b \\ b & a \end{pmatrix} \cdot \begin{pmatrix} c & -d \\ d & c \end{pmatrix} = \begin{pmatrix} ac-bd & -(ad+bc) \\ ad+bc & ac-bd \end{pmatrix}$$

führen diese beiden Operationen nicht aus $\mathbb{C}$ heraus; $\mathbb{C}$ ist also zunächst ein Unter*ring* der reellen 2×2-Matrizen. Die Kommutativität der Multiplikation in $\mathbb{C}$ bestätigt man durch ‚scharfes Hinsehen'. Wegen

$$\det \begin{pmatrix} a & -b \\ b & a \end{pmatrix} = a^2 + b^2$$

ist für $\begin{pmatrix} a & -b \\ b & a \end{pmatrix} \neq 0$ — also $a \neq 0$ oder $b \neq 0$ — $\begin{pmatrix} a & -b \\ b & a \end{pmatrix}$ invertierbar und

$$\begin{pmatrix} a & -b \\ b & a \end{pmatrix}^{-1} = \frac{1}{a^2+b^2} \begin{pmatrix} a & b \\ -b & a \end{pmatrix} \in \mathbb{C} .$$

Da $\begin{pmatrix} 1 & 0 \\ 0 & 1 \end{pmatrix}$ gerade auch ‚Eins' in $\mathbb{C}$ ist, hat man: $(\mathbb{C}, +, \cdot)$ *ist ein Körper.*

Hier liefert

$$\varphi : \mathbb{R} \ni a \longmapsto \begin{pmatrix} a & 0 \\ 0 & a \end{pmatrix} \in \mathbb{C}$$

die Einbettung; identifiziert man wieder a mit $\varphi(a)$, dann gelten mit

$$i := \begin{pmatrix} 0 & -1 \\ 1 & 0 \end{pmatrix} \in \mathbb{C}$$

$$i^2 = \begin{pmatrix} 0 & -1 \\ 1 & 0 \end{pmatrix} \begin{pmatrix} 0 & -1 \\ 1 & 0 \end{pmatrix} = \begin{pmatrix} -1 & 0 \\ 0 & -1 \end{pmatrix} = -1$$

und

$$\begin{pmatrix} a & -b \\ b & a \end{pmatrix} = \begin{pmatrix} a & 0 \\ 0 & a \end{pmatrix} + \begin{pmatrix} 0 & -1 \\ 1 & 0 \end{pmatrix} \begin{pmatrix} b & 0 \\ 0 & b \end{pmatrix} = a + ib \ .$$

Die komplexen Zahlen als Restklassenring

Die skizzierten Überlegungen in diesem kurzen Teilabschnitt haben etwas den Charakter akademischer Spielerei. Diese sechs Zeilen können Sie getrost überschlagen.

$\mathbb{R}$ ist nicht ‚algebraisch abgeschlossen'; zum Beispiel hat das Polynom x^2+1 keine Nullstelle in $\mathbb{R}$, es ist ‚irreduzibel'. ‚Faktorisiert' man den ‚Polynomring' $\mathbb{R}[x]$ nach dem von x^2+1 erzeugten ‚Ideal' (x^2+1), dann erhält man mit

$$\boxed{\mathbb{C} := \mathbb{R}[x]/(x^2+1)}$$

einen komplexen Zahlkörper, wobei i als die zu x gehörige ‚Restklasse' gewählt werden kann *(algebraische Einführung)*.

Geometrische Einführung der komplexen Zahlen

$\mathbb{C}$ ist eine Ebene — auch *Gaußsche Zahlenebene* genannt —, in der 0 und 1 als zwei verschiedene Punkte festgelegt sind. Komplexe Zahlen sind Vektoren in der Ebene. Die *Addition* komplexer Zahlen wird definiert als gewöhnliche Vektoraddition.

Addition:

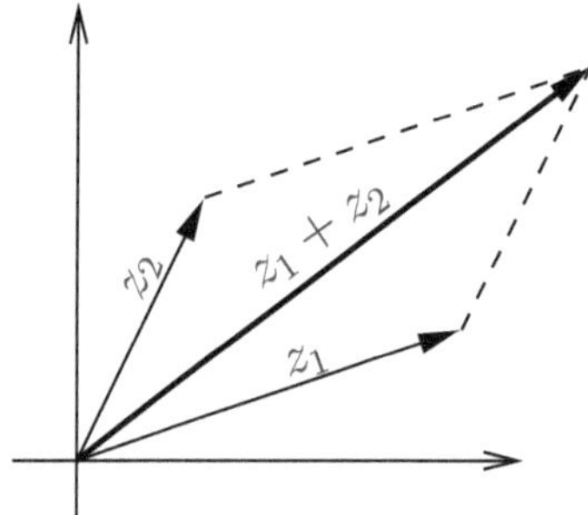

Wie die *Multiplikation* geometrisch eingeführt werden kann, wird im Kontext von Abschnitt 1.4 verständlich. Der Nachweis der Körperaxiome erfolgt dann durch elementargeometrische Überlegungen.

1.3 Elementare Operationen und Regeln

Man überlegt sich leicht:

Je zwei Körper der komplexen Zahlen sind (als Körper) isomorph.

Daher sprechen wir im Folgenden von *dem* Körper der komplexen Zahlen.

Es sei nun

$$\mathbb{C} = (\mathbb{C}, +, \cdot) \text{ ein Körper der komplexen Zahlen}$$

mit der imaginären Einheit i. Insbesondere gilt dann:

Bemerkung 1 *a)* $a + ib = c + id \iff a = c \wedge b = d \qquad (a, b, c, d \in \mathbb{R})$

b) *Für* $z \in \mathbb{C}: \quad z^2 = -1 \iff z \in \{i, -i\}$

Für $z = x + iy$ mit $x, y \in \mathbb{R}$ definieren wir:

x *„Realteil"* von z $(\operatorname{Re} z, \mathfrak{Re}\, z)$

y *„Imaginärteil"* von z $(\operatorname{Im} z, \mathfrak{Im}\, z)$

z *„rein imaginär"* $:\iff \mathfrak{Re}\, z = 0$

$\overline{z} := x - iy \quad \big(= x + i(-y)\big)$ *„konjugiert komplexe Zahl"* (zu z)

$|z| := (x^2 + y^2)^{1/2}$ *„Betrag"* (*„Länge"*) von z

Der Betrag komplexer Zahlen liefert so für reelle Zahlen den dort definierten Betrag.

Offenbar gelten $\mathfrak{Re}\, z = \frac{1}{2}(z + \overline{z}), \quad \mathfrak{Im}\, z = \frac{1}{2i}(z - \overline{z})$.

Wir erinnern noch einmal an die — für z, z_1, $z_2 \in \mathbb{C}$ — üblicherweise schon aus einer Analysis-Vorlesung bekannten

Regeln *a)* $z \cdot \overline{z} = |z|^2, \qquad \overline{\overline{z}} = z, \qquad |z| = |\overline{z}|$

b) $\overline{z_1 \pm z_2} = \overline{z_1} \pm \overline{z_2}, \qquad \overline{z_1 \cdot z_2} = \overline{z_1} \cdot \overline{z_2}$

c) $\mathfrak{Re}(z_1 \pm z_2) = \mathfrak{Re}(z_1) \pm \mathfrak{Re}(z_2)$

d) $\mathfrak{Im}(z_1 \pm z_2) = \mathfrak{Im}(z_1) \pm \mathfrak{Im}(z_2)$

e) *Für* $z \neq 0: \quad z^{-1} = \dfrac{\overline{z}}{|z|^2}, \qquad (\overline{z})^{-1} = \overline{z^{-1}}$

f) $z \in \mathbb{R} \iff z = \overline{z} \iff \mathfrak{Im}(z) = 0 \iff \mathfrak{Re}(z) = z$

g) $|\mathfrak{Re}(z)|, |\mathfrak{Im}(z)| \leq |z| \leq |\mathfrak{Re}(z)| + |\mathfrak{Im}(z)|$

Die Abbildung $\mathbb{C} \ni z \longmapsto \overline{z} \in \mathbb{C}$ ist also ein *Automorphismus (Involution)*.

Auch die folgenden **Eigenschaften des Betrages** auf $\mathbb{C}$ sollten vertraut sein:

[B0] $|z| \geq 0$ *(„Positivität")*

[B1] $|z| = 0 \iff z = 0$ *(„Definitheit")*

[B2] $|z_1 + z_2| \leq |z_1| + |z_2|$ *(„Dreiecksungleichung")*

[B3] $|z_1 \cdot z_2| = |z_1| \cdot |z_2|$

[B4] $\left|\dfrac{z_1}{z_2}\right| = \dfrac{|z_1|}{|z_2|}$ *für* $z_2 \neq 0$

[B5] $|z_1 - z_2| = |z_2 - z_1|$ *(„Symmetrie“)*

[B6] $\big||z_1| - |z_2|\big| \le |z_1 - z_2| \le |z_1| + |z_2|$

[B7] $|z_1 - z_2| \le |z_1 - z| + |z - z_2|$

Bemerkung 2

Nicht-reelle Nullstellen von Polynomen $P(z) = \sum_{\nu=0}^{n} a_\nu z^\nu$ *mit* reellen *Koeffizienten* a_ν $(\nu = 0, \ldots, n)$ *treten paarweise (konjugiert komplex) auf, d. h. mit* $P(\alpha) = 0$ *für* $\alpha \in \mathbb{C}$ *ist auch* $P(\overline{\alpha}) = 0$.

Achtung: *Beim Übergang von* $\mathbb{R}$ *zu* $\mathbb{C}$ *geht die ‚Ordnungsstruktur‘ verloren:*

Die Anordnung von $\mathbb{R}$ lässt sich *nicht so* auf $\mathbb{C}$ fortsetzen, dass $\mathbb{C}$ ‚angeordneter Körper‘* ist (die Eigenschaften (A 10), (A 11) und (A 12) aus [Wa I, S. 7] gelten zusätzlich):

Wegen $i^2 = -1$ ist $i \neq 0$. Wäre $i > 0$, so folgte $-1 = i^2 > 0$; im Falle $i < 0$ hätte man $-i > 0$ und so $-1 = (-i)^2 > 0$: Widerspruch!

‚Stetigkeit‘ der Grundoperationen $(a,\, b,\, x,\, y \in \mathbb{C}$:)

(1) $|(x + y) - (a + b)| \le |x - a| + |y - b|$

(1') $|(x - y) - (a - b)| \le |x - a| + |y - b|$

(2) $|(x \cdot y) - (a \cdot b)| \le |a| \cdot |y - b| + |b| \cdot |x - a| + |x - a|\,|y - b|$

(3) $\left|\frac{1}{x} - \frac{1}{a}\right| \le \frac{2}{|a|^2} \cdot |x - a|,$ *falls* $a \neq 0$ *und* $|x - a| \le \frac{|a|}{2}$

(4) $\big||x| - |a|\big| \le |x - a|$

Diese Regeln dürften aus der Analysis bekannt sein (man vergleiche etwa [Ho, S. 52 ff]). Sie zeigen die Stetigkeit von Summen-, Differenz-, Produkt-, Betrags- und Quotientenbildung quantitativ. Aus ihnen folgen unmittelbar z. B. ganz einfach die Grundregeln für die Konvergenz von Folgen, Reihen, Funktionen und die für (lokale und globale) Stetigkeit.

1.4 Argument, geometrische Veranschaulichung

In der Analysis definiert man meist die Exponentialfunktion gleich für komplexes Argument durch die (überall absolut konvergente) Reihe

$$\exp(z) := \sum_{n=0}^{\infty} \frac{z^n}{n!} \quad (z \in \mathbb{C})\,.$$

* Man kann zwar die ‚Ordnung‘ von $\mathbb{R}$ auf $\mathbb{C}$ erweitern (z. B. lexikographisch); jedoch geht die Verträglichkeit mit der Multiplikation dabei verloren!

Auch die trigonometrischen Funktionen sin und cos können (über die Reihendarstellung) gleich für komplexe Argumente definiert werden. Man erhält so ganz einfach u. a. die

EULER-Formel $\boxed{\exp(iz) = \cos(z) + i\sin(z)}$ $(z \in \mathbb{C})$.

Für $n \in \mathbb{N}$ und $z = \exp(i\varphi)$ mit einem $\varphi \in \mathbb{R}$ ist $z^n = \exp(in\varphi)$; so hat man die

DE MOIVRE-FORMEL* $(\cos\varphi + i\sin\varphi)^n = \cos n\varphi + i\sin n\varphi$.

Aus der Analysis kennt man schon die

Polardarstellung: *Ist* $z = x + iy \in \mathbb{C} \setminus \{0\}$ *(mit* $x, y \in \mathbb{R}$*), dann existieren eindeutig* $-\pi < \varphi \leq \pi$ *und* $0 < r < \infty$ *mit*

$$(*) \qquad z = r(\cos\varphi + i\sin\varphi) = r\exp(i\varphi)$$

Dabei gelten:
$r = |z|$, $x = r\cos\varphi = \mathfrak{Re}\, z$ *und* $y = r\sin\varphi = \mathfrak{Im}\, z$.

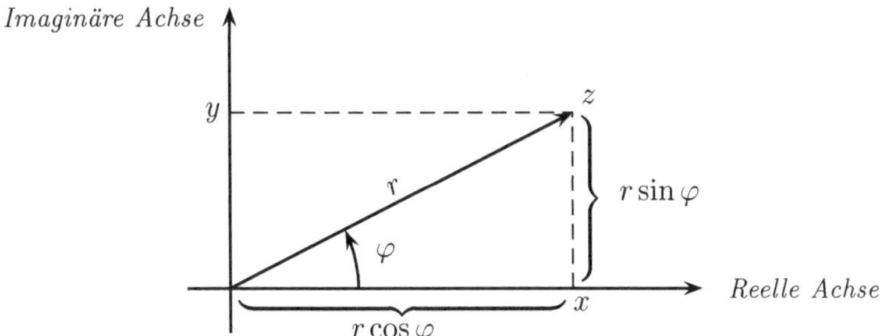

Jedes $\varphi \in \mathbb{R}$, das $(*)$ erfüllt, nennen wir *ein „Argument von z“* und notieren

$$\arg z := \{\varphi \in \mathbb{R} : \ \varphi \text{ Argument von } z\}.$$

Das eindeutig bestimmte $\varphi \in \arg z \cap \,]-\pi, \pi]$ notieren wir als $\operatorname{Arg} z$ („*Hauptwert des Arguments von z*“). Offenbar gilt dann

$$\arg z = \{\operatorname{Arg} z + 2k\pi : \ k \in \mathbb{Z}\};$$

$\arg z$ ist also eine ‚Restklasse‘ in $\mathbb{R}/_{2\pi\mathbb{Z}}$.
Häufig schreibt man (und das machen wir gelegentlich auch) lax

$$\varphi = \arg z \qquad \text{statt} \qquad \varphi \in \arg z\,.$$

* Abraham DE MOIVRE (1667–1754)

Für $A, B \subset \mathbb{C}$ notieren wir

$$A + B := \{a + b : a \in A \wedge b \in B\}$$

und entsprechend auch $-A$, $A - B$, $A \cdot B$.

Damit gelten für $z, z_1, z_2 \in \mathbb{C} \setminus \{0\}$:

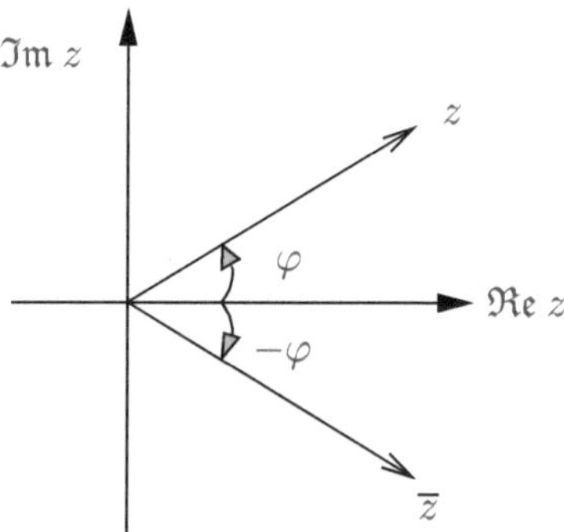

a) $\arg(\frac{1}{z}) = \arg(\overline{z}) = -\arg z$

b) $\arg(z_1 \cdot z_2) = \arg(z_1) + \arg(z_2)$

Denn offensichtlich gilt $\arg(\overline{z}) = -\arg z$, und mit $\frac{1}{z} = \frac{\overline{z}}{|z|^2}$ ergibt sich die Gleichung $\arg(\frac{1}{z}) = \arg(\overline{z})$; damit ist a) gezeigt. Für b) überlegt man: Mit der Funktionalgleichung der exp-Funktion folgt, dass die r. S. Teilmenge der l. S. ist; mit a) erhält man dann die Gleichheit.

Anmerkung: Die b) entsprechende Aussage gilt *nicht* für die Hauptwerte!

Die geometrische Einführung der *Addition* — als Vektoraddition — hatten wir schon in Abschnitt 1.2 erwähnt. Die *Multiplikation* kann über ähnliche Dreiecke eingeführt werden. Man beachte dazu die Graphik:

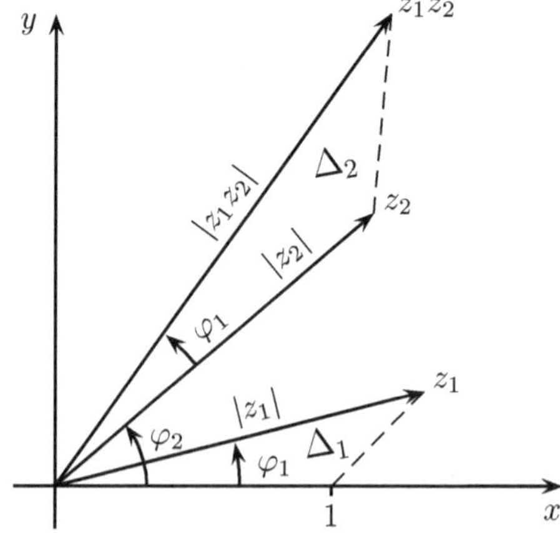

Es seien $z_1 = r_1 \exp(i\varphi_1)$ und $z_2 = r_2 \exp(i\varphi_2)$. Wegen $\frac{|z_1 z_2|}{|z_2|} = \frac{|z_1|}{1}$ sind die beiden Dreiecke Δ_1 und Δ_2 ähnlich. Durch eine ‚Drehstreckung' ergibt sich $z_1 z_2$.

1.5 Wurzeln

Definition: Für $a \in \mathbb{C}$ und $n \in \mathbb{N}$ heißt $z \in \mathbb{C}$ mit $z^n = a$ eine *„n-te Wurzel aus a"*; speziell für $a = 1$ auch *„n-te Einheitswurzel"*, für $n = 2$ (und beliebigem a) auch *„Wurzel aus a"*.

Es seien $a, z \in \mathbb{C} \setminus \{0\}$ mit $a = \varrho \exp(i\psi)$ und $z = r \exp(i\varphi)$.

Dann gilt:
$$z^n = a \iff r^n \exp(i(n\varphi)) = \varrho \exp(i\psi)$$
$$\iff r^n = \varrho \;\wedge\; n\varphi = \psi + 2k\pi \qquad \text{(für ein } k \in \mathbb{Z})$$
$$\iff z = \varrho^{1/n} \exp\left(i\,\frac{\psi + 2k\pi}{n}\right) =: z_k \quad \text{(für ein } k \in \mathbb{Z})$$

Unter diesen z_k sind die für $k = 0, \dots, n-1$ paarweise verschieden. Da die Abbildung $\mathbb{R} \ni t \longmapsto \exp(it) \in \mathbb{C}$ die Periode 2π hat, erhalten wir so schon alle Werte, also:

Bemerkung 3 *Durch* $\varrho^{1/n} \exp\left(i\,\frac{\psi + 2k\pi}{n}\right) \quad (k = 0, \dots, n-1)$

sind gerade alle n-ten Wurzeln aus a gegeben.

Die n-ten Wurzeln liefern die Eckpunkte eines regelmäßigen n-Ecks.

Speziell gilt somit:

Bemerkung 4 *Durch* $\exp\left(i\,\frac{2k\pi}{n}\right) \quad (k = 0, \dots, n-1)$

sind alle n-ten Einheitswurzeln gegeben.

Wir notieren
$$\sqrt[n]{a} := \{z \in \mathbb{C} : z^n = a\}, \quad \sqrt{a} := \sqrt[2]{a}$$

und schreiben gelegentlich lax
$$z = \sqrt[n]{a} \;\text{ statt }\; z \in \sqrt[n]{a} \;\text{ bzw. }\; z = \sqrt{a} \;\text{ statt }\; z \in \sqrt{a}\,.$$

Die Gleichung $z^n = 1$ heißt *„Kreisteilungsgleichung"*. Dies wird durch Beispiele der folgenden Art plausibel:

Beispiel $n = 3$:

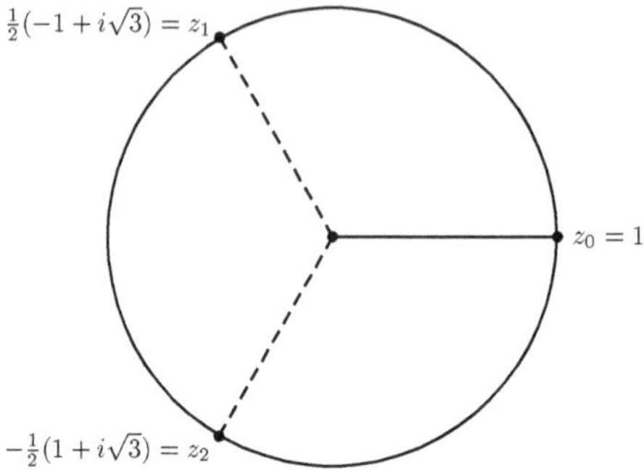

1.6 Riemannsche Zahlenkugel und stereographische Projektion

Dem berühmten Mathematiker Bernhard Riemann (1826–1866) verdanken wir — neben epochemachenden Leistungen — u. a. auch ein Modell der komplexen Zahlen, welches sehr leicht eine *Veranschaulichung des Punktes* ∞ erlaubt:

Die komplexen Zahlen $\mathbb{C}$ werden dabei mit den Punkten der ‚Äquatorebene' ($\xi_3 = 0$) des $\mathbb{R}^3$ identifiziert. Punkte $z = x + iy \in \mathbb{C}$ mit $x, y \in \mathbb{R}$ werden auf die Einheitskugel*

$$S := \left\{(\xi_1, \xi_2, \xi_3) \in \mathbb{R}^3 : \sum_{\nu=1}^{3} \xi_\nu^2 = 1\right\}$$

im $\mathbb{R}^3$ abgebildet, indem man den Schnittpunkt Z von S mit der Geraden

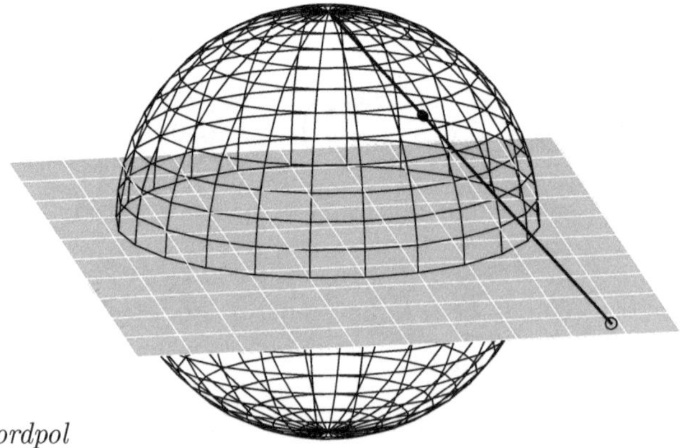

durch den *Nordpol*

$$N = \begin{pmatrix} 0 \\ 0 \\ 1 \end{pmatrix} \quad \text{und} \quad P = \begin{pmatrix} x \\ y \\ 0 \end{pmatrix}$$

berechnet.

* genauer: *Einheitssphäre* oder *Rand* der Einheitskugel

Einsetzen von

$$Z = \begin{pmatrix} \xi_1 \\ \xi_2 \\ \xi_3 \end{pmatrix} = \lambda \begin{pmatrix} x \\ y \\ 0 \end{pmatrix} + (1-\lambda) \begin{pmatrix} 0 \\ 0 \\ 1 \end{pmatrix} \qquad (\mathbb{R} \ni \lambda > 0)$$

in die Gleichung $\xi_1^2 + \xi_2^2 + \xi_3^2 = 1$ der Einheitssphäre ergibt

$$\lambda = \frac{2}{x^2 + y^2 + 1} .$$

Wir erhalten so durch

$$\xi_1 = \frac{2x}{x^2 + y^2 + 1} = \frac{z + \overline{z}}{z\overline{z} + 1}, \quad \xi_2 = \frac{2y}{x^2 + y^2 + 1} = \frac{i(\overline{z} - z)}{z\overline{z} + 1},$$

$$\xi_3 = \frac{x^2 + y^2 - 1}{x^2 + y^2 + 1} = \frac{z\overline{z} - 1}{z\overline{z} + 1}$$

die *stereographische Projektion* τ von $\mathbb{C}$ auf $S \setminus \{N\}$ und durch

$$x = \frac{\xi_1}{1 - \xi_3}, \quad y = \frac{\xi_2}{1 - \xi_3}, \quad \text{also} \quad z = \frac{\xi_1 + i\xi_2}{1 - \xi_3},$$

deren Umkehrabbildung.

Nach Konstruktion wird bei der stereographischen Projektion das Innere des Einheitskreises von $\mathbb{C}$ auf die ‚Süd-Halbkugel' und entsprechend das Äußere auf die ‚Nord-Halbkugel' abgebildet. Die Punkte auf dem Rand des Einheitskreises werden auf sich selbst abgebildet (Fixpunkte von τ).

Ferner strebt der Bildpunkt $Z = \tau(z)$ gegen den Nordpol N für $|z| \longrightarrow \infty$. Erweitert man $\mathbb{C}$ durch den ‚unendlich fernen Punkt' ∞ zur erweiterten (abgeschlossenen) komplexen Zahlenebene *(Ein-Punkt-Kompaktifizierung)*

$$\boxed{\overline{\mathbb{C}} := \mathbb{C} \cup \{\infty\}},$$

so lässt sich die stereographische Projektion durch die Zuordnung $\infty \longmapsto N$ fortsetzen zu einer bijektiven Abbildung von $\overline{\mathbb{C}}$ auf die Riemannsche Zahlenkugel S. Diese fortgesetzte Abbildung notieren wir wieder mit dem gleichen Symbol τ.

Mit Hilfe der Riemannschen Zahlenkugel lassen sich Aussagen über das Verhalten komplexer Funktionen in der Umgebung von ∞ besser verstehen, da auf ihr der Punkt $\infty\,(= N)$ keine Ausnahmestellung hat.

‚Rechenregeln' in $\overline{\mathbb{C}}$

An vielen Stellen, so zum Beispiel für den Abschnitt 8.1 über MÖBIUS-Transformationen, ist es zweckmäßig, die ‚Rechenregeln' in $\mathbb{C}$ wie folgt auf $\overline{\mathbb{C}}$ auszudehnen:

Für $a \in \mathbb{C}$ und $b \in \mathbb{C} \setminus \{0\}$ seien:

$$\begin{aligned}
a + \infty &:= \infty + a := \infty \\
\infty + \infty &:= \infty \\
\infty \cdot b &:= b \cdot \infty := \infty \\
a/\infty &:= 0 \\
b/0 &:= \infty
\end{aligned}$$

Diese Festlegungen führen zu keinem Widerspruch zu den Gesetzen in $\mathbb{C}$. Hingegen sind Terme wie $0 \cdot \infty$, $\infty - \infty$ und ∞/∞ allgemein nicht sinnvoll zu definieren. Sie können — wie im Reellen — in Spezialfällen durch Stetigkeits- bzw. Konvergenzbetrachtungen ausgewertet werden.

MWS zu Kapitel 1

Die komplexen Zahlen

Wichtige MAPLE-Befehle dieses Kapitels:

interface, z. B. interface(imaginaryunit=i)
alias, macro
LinearAlgebra-Paket: Matrix, Add, Equal, Multiply, MatrixInverse
Re, Im, abs, conjugate, polar, argument
pointplot, textplot, complexplot, coordplot, conformal, display
plottools-Paket: arc, arrow, disk, line, transform
radnormal
frontend, op, map, cat

1.1 Historisches

Von der ‚Erfindung' der komplexen Zahlen

```
> restart: with(plots):
  interface(imaginaryunit=i):
```

Durch die interface-Anweisung imaginaryunit $= i$ wird das standardmäßig vordefinierte Symbol I für die imaginäre Einheit $\sqrt{-1}$ deaktiviert und durch i ersetzt.

Folgendes Beispiel stammt aus Geronimo CARDANOs *Ars Magna*. Gesucht sind (reelle?) Zahlen x_1 und x_2 mit $x_1 + x_2 = 10$ und $x_1 \cdot x_2 = 40$. Nach dem VIETAschen Wurzelsatz lassen sich x_1 und x_2 als die Lösungen einer quadratischen Gleichung auffassen. Die dazu nötigen Umformungs- und Lösungsschritte führen wir — zur Einübung — mit einfachen Maple-Anweisungen durch:

```
> eq1 := x[1]+x[2]=10; eq2 := x[1]*x[2]=40;
```

$$eq1 := x_1 + x_2 = 10\,, \quad eq2 := x_1\, x_2 = 40$$

Wir lösen die erste Gleichung nach x_2 auf und setzen das Ergebnis in die zweite Gleichung ein:

```
> solve(eq1,{x[2]});
```

$$\{x_2 = 10 - x_1\}$$

```
> eq3 := subs(%,eq2);
```

$$eq3 := x_1\,(10 - x_1) = 40$$

Substituieren wir x_1 durch z, so ist folgende quadratische Gleichung zu lösen:

```
> eq4 := subs(x[1]=z,eq3);
```

$$eq4 := z\,(10 - z) = 40$$

```
> expand(-eq4);
```

$$z^2 - 10\,z = -40$$

```
> eq5 := lhs(%)-rhs(%) = 0;
```

$$eq5 := z^2 - 10\,z + 40 = 0$$

Durch die linke Seite dieser Gleichung ist — für reelle z — eine Parabel definiert, deren Nullstellen gesucht sind. Wir veranschaulichen den Funktionsverlauf:

```
> plot(lhs(eq5),z=0..10,color=black,view=[0..10,0..40],thickness=2);
```

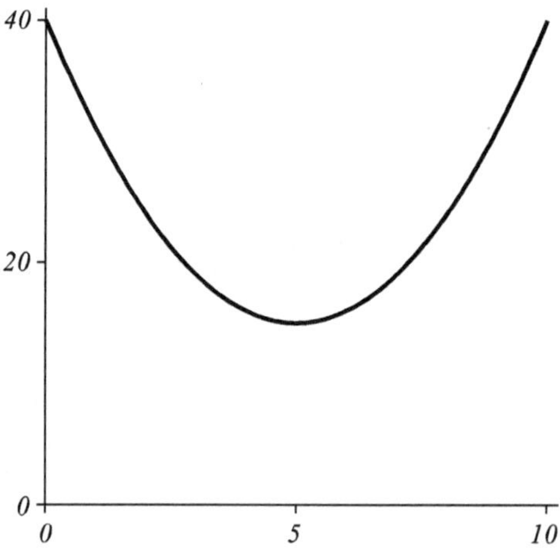

Spätestens damit ist klar, dass die Parabel keine reelle Nullstelle besitzt. Mit Hilfe des Maple-Kommandos completesquare aus dem student-Paket lässt sich dies natürlich auch durch ganz einfache algebraische Umformung einsehen:

```
> with(student):  eq6 := completesquare(eq5,z);
```

$$eq6 := (z-5)^2 + 15 = 0$$

Maple kennt die komplexen Zahlen und kann uns somit die Lösungen explizit angeben:

```
> solve(eq6,z);
```

$$5 + i\sqrt{15}, \quad 5 - i\sqrt{15}$$

Auf genau diese Form ist CARDANO durch formales Lösen der quadratischen Gleichung gekommen, wobei er Schwierigkeiten hatte, dem Symbol $i := \sqrt{-1}$ eine konkrete Bedeutung zu geben. In der Bezeichnung *imaginäre Einheit* lebt dies fort.

Durchs Imaginäre zurück ins Reelle

```
> restart:
  interface(imaginaryunit=i): macro(I=i):
```

Wie oben vereinbaren wir mittels der interface-Anweisung für $\sqrt{-1}$ die von EULER eingeführte Bezeichnung i. Die Neudefinition von I durch den macro-Befehl I=i bewirkt dann, dass ein eingegebenes I als imaginäre Einheit interpretiert und stets als i ausgegeben wird.

Beachten: i kann dann z. B. *nicht als Laufvariable* benutzt werden! (Das gilt natürlich auch schon auf Seite 15.)

Das folgende Beispiel einer kubischen Gleichung geht auf Rafael BOMBELLI zurück.

```
> eq := z^3+p*z+q;
  p := -15; q := -4;
```

$$eq := z^3 + p\,z + q, \quad p := -15, \quad q := -4$$

Die folgenden Rechenschritte orientieren sich an unseren Überlegungen aus Abschnitt 1.1 des Textes. Zur Vereinfachung eines Ausdrucks mit Wurzeltermen muss dabei statt *simplify* oder *normal* das Maple-Kommando radnormal verwendet werden.

```
> A := -q/2+sqrt((q/2)^2+(p/3)^3):
  u := radnormal(A^(1/3));
  v := -p/3/u;
  omega := (-1+I*sqrt(3))/2;
```

$$u := 2 + i, \quad v := 2 - i, \quad \omega := -1/2 + 1/2\,i\sqrt{3}$$

Mit den *Cardanischen Formeln* ergibt sich:

```
> z1 = u+v;
  u*omega+v*omega^2:  z2 = simplify(%);
  u*omega^2+v*omega:  z3 = simplify(%);
```

$$z1 = 4, \quad z2 = -2 - \sqrt{3}, \quad z3 = -2 + \sqrt{3}$$

Maple findet natürlich die gleichen Lösungen auch direkt:

```
> solve(eq,z);
```

$$4, \quad -2 + \sqrt{3}, \quad -2 - \sqrt{3}$$

1.2 Definition und Modelle komplexer Zahlen

Arithmetische Einführung der komplexen Zahlen

```
> restart: with(LinearAlgebra):
```

Die komplexen Zahlen als Zahlenpaare

Für das Rechnen mit Zahlenpaaren benutzen wir als *Addition* die standardmäßig vorhandene komponentenweise Addition (Vektoraddition).

```
> [x[1],y[1]] + [x[2],y[2]];
```

$$[x_2 + x_1, \, y_2 + y_1]$$

Die *Multiplikation* definieren wir mittels eines *„neutralen Operators“*, d. h. einer *Prozedur* folgenden Typs:

```
> `&.` := proc(u,v)                    # Multiplikation
     eval([u[1]*v[1]-u[2]*v[2],u[1]*v[2]+u[2]*v[1]])
  end proc:
```

Mit dieser Prozedur kann die Multiplikation auf zwei verschiedene Arten ausgeführt werden:

```
> &. ( [x[1],y[1]],[x[2],y[2]] );
```

$$[x_1\, x_2 - y_1\, y_2, \, x_1\, y_2 + y_1\, x_2]$$

```
> [x[1],y[1]] &. [x[2],y[2]];
```

$$[x_1\, x_2 - y_1\, y_2, \, x_1\, y_2 + y_1\, x_2]$$

Aufgrund der *Regeln für neutrale Operatoren* bindet die Operation „&.“ stärker als die Addition. Im Zweifelsfalle setze man passende Klammern!

```
> alias(i=[0,1]):        # i = imaginäre Einheit
```

Wir bestätigen die Beziehung $i^2 = -1$:

```
> i &. i;
```

$$[-1, 0]$$

Maple kennt natürlich die üblichen Rechenregeln. Wir verzichten jedoch darauf, diese alle zu verifizieren. Beispielhaft überprüfen wir nur die *Existenz eines inversen Elementes* für $[x, y] \neq 0$:

```
> [x,y] &. [u,v] = [1,0];
```

$$[x\,u - y\,v, x\,v + y\,u] = [1, 0]$$

```
> lhs(%)-rhs(%): eq := convert(%,set);
```

$$eq := \{-1 + x\,u - y\,v, x\,v + y\,u\}$$

In der folgenden Maple-Anweisung interpretiert „*solve*“ die beiden Terme aus „*eq*“ als homogene Gleichungen und löst diese nach den Unbekannten u, v auf.

```
> solve(eq,{u,v});
```

$$\left\{u = \frac{x}{x^2 + y^2},\quad v = -\frac{y}{x^2 + y^2}\right\}$$

Die komplexen Zahlen als Unterring der 2×2*-Matrizen*

Jetzt benutzen wir als Operationen $+$ und $*$ die übliche Matrixaddition bzw. -multiplikation. Mittels folgender Zuordnung bilden wir geordnete Paare reeller Zahlen in 2×2-Matrizen ab:

```
> Phi := z -> Matrix(2,2,[z[1],-z[2],z[2],z[1]]);
```

$$\Phi := z \to \text{Matrix}(2, 2, [z_1, -z_2, z_2, z_1])$$

```
> 'Phi([x,y])' =  Phi([x,y]);
```

$$\Phi([x, y]) = \begin{bmatrix} x & -y \\ y & x \end{bmatrix}$$

Φ ist verträglich mit der Addition und der Multiplikation. Wir überprüfen dies mittels Verwendung des Maple-Befehls frontend(p,x) , wobei p eine Prozedur und x eine Argumentliste für p bedeuten. Die Prozedur wird angewendet auf die „eingefrorenen“ Argumente, welche im Ergebnis durch ihre ursprünglichen Werte ersetzt werden.

```
> A := Phi([x[1],y[1]]): B := Phi([x[2],y[2]]):
  eq := Phi([x[1],y[1]] + [x[2],y[2]]) = A + B:
  if Equal(lhs(eq),rhs(eq)) then
    A + B = frontend(Add,[A,B]) end if:
```

$$\begin{bmatrix} x_2 + x_1 & -y_2 - y_1 \\ y_2 + y_1 & x_2 + x_1 \end{bmatrix} = \begin{bmatrix} x_1 & -y_1 \\ y_1 & x_1 \end{bmatrix} + \begin{bmatrix} x_2 & -y_2 \\ y_2 & x_2 \end{bmatrix}$$

```
> eq := Phi([x[1],y[1]] &. [x[2],y[2]]) = A . B:
  if Equal(lhs(eq),rhs(eq)) then
    A . B = frontend(Multiply,[A,B]) end if:
```

$$\begin{bmatrix} x_1\, x_2 - y_1\, y_2 & -x_1\, y_2 - y_1\, x_2 \\ x_1\, y_2 + y_1\, x_2 & x_1\, x_2 - y_1\, y_2 \end{bmatrix} = \begin{bmatrix} x_1 & -y_1 \\ y_1 & x_1 \end{bmatrix} \begin{bmatrix} x_2 & -y_2 \\ y_2 & x_2 \end{bmatrix}$$

Die Abbildung Φ ist zudem injektiv und somit ein Isomorphismus auf die Bildmenge der geordneten Paare. Dies ist eine Teilmenge der 2×2-Matrizen, die bezüglich $+$ und $*$ die Körperaxiome erfüllt. Nullelement ist in diesem Falle die Nullmatrix, Einselement die Einheitsmatrix. Das inverse Element zu $[x,\, y] \neq 0$ liest man aus den folgenden Überlegungen ab:

```
> A := Phi([x,y]): B := MatrixInverse(A):
  frontend(Multiply,[A,B]) = simplify(A . B);
```

$$\begin{bmatrix} x & -y \\ y & x \end{bmatrix} \begin{bmatrix} \dfrac{x}{x^2+y^2} & \dfrac{y}{x^2+y^2} \\ -\dfrac{y}{x^2+y^2} & \dfrac{x}{x^2+y^2} \end{bmatrix} = \mathrm{MATRIX}([[1,\, 0],\, i])$$

Maple liefert hier als Ergebnis die Einheitsmatrix in einer sehr verschlüsselten Form. Diese wird dargestellt als Liste der beiden Zeilenvektoren $[1,\, 0]$ und $i = [0,\, 1]$.

```
> alias(j=Phi([0,1])):          # j = imaginäre Einheit im Unterring
  j, j . j;                      # j^2 = -1
```

$$j,\ \begin{bmatrix} -1 & 0 \\ 0 & -1 \end{bmatrix}$$

Geometrische Einführung der komplexen Zahlen

```
> restart: with(plots): with(plottools):
  x := 4: y := 3: z := [x,y]:
  Pfeil  := arrow([0,0],z,0.04,0.15,0.06,color=black):
  hLinie := line([0,y],z,color=black): # horizontale Linie
  vLinie := line([x,0],z,color=black): # vertikale Linie
  Texte  := [x+0.3,y+0.2,"z=x+iy"],[x+0.2,y/2,"iy"],[x/2,y+0.2," x"]:
  tplot  := textplot([Texte]):          # Beschriftung
  display({Pfeil,hLinie,vLinie,tplot},tickmarks=[4,3],
          scaling=constrained, title="Die GAUSSsche Zahlenebene");
```

Die Gaußsche Zahlenebene

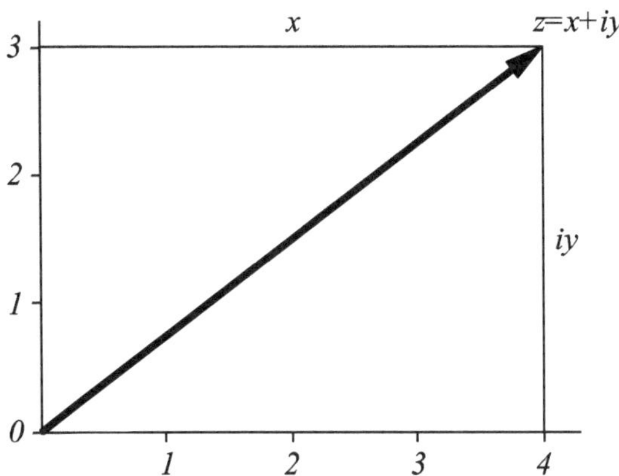

Hier tritt zum ersten Mal eine etwas komplexere Abbildung auf. Diese setzt sich zusammen aus vier sogenannten *Graphikobjekten*, bei deren Benennung wir uns um möglichst suggestive Namen bemüht haben. Sie heißen *Pfeil*, *hLinie*, *vLinie* sowie *tplot*. Wir werden uns diese gleich im einzelnen etwas genauer anschauen. Zuvor sollten Sie jedoch den Maple-Befehl

```
> with(plottools);
```

$$[arc, arrow, circle, cone, cuboid, curve, cutin, cutout, cylinder, disk, \ldots]$$

ausführen. Dieses Programm-Paket wurde oben (vor der Erzeugung der Abbildung) geladen. Man kann damit einfache Graphikobjekte, wie z. B. *arc* (Kreisbogen), *arrow* (Pfeil), *disk* (Kreisscheibe), *line* (Strecke), erzeugen. Mit Befehlen wie *z. B. translate* (Verschieben), *scale* (Skalieren), *rotate* (Drehen) und *transform* können Graphikstrukturen transformiert werden. Nach Anklicken eines Befehls aus dem Plottools-Paket kann man sich mit *Help* darüber genauer informieren. Mit arrow($[x1, y1]$, $[x2, y2]$, $B1$, $B2$, V) erzeugt man einen Pfeil der Länge L von $[x1, y1]$ nach $[x2, y2]$. $B1$ ist die Pfeilbreite, $B2$ die Breite der Pfeilspitze und V das Verhältnis der Länge der Pfeilspitze zur Gesamtlänge L. line($[x1, y1]$, $[x2, y2]$) ergibt die Strecke von $[x1, y1]$ nach $[x2, y2]$. Mit der Option *color* lassen sich die einzelnen Graphikobjekte wie üblich färben. Die Beschriftung innerhalb der Graphik erfolgt mit dem Kommando *textplot* aus dem plots-Paket. An drei Stellen soll hier ein Text ausgegeben werden. Die Textangabe erfolgt jeweils in der Form $[x, y,$ "text"$]$, wobei *text* sowohl horizontal als auch vertikal bezüglich des Punktes $[x, y]$ zentriert wird. Die Folge *Texte* oben enthält drei solcher Textangaben, die in der Form [Texte] als Textliste durch textplot ausgegeben werden. Die Gesamtausgabe unserer Graphikbausteine erfolgt mittels display. Auf einfache Art kann man dabei die Graphik durch die Option title noch mit einer Überschrift versehen.

Die Addition komplexer Zahlen wird definiert als Vektoraddition:

```
> x1 := 3: y1 := 1: x2 := -2: y2 := 3:
  z1 := [x1,y1]: z2 := [x2,y2]: z := z1+z2:
  Pfeil1 := arrow([0,0],z1,0.05,0.2,0.09,color=gray):
  Pfeil2 := arrow([0,0],z2,0.05,0.2,0.08,color=gray):
  Pfeil3 := arrow([0,0],z,0.06,0.2,0.08,color=black):
  Linien := plot([[z1,z],[z2,z]],color=black):
  Texte  := [x1+0.2,y1,typeset(` z`[1])],[x2,y2+0.2,typeset(` z`[2])],
            [op(z+[0.2,0.2]),typeset(` z`=` z`[1]+` z`[2])]:
  tplot  := textplot([Texte]):
  display({Pfeil1,Pfeil2,Pfeil3,Linien,tplot},scaling=constrained,
          title="Addition komplexer Zahlen");
```

Addition komplexer Zahlen

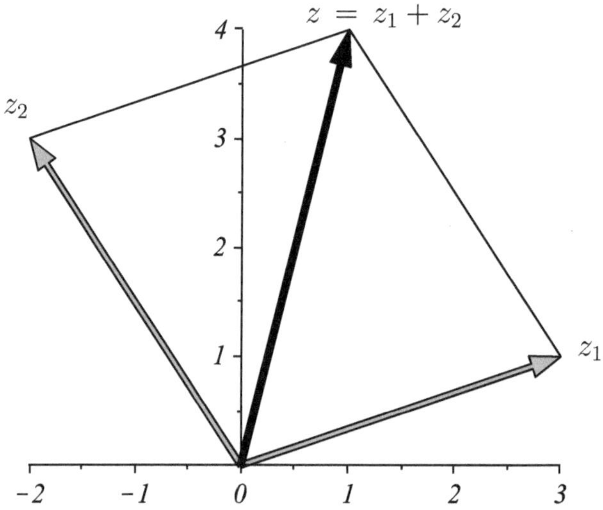

Der Text dieser Graphik ist mittels der Option typeset gestaltet worden. Näheres hierüber liefert die Maple-Hilfe nach Eingabe von ?plot, typesetting .

Wie die Multiplikation geometrisch eingeführt werden kann, wird im Kontext von Abschnitt 1.4 verständlich. Der Nachweis der Körperaxiome erfolgt dann durch elementargeometrische Überlegungen.

1.3 Elementare Operationen und Regeln

Symbolisches Rechnen mit komplexen Zahlen

```
> restart: interface(imaginaryunit=i): macro(I=i):
  I; I^2;
```

$$i, \quad -1$$

```
> for k from 1 to 2 do z[k] := x[k]+I*y[k] end do:
```

Summe, Produkt, Quotient (Inverse) komplexer Zahlen

```
> 'z[1]+z[2]' = evalc(z[1]+z[2]);
```

$$z_1 + z_2 = x_1 + x_2 + i\,(y_1 + y_2)$$

```
> 'z[1]*z[2]' = evalc(z[1]*z[2]);
```

$$z_1\,z_2 = x_1\,x_2 - y_1\,y_2 + i\,(x_1\,y_2 + y_1\,x_2)$$

```
> 'z[1]/z[2]' = evalc(z[1]/z[2]);
```

$$\frac{z_1}{z_2} = \frac{x_1\,x_2}{x_2^2 + y_2^2} + \frac{y_1\,y_2}{x_2^2 + y_2^2} + i\left(\frac{y_1\,x_2}{x_2^2 + y_2^2} - \frac{x_1\,y_2}{x_2^2 + y_2^2}\right)$$

```
> z := x + I*y:  '1/z' = evalc(1/z);
```

$$\frac{1}{z} = \frac{x}{x^2 + y^2} + \frac{-i\,y}{x^2 + y^2}$$

Real- und Imaginärteil

```
> 'Re(z)' = evalc(Re(z)); 'Im(z)' = evalc(Im(z));
```

$$\Re(z) = x, \quad \Im(z) = y$$

Durch Auswerten mittels der logischen Funktion evalb erhalten wir:

```
> eq := 'Re(z)' = '(z+conjugate(z))/2': evalc(%):
  if evalb(%) then eval(eq,1) end if;
```

$$\Re(z) = \frac{1}{2}\,z + \frac{1}{2}\,\overline{z}$$

```
> eq := 'Im(z)' = (1/(2*I))*'(z-conjugate(z))': evalc(%):
  if evalb(%) then eval(eq,1) end if;
```

$$\Im(z) = \frac{-1}{2}\,i\,(z - \overline{z})$$

Konjugation und Betrag

```
> 'conjugate(z)' = evalc(conjugate(z));
```

$$\overline{z} = x - i\,y$$

```
> 'abs(z)' = evalc(abs(z)); z := 'z':
```

$$|z| = \sqrt{x^2+y^2}$$

Überprüfen einiger Rechenregeln

```
> eq := 'conjugate(z[1]+z[2])' = 'conjugate(z[1])+conjugate(z[2])':
  evalc(%): if evalb(%) then eval(eq,1) end if;
```

$$\overline{z_1+z_2} = \overline{z_1}+\overline{z_2}$$

```
> eq := 'conjugate(z[1]*z[2])' = 'conjugate(z[1])*conjugate(z[2])':
  evalc(%): if evalb(%) then eval(eq,1) end if;
```

$$\overline{z_1\, z_2} = \overline{z_1}\,\overline{z_2}$$

```
> eq := 'z*conjugate(z)' = 'abs(z)^2': evalc(%):
  if evalb(%) then eval(eq,1) end if;
```

$$z\,\overline{z} = |z|^2$$

Beispiele

```
> restart: interface(imaginaryunit=i): macro(I=i):
  u := 2-5*I; v := 4+I;
```

$$u := 2-5\,i, \quad v := 4+i$$

Summe, Differenz, Produkt und Quotient komplexer Zahlen

```
> u+v; u-v; u*v; u/v;
```

$$6-4\,i, \quad -2-6\,i, \quad 13-18\,i, \quad \frac{3}{17}-\frac{22}{17}\,i$$

Eine 4-stellige Näherung für das vorangehende Resultat ergibt sich dann so:

```
> evalf(u/v,4);
```

$$0.1765-1.294\,i$$

Real- und Imaginärteil, Konjugation und Betrag

```
> Re(u); Im(v); conjugate(u); abs(u);
```

$$2, \quad 1, \quad 2+5\,i, \quad \sqrt{29}$$

Komplexe Zahlen zeichnen

```
> with(plots):
  Linien := complexplot([u,0,conjugate(u)],thickness=2,color=black):
  Punkte := complexplot([u,conjugate(u)],style=point,symbol=circle,
                         symbolsize=20,color=black):
  display(Linien,Punkte,labels=["Re","Im"],thickness=2);
```

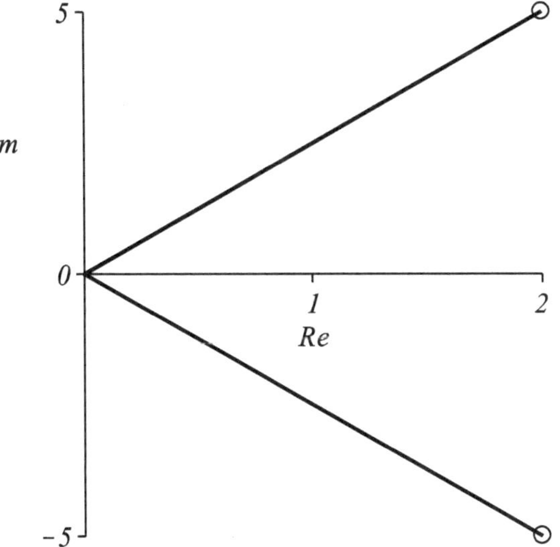

Wir lernen hier den Maple-Befehl complexplot kennen. Analog zu *plot* kann man durch complexplot($[z1, z2, z3]$) eine Liste $[z1,\ z2,\ z3]$ komplexer Zahlen in der angegebenen Reihenfolge geradlinig verbinden. Durch die Option *style=point* werden die aufgelisteten Zahlen nur als Punkte ausgegeben. Mit der Option *symbolsize* kann deren Größe verändert werden.

1.4 Argument, geometrische Veranschaulichung

Eulersche Formel

```
> restart:
  interface(imaginaryunit=i): macro(I=i):
  exp(x+I*y) = evalc(exp(x+I*y));
```

$$e^{x+i\,y} = e^{x}\cos(y) + i\,e^{x}\sin(y)$$

```
> exp(I*x) = evalc(exp(I*x));
  Re(exp(I*x)) = evalc(Re(exp(I*x)));
  Im(exp(I*x)) = evalc(Im(exp(I*x)));
```

$$e^{i\,x} = \cos(x) + i\sin(x)\,, \quad \Re(e^{i\,x}) = \cos(x)\,, \quad \Im(e^{i\,x}) = \sin(x)$$

Polardarstellung komplexer Zahlen

Wie bei Vektoren im $\mathbb{R}^2$ kann man komplexe Zahlen mittels der Polardarstellung durch ihren Betrag r und ihr Argument φ beschreiben.

```
> restart: interface(imaginaryunit=i): macro(I=i):
  with(plots): with(plottools):
  x := 3: y := 2: z := x+y*I: phi := argument(z):
  Pfeil  := arrow([0,0],[x,y],0.03,0.1,0.055,color=black):
  hLinie := line([0,y],[x,y],color=black):
  vLinie := line([x,0],[x,y],color=black):
  Arcus  := arc([0,0],1,0..phi,color=black,thickness=2):  # Kreisbogen
  Texte  := [2/3*x,2/3*y+0.2,"r"],[x+0.1,y+0.15," z"],
            [0.7*cos(phi/2),0.7*sin(phi/2),typeset(`&varphi;`)],
            [x/2,y+0.15,typeset("r cos(",`&varphi;`,")")],
            [x+0.5,y/2, typeset("r sin(",`&varphi;`,")")]:
  tplot  := textplot([Texte]):
  display({Pfeil,hLinie,vLinie,Arcus,tplot},scaling=constrained,
     tickmarks=[3,3],title="Polardarstellung komplexer Zahlen");
```

Polardarstellung komplexer Zahlen

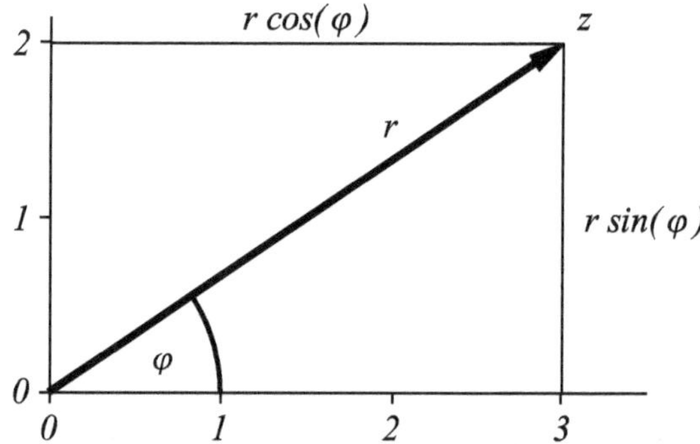

r und φ lassen sich so berechnen:

```
> 'z' = z; phi := argument(z); r := abs(z);
```

$$z = 3 + 2\,i, \quad \varphi := \arctan\left(\frac{2}{3}\right), \quad r := \sqrt{13}$$

```
> 'phi' = evalf(%%,6);
```

$$\varphi = 0.588003$$

Wir überprüfen, dass dies wirklich die Polardarstellung von z liefert:

```
> 'r'*exp(I*'phi') = radnormal(evalc(r*exp(I*phi)));
```

$$r\,e^{i\,\varphi} = 3 + 2\,i$$

r und φ erhält man auch so:

```
> convert(z,polar);
```

$$\mathrm{polar}\Big(\sqrt{13}\,,\ \arctan\Big(\frac{2}{3}\Big)\Big)$$

... oder so:

```
> polar(z);
```

$$\mathrm{polar}\Big(\sqrt{13}\,,\ \arctan\Big(\frac{2}{3}\Big)\Big)$$

```
> r := op(1,%); phi := op(2,%%);
```

$$r := \sqrt{13}\,, \quad \varphi := \arctan\Big(\frac{2}{3}\Big)$$

Rechnen mit der Polardarstellung

```
> r := 'r': phi := 'phi': polar(r,phi): % = evalc(%);
  polar(r,phi)*polar(s,psi): % = simplify(%);
  1/polar(r,phi): % = simplify(%);
  polar(r,phi)^3: % = simplify(%);
```

$$\begin{aligned}
\mathrm{polar}(r,\,\varphi) &= r\cos(\varphi) + i\,r\sin(\varphi)\,,\\
\mathrm{polar}(r,\,\varphi)\,\mathrm{polar}(s,\,\psi) &= \mathrm{polar}(r\,s,\,\varphi+\psi)\,,\\
\frac{1}{\mathrm{polar}(r,\,\varphi)} &= \mathrm{polar}\Big(\frac{1}{r},\,-\varphi\Big)\,,\\
\mathrm{polar}(r,\,\varphi)^3 &= \mathrm{polar}(r^3,\,3\,\varphi)
\end{aligned}$$

Wir machen uns zum Schluss klar, dass argument(z) der Hauptwert des Argumentes von z ist:

```
> 'argument(-1)' = argument(-1);
```

$$\mathrm{argument}(-1) = \pi$$

```
> Limit(argument(-1+I*t),t=0,left):  % = value(%);
  Limit(argument(-1+I*t),t=0,right): % = value(%);
```

$$\lim_{t\to 0-} \mathrm{argument}(-1 + i\,t) = -\pi\,, \quad \lim_{t\to 0+} \mathrm{argument}(-1 + i\,t) = \pi$$

Veranschaulichung der Konjugation

```
> restart: with(plots): with(plottools):
  x := 3: y := 2: z := x+I*y: phi := argument(z):
  Pfeil1 := arrow([0,0],[x,y], 0.04,0.12,0.07,color=black):
  Pfeil2 := arrow([0,0],[x,-y],0.04,0.12,0.07,color=gray):
  Arcus1 := arc([0,0],0.9,0..phi,color=black,thickness=2):
  Arcus2 := arc([0,0],0.9,-phi..0,color=gray,thickness=2):
  hLinie := line([0,y],[x,y],color=black):
  vLinie := line([x,-y],[x,y],color=black):
  Texte  := [x+0.2,y+0.15,"x+iy"],[x+0.2,-y-0.1,"x-iy"],
            [x/2,y+0.15," x"],[x+0.2,y/2," y"],[x+0.2,-y/2,"-y"],
            [0.65*cos(phi/2),0.6*sin(phi/2),typeset( `&varphi;`)],
            [0.6*cos(phi/2),-0.6*sin(phi/2),typeset(-`&varphi;`)]:
  tplot  := textplot([Texte]):
  display({Pfeil1,Pfeil2,Arcus1,Arcus2,hLinie,vLinie,tplot},
          tickmarks=[3,3],scaling=constrained,labels=["Re","Im"],
          title="Konjugation komplexer Zahlen");
```

Konjugation komplexer Zahlen

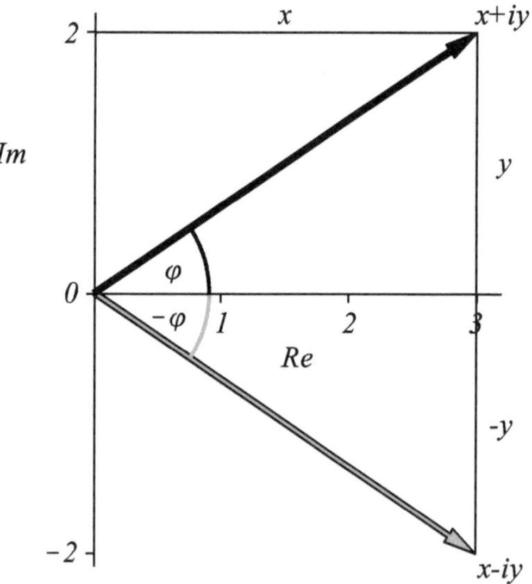

Veranschaulichung der Multiplikation

```
> restart: with(plots): with(plottools):
  x1 := 3/2: y1 := 1/2: z1 := x1+I*y1: phi1 := argument(z1):
  x2 := 1:   y2 := 3/2: z2 := x2+I*y2: phi2 := argument(z2):
  z := z1*z2: x := Re(z): y := Im(z):
  Pfeil1 := arrow([0,0],[x1,y1],0.03,0.10,0.10,color=gray):
```

```
Pfeil2 := arrow([0,0],[x2,y2],0.03,0.09,0.10,color=gray):
Pfeil3 := arrow([0,0],[x,y], 0.035,0.10,0.06,color=black):
Arcus1 := arc([0,0],0.8,0..phi1,color=gray,thickness=2):
Arcus2 := arc([0,0],0.8,phi2..phi2+phi1,color=gray,thickness=2):
Arcus3 := arc([0,0],0.4,0..phi2,color=black,thickness=1):
Linien := plot([[[1,0],[x1,y1]],[[x2,y2],[x,y]]],color=black):
Texte  := [x1+0.1,y1,typeset(` z`[1])],[x2+0.1,y2,typeset(` z`[2])],
          [x+0.2,y,typeset(` z`[1],` z`[2])]:
tplot  := textplot([Texte]):
display(Pfeil1,Pfeil2,Pfeil3,Arcus1,Arcus2,Arcus3,Linien,tplot,
        tickmarks=[3,3], scaling=constrained,
        title="Multiplikation komplexer Zahlen");
```

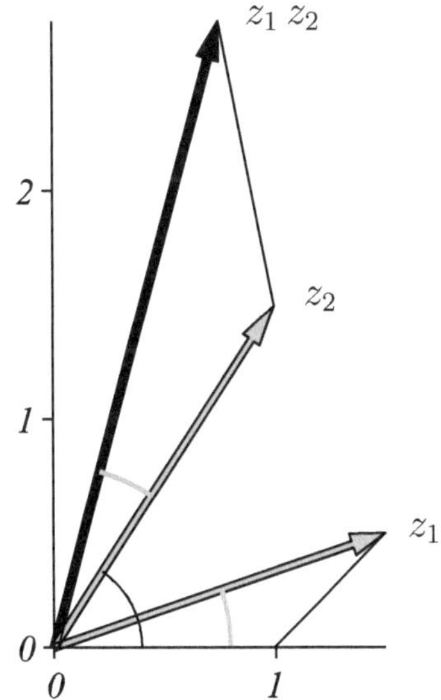

1.5 Wurzeln

Beispiel

```
> restart: interface(imaginaryunit=i): macro(I=i):
```

Es sollen die dritten Wurzeln von $w = 2 + 11\,i$ berechnet werden, d. h. wir suchen komplexe Zahlen z mit $z^3 = w$, die im Beispiel von Rafael Bombelli (siehe Seite 2) auftraten.

```
> w := 2+11*I;
```

$$w := 2 + 11\,i$$

```
> solve(z^3=w); Loesungen := map(evalc,[%]);
```

$$(2+i)\left(-\frac{1}{2}+\frac{1}{2}\,i\,\sqrt{3}\right),\quad (2+i)\left(-\frac{1}{2}-\frac{1}{2}\,i\,\sqrt{3}\right),\quad 2+i$$

$$Loesungen := \left[-1-\frac{1}{2}\,\sqrt{3}+i\left(-\frac{1}{2}+\sqrt{3}\right),\ -1+\frac{1}{2}\,\sqrt{3}+i\left(-\frac{1}{2}-\sqrt{3}\right),\ 2+i\right]$$

Wir erhalten drei Lösungen, die in der folgenden Abbildung veranschaulicht sind:

```
> with(plots):
  dots := complexplot(Loesungen,style=point,color=black,
                     symbol=solidcircle,symbolsize=16):
  Kreis:= plot(abs(Loesungen[1]),coords=polar,color=black,thickness=2):
  display(dots,Kreis,scaling=constrained);
```

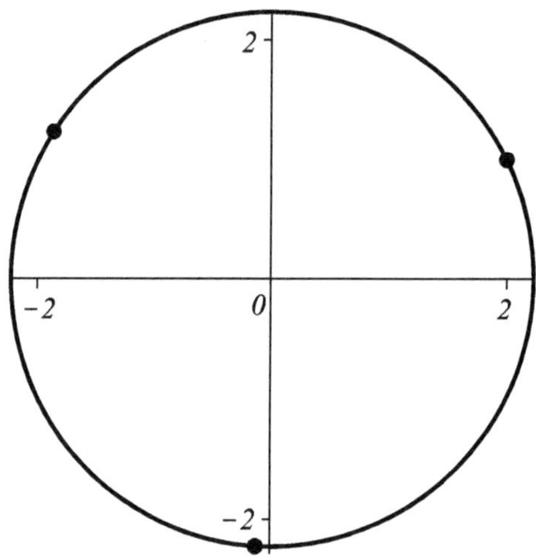

Symbolische Berechnung n-ter Wurzeln

```
> restart: interface(imaginaryunit=i): macro(I=i):
  assume(r > 0):  a := r*exp(I*psi);
```

$$a := r\,e^{i\,\psi}$$

Für eine komplexe Zahl a mit der Polardarstellung $a = r\,e^{i\,\psi}$ berechnen wir die n-ten Wurzeln:

```
> solve(z^n=a,z): evalc(%): simplify(%);
```

$$r^{\frac{1}{n}}\left(\cos\left(\frac{\psi}{n}\right)+i\sin\left(\frac{\psi}{n}\right)\right)$$

Maple liefert symbolisch rechnend zunächst nur *eine* Lösung, obwohl es n Lösungen gibt. Wenn wir *alle Lösungen* haben wollen, müssen wir zuvor eine *Umgebungsvariable* geeignet setzen:

```
> _EnvAllSolutions := true:
  solve(z^n=a,z): evalc(%): simplify(%);
```

$$z := r^{\frac{1}{n}} \left(\cos\left(\frac{\psi + 2\,\pi\,\_Z1}{n}\right) + i\sin\left(\frac{\psi + 2\,\pi\,\_Z1}{n}\right)\right)$$

Wir wissen schon: Das sind nur scheinbar unendlich viele Lösungen. Unter diesen sind die für die Parameterwerte $\_Z1 = 0, 1, \ldots, n-1$ paarweise verschieden. Im Falle $a = 1$ bezeichnet man die n-ten Wurzeln als *Einheitswurzeln.* Sie sind die Lösungen der *Kreisteilungsgleichung* $z^n = 1$ und liefern die Eckpunkte eines regelmäßigen n-Ecks.

Beispiel

```
> n := readstat("Geben Sie eine natürliche Zahl ein: "):
```

Geben Sie eine natürliche Zahl ein: 3;

```
> W := [seq(2*Pi/n*k,k=0..n-1)]:      # Winkel
  P := [seq(exp(I*phi),phi=W)]:       # komplexe Punkte
  Q := map(z -> [Re(z),Im(z)],P):     # kartesische Darstellungen von P
  with(plots): with(plottools):
  Kreis := plot(1,coords=polar,color=black,thickness=2):
  dots  := seq(disk(z,0.03,color=black),z=Q),
                disk([0,0],0.02,color=black):
  Text  := textplot([seq([op(evalf(1.2*z,3)),z[1]+I*z[2]],z=Q)]):
  display(Kreis,dots,Text,axes=none,scaling=constrained,
          title=cat(n,". Einheitswurzeln"));
```

3. Einheitswurzeln

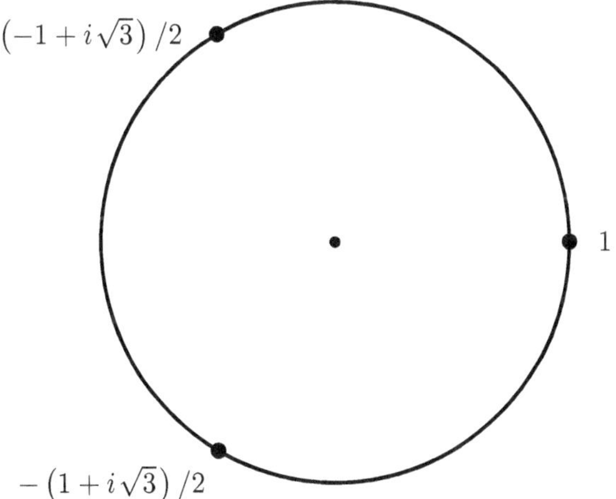

Nach der Eingabe einer *beliebigen* natürlichen Zahl und deren Übergabe an die Variable n wird obige Abbildung erzeugt, welche die n-ten Einheitswurzeln veranschaulicht. Die hierzu ausgeführte Anweisungsgruppe wollen wir ein wenig erläutern und zugleich daran deutlich machen, dass Maple-Code recht kompakt und dennoch übersichtlich sein kann. Die Liste P enthält alle n-ten Einheitswurzeln; deren Winkel (im Bogenmaß) sind in der Liste W aufgezählt. Wir weisen an dieser Stelle auf die Anweisung seq(exp(I*phi), phi=W) hin, die gewiss eleganter ist als die Formulierung seq(exp(I*W[k]), k=1..n) in der herkömmlichen Art. Die sehr wichtige Maple-Funktion map bildet mittels $z \to [\mathrm{Re}(z), \mathrm{Im}(z)]$ die komplexen Zahlen der Liste P auf die entsprechenden reellen Zahlenpaare der Liste Q ab. Natürlich hätten wir ebensogut

```
P := map(phi -> exp(I*phi),W): Q := [seq([Re(z),Im(z)],z=P)]:
```

schreiben können; welche Formulierung man bevorzugt, ist reine Geschmacksache.

Nach diesen Vorbereitungen werden die Graphikstrukturen *Kreis, dots* und *Text* definiert. *Kreis* ist offensichtlich der Einheitskreis, und *dots* stellt mit Hilfe des Kommandos *disk* aus dem Plottools-Paket die Einheitswurzeln sowie den Ursprung als ‚fette' Punkte dar. Alternativ kann man auch einfacher z. B. dots:=plot(Q, style=point, symbol=circle, symbolsize=18); schreiben. *Text* schließlich liefert mit Hilfe von *textplot* die Beschriftung durch eine Liste von Textangaben. Auf den ersten Blick wirkt der entsprechende Teil der Maple-Anweisung etwas kryptisch; wir empfehlen deshalb, folgende Anweisung separat auszuführen:

```
> seq([op(evalf(1.2*z,3)),z[1]+I*z[2]],z=Q);
```

$$[1.2,\, 0.,\, 1],\ \left[-0.600,\, 1.04,\, -\frac{1}{2}+\frac{1}{2}\, i\, \sqrt{3}\right],\ \left[-0.600,\, -1.04,\, -\frac{1}{2}-\frac{1}{2}\, i\, \sqrt{3}\right]$$

Dann dürfte klar werden, was im einzelnen passiert. Der Faktor 1.2 soll übrigens bewirken, dass die Beschriftung vom Einheitskreis etwas abgesetzt wird. Und noch etwas sei an einem Beispiel erläutert:

```
> Q[2]; evalf(1.2*Q[2],3); op(%):
```

$$\left[\frac{-1}{2},\, \frac{1}{2}\sqrt{3}\right],\quad [-0.600\,,\, 1.04]$$

Hier wird also das geordnete Paar $Q[2]$ mit dem Faktor 1.2 multipliziert und anschließend mittels evalf(· , 3) auf drei Stellen gerundet, was im Rahmen der Zeichengenauigkeit ausreicht. Mit op(%) schließlich greift man auf die beiden Komponenten des geordneten Paares zu; dies sind genau die Koordinaten, welche in die zweite Textangabe oben eingesetzt worden sind. Die Ausgabe dieser drei Plotstrukturen erfolgt — wie so oft — mit *display*. Die Überschrift der Abbildung wird mittels der Option *title* erzeugt. Hier lernen wir erstmals die Maple-Funktion cat kennen, die n und „. Einheitswurzel" zu einem String verknüpft.

1.6 Riemannsche Zahlenkugel und stereographische Projektion

Bernhard RIEMANN verdanken wir ein Modell der komplexen Zahlen, welches sehr leicht eine Veranschaulichung des Punktes ∞ erlaubt. Die komplexen Zahlen werden dabei mit der (x_1, x_2)-Ebene des dreidimensionalen Raumes identifiziert. Punkte $z = x + i\,y$ der komplexen Zahlenebene werden auf die Einheitssphäre

$$S := \left\{(x_1, x_2, x_3) \in \mathbb{R}^3 \,|\, x_1^2 + x_2^2 + x_3^2 = 1\right\}$$

abgebildet, indem man den Schnittpunkt $Z = (x_1, x_2, x_3)$ von S mit der Geraden durch den Nordpol $N = (0,0,1)$ und $P = (x,y,0)$ berechnet. Man erhält so die folgende Abbildung:

$$x_1 = \frac{2x}{x^2 + y^2 + 1}, \quad x_2 = \frac{2y}{x^2 + y^2 + 1}, \quad x_3 = \frac{x^2 + y^2 - 1}{x^2 + y^2 + 1}$$

Für $z = 2 + i$ wird die stereographische Projektion durch die Abbildung auf Seite 12 veranschaulicht. Diese wurde folgendermaßen mit Maple erzeugt:

```
> restart: with(plots): with(plottools):
  f := transform((x,y) -> [2*x,2*y,x^2+y^2-1]/(1+x^2+y^2)):
  g := transform((x,y) -> [x,y,0]):
  Punkt := pointplot([2,1],symbol=circle,symbolsize=16,color=black):
  Ebene := plot3d(0,x=-1.3..2.2,y=-1.3..1.3,style=patchnogrid,
                  color=gray):
  Gitter:= plot3d(0,x=-1.3..2.2,y=-1.3..1.3,style=wireframe,
                   color=white,numpoints=100):
  Kugel := plot3d(1,theta=0..2*Pi,phi=0..Pi,coords=spherical,
                  style=wireframe,color=black):
  Gerade:= line([2,1,0],[0,0,1],color=black,thickness=3):
  p := display(f(Punkt),g(Punkt),Kugel,Ebene,Gerade):
  display(p,Gitter,title="stereographische Projektion",
          scaling=constrained,orientation=[-10,75]);
```

Auf Einzelheiten der Graphikbausteine *Punkt, Ebene, Gitter, Kugel* und *Gerade* gehen wir nicht mehr näher ein; wir empfehlen jedoch, diese zum besseren Verständnis einzeln auszugeben und eventuell Optionen zur Oberflächengestaltung wie z. B. style = patchnogrid oder style = wireframe zu ändern oder gar wegzulassen. Besondere Beachtung verdient der Befehl transform aus dem Plottools-Paket. Die damit definierten Graphiktransformationen f und g wandeln hier 2D- in 3D-Graphikstrukturen. Näheres hierzu ist im Anhang zu finden.

Mittels der Option orientation = [−90, 90] erhalten wir folgende *Seitenansicht:*

```
> display(p,axes=framed,orientation=[-90,90],tickmarks=[3$3],
        scaling=constrained,labels=[" "$3]);
```

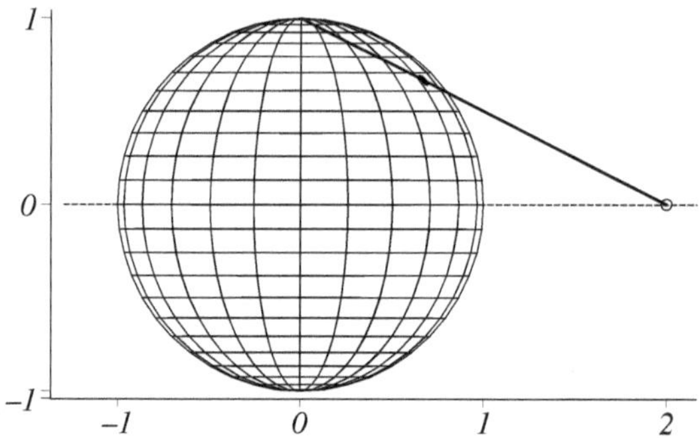

Jetzt soll das *Abbildungsverhalten der stereographischen Projektion* an komplexeren Graphikstrukturen verdeutlicht werden. Wir wählen ein *Polargitter*, das sehr einfach mit dem Kommando coordplot erzeugt werden kann.

Wir erläutern die vier wichtigsten Parameter: polar ist der Name des gewünschten Koordinatensystems. Es folgt eine Liste von zwei Bereichen, die in der Parameterebene das Rechteck $[0.2, 4] \times [0, 2\pi]$ beschreiben; wegen grid $= [12, 20]$ muss man sich dieses durch ein rechteckiges Gitter von 12 (schwarzen) vertikalen bzw. 20 (roten) horizontalen Linien überzogen denken. Durch view schließlich wird im kartesischen Koordinatensystem des Bildbereiches ein Fenster für das Bildgitter festgelegt.

```
> p := coordplot(polar,[0.2..4,0..2*Pi],view=[-4..4,-4..4],
                 grid=[12,20],linestyle=1,color=[red,black]):
  display(p,axes=framed,scaling=constrained);
```

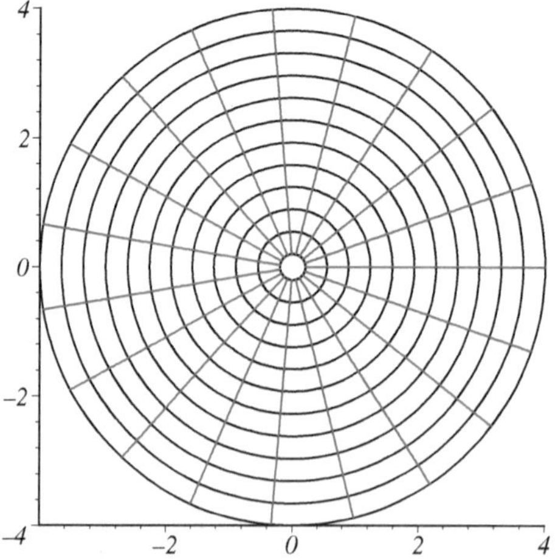

Zur besseren Visualisierung unterlegen wir die Plots durch die grau schattierte Riemannsche Zahlenkugel:

```
> Kugel1 := plot3d(1,theta=0..2*Pi,phi=0..Pi,shading=zgrayscale,
              style=patchnogrid,coords=spherical,scaling=constrained):
  display(Kugel1,f(p),axes=framed,tickmarks=[3$3]);
```

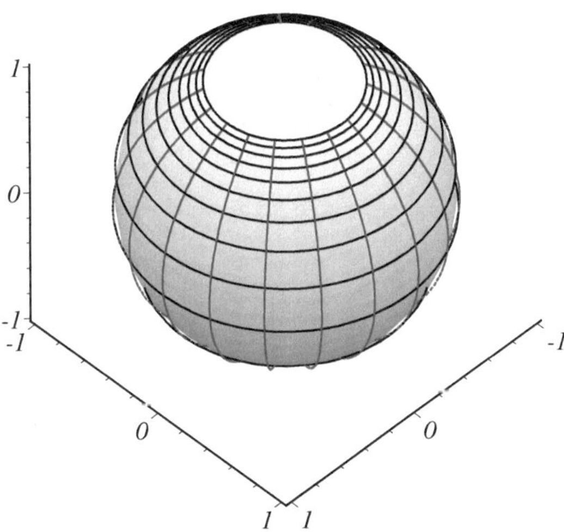

Als zweites Beispiel wählen wir ein *Rechteckgitter* (kartesisches Gitter) und gehen analog vor:

```
> c := coordplot(cartesian,[-6..6,-6..6],view=[-6..6,-6..6],
              grid=[15,15],linestyle=1,color=[red,black]):
  display(c,axes=framed,scaling=constrained);
  display(Kugel1,f(c),axes=framed,tickmarks=[3$3]);
```

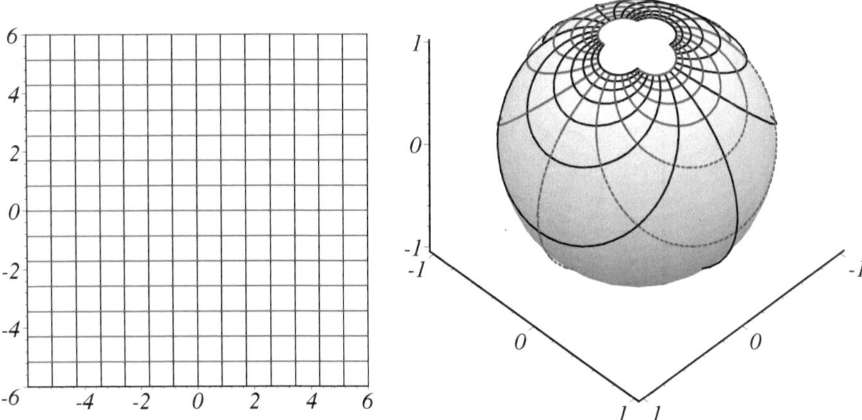

Und weil's so schön ist, noch zwei weitere Beispiele:

```
> sq := conformal(z^2,z=-2-2*I..2+2*I,grid=[21,21],numxy=[150,150],
                  color=[black,red]):
  display(sq,view=[-5..5,-5..5],axes=framed,scaling=constrained);
```

Wir erläutern die Bedeutung der drei wichtigsten Parameter:
Durch z = - 2 - 2*I .. 2 + 2*I wird in der komplexen Zahlenebene das (quadratische) Rechteck $[-2, 2] \times [-2, 2]$ beschrieben. Dieses wird wegen grid = [21, 21] — ähnlich wie bei coordplot — durch ein Raster von je 21 (roten) horizontalen bzw. (schwarzen) vertikalen Gitterlinien überzogen. Durch die komplexe Abbildung $z \longmapsto z^2$ — aufgefasst als reelle Abbildung $(x, y) \longmapsto [x^2 - y^2, 2\,x\,y]$ des $\mathbb{R}^2$ in sich — entsteht dann das Bildgitter. Es folgt die stereographische Projektion dieser 2D-Grafik:

```
> display(Kugel1,f(sq),axes=framed,tickmarks=[3,3,3]);
```

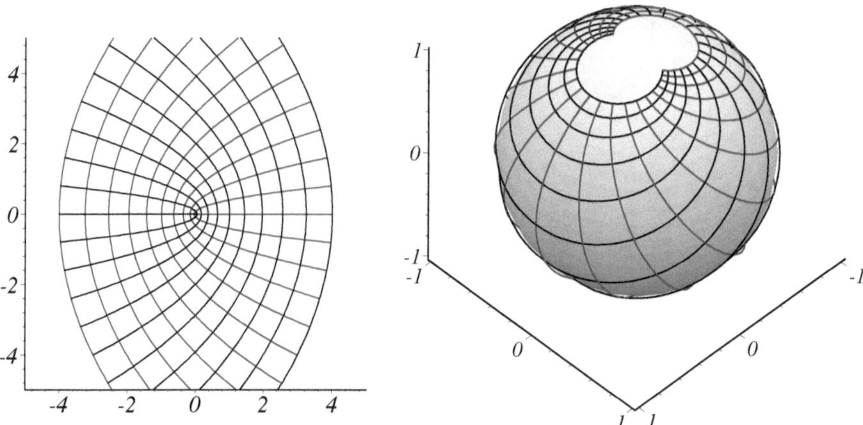

Wir beschließen den Reigen schöner Maple-Graphiken:

```
> s := plot([t,t^1.5,t^2],t=0..2*Pi,coords=polar,tickmarks=[3,3],
            color=[red,black],thickness=2):
  display(s,axes=framed,scaling=constrained);
```

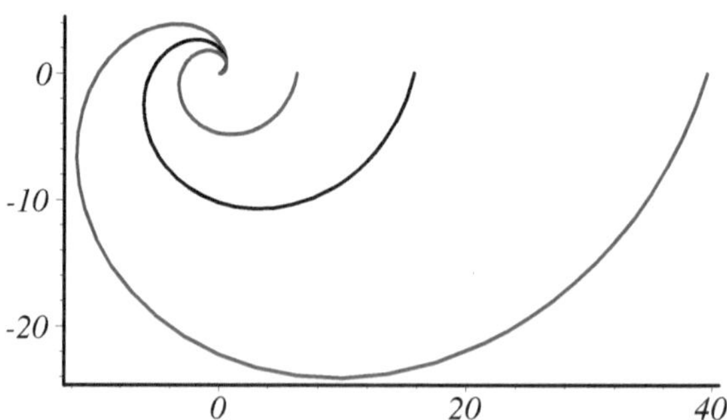


```
> display(Kugel1,f(s),axes=framed,title="Gusti, Lili und Modche ...",
          tickmarks=[3$3]);
```

Gusti, Lili und Modche ...

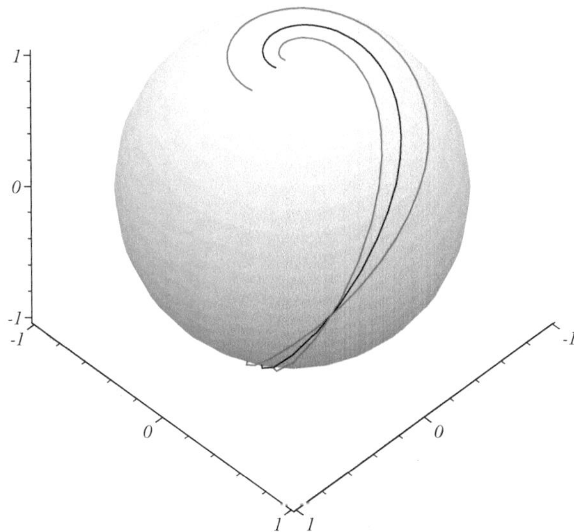

Das Bild dieser drei Kurven auf der Riemannschen Zahlenkugel assoziiert Erinnerungen an *Gusti, Lili und Modche* aus Ephraim Kishons Satire *Tagebuch eines Haarspalters.*

Leser, die sich über den nur auf der Kugel sichtbaren Kurvenschnittpunkt wundern, sollten in der Anweisung für die 2D-Graphikstruktur s den Bereich t = 0 .. 2*Pi etwa durch t = 0 .. 1.1 ersetzen.

Kapitel 2

Topologische Grundlagen

Wir geben in diesem Kapitel eine recht knappe Zusammenstellung von Grundbegriffen sowie Schlussfolgerungen, die normalerweise bereits in einer Analysis-Grundvorlesung behandelt werden.

Es seien $n \in \mathbb{N}$ fest und $\|\ \|$ irgendeine *Norm auf dem* $\mathbb{C}^n$, zum Beispiel

$$\|z\| := \|z\|_2 := \left(\sum_{\nu=1}^{n} |z_\nu|^2\right)^{1/2} \qquad \text{(euklidische Norm)}$$

für $z = (z_1, \ldots, z_n) \in \mathbb{C}^n$. Für $a \in \mathbb{C}^n$ und $\varepsilon > 0$ heißt dann

$$U_a^\varepsilon := \{z \in \mathbb{C}^n : \|z - a\| < \varepsilon\} \qquad \text{„}\varepsilon\text{-Umgebung von } a\text{“}.$$

$\mathbb{U}_a^0 := \{U_a^\varepsilon : \varepsilon > 0\}$ liefert eine *„Umgebungsbasis (von a)“*,

$\mathbb{U}_a := \{U \subset \mathbb{C}^n : \exists\, \varepsilon > 0 \quad U_a^\varepsilon \subset U\}$ das *„Umgebungssystem (von a)“*.

Elemente von $\mathbb{U}_a$ heißen *„Umgebungen (von a)“*.

2.1 Konvergenz von Folgen

Für eine Folge (z_k) in $\mathbb{C}^n$ und $a \in \mathbb{C}^n$ definieren wir:

$$\boxed{z_k \longrightarrow a \quad (k \to \infty)} \quad :\Longleftrightarrow \quad \|z_k - a\| \longrightarrow 0 \quad (k \to \infty)\,;$$

dies bedeutet

$$\forall\, \varepsilon > 0 \ \exists\, K \in \mathbb{N} \ \forall\, k \geq K \quad \|z_k - a\| < \varepsilon$$

beziehungsweise

$$\forall \varepsilon > 0 \ \exists K \in \mathbb{N} \ \forall k \geq K \quad z_k \in U_a^\varepsilon \, .$$

Als alternative Sprech- und Notierungsweisen sind hierfür auch gebräuchlich: $z_k \longrightarrow a$ (d. h. „$(k \to \infty)$“ weglassen), $\lim\limits_{k\to\infty} z_k = a$, (z_k) *konvergiert gegen* a (für $k \to \infty$), a ist *„Grenzwert“* bzw. *„Limes“* der Folge (z_k).

Man bezeichnet eine Folge (z_k) kurz als *konvergent*, wenn ein $a \in \mathbb{C}^n$ mit $z_k \longrightarrow a$ existiert.

Auf Folgen (z_k) mit Werten in $\mathbb{C}^n$ übertragen wir ferner die folgenden beiden Begriffe:

(z_k) *„Cauchy-Folge“* $:\Longleftrightarrow \forall \varepsilon > 0 \ \exists K \in \mathbb{N} \ \forall k, \ell \geq K \quad \|z_k - z_\ell\| < \varepsilon$

(z_k) *„beschränkt“* $:\Longleftrightarrow \exists M \in [0, \infty[\ \forall k \in \mathbb{N} \quad \|z_k\| \leq M$

Offensichtlich ist jede konvergente Folge eine Cauchy-Folge, und jede Cauchy-Folge ist beschränkt.

Wir erinnern an die folgenden Resultate aus der Analysis. Da $\mathbb{C}$ mit $\mathbb{R}^2$ identifiziert werden konnte, kann $\mathbb{C}^n$ mit $\mathbb{R}^{2n}$ identifiziert werden; daher können die meisten topologischen Überlegungen aus den vertrauten Resultaten der Analysis unmittelbar abgelesen werden:

1. **Eindeutigkeit des Grenzwertes:** $z_k \longrightarrow a \wedge z_k \longrightarrow a' \implies a = a'$
2. **Linearität:** $z_k \longrightarrow a \wedge w_k \longrightarrow b \wedge \alpha \in \mathbb{C} \implies \begin{cases} z_k + w_k \longrightarrow a + b \\ \alpha z_k \longrightarrow \alpha a \end{cases}$
3. Wir bezeichnen die durch $z = (\zeta_1, \ldots, \zeta_n) \longmapsto \zeta_\nu$ definierte Abbildung $P_\nu : \mathbb{C}^n \longrightarrow \mathbb{C}$ als *„ν-te Projektion“*; hierfür gilt die folgende *Äquivalenz von Konvergenz und komponentenweiser Konvergenz:*

   $z_k \longrightarrow a \iff \forall \nu \in \{1, \ldots, n\} \quad P_\nu(z_k) \longrightarrow P_\nu(a)$
4. $z_k \longrightarrow a \implies \|z_k\| \longrightarrow \|a\|$
5. Speziell für die komplexen Zahlen — d. h. $n = 1$ — gelten:

   $z_k \longrightarrow a \wedge w_k \longrightarrow b \implies z_k \dot{\pm} w_k \longrightarrow a \dot{\pm} b$

   $z_k \longrightarrow a \wedge w_k \longrightarrow b \wedge b \neq 0 \implies \dfrac{z_k}{w_k} \longrightarrow \dfrac{a}{b}$ *

   $z_k \longrightarrow a \iff \mathfrak{Re}\, z_k \longrightarrow \mathfrak{Re}\, a \wedge \mathfrak{Im}\, z_k \longrightarrow \mathfrak{Im}\, a$

   $z_k \longrightarrow a \iff \overline{z_k} \longrightarrow \overline{a}$
6. Satz von BOLZANO-WEIERSTRASS**:

   Jede beschränkte Folge (z_k) besitzt eine konvergente Teilfolge, d. h. es existieren $\varphi : \mathbb{N} \longrightarrow \mathbb{N}$ streng isoton und $a \in \mathbb{C}^n$ mit $z_{\varphi(k)} \longrightarrow a$.

---

* Für hinreichend große k ist $w_k \neq 0$.

** Die ‚richtige‘ Schreibweise ist natürlich **Weierstraß**.

7. *Alle Normen auf* $\mathbb{C}^n$ *sind äquivalent,* d. h.: Zu je zwei Normen $\| \ \|$ und $\| \ \|_0$ existieren positive Konstanten γ_1 und γ_2 mit

$$\gamma_1 \|z\| \leq \|z\|_0 \leq \gamma_2 \|z\| \quad \text{für alle } z \in \mathbb{C}^n.$$

8. $(\mathbb{C}^n, \| \ \|)$ ist *„vollständig"*, d. h.: Jede Cauchy-Folge (in $\mathbb{C}^n$) ist konvergent (gegen ein Element von $\mathbb{C}^n$).

2.2 Topologische Begriffe für Mengen und Punkte

Für Teilmengen O von $\mathbb{C}^n$ definieren wir:

$$\begin{aligned} O \text{ „offen"} :&\Longleftrightarrow \forall z \in O \quad \exists \varepsilon > 0 \quad U_z^\varepsilon \subset O \\ &\Longleftrightarrow \forall z \in O \quad O \in \mathbb{U}_z \end{aligned}$$

$\mathbb{O} := \{M \subset \mathbb{C}^n : M \text{ offen}\}$ heißt *„System der offenen Mengen des $\mathbb{C}^n$"*.

Aufgrund der Norm-Äquivalenz ist diese Definition unabhängig von der speziellen Norm auf dem $\mathbb{C}^n$.

Das System $\mathbb{O}$ hat folgende Eigenschaften:

(O1) *Die leere Menge ist offen. Die Vereinigung* beliebig *vieler offener Mengen ist offen.*

(O2) $\mathbb{C}^n$ *ist offen. Der Durchschnitt* endlich *vieler offener Mengen ist offen.*

Eine Menge $M \subset \mathbb{C}^n$ heißt genau dann *„abgeschlossen"*, wenn ihr Komplement $\widetilde{M} := \mathbb{C}^n \setminus M$ offen ist.

(O1), (O2) übersetzen sich zu:

(A1) $\mathbb{C}^n$ *ist abgeschlossen. Der Durchschnitt* beliebig *vieler abgeschlossener Mengen ist abgeschlossen.*

(A2) *Die leere Menge ist abgeschlossen. Die Vereinigung* endlich *vieler abgeschlossener Mengen ist abgeschlossen.*

Sind M eine Teilmenge von $\mathbb{C}^n$ und $a \in \mathbb{C}^n$, so definieren wir:

a *„Häufungspunkt zu M"* : $\Longleftrightarrow \forall U \in \mathbb{U}_a \quad \big(U \setminus \{a\}\big) \cap M \neq \emptyset$

a ist also genau dann ein Häufungspunkt zu M, wenn in jeder Umgebung von a ein von a verschiedener Punkt aus M liegt. Damit liegen in jeder solchen Umgebung unendlich viele Punkte aus M.

$\dot{M} := \{z \in \mathbb{C}^n : z \text{ Häufungspunkt zu } M\}$

a *„innerer Punkt von M"* : $\Longleftrightarrow M \in \mathbb{U}_a \Longleftrightarrow \exists \varepsilon > 0 \quad U_a^\varepsilon \subset M$

$\overset{\circ}{M} := \{z \in \mathbb{C}^n : z \text{ innerer Punkt von } M\} \quad (\subset M)$: *„Inneres von M"*

a *„Berührungspunkt zu M"* $:\Longleftrightarrow \; \forall\, U \in \mathbb{U}_a \quad U \cap M \neq \emptyset$

Die Menge der Berührungspunkte zu M heißt „abgeschlossene *Hülle zu M*" und wird mit $\overline{M}$ bezeichnet.

a *„Randpunkt* zu M" $:\Longleftrightarrow \; \forall\, U \in \mathbb{U}_a \quad U \cap M \neq \emptyset \wedge U \cap \widetilde{M} \neq \emptyset$

$\partial M := \{z \in \mathbb{C}^n : z \text{ Randpunkt zu } M\}$ heißt *„Rand zu M"*.

Häufungs- und Randpunkte einer Menge sind offensichtlich auch Berührungspunkte.

Wir halten einige wichtige Eigenschaften fest:

1. M abgeschlossen $\Longleftrightarrow \; \dot{M} \subset M$

2. $\overset{\circ}{M}$ ist die größte offene Teilmenge von M.

   M offen $\Longleftrightarrow \; M = \overset{\circ}{M}$

3. $\overline{M}$ ist die kleinste abgeschlossene Obermenge von M.

   M abgeschlossen $\Longleftrightarrow \; M = \overline{M}$

   Letzteres ergibt sich direkt aus 2. mit $\widetilde{\overline{M}} = \overset{\circ}{\widetilde{M}}$.

4. $\overline{M} = \dot{M} \cup M$

5. $\partial M = \partial \widetilde{M}, \quad \partial M = \overline{M} \cap \overline{\widetilde{M}}, \quad \partial M$ ist abgeschlossen. Damit gelten:

   $\overline{M} = \overset{\circ}{M} \uplus \partial M, \quad \mathbb{C}^n = \overset{\circ}{M} \uplus \partial M \uplus \overset{\circ}{\widetilde{M}}$ *

6. a ist genau dann Häufungspunkt zu M, wenn eine Folge (z_k) in $M \setminus \{a\}$ mit $z_k \longrightarrow a$ existiert.

   a ist genau dann Berührungspunkt zu M, wenn eine Folge (z_k) in M mit $z_k \longrightarrow a$ existiert.

Definition: Eine Teilmenge M des $\mathbb{C}^n$ heißt genau dann *„kompakt"*, wenn zu jeder beliebigen ‚Überdeckung' von M durch offene Mengen eine endliche Teilüberdeckung existiert („HEINE-BOREL-*Eigenschaft*").

Ein System $\mathbb{O}_1 \subset \mathbb{O}$ heißt dabei (offene) Überdeckung von M, wenn

$$M \subset \bigcup_{O \in \mathbb{O}_1} O$$

gilt. Hier wird also gefordert, dass zu *jedem* solchen System $\mathbb{O}_1$ eine *endliche* Teilmenge $\mathbb{O}_2$ von $\mathbb{O}_1$ existiert, die M überdeckt, also:

$$M \subset \bigcup_{O \in \mathbb{O}_2} O$$

* Mit $\uplus$ notieren wir eine *disjunkte* Vereinigung.

Satz 1 Für $M \subset \mathbb{C}^n$ sind *äquivalent:*

a) M ist kompakt

b) Zu jeder Folge (z_k) *in* M *existieren* $a \in M$ *und* $\omega : \mathbb{N} \longrightarrow \mathbb{N}$ *streng isoton mit* $z_{\omega(k)} \longrightarrow a$ *(„folgenkompakt“);* in anderen Worten: Jede Folge in M hat eine konvergente Teilfolge mit Grenzwert in M.

c) M ist beschränkt und abgeschlossen.*

Wir verzichten auf den allgemeineren Begriff des *Zusammenhangs* von Mengen, da sich dieser hier bei *offenen* Mengen durch den anschaulicheren Begriff des *Wegzusammenhangs* beschreiben lässt, was für die folgenden Überlegungen ausreicht:

Definition: Ein *„Weg“* (in $\mathbb{C}^n$) ist eine stetige Abbildung

$$g\colon [a,\, b] \longrightarrow \mathbb{C}^n,$$

wobei $a, b \in \mathbb{R}$ mit $a < b$.

Eine nicht-leere Teilmenge M des $\mathbb{C}^n$ heißt genau dann *„wegzusammenhängend“*, wenn sich je zwei Punkte von M durch einen Weg verbinden lassen, der ganz in M verläuft, d. h.: Zu je zwei Punkten u und v aus M existiert ein Weg $g\colon [a,\, b] \longrightarrow \mathbb{C}^n$ mit $g(a) = u$, $g(b) = v$ und $g(t) \in M$ für alle $t \in [a,\, b]$.

Bezeichnung: Eine nicht-leere offene und wegzusammenhängende Teilmenge des $\mathbb{C}^n$ heißt *„Gebiet“*.

Topologie auf $\overline{\mathbb{C}}$

Auf $\overline{\mathbb{C}} := \mathbb{C} \cup \{\infty\}$ lässt sich einfach eine ‚Topologie‘ einführen, die mit der auf $\mathbb{C}$ ‚verträglich‘ ist. Dazu betrachtet man für $z \in \mathbb{C}$ und $\varepsilon > 0$ Obermengen in $\overline{\mathbb{C}}$ von U_z^ε als *Umgebungen* von z und Obermengen von

$$\boxed{U_\infty^\varepsilon} := \{z \in \mathbb{C} : |z| > 1/\varepsilon\} \cup \{\infty\}$$

als *Umgebungen* von ∞.

2.3 Stetigkeit und Grenzwert

Annahmen: Es seien $n, k \in \mathbb{N}$; $D \subset \mathbb{C}^n, a \in D$ und $f : D \longrightarrow \mathbb{C}^k$.

Definition: f *„stetig in a“*

$$:\Longleftrightarrow \forall\, \varepsilon > 0 \quad \exists\, \delta > 0 \quad \forall\, z \in D \quad \big(\|z - a\| < \delta \implies \|f(z) - f(a)\| < \varepsilon\big)$$
$$\Longleftrightarrow \forall\, V \in \mathbb{U}_{f(a)} \quad \exists\, U \in \mathbb{U}_a \quad f(U \cap D) \subset V$$

* das heißt: Es existiert ein $L \in [0, \infty[$ derart, dass $\|z\| \leq L$ für alle $z \in M$ gilt.

Wir notieren hier und im Folgenden die (beliebigen) Normen in $\mathbb{C}^n$ und $\mathbb{C}^k$ mit dem gleichen Symbol $\| \ \|$.

Bemerkung 2 *f ist genau dann stetig in a, wenn für jede Folge (z_k) in D, die gegen a konvergiert, die Bildfolge $\big(f(z_k)\big)$ gegen $f(a)$ konvergiert.*

Bezeichnung: Für eine Teilmenge D_1 von D definiert man:

f *„stetig in D_1"* $:\Longleftrightarrow \forall\, a \in D_1 :$ f stetig in a

f *(‚global') „stetig"* $:\Longleftrightarrow$ f stetig in D

Grundeigenschaften stetiger Abbildungen

f ist genau dann stetig in a, wenn alle Koordinatenfunktionen dort stetig sind.

Folgende Abbildungen sind stetig:

- *Kompositionen* (Hintereinanderausführungen) stetiger Abbildungen
- *Einschränkungen* stetiger Abbildungen
- *Lineare Abbildungen* $A : \mathbb{C}^n \longrightarrow \mathbb{C}^k$, insbesondere also die *Projektionen* $P_\nu \colon \mathbb{C}^n \longrightarrow \mathbb{C}$,
- *Normabbildungen* $\| \ \| : \mathbb{C}^n \longrightarrow [0,\infty[$

Für $k = 1$ gilt noch ergänzend:

Die Abbildungen $\mathfrak{Re}, \mathfrak{Im} : \mathbb{C} \longrightarrow \mathbb{R}$ und Summe, Differenz, Produkt und Quotient stetiger Funktionen sind stetig.

Satz 3 *Sind D kompakt und f stetig, so ist $f(D)$ kompakt, insbesondere also beschränkt, und f ist gleichmäßig stetig.*

Dabei heißt f genau dann *„gleichmäßig stetig"*, wenn

$$\forall\, \varepsilon > 0 \quad \exists\, \delta > 0 \quad \forall\, v, w \in D \quad \big(\|v - w\| < \delta \implies \|f(v) - f(w)\| < \varepsilon\big)$$

Durch ‚scharfes Hinsehen' erkennt man:

Bemerkung 4 *Stetige Abbildungen bilden wegzusammenhängende Mengen wieder in solche ab.*

Da in $\mathbb{R}$ die wegzusammenhängenden Mengen gerade die Intervalle sind, verallgemeinert diese Bemerkung den *Zwischenwertsatz.*

Grenzwerte

Es seien noch zusätzlich $M \subset D$, $b \in \mathbb{C}^k$ und $a \in \dot{M}$.

$$f(z) \longrightarrow b \quad (M \ni z \longrightarrow a) \; :\Longleftrightarrow \lim_{M \ni z \to a} f(z) = b$$

$$:\Longleftrightarrow \; \forall \varepsilon > 0 \quad \exists \delta > 0 \quad \forall z \in M \setminus \{a\} \quad \big(\|z-a\| < \delta \implies \|f(z) - b\| < \varepsilon\big)$$

Wie in der reellen Analysis benutzen wir die *Sprechweisen:* $f(z)$ konvergiert (strebt) gegen b, falls z aus M gegen a konvergiert, b ist ‚Grenzwert' von $f(z)$ für z aus M gegen a und ähnlich.

Die einfache *Zurückführung* des Grenzwertes *auf Stetigkeit oder Beschreibung durch Folgenkonvergenz* erlaubt die automatische Übertragung von Grundregeln, die man aber auch unmittelbar aus der Stetigkeit der Grundoperationen abliest.

Satz von WEIERSTRASS

Für Abbildungen $f_n, f \colon D \longrightarrow \mathbb{C}^k$ $(n \in \mathbb{N})$ gilt: Sind alle f_n stetig in a, und konvergiert die Folge f_n gleichmäßig gegen f,*

$$f_n(z) \underset{D}{\Longrightarrow} f(z),$$

so ist auch f stetig in a.

Wir erinnern an die Standard-Schlussweise, die oft durch das Stichwort „$\varepsilon/3$-*Argument*" beschrieben wird:

Zu $\varepsilon > 0$ existiert ein $n \in \mathbb{N}$ mit $\|f_n(z) - f(z)\| < \varepsilon/3$ für alle z in D. Zu einem derartigen n (fest!) wählt man ein $\delta > 0$ mit $\|f_n(z) - f_n(a)\| < \varepsilon/3$ für z in D mit $\|z - a\| < \delta$. Für solche z erhält man:

$$\|f(z) - f(a)\| \leq \|f(z) - f_n(z)\| + \|f_n(z) - f_n(a)\| + \|f_n(a) - f(a)\| < \varepsilon \qquad \square$$

Offenbar genügt sogar die ‚lokale' (das heißt auf einer Umgebung von a) gleichmäßige Konvergenz.

Oft ziehen wir (ohne besondere Erwähnung) die folgende einfache Überlegung heran, deren Beweis wir dem interessierten Leser als Übungsaufgabe überlassen:

Ist $A \subset \mathbb{C}$ abgeschlossen und $K \subset \mathbb{C}$ kompakt mit $A \cap K = \emptyset$, so ist der ‚Abstand' der beiden Mengen positiv, d. h. es existiert ein $\alpha > 0$ mit

$$|a - z| \geq \alpha \;\; \textit{für } a \in A \textit{ und } z \in K\,.$$

Speziell liefert dies: Liegt für ein $a \in \mathbb{C}$ und $\varepsilon > 0$ die Umgebung $\overline{U_a^\varepsilon}$ in einer offenen Menge O, so gilt noch $U_a^\delta \subset O$ mit einem geeigneten $\delta > \varepsilon$.

* Das heißt: $\sup\big\{\|f_n(z) - f(z)\| : z \in D\big\} \longrightarrow 0$ für $n \longrightarrow \infty$

2.4 Reihen und Potenzreihen

Wir beschränken uns hier auf $\mathbb{C}$-wertige Reihen, obwohl die Verallgemeinerung auf $\mathbb{C}^n$-wertige — und noch wesentlich allgemeinere Situationen — ohne weiteres möglich wäre. Wir erinnern nur kurz an die wohl schon vertrauten Überlegungen:

Jeder Folge $a = (a_n)$ komplexer Zahlen kann ihre *Summenfolge* (s_n), definiert durch die *Partialsummen* $s_n := \sum_{\nu=0}^{n} a_\nu \quad (n \in \mathbb{N}_0)$, zugeordnet werden. Die Folge dieser Partialsummen bezeichnet man als *Reihe* (der a_ν), die einzelnen a_ν als *Summanden* bzw. *Glieder* der Reihe. Hier wird davon ausgegangen, dass die Indizes der betrachteten Folgen bei 0 beginnen. Natürlich können beliebige andere ‚Startindizes' auftreten!

Ist (s_n) konvergent (mit Grenzwert σ), dann notiert man dies als

$$\sum_{\nu=0}^{\infty} a_\nu \ \textit{konvergent} \quad \text{bzw.} \quad \sum_{\nu=0}^{\infty} a_\nu = \sigma$$

und benutzt dafür auch Sprechweisen wie: *Die ‚Reihe'* $\sum_{\nu=0}^{\infty} a_\nu$ *ist konvergent (mit Wert* σ*).* Falls (s_n) divergent ist, sagt man: *Die ‚Reihe'* $\sum_{\nu=0}^{\infty} a_\nu$ *ist divergent.*

Aus den Überlegungen für Folgen überträgt sich unmittelbar die *Eindeutigkeit* und dann die *Linearität des Grenzwertes* von Reihen:

Es seien $N \in \mathbb{N}_0$, $\alpha, \beta \in \mathbb{C}$, (a_n), (b_n) $\mathbb{C}$-wertige Folgen mit $\sum_{\nu=0}^{\infty} a_\nu$ und $\sum_{\nu=0}^{\infty} b_\nu$ konvergent. Dann gelten:

$$\sum_{\nu=0}^{\infty} (\alpha\, a_\nu + \beta\, b_\nu) \begin{cases} \textit{konvergent} \\ = \alpha \sum_{\nu=0}^{\infty} a_\nu + \beta \sum_{\nu=0}^{\infty} b_\nu \end{cases}$$

$$\sum_{\nu=0}^{\infty} a_\nu = \sum_{\nu=0}^{N} a_\nu + \sum_{\nu=N+1}^{\infty} a_\nu$$

Für *komplexe* Folgen (a_n) gelingt die *Zurückführung auf Konvergenz in* $\mathbb{R}$ durch:

$\sum_{\nu=0}^{\infty} a_\nu$ *ist genau dann konvergent, wenn* $\sum_{\nu=0}^{\infty} \mathfrak{Re}(a_\nu)$ *und* $\sum_{\nu=0}^{\infty} \mathfrak{Im}(a_\nu)$ *konvergent sind.* Im Falle der Konvergenz gilt für die Grenzwerte:

$$\sum_{\nu=0}^{\infty} a_\nu = \sum_{\nu=0}^{\infty} \mathfrak{Re}\,(a_\nu) + i \sum_{\nu=0}^{\infty} \mathfrak{Im}\,(a_\nu)$$

Entsprechend gilt:

$\sum_{\nu=0}^{\infty} \overline{a_\nu}$ *ist genau dann konvergent, wenn* $\sum_{\nu=0}^{\infty} a_\nu$ *konvergent ist.* Im Falle der Konvergenz hat man:

$$\sum_{\nu=0}^{\infty} \overline{a_\nu} = \overline{\sum_{\nu=0}^{\infty} a_\nu}\,.$$

Der direkte Konvergenznachweis über die Definition ist oft relativ mühsam; hilfreich sind deshalb die zahlreichen **Konvergenzkriterien für Reihen:**

Aus dem Cauchy-Konvergenzkriterium für Folgen erhält man — durch Anwendung auf die Partialsummen — unmittelbar das folgende

CAUCHY-**Kriterium für Reihen:**

Die Reihe $\sum\limits_{\nu=0}^{\infty} a_\nu$ *ist genau dann konvergent, wenn gilt:*

$$\forall\,\varepsilon > 0\ \exists\, N \in \mathbb{N}\ \forall\, n \geq N\ \forall\, k \in \mathbb{N}_0\ \left|\sum_{\nu=n}^{n+k} a_\nu\right| < \varepsilon$$

Lax bedeutet dies: Die Partialsummen werden *beliebig klein*, wenn nur der ‚Startindex' hinreichend groß ist. Das CAUCHY-Kriterium für Reihen übersetzt lediglich die Vollständigkeit von $\mathbb{C}$.

Unmittelbar folgt daraus als *notwendiges Kriterium:*

Ist $\sum\limits_{\nu=0}^{\infty} a_\nu$ *konvergent, so ist* (a_n) *eine Nullfolge.*

Weiter ergibt sich sofort die Konvergenz absolut konvergenter Reihen. Dabei heißt eine Reihe $\sum_{\nu=0}^{\infty} a_\nu$ genau dann *absolut konvergent*, wenn die Reihe $\sum_{\nu=0}^{\infty} |a_\nu|$ konvergent ist.

Ist die Reihe $\sum\limits_{\nu=0}^{\infty} a_\nu$ *absolut konvergent, so ist sie konvergent, und es gilt*

$$\left|\sum_{\nu=0}^{\infty} a_\nu\right| \leq \sum_{\nu=0}^{\infty} |a_\nu|\,.$$

Deshalb ist der Nachweis von *absoluter Konvergenz* hilfreich. Aus dem Monotoniekriterium für Folgen liest man unmittelbar ab:

Eine Reihe ist genau dann absolut konvergent, wenn die Folge (s_n) *der Partialsummen* $s_n := \sum_{\nu=0}^{n} |a_\nu|$ *beschränkt ist.*

Ein einfaches Kriterium für absolute Konvergenz ist das *Majorantenkriterium* durch *Vergleich* mit schon bekannten konvergenten Reihen. Eine Reihe $\sum_{\nu=0}^{\infty} b_\nu$, für die mit einem $N \in \mathbb{N}_0$

$$|a_\nu| \leq b_\nu \quad \text{für } \nu \geq N$$

gilt, deren Glieder also ‚schließlich' die Glieder der gegebenen Reihe $\sum_{\nu=0}^{\infty} a_\nu$ betraglich majorisieren, heißt *Majorante* zu $\sum_{\nu=0}^{\infty} a_\nu$.

Majoranten-Kriterium

Besitzt eine gegebene Reihe eine konvergente Majorante, so ist sie selbst absolut konvergent und damit konvergent.

Auf einem Vergleich mit der geometrischen Reihe beruhen Wurzelkriterium und Quotientenkriterium:

Wurzelkriterium

Gilt $\limsup\limits_{n\to\infty} \sqrt[n]{|a_n|} < 1$*, so ist die Reihe* $\sum_{\nu=0}^{\infty} a_\nu$ *absolut konvergent. Aus* $\limsup\limits_{n\to\infty} \sqrt[n]{|a_n|} > 1$ *folgt die Divergenz.*

Gilt die erste Bedingung, so existiert ein q mit $\limsup \sqrt[n]{|a_n|} < q < 1$; daher hat man $\sqrt[n]{|a_n|} \le q$ für hinreichend großes n und somit $|a_n| \le q^n$. Die zweite Bedingung, die abgeschwächt werden kann zu „$\sqrt[n]{|a_n|} \ge 1$ unendlich oft“, ergibt, dass die Summanden keine Nullfolge bilden.

Quotientenkriterium

Gilt $\limsup\limits_{n\to\infty} \frac{|a_{n+1}|}{|a_n|} < 1$*, so ist die Reihe* $\sum_{\nu=0}^{\infty} a_\nu$ *mit* $a_\nu \neq 0$ *für* $\nu \in \mathbb{N}_0$ *absolut konvergent. Aus* $\liminf\limits_{n\to\infty} \frac{|a_{n+1}|}{|a_n|} > 1$ *folgt die Divergenz.*

Die erste Bedingung kann quotientenfrei geschrieben werden:
$|a_{k+1}| \le q\,|a_k|$ für ein $0 \le q < 1$ und hinreichend großes k.

Eine Reihe heißt genau dann *unbedingt konvergent*, wenn jede ihrer Umordnungen mit gleichem Reihenwert konvergiert. Eine konvergente Reihe, die nicht unbedingt konvergent ist, heißt *bedingt konvergent*. Entstehen die Glieder b_n einer Reihe $\sum_{n=0}^{\infty} b_n$ aus einer gegebenen Reihe $\sum_{n=0}^{\infty} a_n$ durch Umordnung, d. h. $b_n = a_{\omega(n)}$ $(n \in \mathbb{N}_0)$ mit einer geeigneten bijektiven Abbildung $\omega : \mathbb{N}_0 \longrightarrow \mathbb{N}_0$, so bezeichnet man $\sum_{n=0}^{\infty} b_n$ als *Umordnung* von $\sum_{n=0}^{\infty} a_n$. Für Reihen mit Werten in $\mathbb{C}$ hat man:

Die unbedingt konvergenten Reihen sind genau die absolut konvergenten Reihen.

In der Richtung von absoluter Konvergenz zu unbedingter Konvergenz wird diese Aussage gelegentlich als *Kleiner Umordnungssatz* zitiert.

Satz über Cauchy-Produkte

Es seien $\sum\limits_{\nu=0}^{\infty} a_\nu$ *und* $\sum\limits_{\nu=0}^{\infty} b_\nu$ *zwei absolut konvergente Reihen mit Reihenwerten* α *bzw.* β*. Dann ist die durch*

$$d_n := \sum_{\nu=0}^{n} a_{n-\nu}\, b_\nu \quad \left(= a_n b_0 + a_{n-1} b_1 + \cdots + a_0 b_n\right)$$

(Anordnung nach Schrägzeilen) definierte Cauchy*-Produktreihe konvergent, und es gilt:*

$$\sum_{n=0}^{\infty} d_n = \alpha \cdot \beta$$

Die angegebene Produktbildung von Reihen ist für viele Anwendungen interessant, insbesondere bei der Multiplikation von Potenzreihen.

Der Satz gilt *nicht*, wenn die beiden Reihen $\sum_{\nu=0}^{\infty} a_\nu$ und $\sum_{\nu=0}^{\infty} b_\nu$ nur bedingt konvergieren. Eine Verschärfung der obigen Aussage über die Konvergenz der Cauchy-Produktreihe liefert der — wenig bekannte — Satz von MERTENS (siehe [Kab I, S. 253]).

Sind die Summanden einer Reihe *Funktionen* (mit einem gemeinsamen Definitionsbereich), so spricht man von einer **Funktionenreihe**.

Die zentrale Aussage über die Konvergenz solcher Reihen macht das

Majoranten-Kriterium von WEIERSTRASS

> *Es seien* $\sum_{k=0}^{\infty} f_k(z)$ *eine Reihe von Funktionen* $f_k\colon D \longrightarrow \mathbb{C}$ *und* $\sum_{k=0}^{\infty} \alpha_k$ *eine konvergente Reihe mit nicht-negativen Summanden* α_k. *Gilt auf einer Teilmenge* M *von* D *die Abschätzung* $|f_k(z)| \le \alpha_k$, *so ist* $\sum_{k=0}^{\infty} f_k(z)$ *in* M *absolut gleichmäßig konvergent.*

Beweis: Nach dem Majoranten-Kriterium gilt für $z \in M$:

$$\sum_{k=0}^{\infty} f_k(z) \quad \begin{cases} \text{absolut konvergent,} \\ =: s(z) \end{cases}$$

Für $K \in \mathbb{N}$ kann man daher abschätzen:

$$\left| s(z) - \sum_{k=0}^{K} f_k(z) \right| = \left| \sum_{k=K+1}^{\infty} f_k(z) \right| \le \sum_{k=K+1}^{\infty} |f_k(z)| \le \sum_{k=K+1}^{\infty} \alpha_k\,; \quad \text{also}$$

streben die Ausdrücke auf der linken Seite gleichmäßig auf M gegen 0. □

Potenzreihen

Wichtige Funktionenreihen ganz spezieller Struktur sind Potenzreihen:

Es seien (a_k) eine Folge komplexer Zahlen und $a \in \mathbb{C}$. Für $z \in \mathbb{C}$ heißt die formale Reihe der Form

$$\sum_{k=0}^{\infty} a_k (z-a)^k$$

„Potenzreihe“ um den *„Entwicklungspunkt“* a mit *„Koeffizienten“* a_k. Mit

$$R := \Big(\limsup_{k\to\infty} \sqrt[k]{|a_k|}\Big)^{-1} \qquad (\text{hier:}\quad 0^{-1} := \infty, \quad \infty^{-1} := 0)$$

(*„Konvergenzradius“*) gilt:

Satz 5

Eine Potenzreihe $\sum\limits_{k=0}^{\infty} a_k(z-a)^k$ *konvergiert für jedes* $0 \leq r < R$ *absolut gleichmäßig auf der abgeschlossenen Kreisscheibe* $\{z \in \mathbb{C} : |z-a| \leq r\}$ *und divergiert auf* $\{z \in \mathbb{C} : |z-a| > R\}$. *Die durch*

$$f(z) := \sum_{k=0}^{\infty} a_k(z-a)^k$$

gegebene Grenzfunktion f *ist stetig in* U_a^R.

Beweis: Für $z \in \mathbb{C}$ mit $|z-a| \leq r < R$ hat man

$$\limsup_{k\to\infty} \sqrt[k]{|a_k(z-a)^k|} = \Big(\limsup_{k\to\infty} \sqrt[k]{|a_k|}\Big)|z-a| \leq \frac{r}{R} < 1$$

und damit die absolute Konvergenz der Reihe. Speziell ist somit $\sum_{k=0}^{\infty} |a_k| r^k$ konvergent; mit dem Majoranten-Kriterium von WEIERSTRASS folgt aus $|a_k(z-a)^k| \leq |a_k| r^k$ dann die gleichmäßige Konvergenz und daraus mit dem Satz von WEIERSTRASS (Seite 45) die Stetigkeit.

Ist $|z-a| > R$, dann folgt

$$\limsup_{k\to\infty} \sqrt[k]{|a_k(z-a)^k|} = \Big(\limsup_{k\to\infty} \sqrt[k]{|a_k|}\Big)|z-a| > 1\,,$$

also $|a_k(z-a)^k| > 1$ unendlich oft. □

Entweder ist die o. a. Potenzreihe für alle $z \in \mathbb{C}$ absolut konvergent, sie wird dann auch *beständig konvergent* genannt, oder es existiert ein $0 \leq R < \infty$ derart, dass sie für $z \in \mathbb{C}$ mit $|z-a| < R$ absolut konvergent und für $z \in \mathbb{C}$ mit $|z-a| > R$ divergent ist. Man überschaut also den Konvergenzbereich einer Potenzreihe weitgehend, wenn man den Konvergenzradius kennt. Die einzigen Punkte, in denen *keine allgemeinen Aussagen* über das Konvergenzverhalten gemacht werden können, sind — falls $0 < R < \infty$ — die ‚Randpunkte' z mit $|z-a| = R$.

MWS zu Kapitel 2

Topologische Grundlagen

Wichtige MAPLE-Befehle dieses Kapitels:

limit, Limit, sum, Sum
animate, display(..., insequence=true), display(Array ...)
inequal, setoptions
Optionen: linestyle, filled, optionsopen, -closed, -feasible, -excluded
plottools-Paket: circle, ellipticArc, pieslice, rectangle, scale, translate
ListTools-Paket: FlattenOnce
remove; unapply

Häufig benutzte Maple-Befehle und Voreinstellungen wie z. B. die bereits in Kapitel 1 des öfteren vorgenommene Um- und Neudefinition der imaginären Einheit mittels

```
> interface(imaginaryunit=i):  macro(I=i):
```

werden ab diesem Kapitel in die *Initialisierungsdatei von Maple* ausgelagert.* Beim Start von Maple werden die Anweisungen dieser Datei ausgeführt. Einzelheiten zum Aussehen der von uns verwendeten Initialisierungsdatei sind im Anhang zu finden.

2.1 Konvergenz von Folgen

Veranschaulichung der Konvergenz

```
> restart: with(plots): with(plottools): read "../verdi.txt":
```

Unser Paket verdi enthält *ver*schiedene *Di*enstleistungsprogramme, die recht hilfreich sind und daher häufig benutzt werden. Der Einfachheit halber wird

* Wer die Standardbezeichnung I von Maple bei der Ein- *und* Ausgabe bevorzugt, benötigt natürlich keinen derartigen Eintrag in eine solche Datei.

verdi als Textdatei mittels des Befehls `read "../verdi.txt":` bereitgestellt. Die darin enthaltenen Prozeduren werden im Anhang beschrieben. Zwei davon sind c2p und p2c (*c*omplex *to* *p*air bzw. *p*air *to* *c*omplex), die komplexe Zahlen in Paare reeller Zahlen wandeln und umgekehrt.

Der vielen mathematischen Begriffen innewohnende dynamische Charakter wird mittels Visualisierung hier am Beispiel der *Folgenkonvergenz* herausgearbeitet. Dazu wählen wir:

```
> z := n -> I+1/sqrt(3*n+1)*exp(I*rand());
  m := 30:                         # Anzahl der zu berechnenden Folgenglieder
  epsilon := 0.2:                  # Radius der vorgegebenen epsilon-Umgebung
  Z := seq(evalf(z(n)),n=1..m): Limit('z'(n),n=infinity):
  eval(%,1)=value(%); lim := rhs(%):
```

$$z := n \to i + \frac{e^{i\,\mathrm{rand}()}}{\sqrt{3\,n+1}}, \qquad \lim_{n\to\infty} z(n) = i$$

Für die Animation unten berechnet Maple eine Folge von Bildern. Durch Anklicken der Graphik erscheint eine Menüleiste. Ist Balloon-Help aktiviert, kann man leicht feststellen, welche Funktion die einzelnen Knöpfe haben, und damit das Ablaufen der Animation steuern. Wegen ihrer relativen Kompliziertheit muss die Animation mit Hilfe des *display*-Befehls und der *insequence=true*-Option realisiert werden. Die Animation zeigt bei ihrem Ablauf eine Bildfolge mit sukzessive neu hinzukommenden Folgengliedern, die schließlich in die vorgegebene ε-Umgebung ‚hineinlaufen'; das letzte Bild blendet — mit dem Befehl remove — alle Folgenglieder aus, die außerhalb der ε-Umgebung liegen. Durch Abändern von ε und erneutes Laufenlassen der Animation kann man so auf spielerische Weise ein ‚Gespür' dafür entwickeln, was Konvergenz bedeutet.

```
> Mitte := disk(c2p(lim),epsilon/25,color=black):
  Umgeb := disk(c2p(lim),epsilon,color=gray):
  Options := color=black,symbol=circle,symbolsize=15:
  dots := NULL: Bildfolge := NULL:
  for k to m do
    dots := dots,c2p(Z[k]);
    Bildfolge := Bildfolge,pointplot([dots],Options,
      title="Animation zur Folgenkonvergenz")
  end do:
  ausblenden := x -> is(abs(p2c(x)-lim) >= epsilon):
  Bildfolge := Bildfolge,
    pointplot(remove(ausblenden,[dots]),Options,
      title=cat("Folgenglieder in der ",sprintf("%03.1f",epsilon),
               "-Umgebung")):
  Animation := display(Bildfolge,insequence=true):
  display(Animation,Mitte,Umgeb,axes=framed,scaling=constrained,
         tickmarks=[3,3]);
```

Animation zur Folgenkonvergenz

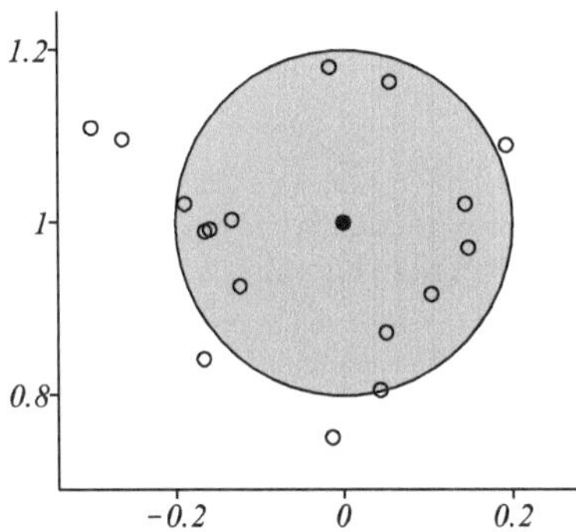

Bei der hier betrachteten Folge lässt sich zu vorgegebenem ε leicht das zugehörige $N = N(\varepsilon)$ berechnen mit $|z_n - \lim| < \varepsilon$ für $n > N$:

```
> solve({abs(z(n)-lim) < epsilon,n > 0},{n}):
  N := ceil(lhs(op(1,%)));
```

$$N := 8$$

Koordinatenweise Konvergenz

Das folgende Bild verdeutlicht, dass Konvergenz und koordinatenweise Konvergenz äquivalent sind: Aus $|z_n - a| < \varepsilon$ folgen $|\mathfrak{Re}(z_n) - \mathfrak{Re}(a)| < \varepsilon$ und $|\mathfrak{Im}(z_n) - \mathfrak{Im}(a)| < \varepsilon$; gelten umgekehrt $|\mathfrak{Re}(z_n) - \mathfrak{Re}(a)| < \frac{\varepsilon}{\sqrt{2}}$ und $|\mathfrak{Im}(z_n) - \mathfrak{Im}(a)| < \frac{\varepsilon}{\sqrt{2}}$, so folgt $|z_n - a| < \varepsilon$.

```
> restart: with(plots): with(plottools):
  epsilon := 1: eps := epsilon/sqrt(2): M := [0,0]:
  Mitte := disk(M,epsilon/30,color=black):
  Umgeb := circle(M,epsilon):
  Streifen := inequal({M[1]-eps<x,x<M[1]+eps,M[2]-eps<y,y<M[2]+eps},
            x=M[1]-epsilon..M[1]+epsilon,y=M[2]-epsilon..M[2]+epsilon,
            optionsfeasible=(color=white),optionsexcluded=(color=gray)):
  display(Mitte,Streifen,Umgeb,scaling=constrained,axes=framed);
```

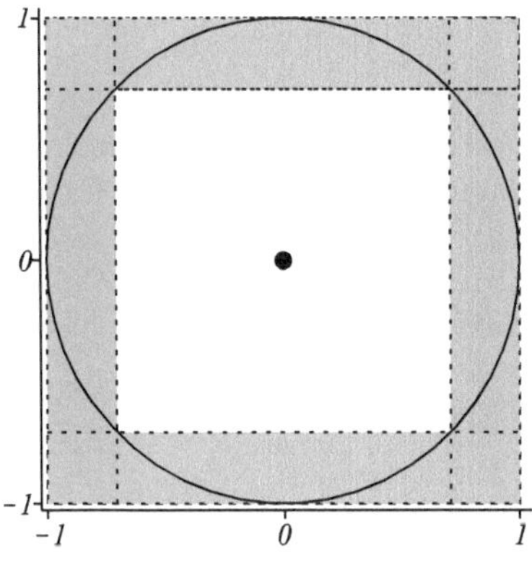

Grenzwerte für Folgen

Je nach Art der Folge gibt Maple unterschiedliche Antworten bei der Grenzwertfrage:

```
> restart:
  Limit((sqrt(n)+I*n)/(n+1),n=infinity): % = value(%);
  Limit(1/sqrt(2)^n*exp(I*Pi/4*n),n=infinity): % = value(%);
```

$$\lim_{n\to\infty} \frac{\sqrt{n}+i\,n}{n+1} = i\,, \quad \lim_{n\to\infty} \frac{e^{1/4\,i\,\pi\,n}}{(\sqrt{2})^n} = 0$$

Die beiden Folgen sind konvergent in $\mathbb{C}$.

```
> Limit(2^n,n=infinity): % = value(%);
```

$$\lim_{n\to\infty} 2^n = \infty$$

Diese Folge divergiert bestimmt gegen ∞. Leichte Veränderung liefert das Ergebnis undefined :

```
> Limit(sqrt(2)^n*exp(I*Pi/4*n),n=infinity): % = value(%);
```

$$\lim_{n\to\infty} (\sqrt{2})^n\, e^{1/4\,i\,\pi\,n} = \mathit{undefined}$$

Schreiben wir dieselbe Folge aber anders, so ergibt sich:

```
> Limit((1+I)^n,n=infinity): % = value(%);
```

$$\lim_{n\to\infty} (1+i)^n = \infty$$

```
> Limit(I^n,n=infinity): % = value(%);
```

$$\lim_{n\to\infty} i^n = \lim_{n\to\infty} i^n$$

Auch im letzten Fall hat Maple nichts herausgefunden. Es wäre natürlich schöner, wenn Maple die Häufungswerte angeben würde, also $1, i, -1, -i$.

Und so sieht die Antwort aus, wenn Maple keinen Grenzwert findet, aber feststellen kann, dass alle Häufungswerte in einem ‚Rechteck' a..b liegen. a bedeutet dabei die linke untere, b die rechte obere Ecke des Rechtecks:

```
> Limit(exp(I*Pi/4*n),n=infinity): % = value(%);
  Limit(1+(-1)^n,n=infinity): % = value(%);
```

$$\lim_{n\to\infty} e^{1/4\,i\,\pi\,n} = -1-i\,..\,1+i\,, \quad \lim_{n\to\infty} 1+(-1)^n = -i\,..\,2+i$$

2.2 Topologische Begriffe für Mengen und Punkte

Beispiele für offene, abgeschlossene, kompakte und zusammenhängende Mengen sollten aus den Grundvorlesungen hinreichend bekannt sein. Im Folgenden geht es nur um deren Umsetzung mit geeigneten Graphikwerkzeugen von Maple. Für die Darstellung von Mengen treffen wir die Vereinbarung, dass deren Inneres hellgrau gefärbt wird. Soll ein ‚Rand' zur Menge gehören, so wird dieser als durchgezogene Linie, andernfalls gestrichelt gezeichnet.

```
> restart: with(plots): with(plottools):
  setoptions(axes=framed,scaling=constrained,tickmarks=[3,3]):
  # Dies gilt als Voreinstellung für diesen Abschnitt.
```

Kreise, Kreisringe, Kreissektoren

Kreise bzw. Kreisscheiben sind im Zusammenhang mit Umgebungen aufgetreten und zählen zu den einfachsten Beispielen für Mengen. Sie begegnen uns z. B. auch als Konvergenzbereiche von Potenzreihen. Ähnlich verhält es sich mit Kreisringen als Konvergenzbereichen von LAURENT-Reihen.

```
> Kreis1 := disk([0,0],1,color=gray):
  Kreis2 := disk([0,0],1/2,color=white,numpoints=30):
  display(Kreis1,linestyle=3);
  display(Kreis2,Kreis1,linestyle=3);
```

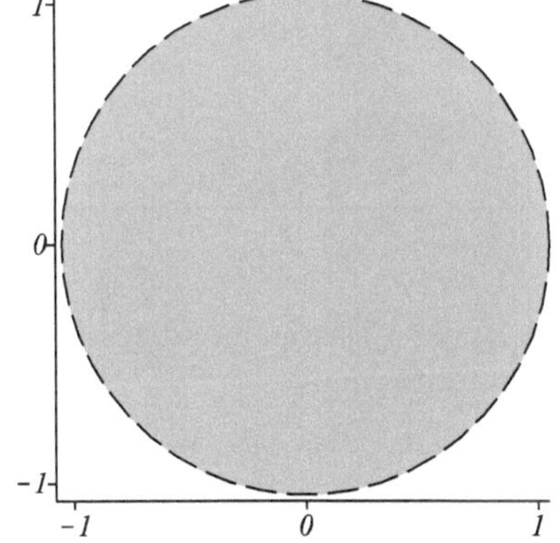

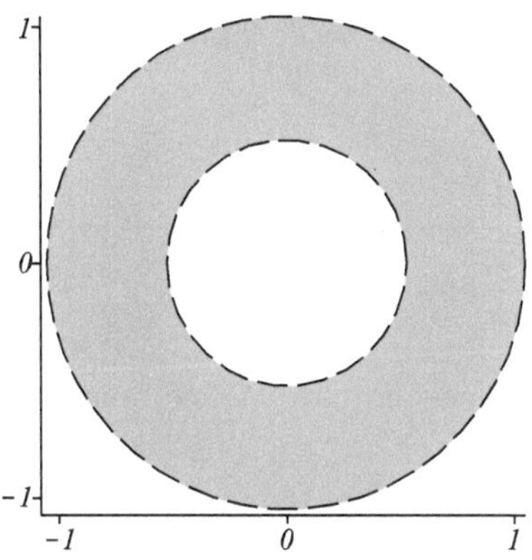

Die oben mit Hilfe von disk erzeugten Mengen $\{z \in \mathbb{C} : |z| < 1\}$ bzw. $\{z \in \mathbb{C} : 1/2 < |z| < 1\}$ sind offene Mengen. Offensichtlich sind sie auch zusammenhängend. Dies gilt nicht für die nachfolgend gezeigte offene Menge $\{z \in \mathbb{C} : |z| < 1 \vee |z - (2+i)| < 3/4\}$.

```
> Kreis3 := disk([2,1],3/4,color=gray):
  display(Kreis1,Kreis3,linestyle=3,view=[-2..4,-2..3]);
```

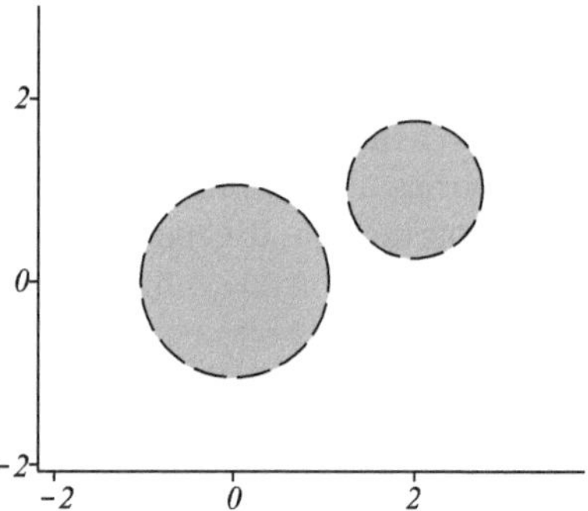

Durch leichte Modifikation erhält man mit Hilfe von pieslice folgende Varianten:

```
> Sektor1 := pieslice([0,0],3,Pi/6..Pi/3,color=gray):
  Sektor2 := pieslice([2,1],2,-11*Pi/12..11*Pi/12,color=gray):
  Sektor3 := pieslice([2,1],1,-11*Pi/12..11*Pi/12,color=white):
  display(Sektor1); display(Sektor3,Sektor2,linestyle=3);
```

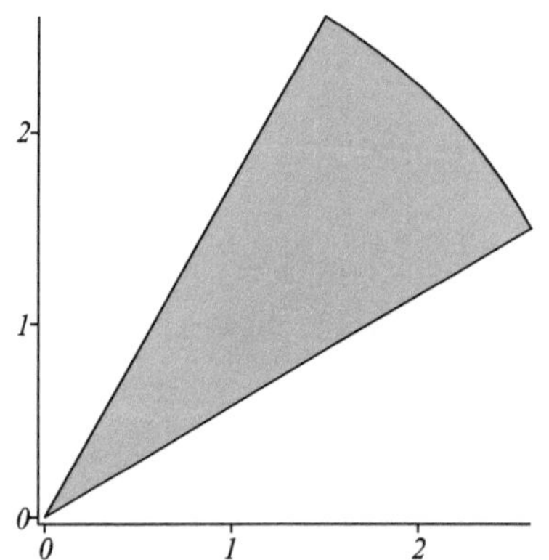

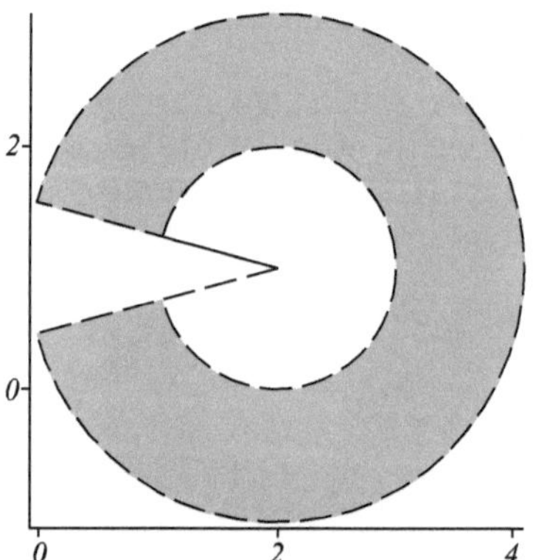

Der *Kreissektor* $\{z \in \mathbb{C} : |z| \leq 3,\ \pi/6 \leq \arg(z) \leq \pi/3\}$ ist eine abgeschlossene, beschränkte Menge, und die rechts dargestellte Menge

$$\{z \in \mathbb{C} : 1 < |z - (2+i)| < 2,\ |\arg(z - (2+i))| < 11\pi/12\}$$

ist ein Gebiet. Auch die folgende Graphik, welche ein etwas komplexeres Gebiet — nämlich eines mit ‚Löchern' — zeigt, ist mit Hilfe einfacher Graphikbausteine erzeugt worden:

```
> Kopf  := ellipticArc([0,0],2,2.5,0..2*Pi,color=gray,filled=true):
  Nase  := disk([0,-0.2],0.4,color=white):
  Augen := map(z->disk(z,0.2,color=white),[[-0.8,0.9],[0.8,0.9]]):
  Mund  := plot([x^2-1.9,0.6*x^2-1.5],x=-1..1,color=black),
           plot(0.6*x^2-1.5,x=-1.1..1.1,color=gray,filled=true),
           plot(x^2-1.9,x=-1..1,color=white,filled=true):
  display(Nase,Augen,Mund,Kopf,view=[-3..3,-3..3]);
```

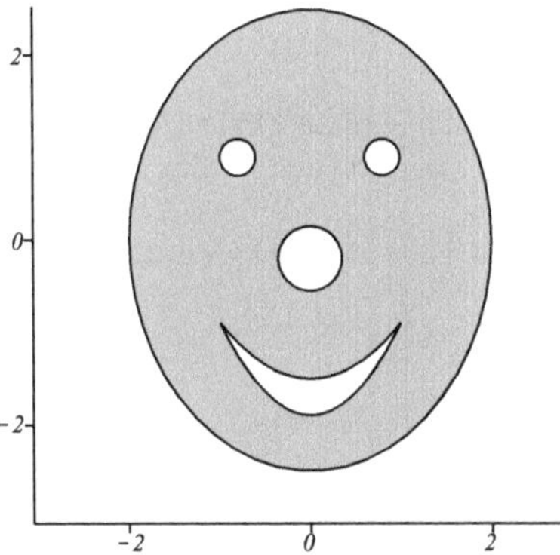

Konvexe Mengen, Sterngebiete

Konvexe Gebiete* spielen z. B. bei der Herleitung des Cauchyschen Integralsatzes eine wichtige Rolle. Deshalb interessieren wir uns für ihre graphische Darstellung mit Maple. Konvexe Mengen, die sich durch *Ungleichungssysteme* beschreiben lassen, können auf sehr einfache Weise mit dem inequal -Befehl veranschaulicht werden. Hierzu ein Beispiel:

```
> inequal({1-x-y<0,3*y-x-30<0,-y+x-18<=0,60-2*x-y>0},x=-10..30,
         y=-10..20,optionsfeasible=(color=gray),
         optionsopen=(color=black,linestyle=3,thickness=2),
         optionsclosed=(color=black,thickness=2),
         optionsexcluded=(color=white),axes=framed);
```

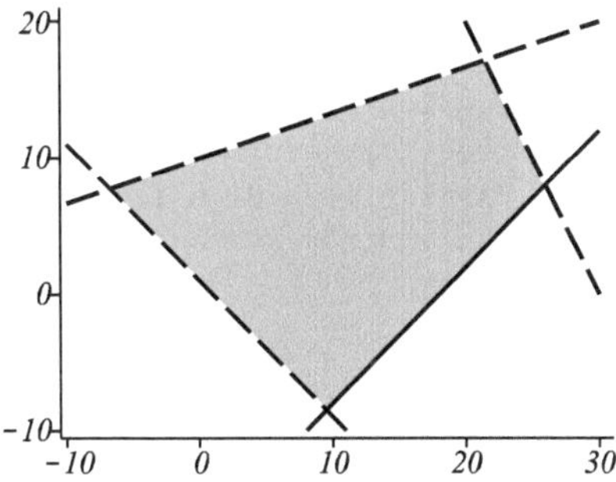

Der Rand der Halbebenen wird bei ‚$\leq$' gemäß Voreinstellung als durchgezogene Linie gezeichnet, bei ‚$<$' mittels der Option linestyle=3 gestrichelt.

Eine andere Art konvexer Mengen sind regelmäßige n-Ecke, die sich durch Vorgabe ihrer Extremalpunkte beschreiben lassen. Man kann sie mit Hilfe der folgenden einfachen Prozedur erzeugen:

* Eine Menge heißt genau dann *konvex,* wenn mit je zwei Punkten auch deren Verbindungsstrecke in der Menge liegt.

```
> read "../verdi.txt":
  nEck := proc(n)
    display(polygon([seq(c2p(exp(2*Pi*I*k/n)),k=0..n)]),
            color=gray,title=cat(n," - Eck"))
  end proc:
  display(seq(nEck(n),n=3..17),insequence=true);
```

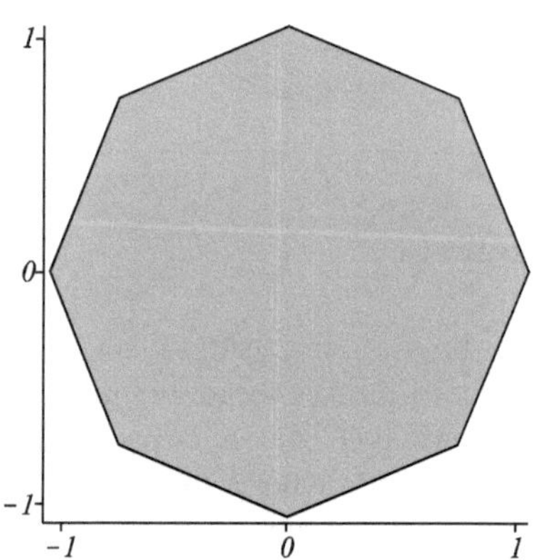

Eine wichtige Rolle in der Funktionentheorie spielen auch *Sterngebiete*. Ein Gebiet $\mathfrak{G}$ heißt *sternförmig* bezüglich eines festen Punktes a, wenn für jedes $z \in \mathfrak{G}$ die Verbindungsstrecke $\overrightarrow{az}$ ganz in $\mathfrak{G}$ liegt. In Anlehnung an die regelmäßigen n-Ecke konstruieren wir mit Maple spezielle Sterngebiete:

```
> with(ListTools):
  Stern := proc(n)
    display(disk([0,0],0.05,color=black),
      polygon(FlattenOnce([seq([c2p(exp(2*Pi*I*k/n)),
        c2p(2*exp((2*Pi*k+Pi)*I/n))],k=0..n)])),
      color=gray,title=cat("n = ",n))
  end proc:
```

Mit dem Befehl

```
[seq([ c2p(exp(2*Pi*I*k/n)),c2p(2*exp((2*Pi*k+Pi)*I/n)) ],k=0..n)]
```

wird eine Liste von Paaren von Punkten erzeugt, jeweils der erste auf einem Kreis vom Radius 1 und der zweite auf einem Kreis vom Radius 2. Nun kann man diese Liste nicht direkt an den Befehl *polygon* übergeben, denn dieser erwartet eine Liste von Punkten. Deshalb muss man vorher die Maple-Funktion FlattenOnce aus dem Paket ListTools anwenden. Man hat also zwei konzentrische Kreise mit jeweils n Punkten, die darauf äquidistant verteilt sind. Der eine Kreis ist gegenüber dem anderen um π/n gedreht. *polygon* verbindet den ersten Punkt des inneren Kreises mit dem ersten Punkt des äußeren Kreises, diesen mit dem zweiten Punkt des inneren Kreises usw.

```
> display(seq(Stern(n),n=3..10),insequence=true);
```

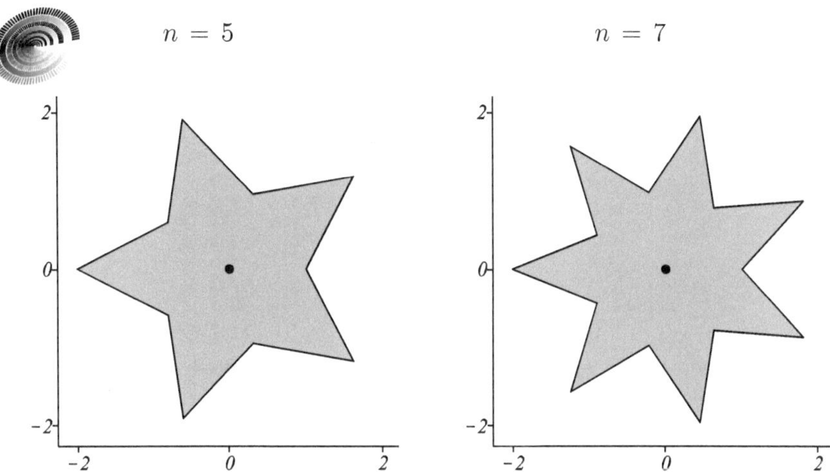

Ältere Maple-Versionen hatten Probleme, derartige Sterngebiete richtig zu färben. Dies lag daran, dass Maple ein Polygon mit den Ecken $v_1, \ldots, v_n$ färbte, indem es für $j = 2, \ldots, n-1$ die Dreiecke zu v_1, v_j, v_{j+1} füllte. Diese hatten also stets v_1 als Eckpunkt. Eine mögliche Lösung bestand darin, separat den Rand zu zeichnen und dann das Innere zu färben, indem der zusätzliche Punkt $(0, 0)$ — diesbezüglich ist das Gebiet ja sternförmig — als erste Ecke eingefügt wurde. Dann lieferten die Dreiecke die richtige Färbung.

Sierpinski-Teppich

Gebiete können eine recht verwickelte Struktur haben. Dies wollen wir am Beispiel des *Sierpinski-Teppichs* zeigen. Ausgangspunkt seiner Konstruktion ist das Quadrat $[0, 1] \times [0, 1]$. Wir stauchen dieses Quadrat auf $1/3$ seiner ursprünglichen Größe und kopieren es dann nach rechts oben:

```
> Quadrat:= rectangle([0,0],[1,1],color=gray):
  p1:= scale(Quadrat,1/3,1/3):
  p2:= translate(p1,1/3,2/3):
  display(p1,p2,view=[0..1,0..1]);
```

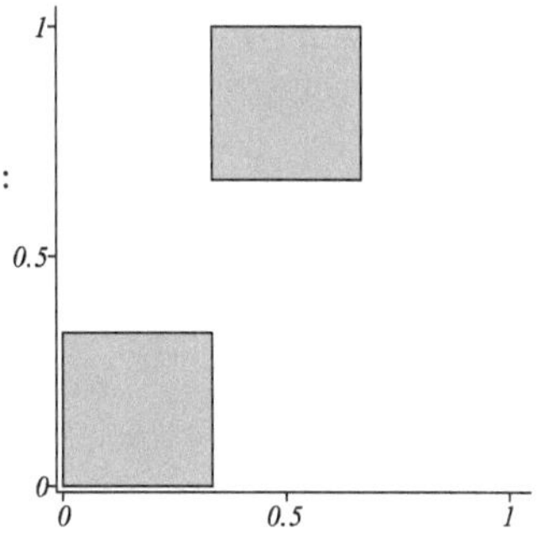

Das Zusammenfügen mit 6 weiteren Kopien führt zu folgender Graphik:

```
> L := [[1,0],[2,0],[0,1],[0,2],[2,1],[1,2],[2,2]]/3:
  map(z -> translate(p1,op(z)),L): display(p1,%);
```

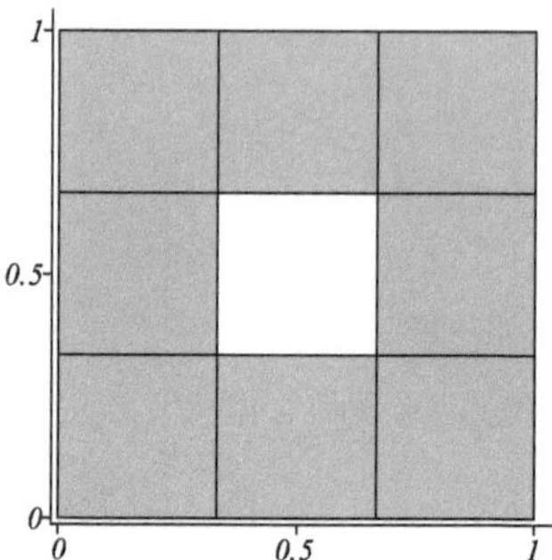

Auf die neu erzeugte Graphikstruktur kann das oben beschriebene Vorgehen erneut angewendet werden. Dieser iterative Prozess lässt sich mittels der Funktion *Sierp* durchführen:

```
> Sierp := proc(Graphik)
    local p,L; p := scale(Graphik,1/3,1/3);
    L := [[1,0],[2,0],[0,1],[0,2],[2,1],[1,2],[2,2]]/3;
    map(z->translate(p,op(z)),L);
    display(p,op(%))
  end proc:
  display(Array([seq((Sierp@@n)(Quadrat),n=0..2)]),axes=none);
```

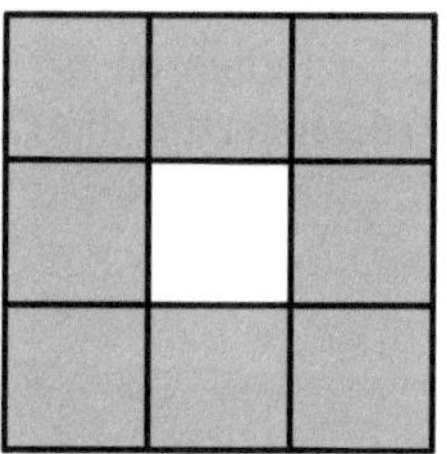

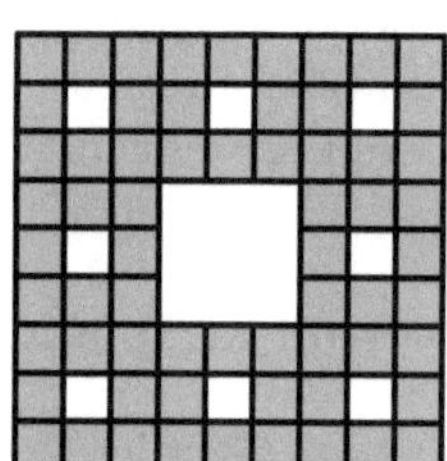

Mit display kann man offensichtlich auch mehrere Graphiken nebeneinander plazieren. Dazu werden diese als Array an display übergeben. Das darin auftretende Symbol „Sierp@@n“ bedeutet die iterierte Zusammensetzung von Sierp, also etwa (Sierp@@2)(Quadrat) = Sierp(Sierp(Quadrat)). Man erkennt, dass Sierp die erwarteten Resultate liefert. Die Gitterlinien lassen sich durch die Option style=patchnogrid unterdrücken. Für $n = 3$ und $n = 4$ sehen die Gebiete dann so aus:

```
> Quadrat := rectangle([0,0],[1,1],color=gray,style=patchnogrid):
  display(Array([seq((Sierp@@n)(Quadrat),n=3..4)]),axes=none);
```

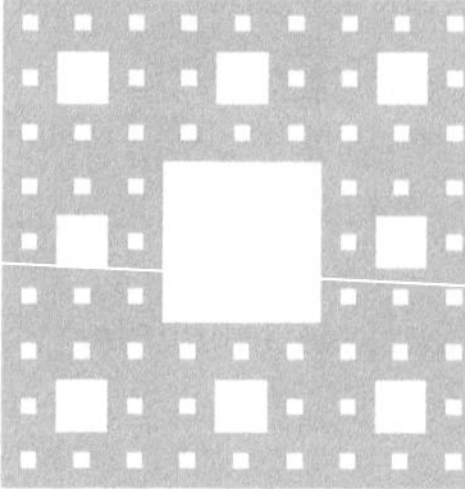

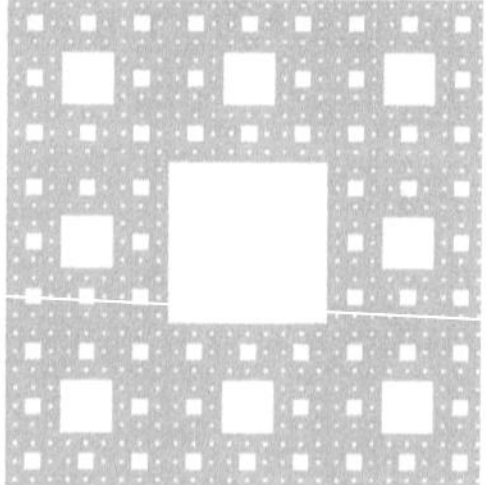

2.3 Stetigkeit und Grenzwert

Grenzwerte für reellwertige Funktionen

Der Grenzwert

$$\lim_{z \to z_0} f(z) =: w_0$$

einer komplexwertigen Funktion $f(z) = u(x, y) + i\, v(x, y)$ mit $z = x + i\, y$ und $z_0 = x_0 + i\, y_0$ existiert genau dann, wenn die reellen Grenzwerte

$$\lim_{(x,\, y) \to (x_0,\, y_0)} u(x, y) = u_0 \qquad \text{und} \qquad \lim_{(x,\, y) \to (x_0,\, y_0)} v(x, y) = v_0$$

existieren und $w_0 = u_0 + i\, v_0$ gilt. Es genügt daher, *reellwertige Funktionen*, die von zwei Variablen abhängen, zu untersuchen. Maple stellt Hilfsmittel bereit, die Existenz solcher Grenzwerte zu überprüfen.

Beispiel 1: 3D-Test, Test mit Polarkoordinaten

```
> restart: with(plots):
  u := (x,y) -> x*y/(x^2+y^2);
```

$$u := (x, y) \to \frac{x\, y}{x^2 + y^2}$$

Wir testen, ob Maple mit Hilfe des *multidirectional limit* den Grenzwert im Punkte $(0, 0)$ bestimmen kann:

```
> limit(u(x,y),{x=0,y=0});
```

$$\operatorname{limit}\left(\frac{x\, y}{x^2 + y^2}, \{y = 0, x = 0\}\right)$$

Dieser Versuch ist also gescheitert. Dies sieht man natürlich z. B. auch sofort daran, dass $u(x, 0) = 0$ und $u(x, x) = 1/2$ für $x \neq 0$ gelten. Wir testen nun mit Maple, ob die Limites längs der Koordinatenachsen existieren:

```
> Limit(u(x,y),x=0): % = value(%);
```

$$\lim_{x \to 0} \frac{x\, y}{x^2 + y^2} = 0$$

```
> Limit(Limit(u(x,y),x=0),y=0): % = value(%);
```

$$\lim_{y \to 0} \lim_{x \to 0} \frac{x\, y}{x^2 + y^2} = 0$$

Aus Symmetriegründen gelten die entsprechenden Aussagen bei Vertauschung von x und y. Betrachten Sie folgendes Bild:

```
> plot3d(u(x,y),x=-1..1,y=-1..1,grid=[40,40],axes=boxed,
        color=gray,orientation=[110,60]);
```

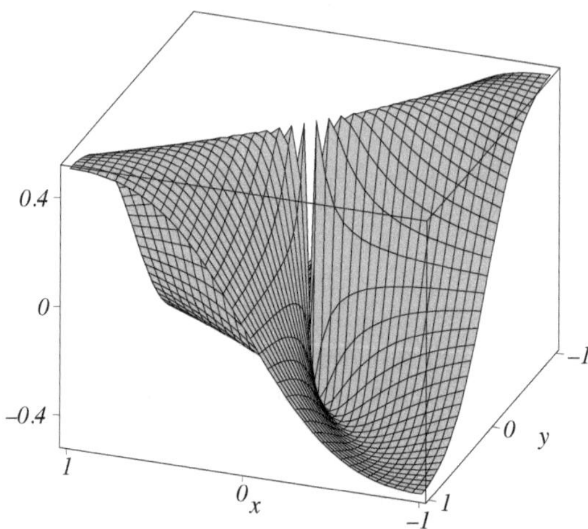

Der unruhige Faltenwurf des Funktionsgraphen bei $(0,0)$ legt die Vermutung nahe, dass der Grenzwert im Nullpunkt nicht existiert. Es fällt auf, dass der Graph längs der Winkelhalbierenden $y = x$ die obere Begrenzung der Box mit $z = 1/2$ berührt. Entsprechend wird längs der Winkelhalbierenden $y = -x$ die untere Begrenzung der Box mit $z = -1/2$ berührt. Um dies zu klären, werden die Grenzwerte längs Geraden durch $(0,0)$ bestimmt und dazu Polarkoordinaten eingeführt:

```
> subs({x=r*cos(t),y=r*sin(t)},u(x,y)): % = simplify(%);
  Limit('u'(r*cos(t),r*sin(t)),r=0): eval(%,1) = simplify(value(%));
```

$$\frac{r^2\,\cos(t)\,\sin(t)}{r^2\,\cos(t)^2 + r^2\,\sin(t)^2} = \cos(t)\,\sin(t)$$

$$\lim_{r\to 0} u(r\,\cos(t),\,r\,\sin(t)) = \cos(t)\,\sin(t)$$

In diesem speziellen Fall hätten wir uns natürlich die letzte Befehlszeile auch sparen können. Da dieser Grenzwert vom Winkel t abhängt, wird auch auf diesem Wege klar, dass der Grenzwert von $u(x,\,y)$ für $(x,\,y) \longrightarrow (0,\,0)$ nicht existiert.

Beispiel 2: Visueller Test mittels 2D-Animation

```
> restart: with(plots):
  u := (x,y) -> x*y^2/(x^2+y^4);
```

$$u := (x,\,y) \longrightarrow \frac{x\,y^2}{x^2 + y^4}$$

Ist u stetig ergänzbar in $(0,0)$? Offensichtlich kann man dieses Beispiel durch die Substitution $y^2 = t$ auf das vorangehende Beispiel zurückführen. Mithin existiert der gesuchte Grenzwert nicht. Lässt sich das auch an der 3D-Darstellung erkennen? Wir bilden dazu zwei unterschiedliche Ansichten derselben Graphik nebeneinander ab. Deren Ausrichtung kann sehr leicht durch Anklicken der Graphik mit der Maus verändert werden.

```
> p := plot3d(u(x,y),x=-1..1,y=-1..1,grid=[40,40],color=gray):
  q := display(p,orientation=[130,60]):
  display(Array([q,p]),title="Visueller Test auf Stetigkeit");
```

Visueller Test auf Stetigkeit

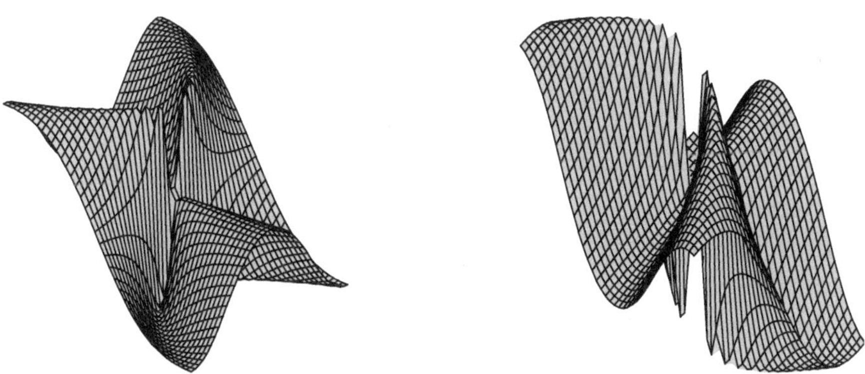

Um eine ‚optische Täuschung' ausschließen zu können, veranschaulichen wir den Funktionsgraphen mittels einer 2D-Animation. Dabei fungiert die y-Variable — für $y \neq 0$ — als Scharparameter der ‚Schnitte' und läuft von -1 bis -0.1, also bis unmittelbar vor die Singularität.

```
> animate(u(x,y),x=-1..1,y=-1..-0.1,tickmarks=[4,4],numpoints=300,
          color=black,thickness=2);
```

Visueller Test auf Stetigkeit mittels Animation

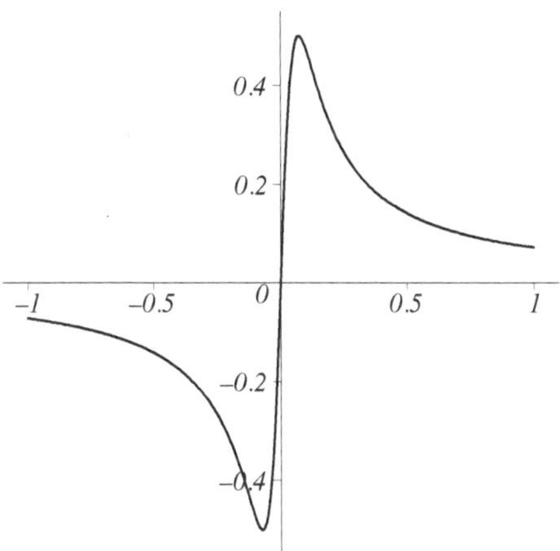

Unsere Beobachtungen lassen sich auch leicht analytisch bestätigen. Wir untersuchen u für festes $y \neq 0$ auf Extrema:

```
> solve(D[1](u)(x,y),{x});
```

$$\{x = -y^2\}, \quad \{x = y^2\}$$

```
> 'u'(y^2,y):  eval(%,1) = value(%);
  'u'(-y^2,y): eval(%,1) = value(%);
```

$$u(y^2, y) = \frac{1}{2}, \quad u(-y^2, y) = \frac{-1}{2}$$

Grenzwerte für komplexwertige Funktionen

Beispiel 1

```
> restart:
  f := z -> (z^5-2*z^4+z^3+z^2/2-z+1/2)/(z^2-2*z+1);
```

$$f := z \to \frac{z^5 - 2\,z^4 + z^3 + \frac{1}{2}\,z^2 - z + \frac{1}{2}}{z^2 - 2\,z + 1}$$

```
> f(1);
```

```
Error, (in f) numeric exception: division by zero
```

f ist in $z_0 = 1$ nicht definiert. Jedoch der Grenzwert für $z \longrightarrow z_0$ existiert:

```
> Limit('f(z)',z=1): eval(%,1) = value(%);
```

$$\lim_{z \to 1} f(z) = \frac{3}{2}$$

```
> simplify(f(z));
```

$$z^3 + \frac{1}{2}$$

```
> p := unapply(%,z);
```

$$p := z \longrightarrow z^3 + \frac{1}{2}$$

f ist in $z_0 = 1$ stetig ergänzbar: Definiert man $f(1) := 3/2$, so stimmt f überall mit der Polynom*funktion* p überein, die man mit Hilfe des Maple-Befehls unapply aus dem Ausdruck $z^3 + 1/2$ erhält.

Beispiel 2

Bei *komplexen Unstetigkeitsstellen* muss man vorsichtig sein:

```
> restart:
  f := z -> 1/(z-I);
```

$$f := z \longrightarrow \frac{1}{z-i}$$

```
> Limit(f(z),z=I): % = value(%);
```

$$\lim_{z \to i} \frac{1}{z-i} = \mathit{undefined}$$

```
> Limit(f(z),z=I,complex): % = value(%);
```

$$\lim_{z \to i, \text{complex}} \frac{1}{z-i} = \infty - \infty i$$

Beispiel 3

Interessant ist auch folgendes Beispiel:

```
> restart: f := z -> exp(-1/(z-I)^2);
```

$$f := z \longrightarrow e^{-\frac{1}{(z-i)^2}}$$

```
> Limit(f(z),z=I): % = value(%);
```

$$\lim_{z \to i} e^{-\frac{1}{(z-i)^2}} = 0$$

```
> Limit(f(z),z=I,complex): % = value(%);
```

$$\lim_{z \to i, \text{complex}} e^{-\frac{1}{(z-i)^2}} = \lim_{z \to i, \text{complex}} e^{-\frac{1}{(z-i)^2}}$$

Hieran wird deutlich, dass der limit-Befehl ohne Option complex den beidseitigen reellen Grenzwert, das heißt im Argument $z = i + t$ mit $t \in \mathbb{R}$, berechnet.

2.4 Reihen und Potenzreihen

Absolut konvergente Reihen

Reihen $\sum_{k=0}^{\infty} b_k$ mit nicht-negativen Summanden werden herangezogen zum Konvergenznachweis für komplexe Reihen $\sum_{k=0}^{\infty} a_k$. Wie im reellen Fall ergibt sich deren (absolute) Konvergenz, wenn $\sum_{k=0}^{\infty} b_k$ eine konvergente Majorante ist, bzw. deren Divergenz, wenn $\sum_{k=0}^{\infty} b_k$ eine divergente Minorante ist. Wurzel- und Quotientenkriterium basieren dabei auf dem Vergleich mit der geometrischen Reihe.

Beispiel 1: $\sum_{k=0}^{\infty} \frac{k^2}{2^k}$

```
> restart:
  a := k -> k^2/2^k;
```

$$a := k \longrightarrow \frac{k^2}{2^k}$$

Quotientenkriterium:

```
> Limit('a'(k+1)/'a'(k),k=infinity):   eval(%,1) = value(%);
```

$$\lim_{k\to\infty} \frac{a(k+1)}{a(k)} = \frac{1}{2}$$

Wurzelkriterium:

```
> Limit('a'(k)^(1/k),k=infinity):   eval(%,1) = value(%);
```

$$\lim_{k\to\infty} a(k)^{\frac{1}{k}} = \frac{1}{2}$$

Maple liefert für diese Reihe den Wert

```
> Sum(a(k),k=0..infinity):   % = value(%);
```

$$\sum_{k=0}^{\infty} \frac{k^2}{2^k} = 6$$

Beispiel 2: $\sum_{k=0}^{\infty} \frac{z^k}{k!}$

```
> restart:
  b := k -> abs(z)^k/k!;
```

$$b := k \to \frac{|z|^k}{k!}$$

Quotientenkriterium:

```
> Limit('b'(k+1)/'b'(k),k=infinity):   eval(%,1) = simplify(%);
  erg := convert(value(%%),string):
  print(cat(`Dieser Grenzwert ist gleich  `, erg,` .`));
```

$$\lim_{k\to\infty} \frac{b(k+1)}{b(k)} = \lim_{k\to\infty} \frac{|z|}{k+1}. \quad \textit{Dieser Grenzwert ist gleich } 0\ .$$

Diese Reihe ist also für jedes z absolut konvergent. Das sieht man auch mit dem Wurzelkriterium:

```
> Limit('b'(k)^(1/k),k=infinity):  eval(%,1) = value(%);
```

$$\lim_{k\to\infty} b(k)^{\frac{1}{k}} = 0$$

Maple ‚kennt' natürlich die Exponentialfunktion und berechnet als Reihenwert:

```
> Sum(z^k/k!,k=0..infinity):  % = value(%);
```

$$\sum_{k=0}^{\infty} \frac{z^k}{k!} = e^z$$

Die Feinheit, e^z und $\exp(z)$ zu unterscheiden (vgl. S. 81), überfordert Maple!

Beispiel 3: $\sum_{k=1}^{\infty} \frac{1}{k}$

```
> restart: c := k -> 1/k;
```

$$c := k \longrightarrow \frac{1}{k}$$

```
> Limit('c'(k+1)/'c'(k),k=infinity):  eval(%,1) = value(%);
```

$$\lim_{k\to\infty} \frac{c(k+1)}{c(k)} = 1$$

```
> Limit('c'(k)^(1/k),k=infinity):  eval(%,1) = value(%);
```

$$\lim_{k\to\infty} c(k)^{\frac{1}{k}} = 1$$

Für dieses Beispiel liefern folglich weder Quotienten- noch Wurzelkriterium eine Antwort. Maple erkennt dennoch, dass diese Reihe divergiert:

```
> Sum(1/k,k=1..infinity): % = value(%);
```

$$\sum_{k=1}^{\infty} \frac{1}{k} = \infty$$

Majorantenkriterium von Weierstraß, gleichmäßige Konvergenz

Es sei M eine Teilmenge von $\mathbb{C}$. Besitzt eine Folge (f_k) von Funktionen $f_k\colon M \longrightarrow \mathbb{C}$ eine konvergente Majorante $\sum_{k=0}^{\infty} \alpha_k$ mit $|f_k(z)| \le \alpha_k$ für alle $z \in M$, so ist die Reihe $\sum_{k=0}^{\infty} f_k(z)$ auf M (absolut) gleichmäßig konvergent. Wir veranschaulichen dies — im Reellen — an der geometrischen Reihe:

```
> restart: with(plots): f := z -> 1/(1-z);
```

$$f := z \to \frac{1}{1-z}$$

```
> epsilon := 0.2: r := 0.7: rest := sum(r^k,k=n+1..infinity):
  solve(rest=epsilon,n): N := ceil(%);
```

$$N := 7$$

```
> Bild1 := plot(f(z)+epsilon,z=-r..r,color=gray,filled=true):
  Bild2 := plot(f(z)-epsilon,z=-r..r,color=white,filled=true):
  Folge := seq(plot(sum(z^k,k=0..n),z=-r..r,color=black,thickness=2,
              title=cat(n,". Partialsumme")),n=1..2*N):
  Bild3 := display(Folge,insequence=true):
  display(Bild3,Bild2,Bild1,tickmarks=[3,3]);
```

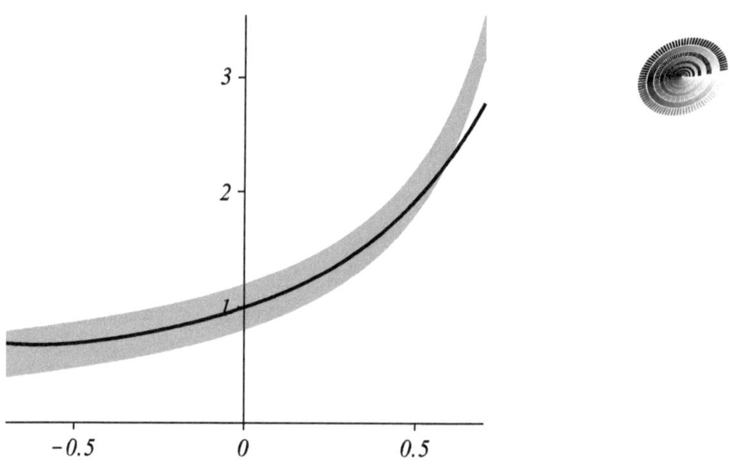

Für dieses Beispiel kann man zeigen, dass zu beliebig vorgegebenem positiven ε und $0 < r < R\,(=1)$ eine natürliche Zahl N so existiert, dass die Partialsummen $\sum_{k=0}^{n} z^k$ für $n \geq N$ und $|z| \leq r$ ganz im ε-Schlauch um f verlaufen. Der ‚Rest' ist nämlich:

$$\frac{1}{1-z} - \sum_{k=0}^{n} z^k = \frac{1}{1-z} - \frac{1-z^{n+1}}{1-z} = \frac{z^{n+1}}{1-z} =: \varrho_n(z)$$

$|\varrho_n(z)| \leq \frac{r^{N+1}}{(1-r)}$ zeigt dann die gleichmäßige Konvergenz in $\{z \in \mathbb{C} : |z| \leq r\}$. Dass die gleichmäßige Konvergenz *nicht* im ganzen Bereich $\{z \in \mathbb{C} : |z| < R\}$ gilt, belegt — schon im Reellen — der Grenzübergang $z \longrightarrow R$ bei festem n für $\varrho_n(z)$.

Maple im Umgang mit Reihen

Mit folgender Reihe wussten ältere Versionen von Maple ‚nichts' anzufangen:

```
> restart:
  Sum((1+I*n*(-1)^(n+1))/n^2,n=1..infinity): % = value(%);
```

$$\sum_{n=1}^{\infty} \frac{1+i\,n\,(-1)^{n+1}}{n^2} = \sum_{n=1}^{\infty} \frac{1+i\,n\,(-1)^{n+1}}{n^2}$$

Ganz anders ist die Reaktion bei neueren Maple-Versionen:

```
> Sum((1+I*n*(-1)^(n+1))/n^2,n=1..infinity):: % = value(%);
```

$$\sum_{n=1}^{\infty} \frac{1+i\,n\,(-1)^{n+1}}{n^2} = \frac{1}{6}\,\pi^2 + i\,\ln(2)$$

Schauen wir uns die geometrische Reihe an:

```
> Sum(2^n,n=0..infinity): % = value(%);
```

$$\sum_{n=0}^{\infty} 2^n = \infty$$

```
> Sum(2^n,n=0..infinity): % = evalf(%);
```

$$\sum_{n=0}^{\infty} 2^n = -1.000000000 \quad !$$

```
> Sum((-2)^n,n=0..infinity): % = value(%);
```

$$\sum_{n=0}^{\infty} (-2)^n = \sum_{n=0}^{\infty} (-2)^n$$

```
> Sum((1-I)^n/sqrt(2)^n,n=0..infinity): % = value(%);
```

$$\sum_{n=0}^{\infty} \frac{(1-i)^n}{(\sqrt{2})^n} = \sum_{n=0}^{\infty} \frac{(1-i)^n}{(\sqrt{2})^n}$$

In den beiden letzten Beispielen liefert Maple kein ‚vernünftiges' Ergebnis. In früheren Versionen setzte Maple locker -2 bzw. $(1-i)/\sqrt{2}$ in die — nur für $|z| < 1$ gültige — Formel $\sum_{n=0}^{\infty} z^n = 1/(1-z)$ ein! Ersetzt man *value* durch *evalf*, so geschieht dies auch unter Maple 15 noch:

```
> Sum((-2)^n,n=0..infinity): % = evalf(%,3);
  Sum((1-I)^n/sqrt(2)^n,n=0..infinity): % = evalf(%,3);
```

$$\sum_{n=0}^{\infty}(-2)^n = 0.333\,, \quad \sum_{n=0}^{\infty}\frac{(1-i)^n}{(\sqrt{2})^n} = 0.500 - 1.21\,i \quad !$$

Das erste dieser beiden Maple-Ergebnisse werden wohl alle Nutzer als falsch erkennen. Bei dem zweiten aber werden einzelne das Ergebnis vielleicht gedankenlos hinnehmen. Auf den ersten Blick wirken die unterschiedlichen Antworten verwirrend: *value* liefert eine andere Antwort als *evalf,* divergente Reihen konvergieren angeblich, eine Reihe mit positiven Summanden soll sogar einen negativen Reihenwert besitzen.

Machen wir weitere Tests mit folgenden wohlbekannten Reihen:

```
> Sum(1/n^2,n=1..infinity): % = value(%);
```

$$\sum_{n=1}^{\infty}\frac{1}{n^2} = \frac{1}{6}\pi^2$$

```
> Sum(1/n^3,n=1..infinity): % = value(%);
  erg := convert(evalf(%%),string):
  print(cat(`Dieser Wert ist ungefähr gleich `, erg,` .`));
```

$$\sum_{n=1}^{\infty}\frac{1}{n^3} = \zeta(3)\,. \quad \textit{Dieser Wert ist ungefähr gleich } 1.202056903\,.$$

```
> Sum(1/n^(1/2),n=1..infinity):  % = value(%);
```

$$\sum_{n=1}^{\infty}\frac{1}{\sqrt{n}} = \infty$$

```
> Sum(1/n^(1/2),n=1..infinity): % = evalf(%);
```

$$\sum_{n=1}^{\infty}\frac{1}{\sqrt{n}} = -1.460354509$$

Der Hinweis auf der Help-Seite, dass *Sum* u. a. auch Summierungsverfahren ‚kennt' und anwendet, dürfte die meisten Anwender überfordern! Er bestätigt den oben gewonnenen Eindruck, dass Maple ein umfangreiches Arsenal unterschiedlicher Methoden einsetzt. Man sollte es sich deshalb zur Gewohnheit machen, eine Reihe auf Konvergenz zu untersuchen, bevor man mit Maple den Reihenwert zu berechnen versucht. Denn höchstens dann liefert Maple *sinnvolle* Ergebnisse.

Kapitel 3

Komplexe Differenzierbarkeit

Differenzierbarkeit wird wie im Reellen eingeführt, erweist sich jedoch als ungleich leistungsfähiger, was sich aber großenteils erst in den folgenden Kapiteln zeigen wird.

3.1 Definition und Grundregeln

Zunächst stellen wir kurz und ohne Beweise einige Dinge zusammen, die man heute meist schon in der Analysis I gleich für den Körper $\mathbb{C}$ (statt nur für $\mathbb{R}$) mitbehandelt. Dabei verzichten wir hier auf mögliche Abschwächungen der Annahmen.

Annahmen: Es seien $\mathfrak{D}_f := \mathfrak{D} \subset \mathbb{C}$, $f : \mathfrak{D} \longrightarrow \mathbb{C}$ und $a \in \overset{\circ}{\mathfrak{D}}$.

Definition:

f *„differenzierbar in a"* $:\Longleftrightarrow \exists A \in \mathbb{C} \quad \dfrac{f(z)-f(a)}{z-a} \longrightarrow A \quad (\mathfrak{D} \ni z \longrightarrow a)$

Es wird also die Existenz des Grenzwertes des *„Differenzenquotienten"* $\frac{f(z)-f(a)}{z-a}$ für den Grenzübergang $\mathfrak{D} \ni z \longrightarrow a$ gefordert.

Falls f differenzierbar in a ist, notieren wir:

$$\mathrm{D}f(a) := f'(a) := \lim_{\mathfrak{D} \ni z \to a} \frac{f(z)-f(a)}{z-a}$$

Dieser (eindeutige) Grenzwert heißt *„Ableitung von f an der Stelle a"*. Er wird gelegentlich auch als $\frac{df}{dz}(a)$ notiert.

Für eine Teilmenge M von $\mathfrak{D}$ heißt f genau dann *„differenzierbar in M"*, wenn $M \subset \overset{\circ}{\mathfrak{D}}$ und f für alle $z \in M$ differenzierbar in z ist.
f heißt *„differenzierbar"* genau dann, wenn f in $\mathfrak{D}$ differenzierbar ist. (Dann ist $\mathfrak{D}$ insbesondere offen.)

$\mathfrak{D}(f') := \{z \in \overset{\circ}{\mathfrak{D}} : f \text{ differenzierbar in } z\}$

$f'\colon \mathfrak{D}(f') \ni z \longmapsto f'(z) \in \mathbb{C}$ *„(erste) Ableitung von f"*

Satz 1 *Äquivalent sind:*

α) f ist differenzierbar in a.

β) Es existiert $h : \mathfrak{D} \longrightarrow \mathbb{C}$ stetig in a mit

$$f(z) = f(a) + h(z)(z-a) \quad (z \in \mathfrak{D}).$$

γ) Es existieren $A \in \mathbb{C}$, $r : \mathfrak{D} \longrightarrow \mathbb{C}$ stetig in a mit $r(a) = 0$ derart, dass

$$f(z) = f(a) + A(z-a) + r(z)(z-a) \quad (z \in \mathfrak{D}).$$

Zusatz Gilt β), so ist $h(a) = f'(a)$; hat man γ), so folgt $A = f'(a)$.

Bemerkung Ist f differenzierbar in a, dann ist f stetig in a.

Dass die *Umkehrung nicht* gilt, zeigt beispielsweise die stetige Abbildung $\mathfrak{Re} : \mathbb{C} \longrightarrow \mathbb{C}$, die an keiner Stelle differenzierbar ist, was wir erst weiter unten begründen werden.

Unter den *zusätzlichen* Voraussetzungen

$\mathfrak{D}_g \subset \mathbb{C}$, $g\colon \mathfrak{D}_g \longrightarrow \mathbb{C}$, $a \in \overset{\circ}{\mathfrak{D}}_g$ und f, g differenzierbar in a

erhält man die

Grundregeln

1. *$f+g$ ist differenzierbar in a und* $(f+g)'(a) = f'(a) + g'(a)$.
2. *αf ist differenzierbar in a und* $(\alpha f)'(a) = \alpha f'(a) \quad (\alpha \in \mathbb{C})$.
3. *fg ist differenzierbar in a und* $(fg)'(a) = f'(a)g(a) + f(a)g'(a)$.

1. und 2. beschreiben die *Linearität* der Differentiation in a. Die Aussage 3. heißt *„Produktregel"*.

Schon bekannte **Beispiele** sind:

(B1) $b \in \mathbb{C}$, $f(z) := b$ $(z \in \mathbb{C})$: f ist differenzierbar mit $f'(a) = 0 \quad (a \in \mathbb{C})$.

(B2) $n \in \mathbb{N}$, $f(z) := z^n$ $(z \in \mathbb{C})$: f ist differenzierbar mit
$f'(a) = n a^{n-1} \quad (a \in \mathbb{C})$.

(B3) $f(z) = \exp(z)$ $(z \in \mathbb{C})$: f ist differenzierbar mit $f' = f$.

(B4) $m \in \mathbb{N}_0$; $\alpha_\mu \in \mathbb{C}$ $(\mu = 0, \ldots, m)$; $P(z) := \sum_{\mu=0}^{m} \alpha_\mu z^\mu$ (‚Polynom')

P ist differenzierbar mit $P'(a) = \sum_{\mu=1}^{m} \mu \alpha_\mu a^{\mu-1}$ $(a \in \mathbb{C})$.

Quotientenregel Unter den zusätzlichen Voraussetzungen

$\mathfrak{D}_g \subset \mathbb{C}$, $g : \mathfrak{D}_g \longrightarrow \mathbb{C}$, $a \in \overset{\circ}{\mathfrak{D}}_g$, $g(a) \neq 0$, f und g differenzierbar in a gilt:

$$\frac{f}{g} \textit{ ist differenzierbar in } a \textit{ mit } \left(\frac{f}{g}\right)'(a) = \frac{f'(a)g(a) - f(a)g'(a)}{(g(a))^2}$$

Dabei ist zu beachten: Die Differenzierbarkeit von g in a impliziert die Stetigkeit von g in a. Da $g(a)$ verschieden von Null ist, existiert ein $\delta > 0$ derart, dass $g(z) \neq 0$ für alle $z \in U_a^\delta \cap \mathfrak{D}_g$ gilt, also $a \in \left(\mathfrak{D}_{f/g}\right)^\circ$.

Kettenregel Unter den zusätzlichen Voraussetzungen

$\mathfrak{D}_g \subset \mathbb{C}$, $g \colon \mathfrak{D}_g \longrightarrow \mathbb{C}$, $b := f(a) \in \overset{\circ}{\mathfrak{D}}_g$,
f differenzierbar in a, g differenzierbar in b

ist $g \circ f$ *differenzierbar in a mit* $(g \circ f)'(a) = g'(f(a))f'(a)$.

(B5) Nach der Quotientenregel und (B4) sind alle rationalen Funktionen differenzierbar.

(B6) cos und sin sind differenzierbar mit $\cos' = -\sin$ und $\sin' = \cos$.

3.2 Differentiation von Potenzreihen

Im Anschluss an den Satz über Potenzreihen (Seite 50) zeigen wir mit den dortigen Bezeichnungen (im nicht-trivialen Fall $R > 0$):

Satz 2

$$f \textit{ ist differenzierbar in } U_a^R \textit{ mit } f'(z) = \sum_{k=1}^{\infty} k a_k (z-a)^{k-1} \quad \textit{für } z \in U_a^R.$$

Folgerung

Potenzreihen können also — in U_a^R — ‚gliedweise differenziert' werden. Die zugehörige Funktion ist beliebig oft differenzierbar. Die Koeffizienten in einer Potenzreihenentwicklung sind somit eindeutig bestimmt. Eine Potenzreihe ist gerade die TAYLOR*-Reihe der durch sie dargestellten Funktion.*

Beweis: Œ $a = 0$ (sonst $u := z - a$ betrachten): $\sum_{k=1}^{\infty} k\, a_k z^{k-1}$ hat auch den Konvergenzradius R $\left(\text{da } \sqrt[k]{k} \longrightarrow 1 \text{ für } k \to \infty\right)$. Daher ist
$\sum_{k=1}^{\infty} k\, |a_k| r^{k-1}$ konvergent für $0 < r < R$. (1)

Es sei nun $b \in U_0^R$ fest; dazu wählt man r so, dass $|b| < r < R$. Für $k \in \mathbb{N}$ sei

$$h_k(z) := \left\{ \begin{array}{ll} \dfrac{z^k - b^k}{z - b}, & z \neq b \\ k\, b^{k-1}, & z = b \end{array} \right\} \stackrel{\checkmark}{=} \sum_{\kappa=0}^{k-1} z^{k-1-\kappa} b^{\kappa};$$

für $|z| \le r$ hat man dafür:

$$|h_k(z)| \le \sum_{\kappa=0}^{k-1} |z|^{k-1-\kappa} |b|^{\kappa} \le k\, r^{k-1} \tag{2}$$

Nun ist für $z \in U_0^R$:

$$f(z) - f(b) = \sum_{k=1}^{\infty} a_k (z^k - b^k) = (z - b) \sum_{k=1}^{\infty} a_k h_k(z) \tag{3}$$

Nach (1), (2) und dem Majoranten-Kriterium von Weierstrass ist die Reihe $\sum_{k=1}^{\infty} a_k h_k(z)$ in U_0^r absolut gleichmäßig konvergent. Nach dem Satz von Weierstrass (Seite 45) ist die dadurch definierte Funktion stetig in b. Nach (3) folgt damit: f ist differenzierbar in b und

$$f'(b) = \sum_{k=1}^{\infty} a_k h_k(b) = \sum_{k=1}^{\infty} k a_k b^{k-1}$$ □

3.3 Zusammenhang zwischen komplexer und reeller Differenzierbarkeit

Eine Abbildung $f\colon \mathbb{C} \longrightarrow \mathbb{C}$ definiert in kanonischer Weise eine Abbildung $F\colon \mathbb{R}^2 \longrightarrow \mathbb{R}^2$. Hier fragen wir nach dem Zusammenhang zwischen komplexer Differenzierbarkeit von f und reeller Differenzierbarkeit von F:

$\varphi : \mathbb{R}^2 \ni \binom{x}{y} \longmapsto x + iy \in \mathbb{C}$ ist $\mathbb{R}$-linear, *bijektiv* und erfüllt
$|\varphi\binom{x}{y}| = \|\binom{x}{y}\|_2$.

In den Worksheets tritt φ als Prozedur *p2c (pair-to-complex)* und die Umkehrabbildung φ^{-1} als *c2p (complex-to-pair)* auf.

Annahmen: Es seien $\mathbb{C} \supset \mathfrak{D}$, $f\colon \mathfrak{D} \longrightarrow \mathbb{C}$ und $a = \varphi\binom{\alpha}{\beta} \in \mathring{\mathfrak{D}}$. Die letzte Aussage ist mit $E := \varphi^{-1}(\mathfrak{D}) \subset \mathbb{R}^2$ äquivalent zu $\binom{\alpha}{\beta} \in \mathring{E}$.

Bezeichnung: $F := \varphi^{-1} \circ f \circ \varphi\colon E \longrightarrow \mathbb{R}^2$ ist definiert durch

$$\binom{x}{y} \longmapsto \begin{pmatrix} \mathfrak{Re}\, f(x+iy) \\ \mathfrak{Im}\, f(x+iy) \end{pmatrix} =: \begin{pmatrix} u\binom{x}{y} \\ v\binom{x}{y} \end{pmatrix}.$$

Satz 3

Die Funktion f ist genau dann (komplex) differenzierbar in $a = \alpha + i\beta$, wenn F (reell) differenzierbar in $\binom{\alpha}{\beta}$ ist und die „CAUCHY-RIEMANN-Differentialgleichungen", kurz „CR-DGLn",

$$\boxed{u_x = v_y\,,\; u_y = -v_x}$$

erfüllt sind.

Dann gilt $f'(a) = u_x\binom{\alpha}{\beta} + i\,v_x\binom{\alpha}{\beta} = v_y\binom{\alpha}{\beta} - i\,u_y\binom{\alpha}{\beta}$.

Dabei gilt natürlich: *F ist genau dann differenzierbar in $\binom{\alpha}{\beta}$, wenn die beiden Komponentenfunktionen u und v dort differenzierbar sind.*

Beweis (des Satzes): Die Differenzierbarkeit von f in a besagt, dass

$$f(z) = f(a) + h(z)(z-a)$$

mit einer in a stetigen Abbildung h gilt. Dabei ist $h(a) = f'(a)$. Dies ist äquivalent zu

$$F\binom{x}{y} = F\binom{\alpha}{\beta} + \begin{pmatrix} h_1\binom{x}{y} & -h_2\binom{x}{y} \\ h_2\binom{x}{y} & h_1\binom{x}{y} \end{pmatrix} \cdot \begin{pmatrix} x-\alpha \\ y-\beta \end{pmatrix},$$

wobei $h(z) = h_1\binom{x}{y} + i\,h_2\binom{x}{y}$ mit in $\binom{\alpha}{\beta}$ stetigen reellwertigen Funktionen h_1 und h_2. Daraus liest man alles ab. □

Wir zeigen damit — wie auf Seite 72 schon behauptet —

$$\mathbb{C} \ni z \longmapsto \mathfrak{Re}\, z \in \mathbb{R} \subset \mathbb{C} \;\text{ ist in keinem } a \in \mathbb{C} \text{ differenzierbar!}$$

Beweis: Mit obigen Bezeichnungen gilt hier: $u\binom{x}{y} = x$, $v\binom{x}{y} = 0$. Dies liefert $v_y = 0, u_x = 1$. Die CR-DGLn sind also *nicht* erfüllt. □

Bezeichnung: *

Für eine offene Teilmenge M von $\mathfrak{D}$ und $f\colon \mathfrak{D} \longrightarrow \mathbb{C}$:

f *„holomorph in M"* genau dann, wenn f differenzierbar in M ist.

f *„holomorph"* $:\Longleftrightarrow$ f holomorph in $\mathfrak{D}$ ($\mathfrak{D}$ ist also dann offen.)

Andere Bezeichnungen sind: *„analytisch"*, *„regulär"*, *„regulär-analytisch"*; dabei wird meist noch M als Gebiet vorausgesetzt.

* Der Begriff „holomorph" ist für die Funktionentheorie zentral. Das Wort besteht aus den beiden altgriechischen Bestandteilen *holos* (ganz, völlig, unversehrt) und *morphe* (Gestalt, Form, Aussehen).

Folgerung 4 *Ist $f\colon G \longrightarrow \mathbb{C}$ holomorph auf einem Gebiet $G \subset \mathbb{C}$ mit*

$$f'(z) = 0 \text{ für alle } z \in G\,,$$

dann ist f konstant.

Beweis: Nach obigem Satz sind $u, v\colon \varphi^{-1}(G) \longrightarrow \mathbb{R}$ differenzierbar mit $u_x = u_y = 0$. Mit G ist offenbar auch $\varphi^{-1}(G)$ Gebiet. Nach dem entsprechenden Satz der mehrdimensionalen Analysis ist u konstant. Ebenso ist v konstant. □

Satz 5 (Differentiation von Umkehrfunktionen)**

Es seien O und O' offene Teilmengen von $\mathbb{C}$, $a \in O$, $f : O \longrightarrow O'$ bijektiv, f in a differenzierbar mit $f'(a) \neq 0$.

Die Umkehrfunktion $h := f^{-1}$ sei stetig in $b := f(a)$.

Dann ist h in b differenzierbar mit $h'(b) = \dfrac{1}{f'(a)}$.

Beweis: Für $z \in O$ und $w := f(z)$ $(\in O')$ gelten: $z \neq a \iff w \neq b$ und $w \longrightarrow b \implies z \longrightarrow a$; damit hat man für $w \neq b$:

$$\frac{h(w) - h(b)}{w - b} = \frac{z - a}{f(z) - f(a)} \longrightarrow \frac{1}{f'(a)} \qquad (w \longrightarrow b)$$ □

Konforme Abbildungen

Die folgenden Überlegungen dienen zur *geometrischen Deutung komplexer Differenzierbarkeit.*

Für $z \in \mathbb{C} \setminus \{0\}$ entspricht $\arg(z)$ (genauer ein Element aus der Menge $\arg(z)$) dem ‚orientierten' Winkel zwischen der positiven reellen Achse und z, aufgefasst als Ortsvektor in der komplexen Zahlenebene. In Anlehnung daran verallgemeinern wir: Für $a, b \in \mathbb{C} \setminus \{0\}$ heißt jedes Element von

$$\measuredangle(a, b) := \arg\left(\frac{b}{a}\right)$$

ein *‚orientierter Winkel' von a nach b.*

Es seien $z_0 \in \mathbb{C}$ und $Z_1, Z_2\colon [0,1] \longrightarrow \mathbb{C}$ differenzierbare Wege mit $Z_1(0) = Z_2(0) = z_0$ und

$$A := \lim_{t \to 0} \frac{Z_2(t) - z_0}{Z_1(t) - z_0} \neq 0\,.$$

Dann heißt

$$\measuredangle(Z_1, Z_2)_{z_0} := \arg\left(A\right)$$

** Es handelt sich hier um eine *spezielle Fassung* des Satzes, da die Stetigkeit von f^{-1} vorausgesetzt wird, was jedoch im Folgenden ausreicht.

‚orientierter Winkel' von Z_1 *nach* Z_2 *in* z_0. Sind $Z_1'(0)$ und $Z_2'(0)$ ungleich Null, so gilt

$$\measuredangle(Z_1, Z_2)_{z_0} = \arg\left(\frac{Z_2'(0)}{Z_1'(0)}\right).$$

Ist O eine offene Teilmenge von $\mathbb{C}$ und $f\colon O \longrightarrow \mathbb{C}$ holomorph in $z_0 \in O$ mit $f'(z_0) \neq 0$, so gilt für $w_0 := f(z_0)$ und die Bildwege $W_j := f \circ Z_j$:

$$\lim_{t\to 0} \frac{W_2(t) - w_0}{W_1(t) - w_0} = \lim_{t\to 0} \frac{f(Z_2(t)) - f(z_0)}{f(Z_1(t)) - f(z_0)} = A\,;$$

denn der letzte Quotient lässt sich mit der existierenden stetigen Abbildung h, die $f(z) = f(z_0) + h(z)(z - z_0)$ erfüllt — also $h(z_0) = f'(z_0) \neq 0$ — umformen zu $\frac{Z_2(t)-z_0}{Z_1(t)-z_0} \cdot \frac{h(Z_2(t))}{h(Z_1(t))}$.

Dieses Verhalten von f in z_0 bezeichnet man als *„lokal-konform"*. Es beschreibt, dass f dort *winkeltreu* mit Erhalt der Orientierung ist. Gilt dies an jeder Stelle des Definitionsbereiches, so heißt f *konform.*

Auf wichtige Typen konformer Abbildungen, ihre Eigenschaften und Anwendungen gehen wir in Kapitel 8 ein.

3.4 Exponentialfunktion und Logarithmus

Für $x, y \in \mathbb{R}$ und $z := x + iy \in \mathbb{C}$ ist $\exp(z) = \exp(x)\exp(iy)$; mit $|\exp(iy)| = 1$ erhält man:

$$|\exp(z)| = e^{\mathfrak{Re}\, z} \quad \text{und} \quad \mathfrak{Im}\, z \in \arg\big(\exp(z)\big) \tag{1}$$

Daraus liest man ab:

$$\big\{\exp(z) : z \in \mathbb{C}\big\} = \mathbb{C} \setminus \{0\}$$

Aus der Analysis I dürfte bekannt sein:

$$\exp(z) = 1 \iff z \in 2\pi i\mathbb{Z} \quad \big(:\iff \exists k \in \mathbb{Z} \quad z = 2\pi i\, k\big)\,;$$

somit gilt für $z_1, z_2 \in \mathbb{C}$:

$$\exp(z_1) = \exp(z_2) \iff \exp(z_1 - z_2) = 1 \iff z_1 - z_2 \in 2\pi i\mathbb{Z} \tag{2}$$

Veranschaulichung der Abbildung $\quad \mathbb{C} \ni z \longmapsto w = \exp(z) \in \mathbb{C}$:

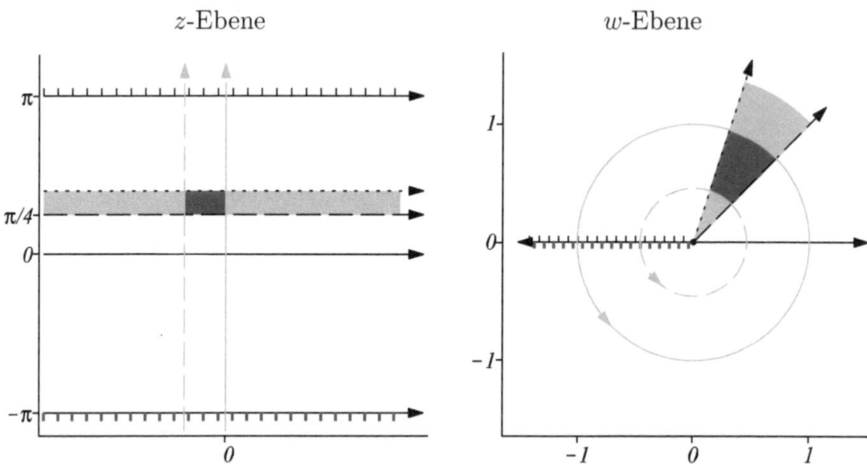

Definition:

$$\log w := \{z \in \mathbb{C} : \exp(z) = w\} \quad (\text{„Logarithmus von } w\text{“}) \qquad (w \in \mathbb{C} \setminus \{0\})$$

Häufig wird wieder lax notiert $z = \log w$ statt $z \in \log w$.

Aus (1) und (2) liest man ab:

$$\log w = \ln|w| + i \arg w \qquad (w \in \mathbb{C} \setminus \{0\})$$

Hier steht links eine Menge, $\ln|w|$ ist der reelle (natürliche) Logarithmus, $\arg w$ ist wieder eine Menge. Offenbar gelten:

$\exp(\log w) = \{w\}$ und $\log(\exp(z)) = z + 2\pi i\mathbb{Z}$

Den speziellen Wert

$$\operatorname{Log} w := \ln|w| + i \operatorname{Arg} w \quad (\operatorname{Arg} w \in \,]-\pi, \pi])$$

bezeichnet man als *„Hauptwert des Logarithmus“* und notiert dafür auch HW $\log w$.

Beispiel:

$$\log i = \ln 1 + i \arg(i) = \left\{ i\left(\frac{\pi}{2} + 2k\pi\right) : k \in \mathbb{Z} \right\}$$

$$\operatorname{Log} i = i\frac{\pi}{2}; \quad \operatorname{Log}_{|]0,\infty[} = \ln; \quad \operatorname{Log}(-1) = i\pi$$

Bemerkung 6 Arg *und* Log *sind in*

$$\mathfrak{G} := \text{GE} := \mathbb{C} \setminus \{z \in \mathbb{R} : z \leq 0\} \quad (\text{‚Geschlitzte Ebene‘})$$

stetig; in $\{z \in \mathbb{R} : z < 0\}$ *(‚negative reelle Achse‘) sind beide unstetig* (Sprungstellen der ‚Höhe‘ 2π bzw. $2\pi i$).

Definition:

Ein Paar $(f, \mathfrak{G})$ heißt genau dann (stetiger) „*Zweig von* log“, wenn $\mathfrak{G}$ Gebiet in $\mathbb{C} \setminus \{0\}$ und $f\colon \mathfrak{G} \longrightarrow \mathbb{C}$ eine stetige Abbildung ist mit $f(z) \in \log z$ für alle $z \in \mathfrak{G}$.

Beispiele:

a) $\big(\mathrm{Log}, \mathbb{C} \setminus \{0\}\big)$ ist *kein* Zweig von log. (siehe oben)

b) $f := \mathrm{Log}_{|\mathrm{GE}}$: (f, GE) *ist Zweig von* log mit
$f\colon \mathrm{GE} \longrightarrow \{z \in \mathbb{C} : |\operatorname{Im} z| < \pi\}$ *bijektiv.*

Auf andere Zweige und eine Idee der zugehörigen *,Riemannschen Fläche'* gehen wir hier nicht ein.

Mit Bemerkung 6 liefert der Satz über die Differentiation von Umkehrfunktionen:

Satz 7

Ist $(f, \mathfrak{G})$ *Zweig von* log, *so ist* f *holomorph mit* $f'(z) = \frac{1}{z}$ *für alle* $z \in \mathfrak{G}$.

Satz 8 $\displaystyle \mathrm{Log}(1+z) = \sum_{n=0}^{\infty} (-1)^n \frac{z^{n+1}}{n+1} \qquad \big(z \in U_0^1\big)$

Beweis:

α) Für $z \in U_0^1$ gilt $|\operatorname{Arg}(1+z)| < \frac{\pi}{2}$.

β) Setzt man $h(z) := \mathrm{Log}(1+z)$ $(z \in U_0^1)$, so ist h holomorph mit

$$h'(z) = \frac{1}{1+z}.$$

γ) Der Konvergenzradius der Potenzreihe ist 1. Für die durch sie in U_0^1 definierte Funktion g gilt:

$$g'(z) = \sum_{n=0}^{\infty} (-1)^n z^n = \sum_{n=0}^{\infty} (-z)^n = \frac{1}{1+z}$$

δ) $h(0) = \mathrm{Log}\, 1 = 0 = g(0)$ □

Bemerkung 9 *Für* $z_1, z_2 \in \mathbb{C} \setminus \{0\}$ *gilt:*

$$\log(z_1 z_2) = \log z_1 + \log z_2 \qquad (*)$$

Hier stehen wieder links und rechts *Mengen.*

Beweis: $\ell.S. = \ln|z_1 z_2| + i\arg(z_1 z_2) = \ln|z_1|+\ln|z_2| + i\big(\arg(z_1)+\arg(z_2)\big)$
Hierbei haben wir die Aussage b) von Seite 10 herangezogen. □

Achtung: 1. $(*)$ gilt *nicht* entsprechend für Log:
$0 = \mathrm{Log}(1) = \mathrm{Log}((-1)(-1));\quad \mathrm{Log}(-1)+\mathrm{Log}(-1) = 2i\pi$

2. $(*)$ impliziert z. B. *nicht*: $\log(z^2) = 2\log z \quad \big(z \in \mathbb{C}\setminus\{0\}\big)$:
$\log(i^2) = \log(-1) = \big\{i(2k+1)\pi : k \in \mathbb{Z}\big\}$,
$2\log i = 2\big\{i(\frac{\pi}{2}+2k\pi) : k \in \mathbb{Z}\big\} = \big\{i(4k+1)\pi : k \in \mathbb{Z}\big\}$

Allgemeine Potenzen

Definition: Für $a \in \mathbb{C}\setminus\{0\}$ und $b \in \mathbb{C}$:

$$a^b := \exp(b\cdot\log a) := \{\exp(b\cdot v) : v \in \log a\}$$

$\mathrm{HW}\, a^b := \exp(b\cdot\mathrm{Log}\, a)$ („*Hauptwert von* a^b“)

Ein Paar $(f,\mathfrak{G})$ heißt genau dann (stetiger) „*Zweig von* z^b“, wenn $\mathfrak{G}$ Gebiet in $\mathbb{C}\setminus\{0\}$ und $f\colon \mathfrak{G} \longrightarrow \mathbb{C}$ eine stetige Abbildung ist mit $f(z) \in z^b$ für alle $z \in \mathfrak{G}$.

Beispiele:

a) $\mathrm{HW}\, i^i = \exp(i\cdot\mathrm{Log}\, i) = \exp(-\frac{\pi}{2})$

b) Für $n \in \mathbb{Z}$ und $z \in \mathbb{C}\setminus\{0\}$ ist $z^n = \{z^n\}$.

Hierbei steht links z^n im neuen Sinne, in der geschweiften Klammer rechts z^n im alten Sinne, also über iterierte Multiplikation definiert.

$\ell.S. = \{\exp(n\cdot v) : v \in \log z\} = \{(\exp(v))^n : v \in \log z\} = \{z^n\}$ □

Für ganzzahlige Exponenten werden die beiden Seiten oft nicht unterschieden!

c) Für $n \in \mathbb{N}$ und $z \in \mathbb{C}\setminus\{0\}$ ist

$$z^{\frac{1}{n}} = \sqrt[n]{z} = \big\{\xi^k\cdot\mathrm{HW}\, z^{1/n} : k = 0,\ldots,n-1\big\}$$

mit der n-ten Einheitswurzel $\xi := \exp\big(i\frac{2\pi}{n}\big)$:

$$\begin{aligned}\ell.S. &= \big\{\exp\big(\tfrac{1}{n}\big[\ln|z| + i(\mathrm{Arg}\, z + 2\pi k)\big]\big) : k \in \mathbb{Z}\big\}\\ &= \big\{\sqrt[n]{|z|}\,\exp(\tfrac{i}{n}\mathrm{Arg}\, z)\exp(i\cdot 2\pi\tfrac{k}{n}) : k \in \mathbb{Z}\big\}\\ &= \big\{\sqrt[n]{|z|}\,\exp(\tfrac{i}{n}\mathrm{Arg}\, z)\,\xi^k : k = 0,\ldots,n-1\big\} = \sqrt[n]{z}\end{aligned}$$ □

Bei der letzten Gleichung haben wir die Bemerkung 3 aus Abschnitt 1.5 herangezogen.

d) Für $z \in \mathbb{C}$: HW $e^z = \exp(z) \in e^z$, aber i. a. $\{\exp(z)\} \neq e^z$:

$$e^z = \{\exp(z \cdot v) : v \in \log e\} \supset \{\exp(z \cdot v) : v = \operatorname{Log} e (= 1)\} = \{\exp(z)\}$$

z. B.: $e^i = \{\exp(iv) : v \in \log e\} \supset \{\exp(iv) : v = \ln|e| + 2\pi i\}$

$$= \left\{\frac{\exp(i)}{\exp(2\pi)}\right\} \quad (\text{und } \exp(2\pi) \neq 1)$$

Ist $(f, \mathfrak{G})$ *Zweig von* log, dann betrachten wir $g(z) := \exp(b \cdot f(z))$ $(z \in \mathfrak{G})$; $(g, \mathfrak{G})$ ist offenbar *Zweig von* z^b. Man hat:

$$\begin{aligned} g'(z) &= b \cdot \frac{1}{z} \exp\big(b \cdot f(z)\big) = b \cdot \exp\big(-f(z)\big) \exp\big(b \cdot f(z)\big) \\ &= b \exp\big((b-1) f(z)\big) \end{aligned}$$

In diesem Sinne gilt: $\boxed{(z^b)' = b\, z^{b-1}}$

cosh, sinh, tanh, tan und Umkehrfunktionen

Definition: *(Hyperbelfunktionen)* Für $z \in \mathbb{C}$:

$$\begin{aligned} \cosh z &:= \frac{1}{2}\big(\exp(z) + \exp(-z)\big) && (\text{„Cosinus hyperbolicus“}) \\ \sinh z &:= \frac{1}{2}\big(\exp(z) - \exp(-z)\big) && (\text{„Sinus hyperbolicus“}) \end{aligned}$$

Für komplexes Argument sind die trigonometrischen Funktionen und die Hyperbelfunktionen eng verwandt:

Bemerkung 10

$$\begin{aligned} \cos z &= \cosh(iz), & \cosh z &= \cos(iz) \\ \sin z &= \frac{1}{i}\sinh(iz), & \sinh z &= \frac{1}{i}\sin(iz) \end{aligned}$$

Definition: Für $z \in \mathbb{C}$: $\arcsin z := \{w \in \mathbb{C} : \sin w = z\}$

Entsprechend sind die Umkehrfunktionen arccos, arcosh und arsinh definiert. Die Umkehrfunktionen zu den Hyperbelfunktionen heißen *Areafunktionen.*

Bemerkung 11 $\arcsin z = i \log\big(-iz + \sqrt{1 - z^2}\big)$

Da $\sqrt{1-z^2}$ eine *Menge* ist, erklären wir für $A \subset \mathbb{C} \setminus \{0\}$:

$$\log A := \bigcup_{a \in A} \log a$$

Beweis:
$$\begin{aligned} w \in \ell.\,S. &\iff z = \sin w = \frac{1}{2i}\big(\exp(iw) - \exp(-iw)\big) \\ &\iff \exp(-iw) + 2iz - \exp(iw) = 0 \\ &\iff \big[\exp(-iw)\big]^2 + 2iz\exp(-iw) - 1 = 0 \\ &\iff \big[\exp(-iw) + iz\big]^2 = 1 - z^2 \\ &\iff \exp(-iw) + iz \in \sqrt{1-z^2} \\ &\iff w \in r.\,S. \end{aligned}$$
□

Entsprechend zeigt man: $\arccos z = i\log\big(z + \sqrt{z^2-1}\big)$

Aus der Definition — über die Exponentialfunktion — (oder aus der bekannten Potenzreihenentwicklung für sin und cos) liest man ab:

$$\cosh z = \sum_{n=0}^{\infty} \frac{z^{2n}}{(2n)!}, \qquad \sinh z = \sum_{n=0}^{\infty} \frac{z^{2n+1}}{(2n+1)!}$$
$$\cosh' = \sinh, \qquad \sinh' = \cosh$$

Definition:

$$\tan z := \frac{\sin z}{\cos z} \quad (\cos z \neq 0), \qquad \tanh z := \frac{\sinh z}{\cosh z} \quad (\cosh z \neq 0)$$

Die Funktion tanh heißt *„Tangens hyperbolicus“*.

Zunächst hat man $\tan z = \frac{1}{i}\tanh(iz)$.

Wir betrachten daher nur die Umkehrung zu tanh:

Definition:

$\operatorname{artanh} z := \{w : \tanh w = z\} \qquad \big(z \in \mathbb{C} \setminus \{1,-1\}\big)$

$$\begin{aligned} w \in \operatorname{artanh} z &\iff z = \tanh w = \frac{\exp(w) - \exp(-w)}{\exp(w) + \exp(-w)} = \frac{\exp(2w) - 1}{\exp(2w) + 1} \\ &\iff \exp(2w) = \frac{1+z}{1-z} \\ &\iff w \in \frac{1}{2}\log\Big(\frac{1+z}{1-z}\Big) \end{aligned}$$

Somit hat man:

$$\operatorname{artanh} z = \frac{1}{2}\log\Big(\frac{1+z}{1-z}\Big) \quad \big(z \in \mathbb{C} \setminus \{1,-1\}\big)$$

Wir belassen es bei diesen exemplarischen Überlegungen.

MWS zu Kapitel 3

Komplexe Differenzierbarkeit

Wichtige MAPLE-Befehle dieses Kapitels:

diff, Diff, D, implicitdiff
LinearAlgebra-Paket: Array, Vector, Determinant
VectorCalculus-Paket: VectorField, (VectorCalculus:-) Vector, Jacobian
polygonplot
plot-Optionen: tickmarks, spacing
MESH, convert(..., POLYGONS)

3.1 Definition und Grundregeln

Grundregeln

```
> restart:
```

Linearität:

```
> Diff(alpha*f(z)+beta*g(z),z):    % = value(%);
```

$$\frac{\partial}{\partial z}\left(\alpha\, f(z)+\beta\, g(z)\right)=\alpha\left(\frac{d}{dz} f(z)\right)+\beta\left(\frac{d}{dz} g(z)\right)$$

Die Notierung $\frac{\partial}{\partial z} f(z)$ auf der linken Seite der Maple-Ausgabe an Stelle von $\frac{d}{dz} f(z)$ ist unschön. Wir bevorzugen deshalb — zumindest in diesem Abschnitt — die Operatorenschreibweise $\mathrm{D}(f)$; im Gegensatz zu ,Diff' ist ,D' nicht *träge*.

```
> 'D'(alpha*f+beta*g):  eval(%,1) = %
    assuming alpha::constant,beta::constant;
```

$$\mathrm{D}(\alpha\, f+\beta\, g)=\alpha\, \mathrm{D}(f)+\beta\, \mathrm{D}(g)$$

Produktregel:

```
> 'D'(f*g):  eval(%,1) = %;
```

$$\mathrm{D}(f\,g) = \mathrm{D}(f)\,g + f\,\mathrm{D}(g)$$

Quotientenregel:

```
> 'D'(f/g):   eval(%,1) = normal(%);
```

$$\mathrm{D}\left(\frac{f}{g}\right) = \frac{\mathrm{D}(f)\,g - f\,\mathrm{D}(g)}{g^2}$$

Kettenregel:

```
> 'D'(f@g)(z):  eval(%,1) = %;
```

$$\mathrm{D}(f@g)(z) = \mathrm{D}(f)(g(z))\,\mathrm{D}(g)(z)$$

Einfache Beispiele

```
> restart: f := z -> b; 'D'(f):  eval(%,1) = %;
```

$$f := z \longrightarrow b, \quad \mathrm{D}(f) = 0$$

```
> g := z -> z^n; 'D'(g)(z):  eval(%,1) = simplify(%);
```

$$g := z \longrightarrow z^n, \quad \mathrm{D}(g)(z) = z^{n-1}\,n$$

```
> 'D'(exp)(z):  eval(%,1) = %;
```

$$\mathrm{D}(\exp)(z) = e^z$$

Anmerkung: Maple unterscheidet offenbar nicht zwischen e^z und $\exp(z)$! Deshalb bevorzugen wir diese Form:

```
> 'D'(exp):  eval(%,1) = %;
```

$$\mathrm{D}(\exp) = \exp$$

```
> 'D'(cos):  eval(%,1) = %;
```

$$\mathrm{D}(\cos) = -\sin$$

```
> 'D'(sin):  eval(%,1) = %;
```

$$\mathrm{D}(\sin) = \cos$$

3.2 Differentiation von Potenzreihen

```
> restart:
  f := z -> sum(a[k]*z^k,k=0..infinity);
```

$$f := z \longrightarrow \sum_{k=0}^{\infty} a_k\, z^k$$

Potenzreihen dürfen im Inneren ihres Konvergenzbereiches gliedweise differenziert werden:

```
> 'D'(f)(z): eval(%,1) = simplify(%);
```

$$\mathrm{D}(f)(z) = \sum_{k=0}^{\infty} a_k\, k\, z^{k-1}$$

Man mag es als störend empfinden, dass die Summation auf der rechten Seite nicht bei 1 beginnt. Mit folgendem faulen Trick lässt sich dies beheben:

```
> 'D'(f)(z): eval(%,1) = subs(0=1,simplify(%));
```

$$\mathrm{D}(f)(z) = \sum_{k=1}^{\infty} a_k\, k\, z^{k-1}$$

3.3 Zusammenhang zwischen komplexer und reeller Differenzierbarkeit

Cauchy-Riemann-Differentialgleichungen

```
> restart:
```

Es seien $f\colon \mathfrak{G} \longrightarrow \mathbb{C}$ holomorph
und $u(x,y) := \mathfrak{Re}\,(f(x+i\,y))$, $v(x,y) := \mathfrak{Im}\,(f(x+i\,y))$.

```
> F := (x,y) ->  f(x+I*y);
```

$$F := (x,\, y) \longrightarrow f(x+i\,y)$$

```
> eq1 := diff(subs(f(x+I*y)=u(x,y)+I*v(x,y),F(x,y)) = F(x,y),x);
```

$$eq1 := \tfrac{\partial}{\partial x}\, u(x,\, y) + i\,\left(\tfrac{\partial}{\partial x}\, v(x,\, y)\right) = \mathrm{D}(f)(x+i\,y)$$

```
> eq2 := diff(subs(f(x+I*y)=u(x,y)+I*v(x,y),F(x,y)) = F(x,y),y);
```

$$eq2 := \frac{\partial}{\partial y}u(x,y) + i\left(\frac{\partial}{\partial y}v(x,y)\right) = i\,\mathrm{D}(f)(x+i\,y)$$

```
> eq3 := expand(I*lhs(eq1) = lhs(eq2));
```

$$eq3 := i\left(\frac{\partial}{\partial x}u(x,y)\right) - \left(\frac{\partial}{\partial x}v(x,y)\right) = \frac{\partial}{\partial y}u(x,y) + i\left(\frac{\partial}{\partial y}v(x,y)\right)$$

```
> evalc(Re(lhs(eq3))) = evalc(Re(rhs(eq3)));
  evalc(Im(lhs(eq3))) = evalc(Im(rhs(eq3)));
```

$$-\left(\frac{\partial}{\partial x}v(x,y)\right) = \frac{\partial}{\partial y}u(x,y), \quad \frac{\partial}{\partial x}u(x,y) = \frac{\partial}{\partial y}v(x,y)$$

Dies sind die CAUCHY-RIEMANN-Differentialgleichungen.

Beispiel 1

```
> restart: f := Re;
```

$$f := \Re$$

```
> u := (x,y) -> evalc(Re(f(x+I*y))): v := (x,y) -> evalc(Im(f(x+I*y))):
  u(x,y); v(x,y);
```

$$x, \quad 0$$

```
> 'Diff(u(x,y),x)':  eval(%,1) = value(%);
  'Diff(v(x,y),y)':  eval(%,1) = value(%);
```

$$\frac{\partial}{\partial x}u(x,y) = 1, \quad \frac{\partial}{\partial y}v(x,y) = 0$$

Die CAUCHY-RIEMANN-Differentialgleichungen sind nicht erfüllt. Mithin ist f *nicht* (komplex) *differenzierbar.*

Beispiel 2

```
> f := conjugate;
```

$$f := conjugate$$

```
> u(x,y); v(x,y);
```

$$x, \quad -y$$

```
> 'Diff(u(x,y),x)':  eval(%,1) = value(%);
  'Diff(v(x,y),y)':  eval(%,1) = value(%);
```

$$\frac{\partial}{\partial x}u(x,y) = 1, \quad \frac{\partial}{\partial y}v(x,y) = -1$$

Offensichtlich ist auch diese Funktion nicht differenzierbar.

Beispiel 3

```
> restart:
  u := (x,y) -> x^2-y^2;  v := (x,y) -> 2*x*y;
```

$$u := (x, y) \longrightarrow x^2 - y^2, \quad v := (x, y) \longrightarrow 2\,x\,y$$

```
> 'Diff(u(x,y),x)':    eval(%,1) = value(%);
  'Diff(v(x,y),y)':    eval(%,1) = value(%);
```

$$\frac{\partial}{\partial x} u(x, y) = 2\,x, \quad \frac{\partial}{\partial y} v(x, y) = 2\,x$$

```
> 'Diff(u(x,y),y)':    eval(%,1) = value(%);
  '-Diff(v(x,y),x)':   eval(%,1) = value(%);
```

$$\frac{\partial}{\partial y} u(x, y) = -2\,y, \quad -(\frac{\partial}{\partial x} v(x, y)) = -2\,y$$

Die CAUCHY-RIEMANN-Differentialgleichungen sind erfüllt. Auch ohne Rechnung sieht man, dass u, v gerade Real- bzw. Imaginärteil von $z \longrightarrow z^2$ sind. Mit Maple kann man dieses Ergebnis mittels folgender Methode — die natürlich ganz allgemein anwendbar ist — herleiten:

```
> subs({x=(z+conjugate(z))/2,y=(z-conjugate(z))/(2*I)},
        u(x,y)+I*v(x,y)): expand(%): f := unapply(%,z);
```

$$f := z \longrightarrow z^2$$

Umkehrfunktionen

```
> restart: with(LinearAlgebra): with(VectorCalculus):
```

Es sei f eine holomorphe Funktion mit dem Realteil f_1 bzw. dem Imaginärteil f_2, also $f(z) = f_1(x, y) + i\,f_2(x, y)$ für $z = x + i\,y$. Wir identifizieren die komplexe Funktion f mit der folgenden Abbildung F vom $\mathbb{R}^2$ in den $\mathbb{R}^2$:

```
> F := (x,y) -> Vector([f[1](x,y),f[2](x,y)]);
```

$$F(x, y) \longrightarrow \text{VectorCalculus:-Vector}\,([f_1(x, y), f_2(x, y)])$$

```
> DF := Jacobian(F(x,y),[x,y]);
```

$$DF := \begin{bmatrix} \frac{\partial}{\partial x} f_1(x, y) & \frac{\partial}{\partial y} f_1(x, y) \\ \frac{\partial}{\partial x} f_2(x, y) & \frac{\partial}{\partial y} f_2(x, y) \end{bmatrix}$$

Berücksichtigt man die CAUCHY-RIEMANN-Differentialgleichungen, so ergibt sich:

```
> DF := subs({diff(f[2](x,y),x)=-diff(f[1](x,y),y),diff(f[2](x,y),y) =
         diff(f[1](x,y),x)},DF);
```

$$DF := \begin{bmatrix} \frac{\partial}{\partial x} f_1(x, y) & \frac{\partial}{\partial y} f_1(x, y) \\ -(\frac{\partial}{\partial y} f_1(x, y)) & \frac{\partial}{\partial x} f_1(x, y) \end{bmatrix}$$

```
> Det = Determinant(DF); alias(Det=rhs(%)):
```

$$\text{Det} = \left(\frac{\partial}{\partial x} f_1(x, y)\right)^2 + \left(\frac{\partial}{\partial y} f_1(x, y)\right)^2$$

Die rechte Seite dieser Gleichung ist gleich $|\mathrm{D}(f)(x + i\,y)|^2$. In einer Umgebung von z_0 mit $\mathrm{D}(f)(z_0) \neq 0$ existiert dann — nach dem Satz über lokale Umkehrbarkeit aus der reellen Analysis — eine Umkehrabbildung G mit $F(G(u, v)) = (u, v)$. Für die Ableitung von G gilt:

```
> G := (u,v) -> Vector([g[1](u,v),g[2](u,v)]);
```

$$G := := (u, v) \longrightarrow \text{VectorCalculus:-Vector}\left([g_1(u, v), g_2(u, v)]\right)$$

```
> DG := Jacobian(G(u,v),[u,v]): DG = MatrixInverse(DF);
```

$$\begin{bmatrix} \frac{\partial}{\partial u} g_1(u, v) & \frac{\partial}{\partial v} g_1(u, v) \\ \frac{\partial}{\partial u} g_2(u, v) & \frac{\partial}{\partial v} g_2(u, v) \end{bmatrix} = \begin{bmatrix} \dfrac{\frac{\partial}{\partial x} f_1(x, y)}{\text{Det}} & -\dfrac{\frac{\partial}{\partial y} f_1(x, y)}{\text{Det}} \\ \dfrac{\frac{\partial}{\partial y} f_1(x, y)}{\text{Det}} & \dfrac{\frac{\partial}{\partial x} f_1(x, y)}{\text{Det}} \end{bmatrix}$$

Daraus folgt

```
> DG[1,1] = DG[2,2]; DG[1,2] = -DG[2,1];
```

$$\frac{\partial}{\partial u} g_1(u, v) = \frac{\partial}{\partial v} g_2(u, v), \quad \frac{\partial}{\partial v} g_1(u, v) = -\left(\frac{\partial}{\partial u} g_2(u, v)\right)$$

Mithin gelten für g_1, g_2 die CAUCHY-RIEMANN-Differentialgleichungen, und durch $g(w) := g_1(u,v) + i\,g_2(u,v)$ mit $w = u + i\,v$ wird eine holomorphe Funktion definiert, für die lokal $f(g(w)) = w$ ist. Differentiation ergibt mit Hilfe der Kettenregel:

```
> D(g)(w) = implicitdiff(f(z)=w,z,w);
```

$$\mathrm{D}(g)(w) = \frac{1}{\mathrm{D}(f)(z)}$$

Konforme Abbildungen

```
> restart: with(plots): with(plottools): f := z -> z^2;
```

$$f := z \longrightarrow z^2$$

Als weitere Abbildung ist etwa auch $f(z) = 1/z$ sehenswert (man vergleiche [Heck, S. 433]).

Abbildungsverhalten holomorpher Funktionen:

```
> plot_conf := proc(f,a,b)
    local n,pp,t;
    n := 20:
    pp := seq(conformal(z->(1-t/n)*z+t/n*f(z),a..b,tickmarks=[3,3],
        scaling=constrained,title=cat("Momentaufnahme für t = ",
        sprintf("%04.2f",evalf(t/n))),color=[black,gray]),t=0..n):
    display(pp,insequence=true,scaling=constrained,thickness=2)
  end proc:
```

Anhand einer Animation wird nun das Abbildungsverhalten der Funktionenschar $(1-t)\,z + t\,f(z)$, welche die Identität in f überführt, veranschaulicht:

```
> plot_conf(f,0,1+I);
```

Momentaufnahme für $t = 0.7$

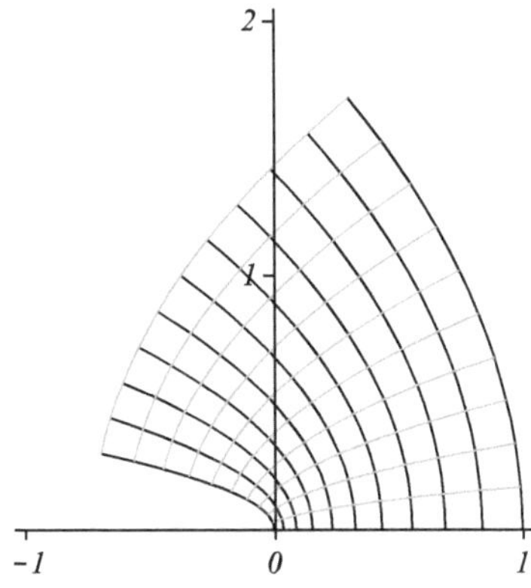

Winkel und Orientierung zweier sich schneidender Original- und Bildkurven:

```
> Z[1] := t -> a+t*exp(I*psi);
  Z[2] := t -> a+t*exp(I*(psi+phi));
```

$$Z_1 := t \longrightarrow a + t\,e^{i\psi}, \quad Z_2 := t \longrightarrow a + t\,e^{i(\psi+\varphi)}$$

```
> Limit('(Z[2](t)-a)/(Z[1](t)-a)',t=0): eval(%,1) = simplify(value(%));
```

$$\lim_{t \to 0} \frac{Z_2(t) - a}{Z_1(t) - a} = e^{i\varphi}$$

Die oben angegebenen Parameterdarstellungen beschreiben zwei Halbgeraden durch den Punkt a, die den Winkel φ einschließen. Wir betrachten die Bildkurven:

```
> W[1]:= f@Z[1]; W[2] := f@Z[2];
```

$$W_1 := f@Z_1, \quad W_2 := f@Z_2$$

```
> W[1](t), W[2](t);
```

$$Z_1(t)^2, \quad Z_2(t)^2$$

```
> Limit('(W[2](t)-f(a))/(W[1](t)-f(a))',t=0):
  eval(%,1) = value(%);
```

$$\lim_{t \to 0} \frac{W_2(t) - f(a)}{W_1(t) - f(a)} = e^{i\varphi}$$

Da bisher keine Voraussetzungen über a gemacht wurden, rechnet Maple ‚allgemeingültig', behandelt den Fall $a = 0$ also nicht gesondert!

Die beiden Bildkurven verlaufen durch den Punkt $f(a)$ und schließen dort ebenfalls den Winkel φ ein, f ist also *winkeltreu* (mit Erhalt der Orientierung).

Beispiel

```
> read "../verdi.txt":
  a := 1/2*(1+I): psi := Pi/12: phi := Pi/4:
  Kurve1 := complexplot(Z[1](t),t=0..1,color=black):
  Kurve2 := complexplot(Z[2](t),t=0..1,color=black):
  Arcus  := arc(c2p(a),0.4,psi..psi+phi,color=gray):
  Text   := textplot([Re(a)+0.2,Im(a)+0.17,typeset('&varphi;')]):
  p := display(Kurve1,Kurve2,Arcus,Text,tickmarks=[4,4],thickness=2,
             scaling=constrained,axes=framed):
  display(p,view=[0..1.5,0..1.5],title="Verlauf der Originalkurven");

  F := transform((x,y) -> c2p(f(x+I*y))):
  display(F(p),view=[-1..1.5,0..3],title="Verlauf der Bildkurven");
```

Verlauf der Original- und Bildkurven

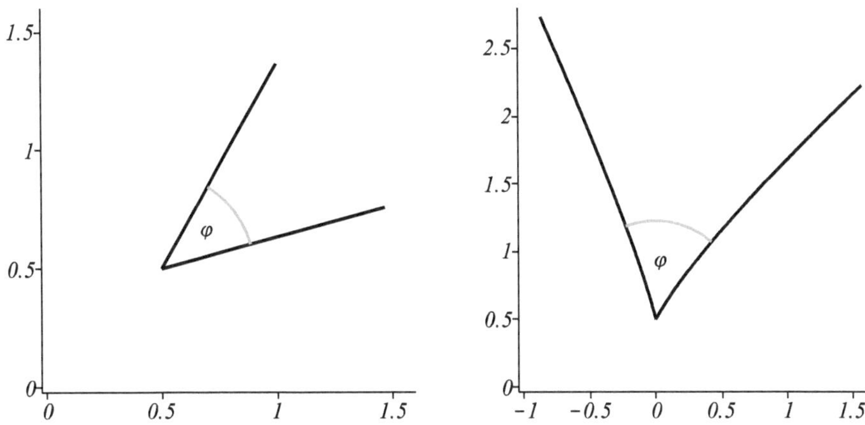

Dieses Abbildungsverhalten gilt nur für Punkte a mit $D(f)(a) \neq 0$. Wir betrachten deshalb nun separat den Fall $a = 0$, also $D(f)(a) = 0$.

```
> a := 0: psi := 'psi': phi := 'phi':
  Limit('(W[2](t)-f(a))/(W[1](t)-f(a))',t=0):
  eval(%,1) = simplify(value(%));
```

$$\lim_{t \to 0} \frac{W_2(t) - f(a)}{W_1(t) - f(a)} = e^{2i\varphi}$$

Die Orientierung bleibt also erhalten, der Winkel allerdings wird verdoppelt. Mit fast den gleichen Anweisungen wie im Fall $a \neq 0$ erhalten wir hier:

Verlauf der Original- und Bildkurven

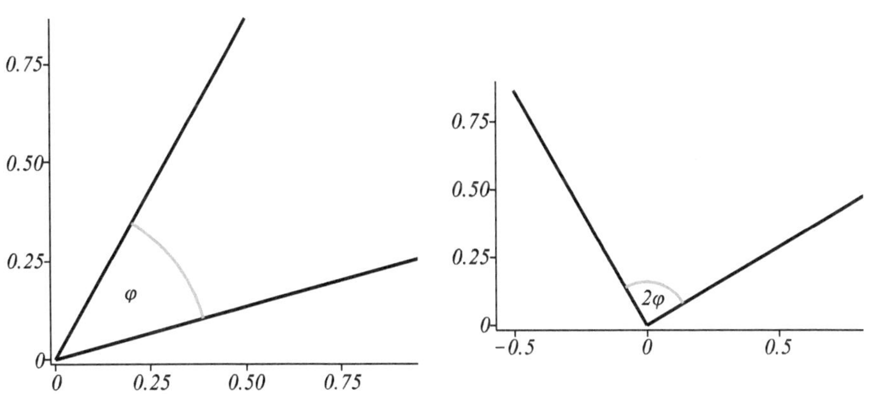

3.4 Exponentialfunktion und Logarithmus

Abbildungsverhalten der Exponentialfunktion

```
> restart: with(plots): with(plottools):
  'abs'(exp(z)): eval(%,1) = value(%);
```

$$|e^z| = e^{\Re(z)}$$

Der Bildbereich der *komplexen* Exponentialfunktion enthält also nicht die 0. Genaueres Hinsehen ergibt, dass der Bildbereich gleich $\mathbb{C} \setminus \{0\}$ ist. Die Abbildung ist also konform sowie injektiv, wenn man sie auf einen beliebigen Parallelstreifen $\{x+i\,y \,|\, x,y \in \mathbb{R},\ a < y \leq a+2\,\pi\}$ der Breite 2π einschränkt. Dies wird auch an folgender Maple-Überlegung deutlich:

```
> _EnvAllSolutions := true:
  z[1] = solve(exp(z[1])=exp(z[2]),z[1]);
```

$$z_1 = z_2 + 2\,i\,\pi\_Z1$$

Wir veranschaulichen das Abbildungsverhalten der Exponentialfunktion, indem wir in der komplexen Ebene ein achsenparalleles Rechteckfenster vorgeben, über das ein äquidistantes, orthogonales Gitter gelegt wird, dessen horizontale Linien schwarz und dessen vertikale Linien grau gefärbt sind. Die entsprechenden Bildlinien sind ebenfalls orthogonal zueinander sowie schwarz bzw. grau.

```
> f  := exp:
  lu := -I*Pi: ro := 1+I*Pi: # links unten, rechts oben
  r  := lu..ro:              # Entsprechendes Rechteck (Urbildbereich)
  a  := Re(lu): b := Re(ro):
  c  := Im(lu): d := Im(ro):
```

Wir bevorzugen hier eine andere Achsenbeschriftung als die von Maple standardmäßig gewählte; dies lässt sich mit Hilfe der Optionen tickmarks und spacing steuern:

```
> OPT := color=[gray,black],axes=box:
  TICKS1 := [[0.5,1],spacing(Pi)]:
  TICKS2 := [[-2,0,2],[-2,0,2]]:
  Optionen1 := OPT,tickmarks=TICKS1:                           #Urbildbereich
  Optionen2 := OPT,tickmarks=TICKS2,scaling=constrained: #Bildbereich
```

Es folgt die angekündigte Abbildung:

```
> Urbild := conformal(z->z,r,Optionen1,title="Urbildbereich"):
  Bild   := conformal(f,r,numxy=[15,45],Optionen2,title="Bildbereich"):
  display(Array([Urbild,Bild]));
```

Urbildbereich

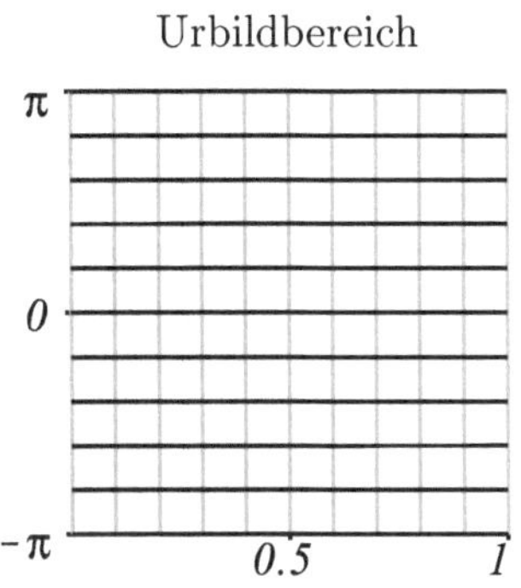

Bildbereich

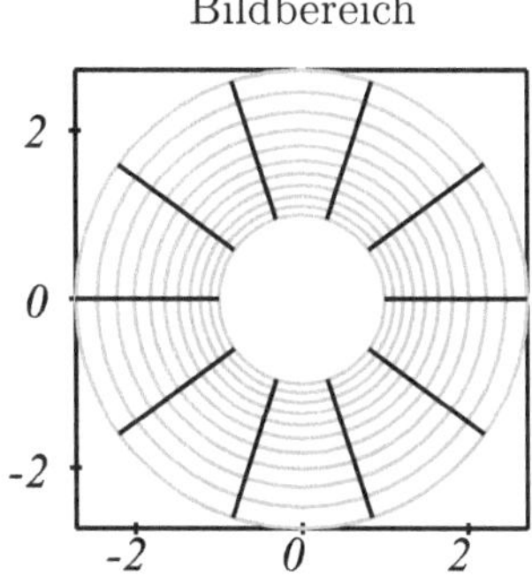

Diese Bilder wirken statisch und lassen nicht direkt erkennen, welche der Horizontal- bzw. Vertikalstreifen in welche Bildbereiche übergehen. Dies gelingt besser mit Hilfe einer *Animation,* in der wir die Bilder der Vertikal- bzw. Horizontalstreifen zeigen, und zwar beginnend mit dem linken Vertikalstreifen bzw. dem untersten Horizontalstreifen.

```
> vert := seq(conformal(f,lu+(b-a)*(j-1)/10..lu+(b-a)*j/10+I*(d-c),
             numxy=[15,45],color=gray,
             title=cat("Bild des ",j,". Vertikalstreifens")),j=1..10):
  horiz := seq(conformal(f,lu+I*(d-c)*(j-1)/10..lu+I*(d-c)*j/10+(b-a),
   color=black,title=cat("Bild des ",j,". Horizontalstr...")),j=1..10):
  p1 := conformal(f,r,numxy=[15,45],color=[gray,black]):
  p2 := display([vert,horiz],insequence=true):
  display(p1,p2,Optionen2);
```

Wir greifen die folgenden beiden — nebeneinander dargestellten — Momentaufnahmen heraus:

Bild des 7. Vertikal- bzw. 4. Horizontalstreifens

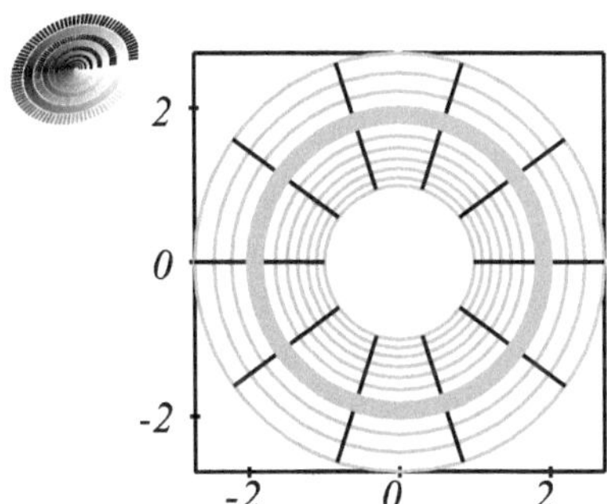

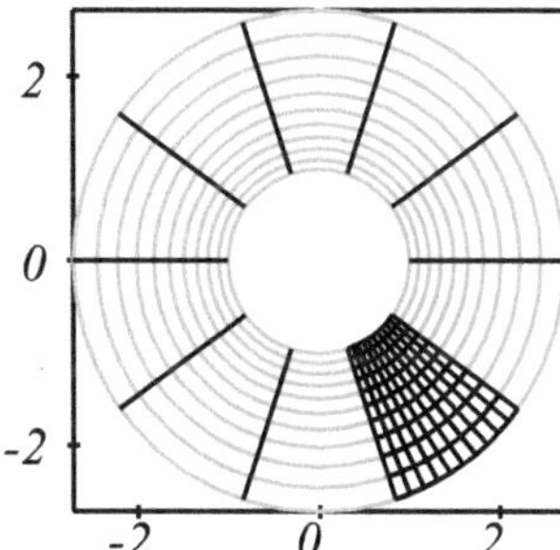

Diese Animation verbessern wir noch wesentlich: Wir möchten die Veränderungen einander entsprechender Segmente im Urbild- und Bildbereich durch schachbrettartige Färbung hervorheben und *nebeneinander* ablaufen sehen. Das soll im Folgenden gemacht werden. Der *conformal*-Befehl hat leider keine Option *filled,* sonst könnte man auch für den Bildbereich das Ganze recht einfach schreiben. Zur Lösung des geschilderten Problems greifen wir eine Idee aus [Kli, S. 180–184] auf. Da die Zusammenhänge sich mit Hilfe des transform-Befehls deutlich durchsichtiger gestalten lassen, ersetzen wir im Urbildbereich die Rechtecksegmente durch Polygonzüge, die mittels Randrasterung entstehen. Diese muss hinreichend fein sein, damit man den durch Transformation entstehenden Polygonapproximationen der Kreisringsegmente die „Mogelei“ nicht ansieht.

```
> read "../verdi.txt":
  F := transform((x,y)->c2p(f(x+I*y))):
  # Zu f gehörige Transformation vom R^2 in den R^2

  n := 10:          # Anzahl der Horizontal- bzw. Vertikalstreifen
  h_x := (b-a)/n: # Breite eines Vertikalstreifen
  h_y := (d-c)/n: # Breite eines Horizontalstreifens

  p := conformal(z,z=r,numxy=[15,45],grid=[n+1,n+1],
                 color=[gray,black]):
  pt:= F(p):

  Optionen1 := axes=box,tickmarks=TICKS1,title="Urbildbereich":
  Optionen2 := axes=box,tickmarks=TICKS2,scaling=constrained,
               title="Bildbereich":

  RandRaster := proc(k,l,n_x,n_y,farbe)
    # Wir lassen unterschiedliche Verfeinerungen in x- und in
    # y-Richtung zu. Diese werden durch n_x bzw. n_y gesteuert.
    local u,v;
    [seq([a+k*h_x-h_x*u/n_x,c+l*h_y],u=1..n_x),
     seq([a+(k-1)*h_x,c+l*h_y-h_y*v/n_y],v=1..n_y),
     seq([a+(k-1)*h_x+h_x*u/n_x,c+(l-1)*h_y],u=1..n_x),
     seq([a+k*h_x,c+(l-1)*h_y+h_y*v/n_y],v=1..n_y)];
    polygonplot(%,color=farbe):
  end proc:
```

Für einen Test greifen wir das Rechtecksegment $(3,7)$ heraus. Da die Exponentialfunktion Parallelen zur reellen Achse in Halbstrahlen abbildet, reicht $n_x = 1$. $n_y = 6$ liefert eine hinreichende Verfeinerung in y-Richtung. In der folgenden Abbildung sind das Rechtecksegment im Urbildbereich sowie das entsprechende Kreisringsegment im Bildbereich nebeneinander zu sehen:

```
> q1 := RandRaster(3,7,1,6,gray):
  display(Array([display(p,q1,Optionen1),
                 display(pt,F(q1),Optionen2)]));
```

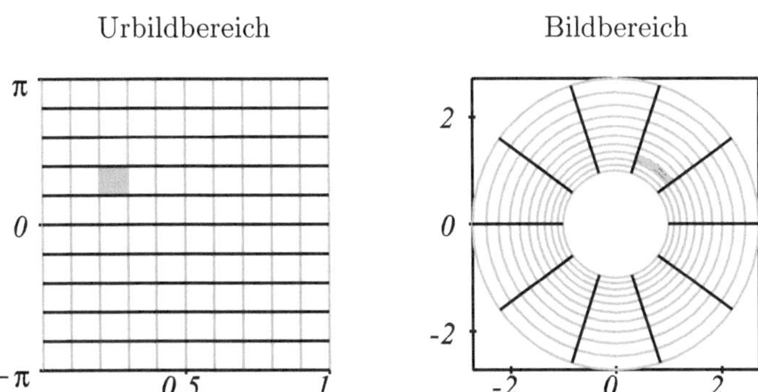

Schauen wir uns die entsprechenden Ausschnitte in einer Vergrößerung an, so erkennen wir, dass diese, wie erwartet, zufriedenstellend koloriert werden:

```
> display(Array([display(q1),display(F(q1))]),axes=none);
```

Es gibt jedoch Maple-Versionen, bei denen ein altbekanntes Problem auftritt: Polygone im Bildbereich werden falsch koloriert, da sie *nicht konvex* sind. Dieses Problem lässt sich dadurch beheben, dass man den Polygonbereich — ausgehend von einer Rechteckzerlegung im Urbildbereich — aus kleineren Patches zusammensetzt.

```
> PatchRaster := proc(k,l,n_x,n_y,farbe)
    local u,v;
    [seq([seq([a+k*h_x-h_x*u/n_x,c+l*h_y-h_y*v/n_y],v=0..n_y)],
                                                     u=0..n_x)];
    MESH(evalf(%)): convert([%],POLYGONS):
    display(%,style=patchnogrid,color=farbe):
  end proc:
```

In der Prozedur *PatchRaster* tritt der eher selten benutzte Graphikbefehl MESH auf. An MESH werden in der Form einer *Liste von Listen* Punkte von Randlinien einer Gitterzerlegung des Rechtecksegmentes (k, l) übergeben. Mit *evalf* werden deren Koordinaten in Gleitpunktzahlen gewandelt, da sonst die Fehlermeldung „non-numeric vertex definition“ kommt. Mit dem *convert*-Befehl entsteht aus der von MESH erzeugten Graphikstruktur eine Liste von $n_x \cdot n_y$ Polygonzügen, welche Vierecke beschreiben und den gesuchten Patches entsprechen. Will man die Begrenzungslinien des Patch-Rasters sehen, so muss man die Option *style=patchnogrid* weglassen.

Man kann sich überzeugen, dass jetzt die Kolorierung stimmt, indem man die oben gezeigten Segmente mit den von PatchRaster erzeugten Segmenten überlagert:

```
> q2 := display(PatchRaster(3,7,1,6,gray)):
  display(Array([display(q2,q1),display(F(q2),F(q1))]),axes=none);
```

Hier lassen wir aus Platzgründen die Ausgabe der Graphik weg. Nach diesen Vorüberlegungen ergibt sich nun eine Lösung, die — bei vertretbarem Rechenaufwand — überzeugend ist:

Wir beginnen mit dem Teil *horiz* der Animation, in dem die Horizontalstreifen durchlaufen werden. Die Rechtecke im Urbildbereich werden abwechselnd schwarz gefärbt, so dass sich insgesamt ein schachbrettartiges Muster ergibt. Entsprechend verhält es sich mit den Kreisringsegmenten im Bildbereich. Die mittels PatchRaster erzeugten Graphikstrukturen der Rechecksegmente werden in der Matrix A gespeichert; analog dazu sind die daraus erzeugten Graphikstrukturen der Kreisringsegmente in At enthalten.

```
> A := Matrix(n/2,n):
  At:= Matrix(n/2,n):
  B := k -> [p,seq(seq(A[u,v],u=1..n/2),v=1..k)]:
  Bt:= k -> [pt,seq(seq(At[u,v],u=1..n/2),v=1..k)]:

  for v to n do for u to n/2 do
    A[u,v]  := PatchRaster(2*u-(v mod 2),v,1,6,black):
    At[u,v] := F(A[u,v])
  end do end do:
  horiz := seq(display(Array([display(B(k), Optionen1),
                              display(Bt(k),Optionen2)])),k=1..n):
```

Im Teil *vert* der Animation gehen wir analog vor und färben die Vertikalstreifen grau:

```
> for u to n do for v to n/2 do
    A[v,u]  := PatchRaster(u,2*v-(u mod 2),1,6,gray):
    At[v,u] := F(A[v,u])
  end do end do:
  vert := seq(display(Array([display(B(k), Optionen1),
                             display(Bt(k),Optionen2)])),k=1..n):

  display([vert,horiz],insequence=true);
```

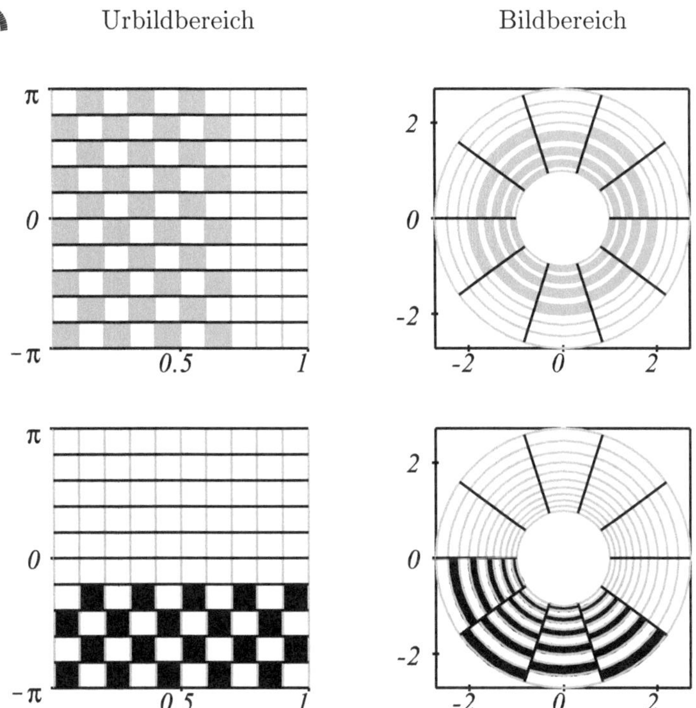

Wir empfehlen als Übungsaufgabe, die Animation mit RandRaster an Stelle von PatchRaster zu erzeugen und beide Animationen miteinander zu vergleichen!

Logarithmus

```
> restart: alias(log=ln):
```

Maple akzeptiert bei der Eingabe sowohl „log“ als auch „ln“, gibt aber stets „ln“ aus. Mittels der alias-Anweisung „log=ln“ erzwingen wir die Ausgabe von „log“. Für komplexes $z \neq 0$ gilt $\log(z) = \log|z| + i\arg(z)$, wobei $-\pi < \arg(z) \leq \pi$. Maple benutzt durchweg den *Hauptwert des Logarithmus.* Die Beziehung $\log(z_1 z_2) = \log(z_1) + \log(z_2)$ gilt dann *nicht!* Man hat aber $\log(\frac{1}{z}) = -\log(z)$ für $|\arg(z)| < \pi$.

Beispiele:

```
> 'log'(1): eval(%,1) = %;
```

$$\log(1) = 0$$

```
> 'log'(I): eval(%,1) = %;
```

$$\log(i) = \frac{1}{2} i\,\pi$$

```
> 'log'(-1): eval(%,1) = %;
```

$$\log(-1) = i\,\pi$$

```
> Limit(log(-1+I*t),t=0,right): % = value(%);
  Limit(log(-1+I*t),t=0,left):  % = value(%);
```

$$\lim_{t\to 0+} \log(-1 + i\,t) = i\,\pi, \quad \lim_{t\to 0-} \log(-1 + i\,t) = -i\,\pi$$

Der Satz über Differentiation von Umkehrfunktionen (vgl. Abschnitt 3.3) liefert die lokale Differenzierbarkeit der Logarithmus-Funktion und den Wert der Ableitung. Maple meint dazu:

```
> Diff(log(z),z): % = value(%);
```

$$\frac{d}{dz} \log(z) = \frac{1}{z}$$

Der Satz über Differentiation von Potenzreihen (vgl. Abschnitt 3.2) ergibt um 0:

```
> Sum((-1)^n*z^(n+1)/(n+1),n=0..infinity): % = value(%);
```

$$\sum_{n=0}^{\infty} \frac{(-1)^n\, z^{n+1}}{n+1} = \log(1+z)$$

Allgemeine Potenzen

```
> restart: alias(log=ln):
```

Auch bei der Potenzfunktion ist zu beachten, dass Maple nur mit dem *Hauptwert* arbeitet. In diesem Sinne gilt lokal:

```
> exp(b*log(a)): % = simplify(%);
```

$$e^{b\,\log(a)} = a^b$$

```
> Diff(z^a,z): % = simplify(value(%));
```

$$\frac{\partial}{\partial z} z^a = z^{a-1}\, a$$

Beispiele:

```
> I^I: % = simplify(%);
```

$$i^i = e^{-1/2\,\pi}$$

```
> a^(b+c): % = expand(%);
```

$$a^{b+c} = a^b\,a^c$$

cosh, sinh, tanh, cos, sin, tan

Definition der Hyperbelfunktionen:

```
> restart:
  cosh(z) = convert(cosh(z),exp);   # Cosinus hyperbolicus
  sinh(z) = convert(sinh(z),exp);   # Sinus hyperbolicus
  tanh(z) = sinh(z)/cosh(z);        # Tangens hyperbolicus
```

$$\cosh(z) = \frac{1}{2}\,e^z + \frac{1}{2}\,e^{-z}, \quad \sinh(z) = \frac{1}{2}\,e^z - \frac{1}{2}\,e^{-z}, \quad \tanh(z) = \frac{\sinh(z)}{\cosh(z)}$$

Zusammenhang der trigonometrischen Funktionen mit den Hyperbelfunktionen:

```
> 'cosh'(I*z): eval(%,1) = value(%); 'cos'(I*z): eval(%,1) = value(%);
  'sinh'(I*z): eval(%,1) = value(%); 'sin'(I*z): eval(%,1) = value(%);
  'tanh'(I*z): eval(%,1) = value(%); 'tan'(I*z): eval(%,1) = value(%);
```

$$\cosh(i\,z) = \cos(z), \quad \cos(i\,z) = \cosh(z), \quad \sinh(i\,z) = i\,\sin(z), \quad \ldots$$

Auf die Additionstheoreme, Ableitungen und Potenzreihen dieser Funktionen gehen wir nicht näher ein, da diese bereits aus der reellen Analysis hinreichend bekannt sind.

Umkehrfunktionen von cosh, sinh, tanh, cos, sin, tan

```
> restart: alias(log=ln):
  alias(arcosh=arccosh,arsinh=arcsinh,artanh=arctanh):
```

Die in Maple gebräuchlichen Bezeichnungen für die Umkehrfunktionen der hyperbolischen Funktionen sind recht eigenartig. Mittels der alias-Anweisung oben vereinbaren wir — zumindest für diesen einführenden Abschnitt — die sonst üblichen Namen. *Area* (lat. area = Fläche) bei hyperbolischen Funktionen entspricht *Arcus* (lat. arcus = Bogen) bei trigonometrischen Funktionen, da man das Argument hyperbolischer Funktionen als den Flächeninhalt eines Hyperbelsektors deuten kann.

Maple arbeitet nur mit den Hauptwerten der Umkehrfunktionen zu cosh, sinh, tanh, cos, sin, tan. Für reelles Argument stimmen diese überein mit den aus der reellen Analysis bekannten Umkehrfunktionen. Über die komplexe Logarithmusfunktion besteht folgender Zusammenhang:

```
> arccos(z) = convert(arccos(z),log);   # Arcus cosinus
  arcsin(z) = convert(arcsin(z),log);   # Arcus sinus
  arctan(z) = convert(arctan(z),log);   # Arcus tangens
  arcosh(z) = convert(arcosh(z),log);   # Area cosinus hyperbolicus
  arsinh(z) = convert(arsinh(z),log);   # Area sinus hyperbolicus
  artanh(z) = convert(artanh(z),log);   # Area tangens hyperbolicus
```

$$\arccos(z) = \tfrac{1}{2}\pi + i\log\left(\sqrt{1-z^2} + i\,z\right),\ \arcsin(z) = -i\log\left(i\,z + \sqrt{1-z^2}\right),\ \ldots$$

Von den oben aufgeführten Beziehungen beweisen wir exemplarisch die Identität $\arcsin(z) = -i\log\left(i\,z + \sqrt{1-z^2}\right)$. $w = \arcsin(z)$ ist gleichbedeutend mit $\sin(w) = z$. Auflösung dieser Gleichung nach w:

```
> eq1 := sin(w) = z;
  eq2 := convert(eq1,exp);
  solve(eq2,{w});
```

$$eq1 := \sin(w) = z, \qquad eq2 := \frac{-1}{2}\,i\left(e^{i\,w} - e^{-i\,w}\right) = z,$$
$$\left\{w = -i\log\left(i\,z + \sqrt{1-z^2}\right)\right\},\quad \left\{w = -i\log\left(i\,z - \sqrt{1-z^2}\right)\right\}$$

Man erhält also die beiden Lösungen $w = -i\log\left(i\,z + \sqrt{1-z^2}\right)$ und $w = -i\log\left(i\,z - \sqrt{1-z^2}\right)$. Wegen $\arcsin(0) = 0$ kommt letztere nicht in Frage.

Kapitel 4

Kurven, Kurvenintegrale und Hauptsatz

In diesem Kapitel werden zunächst Überlegungen der mehrdimensionalen Analysis über *Kurven* im $\mathbb{R}^n$ und *Kurvenintegrale* in Erinnerung gerufen und auf die vorliegende Situation übertragen. Identifiziert man $\mathbb{C}$ mit $\mathbb{R}^2$, so erhält man speziell Kurven in $\mathbb{C}$, Kurvenintegrale $\mathbb{C}$-wertiger Funktionen und deren Eigenschaften. Dann wird mit ‚dem' *Hauptsatz* der Grundstein für die folgenden Kapitel gelegt. Erste Beispiele zeigen die Leistungsfähigkeit dieses Satzes.

4.1 Kurven

Es sei $g\colon [\alpha,\beta] \longrightarrow \mathbb{C}$ stetig, also ein *Weg* (vgl. Seite 43).

Bezeichnungen:

Ist $h\colon [\gamma,\delta] \longrightarrow \mathbb{C}$ eine stetige Abbildung, so setzen wir genau dann

$$g \sim h\,,$$

wenn eine streng isotone und surjektive Abbildung $\psi\colon [\gamma,\delta] \longrightarrow [\alpha,\beta]$ mit $h = g \circ \psi$ existiert.*

$\sim$ liefert eine Äquivalenzrelation auf der Menge aller Wege.

Eine *„Kurve"* ist eine Äquivalenzklasse (bezüglich $\sim$) von Wegen, und jedes Element solch einer Äquivalenzklasse heißt *„Parameterdarstellung"* der Kurve.

Für die Kurve $\mathfrak{C}$ mit der obigen Parameterdarstellung g setzen wir:

* ψ ist dann stetig und bijektiv.

$a(\mathfrak{C}) := g(\alpha)$ *„Anfangspunkt (von $\mathfrak{C}$)“*
$e(\mathfrak{C}) := g(\beta)$ *„Endpunkt (von $\mathfrak{C}$)“*
$(\mathfrak{C}) := g([\alpha,\beta]) = \{g(t) : t \in [\alpha,\beta]\}$ *„Trägermenge (von $\mathfrak{C}$)“*

$\mathfrak{C}$ heißt genau dann *„geschlossen“*, wenn $a(\mathfrak{C}) = e(\mathfrak{C})$ gilt. Die *„Bogenlänge“* oder *„Kurvenlänge“* ist über die *Totalvariation* von g definiert:

$$\lambda(\mathfrak{C}) := \int_\alpha^\beta |dg| := \sup\left\{\sum_{\nu=1}^n \big|g(t_\nu) - g(t_{\nu-1})\big| : \alpha = t_0 < \cdots < t_n = \beta;\ n \in \mathbb{N}\right\}$$

$\mathfrak{C}$ heißt genau dann *„rektifizierbar“*, wenn $\lambda(\mathfrak{C})$ endlich ist.

Alle bisherigen Größen zu $\mathfrak{C}$ sind — was die Bezeichnungen rechtfertigt — *Invarianten von* $\mathfrak{C}$, d. h. unabhängig von der gewählten Parameterdarstellung.

Die Abbildung $[-\beta,-\alpha] \ni t \longmapsto g(-t) \in \mathbb{C}$ liefert die *‚entgegengesetzt durchlaufene Kurve‘* $-\mathfrak{C}$. Sind $\mathfrak{C}_1, \mathfrak{C}_2$ Kurven mit $a(\mathfrak{C}_2) = e(\mathfrak{C}_1)$, dann existieren Parameterdarstellungen

$$g_j\colon [\alpha_j,\beta_j] \longrightarrow \mathbb{C}$$

(von $\mathfrak{C}_j$) mit $\alpha_2 = \beta_1$. Durch

$$g(t) := \begin{cases} g_1(t)\,, & t \in [\alpha_1,\beta_1] \\ g_2(t)\,, & t \in [\alpha_2,\beta_2] \end{cases}$$

wird dann die *‚zusammengesetzte Kurve‘* $\mathfrak{C}_1 + \mathfrak{C}_2$ definiert. Damit sind *endliche Summen von Kurven* erklärt.

Man hat $\lambda(\mathfrak{C}) = \lambda(-\mathfrak{C})$ und $\lambda(\mathfrak{C}_1 + \mathfrak{C}_2) = \lambda(\mathfrak{C}_1) + \lambda(\mathfrak{C}_2)$.

Satz 1 *Ist $\mathfrak{C} \ni g\colon [\alpha,\beta] \longrightarrow \mathbb{C}$ stetig differenzierbar, so gilt für die Kurvenlänge:*

$$\lambda(\mathfrak{C}) = \int_\alpha^\beta |g'(t)|\,dt \quad (< \infty)$$

Bezeichnung: Eine Kurve $\mathfrak{C}$ heißt genau dann *„stückweise stetig differenzierbar“*, wenn $\mathfrak{C} \ni g\colon [\alpha,\beta] \longrightarrow \mathbb{C}$ stetig, $k \in \mathbb{N}$ und $\alpha = t_0 < \cdots < t_k = \beta$ so existieren, dass für $\kappa = 1,\ldots,k$ die eingeschränkte Abbildung $g_{|[t_{\kappa-1},t_\kappa]}$ jeweils stetig differenzierbar ist. Für ein solches $\mathfrak{C}$ hat man:

$$\lambda(\mathfrak{C}) = \sum_{\kappa=1}^k \int_{t_{\kappa-1}}^{t_\kappa} |g'(t)|\,dt$$

Für die rechte Seite notiert man auch lax $\int_\alpha^\beta |g'(t)|\,dt$, was an den ‚Nahtstellen‘ dann ‚richtig‘ zu lesen ist, indem man einseitige Ableitungen verwendet.

4.2 Kurvenintegrale

Annahmen: Es seien $\mathfrak{D} \subset \mathbb{C}$, $\mathfrak{C}$ eine Kurve in $\mathfrak{D}$, d. h. $(\mathfrak{C}) \subset \mathfrak{D}$, $\mathfrak{C} \ni g\colon [\alpha, \beta] \longrightarrow \mathbb{C}$ stetig und $f\colon \mathfrak{D} \longrightarrow \mathbb{C}$.

Für eine *„Zerlegung (mit Zwischenpunkten)“*

$$Z: \quad \alpha = t_0 < t_1 < \cdots < t_k = \beta\,; \quad t_{\kappa-1} \le s_\kappa \le t_\kappa \quad (\kappa = 1, \ldots, k;\, k \in \mathbb{N})$$

betrachten wir die *„Zerlegungssumme“*

$$S(Z) := \sum_{\kappa=1}^{k} f\big(g(s_\kappa)\big) \cdot \big(g(t_\kappa) - g(t_{\kappa-1})\big)\,.$$

Mit $g(t_\kappa) =: z_\kappa =: x_\kappa + i y_\kappa$, $g(s_\kappa) =: \zeta_\kappa =: \xi_\kappa + i\eta_\kappa$ ist

$$S(Z) = \sum_{\kappa=1}^{k} f(\zeta_\kappa)(z_\kappa - z_{\kappa-1})\,.$$

Für $u\left(\begin{smallmatrix} x \\ y \end{smallmatrix}\right) := \mathfrak{Re}\, f(x+iy)$, $v\left(\begin{smallmatrix} x \\ y \end{smallmatrix}\right) := \mathfrak{Im}\, f(x+iy)$ $(x, y \in \mathbb{R}$ mit $x + iy \in \mathfrak{D})$ hat man unter Verwendung des inneren Produktes $\langle \cdot \mid \cdot \rangle$:

$$\begin{aligned} S(Z) &= \sum_{\kappa=1}^{k} \Big(u\left(\begin{smallmatrix} \xi_\kappa \\ \eta_\kappa \end{smallmatrix}\right) + i v\left(\begin{smallmatrix} \xi_\kappa \\ \eta_\kappa \end{smallmatrix}\right)\Big)\Big((x_\kappa - x_{\kappa-1}) + i(y_\kappa - y_{\kappa-1})\Big) \\ &= \underbrace{\sum_{\kappa=1}^{k} \left\langle \begin{smallmatrix} u(\cdots) \\ -v(\cdots) \end{smallmatrix} \,\middle|\, \begin{smallmatrix} x_\kappa - x_{\kappa-1} \\ y_\kappa - y_{\kappa-1} \end{smallmatrix} \right\rangle}_{=:\boxed{1}} + i \underbrace{\sum_{\kappa=1}^{k} \left\langle \begin{smallmatrix} v(\cdots) \\ u(\cdots) \end{smallmatrix} \,\middle|\, \begin{smallmatrix} x_\kappa - x_{\kappa-1} \\ y_\kappa - y_{\kappa-1} \end{smallmatrix} \right\rangle}_{=:\boxed{2}} \end{aligned}$$

$\boxed{1}$ und $\boxed{2}$ sind Zwischensummen der in der mehrdimensionalen Analysis behandelten Art; damit lassen sich die Ergebnisse von dort unmittelbar übertragen. Dies werden wir im Folgenden bei den meisten Überlegungen nicht mehr besonders betonen!

Mit $\sigma(Z) := \max\limits_{\kappa=1}^{k} \lambda(\mathfrak{C}_\kappa)$, wobei $\mathfrak{C}_\kappa$ die durch $g_{|[t_{\kappa-1}, t_\kappa]}$ definierte Teilkurve bezeichnet, notieren wir das *„Feinheitsmaß“* (von Z).*

Die Anwendung der entsprechenden Überlegungen der mehrdimensionalen Analysis auf $\boxed{1}$ und $\boxed{2}$ liefert:

Satz 2

Für stetiges f und eine rektifizierbare Kurve $\mathfrak{C}$ existiert in $\mathbb{C}$ der Grenzwert I der Zerlegungssummen, wenn das Feinheitsmaß gegen 0 geht. Genauer:

Zu jedem $\varepsilon > 0$ existiert ein $\delta > 0$ derart, dass für jede Zerlegung Z mit Feinheitsmaß $\sigma(Z) < \delta$ die Abschätzung $|S(Z) - I| < \varepsilon$ gilt.

* Die Abhängigkeit von $\mathfrak{C}$ lassen wir dabei in der Bezeichnung unbeachtet.

Wir bezeichnen

$$I =: \int_{\mathfrak{C}} f(z)\,dz$$

als „*Kurvenintegral*“ (von f längs $\mathfrak{C}$). Mit den obigen Überlegungen hat man für die entsprechende Kurve $\mathfrak{C}'$ im $\mathbb{R}^2$ (genauer die mittels der Isometrie φ (vgl. Seite 74) durch $\varphi^{-1} \circ g$ festgelegte Kurve):

$$\int_{\mathfrak{C}} f(z)\,dz = \int_{\mathfrak{C}'} \langle \tbinom{u}{-v} \mid d\mathfrak{x} \rangle + i \int_{\mathfrak{C}'} \langle \tbinom{v}{u} \mid d\mathfrak{x} \rangle = \int_{\mathfrak{C}'} (u\,dx - v\,dy) + i \int_{\mathfrak{C}'} (v\,dx + u\,dy)$$

Auch hier hat man für stetiges f und rektifizierbare Kurven $\mathfrak{C}$, $\mathfrak{C}_1$, $\mathfrak{C}_2$:

Bemerkung 3

$f \longmapsto \int_{\mathfrak{C}} f(z)\,dz$ ist $\mathbb{C}$-linear.

$$\int_{\mathfrak{C}_1+\mathfrak{C}_2} f(z)\,dz = \int_{\mathfrak{C}_1} f(z)\,dz + \int_{\mathfrak{C}_2} f(z)\,dz$$

$$\int_{-\mathfrak{C}} f(z)\,dz = -\int_{\mathfrak{C}} f(z)\,dz$$

$$\left| \int_{\mathfrak{C}} f(z)\,dz \right| \le \max_{z \in (\mathfrak{C})} |f(z)| \cdot \lambda(\mathfrak{C}) \qquad (\Diamond) \qquad \textit{(Integralabschätzung)}$$

Berechnung von Kurvenintegralen

Für stückweise stetiges $g\colon [\alpha, \beta] \longrightarrow \mathbb{C}$ sei:

$$\int_\alpha^\beta g(t)\,dt := \int_\alpha^\beta \mathfrak{Re}\, g(t)\,dt + i \int_\alpha^\beta \mathfrak{Im}\, g(t)\,dt$$

Satz 4 *Ist $\mathfrak{C} \ni g\colon [\alpha, \beta] \longrightarrow \mathbb{C}$ stetig differenzierbar* und f stetig, so gilt:*

$$\int_{\mathfrak{C}} f(z)\,dz = \int_\alpha^\beta f(g(t))g'(t)\,dt$$

Hier kann man schärfer abschätzen als $(\Diamond)$:

$$\left| \int_{\mathfrak{C}} f(z)\,dz \right| \le \int_\alpha^\beta |f(g(t))|\,|g'(t)|\,dt$$

* Dann ist $\mathfrak{C}$ insbesondere rektifizierbar.

Wir rechnen ein einfaches, jedoch wichtiges **Beispiel:**

Für $a \in \mathbb{C}$ und $r \in]0,\infty[$ sei $g(t) := a + r\exp(it) \quad \big(t \in [0,2\pi]\big)$. Mit der durch g gegebenen Kurve $\mathfrak{C}$ (positiv durchlaufener Kreis um a mit Radius r) notieren wir für $(\mathfrak{C}) \subset \mathfrak{D} \subset \mathbb{C}$ und $f\colon \mathfrak{D} \longrightarrow \mathbb{C}$ stetig:

$$\oint\limits_{|z-a|=r} f(z)\,dz := \int\limits_{\mathfrak{C}} f(z)\,dz$$

Hiermit gilt:

$$\boxed{\oint\limits_{|z-a|=r} \frac{1}{z-a}\,dz = 2\pi i}$$

Beweis: $\ell.S. = \int\limits_0^{2\pi} \frac{1}{g(t)-a}\,g'(t)\,dt = \int\limits_0^{2\pi} \frac{1}{r\exp(it)}\,ri\exp(it)\,dt = 2\pi i$ □

4.3 Hauptsatz

Bezeichnung: Für ein Gebiet $\mathfrak{G}$ in $\mathbb{C}$ und $a,b \in \mathfrak{G}$ bezeichnen wir mit

$$\boxed{\mathrm{K}^{\mathfrak{G}}}$$

die Menge der *stückweise stetig differenzierbaren* Kurven $\mathfrak{C}$, die innerhalb von $\mathfrak{G}$ verlaufen, d. h. $(\mathfrak{C}) \subset \mathfrak{G}$. Mit $\mathrm{K}^{\mathfrak{G}}(a,b)$ notieren wir die Kurven $\mathfrak{C}$ aus $\mathrm{K}^{\mathfrak{G}}$, die von a nach b verlaufen, d. h. $a(\mathfrak{C}) = a$ und $e(\mathfrak{C}) = b$. Mit $\mathrm{K}^{\mathfrak{G}}_{\mathrm{cl}}$ bezeichnen wir noch die *geschlossenen* Kurven aus $\mathrm{K}^{\mathfrak{G}}$.*

Es gilt dann offenbar $\mathrm{K}^{\mathfrak{G}}_{\mathrm{cl}} = \bigcup\limits_{c\in\mathfrak{G}} \mathrm{K}^{\mathfrak{G}}(c,c)$.

Bemerkung 5

*Ist $\mathfrak{G}$ ein Gebiet in $\mathbb{C}$, $F\colon \mathfrak{G} \longrightarrow \mathbb{C}$ holomorph und F' stetig**, so gilt*

$$\int\limits_{\mathfrak{C}} F'(z)\,dz = F(b) - F(a)$$

für alle $a,b \in \mathfrak{G}$ und $\mathfrak{C} \in \mathrm{K}^{\mathfrak{G}}(a,b)$.

* ‚cl' steht natürlich für ‚closed'.

** Diese letzte Voraussetzung wird sich *später* als überflüssig erweisen!

Beweis: Œ sei $\mathfrak{C} \ni g\colon [\alpha,\beta] \longrightarrow \mathbb{C}$ stetig differenzierbar. (Sonst betrachtet man zunächst Teilkurven und addiert die Teilintegrale auf.)

$$\int_{\mathfrak{C}} F'(z)\,dz = \int_{\alpha}^{\beta} F'(g(t))g'(t)\,dt = \int_{\alpha}^{\beta} \big(F\circ g\big)'(t)\,dt = F(g(\beta)) - F(g(\alpha))$$

$$= F(b) - F(a) \qquad \square$$

Wegen der beiden Randpunkte ist bei der zweiten Gleichung die Kettenregel, die nur für innere Punkte gilt, etwas lax gehandhabt. Jedoch unter dem Integral spielt dies keine Rolle.

Satz 6 (Hauptsatz; CAUCHYscher Integralsatz 1. Fassung)

Ist $\mathfrak{G}$ *ein* konvexes *Gebiet in* $\mathbb{C}$, $f\colon \mathfrak{G} \longrightarrow \mathbb{C}$ *holomorph und* $\mathfrak{C} \in \mathrm{K}_{\mathrm{cl}}^{\mathfrak{G}}$, *so gilt*

$$\int_{\mathfrak{C}} f(z)\,dz = 0\,.$$

Unter der Zusatzvoraussetzung „*f' stetig*" liest man dies aus den üblichen Überlegungen der mehrdimensionalen Analysis ab mit

$$\int_{\mathfrak{C}} f(z)\,dz = \int_{\mathfrak{C}'} \langle \left(\begin{smallmatrix} u \\ -v \end{smallmatrix}\right) \mid d\mathfrak{x}\rangle + i\int_{\mathfrak{C}'} \langle \left(\begin{smallmatrix} v \\ u \end{smallmatrix}\right) \mid d\mathfrak{x}\rangle\,;$$

denn die Integrabilitätsbedingungen für $\left(\begin{smallmatrix} u \\ -v \end{smallmatrix}\right)$ und $\left(\begin{smallmatrix} v \\ u \end{smallmatrix}\right)$ sind hier gerade durch die CR-DGLn $u_y = -v_x$, $v_y = u_x$ gegeben.

Als **Folgerung** hat man so in *konvexen* Gebieten, dass das Kurvenintegral einer holomorphen Funktion nur von Anfangs- und Endpunkt der Kurve abhängt *(Wegunabhängigkeit des Integrals)*.

Vor dem Beweis des Hauptsatzes sehen wir uns erste wichtige *Anwendungen* an, für die die bewiesene schwächere Fassung (also mit Zusatzvoraussetzung „*f' stetig*") schon ausreicht:

Satz 7 (Fundamentalsatz der Algebra)

Für $n \in \mathbb{N}$, $a_\nu \in \mathbb{C}$ $\quad(\nu = 0,\dots,n)$ *mit* $a_n \neq 0$ *und*

$$P(z) := \sum_{\nu=0}^{n} a_\nu z^\nu \quad (z\in\mathbb{C}) \quad \textit{(Polynom n-ten Grades)}$$

existiert ein $\alpha \in \mathbb{C}$ *mit* $P(\alpha) = 0$.

Unter diesen Voraussetzungen und Bezeichnungen ergibt sich induktiv — über ‚Division mit Rest' — die

Folgerung

Es existieren $\alpha_1, \ldots, \alpha_n \in \mathbb{C}$ — *nicht notwendig verschieden* — *mit*

$$P(z) = a_n(z - \alpha_1) \cdots (z - \alpha_n) \quad (z \in \mathbb{C}).$$

Wir erinnern daran, dass diese Überlegung meist schon in der Analysis I — und dann in der Regel ohne Beweis — bei dem Satz über die Partialbruchzerlegung eingesetzt wird.

Beweis (des Satzes; indirekt): Œ $a_n = 1$
Im anderen Falle wäre $P(z) \neq 0$ für alle $z \in \mathbb{C}$. Wir betrachten dann $h(z) := z^{n-1}/P(z) \quad (z \in \mathbb{C})$.
h ist holomorph mit stetiger Ableitung und $\mathbb{C}$ ein konvexes Gebiet. Nach dem Hauptsatz hat man daher

$$\oint\limits_{|z|=R} h(z)\, dz = 0 \qquad \text{für } R > 0\,. \tag{1}$$

Für $z \neq 0$: $h(z) \stackrel{\checkmark}{=} \dfrac{1}{z} - \underbrace{\dfrac{\sum\limits_{\nu=0}^{n-1} a_\nu z^\nu}{zP(z)}}_{=:\, g(z)}$. Damit gilt nach (1) und dem Beispiel von Seite 105 für $R > 0$:

$$2\pi i = \oint\limits_{|z|=R} g(z)\, dz \tag{2}$$

Für $|z| \longrightarrow \infty$ hat man $z^2 g(z) \longrightarrow a_{n-1}$; daher existiert ein $R_0 \in\,]0, \infty[$ mit $|z^2 g(z)| \leq M := |a_{n-1}| + 1$, falls $|z| \geq R_0$. Für $R \geq R_0$ liefert die Integralabschätzung (Seite 104)

$$\left| \oint\limits_{|z|=R} g(z)\, dz \right| \leq 2\pi R \frac{M}{R^2} \longrightarrow 0 \qquad (R \longrightarrow \infty)$$

im *Widerspruch* zu (2). □

Auch zur Berechnung der beiden folgenden — bewusst nicht-trivial gewählten — Integrale reicht die schwächere Fassung aus:

$$\int_0^\infty \frac{\sin x}{x}\,dx \quad \begin{cases} \text{existiert}^* \\ = \dfrac{\pi}{2} \end{cases} \qquad \textbf{(B 1)}$$

Das scheint auf den ersten Blick wenig mit dem Hauptsatz zu tun zu haben; mal sehen, was sich da machen lässt:

Wir betrachten $f(z) := \dfrac{\exp(iz)}{z}$ für $z \in \mathbb{C} \setminus \{0\}$: f ist holomorph mit stetiger Ableitung; jedoch ist das Gebiet $\mathbb{C} \setminus \{0\}$ *nicht konvex.* Zur Anwendung des Hauptsatzes sei für $0 < r < R < \infty$ die ‚schwarze' Kurve $\mathfrak{C} = \mathfrak{C}_{r,R}$ gemäß der folgenden Abbildung gewählt.

Ergänzt man die Kurve, indem man die beiden Halbkreise längs der imaginären Achse (hin und zurück) verbindet, so lassen sich die beiden Teilkurven — etwa wie gestrichelt skizziert, aber auch in vielfältiger Weise anders — in konvexe Teilgebiete von $\mathbb{C} \setminus \{0\}$ ‚einbetten':

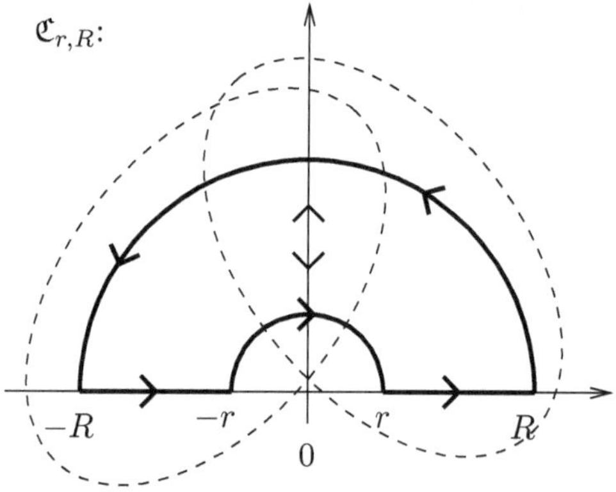

Es gilt daher nach dem Hauptsatz — mit wohl selbsterklärenden Bezeichnungen — :

$$0 = \int_{\mathfrak{C}} f(z)\,dz = \underbrace{\int_{\overrightarrow{-R,-r}} \cdots + \int_{\overrightarrow{r,R}} \cdots}_{=:\,A} + \underbrace{\int_{\curvearrowright\atop -r,r} \cdots}_{=:\,B} + \underbrace{\int_{\curvearrowleft\atop -R,R} \cdots}_{=:\,C} \tag{1}$$

Mit der ‚natürlichen' Parameterdarstellung $[-R,-r] \ni t \longmapsto t \in \mathbb{C}$ von $\overrightarrow{-R,-r}$ erhält man:

* Nach einer Standard-Übung zur Analysis I ist dieses Integral *nicht absolutkonvergent*.

$$\int\limits_{\overrightarrow{-R,-r}} f(z)\,dz = \int\limits_{-R}^{-r} \frac{\exp(it)}{t}\,dt \underset{(\tau=-t)}{=} \int\limits_{R}^{r} \frac{\exp(-i\tau)}{(-\tau)}(-1)\,d\tau = \int\limits_{r}^{R} \frac{-\exp(-i\tau)}{\tau}\,d\tau$$

Mit $\int\limits_{\overrightarrow{r,R}} f(z)dz = \int\limits_{r}^{R} \frac{\exp(i\tau)}{\tau}\,d\tau$ ergibt sich so: $\quad A = 2i\int\limits_{r}^{R} \frac{\sin\tau}{\tau}\,d\tau \qquad (2)$

$$|C| \underset{[0,\pi]\ni t\mapsto R\exp(it)\in\mathbb{C}}{=} \left|\int\limits_{0}^{\pi} \frac{\exp(i\cdot R\cdot\exp(it))}{R\exp(it)}\cdot iR\exp(it)\,dt\right| \le \int\limits_{0}^{\pi} \left|\exp\big(iR\exp(it)\big)\right|dt$$

$$= \int\limits_{0}^{\pi} \exp(-R\sin t)\,dt = 2\int\limits_{0}^{\frac{\pi}{2}} \exp(-R\sin t)\,dt \underset{\sin t\ge\frac{2}{\pi}t\ (t\in[0,\frac{\pi}{2}])}{\le} 2\int\limits_{0}^{\frac{\pi}{2}} \exp\Big(-R\,\frac{2}{\pi}\,t\Big)\,dt$$

$$= \frac{\pi}{R}\big(1-\exp(-R)\big) \longrightarrow 0 \quad (R\longrightarrow\infty) \qquad (3)$$

$$B = -\int\limits_{\curvearrowleft -rr} f(z)\,dz = -\Bigg[\int\limits_{\curvearrowleft -rr} \frac{1}{z}\,dz + \underbrace{\int\limits_{\curvearrowleft -rr} \frac{\exp(iz)-1}{z}\,dz}_{=:\,D}\Bigg] = -\Big[\pi i + D\Big]$$

$$|D| \le \pi r \underbrace{\max_{|z|=r}\left|\frac{\exp(iz)-1}{z}\right|}_{\text{beschränkt}^*} \longrightarrow 0 \quad (r\longrightarrow 0), \text{ also } \; B \longrightarrow -\pi i \qquad (4)$$

Aus (1), (2), (3) und (4) folgt:

$$\int\limits_{r}^{R} \frac{\sin\tau}{\tau}\,d\tau \longrightarrow \frac{\pi}{2} \qquad (R\longrightarrow\infty,\ r\longrightarrow 0)$$ □

Es seien zwei **Anmerkungen** zu dieser Rechnung gemacht:

Die obige — etwas aufwendige und nicht direkt ins Auge springende — Argumentation für die Abschätzung von C lässt sich vermeiden, wenn man naturgemäß den Konvergenzsatz von LEBESGUE einsetzt, wie es in den Worksheets ausgeführt ist. Wir haben jedoch hier darauf verzichtet, weil dieser Satz im dritten Semester oft noch nicht vertraut ist.

Wir haben an einigen Stellen — und werden das noch oft tun — von *Kurven* gesprochen, wo eigentlich nur der *Träger* festgelegt war. Dabei sind wir davon ausgegangen, dass stillschweigend die ‚natürliche' Parameterdarstellung gewählt wird, solange nichts anderes gesagt ist, also etwa für den Einheitskreis $\{z\in\mathbb{C} : |z|=1\}$

* Die durch den Ausdruck zwischen den Betragszeichen gegebene Funktion ist im Punkt $z=0$ holomorph ergänzbar.

die Kurve durch die Parameterdarstellung $[0,2\pi] \ni t \longmapsto \exp(it) \in \mathbb{C}$ festgelegt ist und nicht etwa durch $[0,\pi] \ni t \longmapsto \exp(2012it^2) \in \mathbb{C}$.

Für $\alpha \in \mathbb{C} \setminus \{0\}$ mit $\mathfrak{Re}\,\alpha \geq 0$ gilt:

$$\int_0^\infty \frac{\exp(-t) - \exp(-\alpha t)}{t}\,dt \;=\; \operatorname{Log}\alpha \qquad \textbf{(B2)}$$

Wir unterscheiden die drei Fälle, dass der Imaginärteil von α positiv, negativ oder Null ist und zeigen die Aussage für den ersten Fall; der zweite Fall kann dann durch Konjugation darauf zurückgeführt werden. Für $\mathfrak{Im}\,\alpha = 0$, also $\mathbb{R} \ni \alpha > 0$, ist der Fall $\alpha = 1$ trivial. Der Fall $0 < \alpha < 1$ kann durch die Substitution $\tau = \alpha t$ auf den Fall $\alpha > 1$, den wir dem Leser als einfache Übungsaufgabe überlassen, zurückgeführt werden.

Für $0 < \varepsilon < R < \infty$ betrachten wir $\mathfrak{C} = \mathfrak{C}_{\varepsilon,R}$ gemäß Bildchen — falls $\mathfrak{Im}\,\alpha > 0$ — und die Funktion

$$f(z) := \frac{\exp(-z)}{z} \qquad (z \in \mathfrak{G})\,.$$

Ein konvexes $\mathfrak{G}$ sei dazu geeignet gewählt.

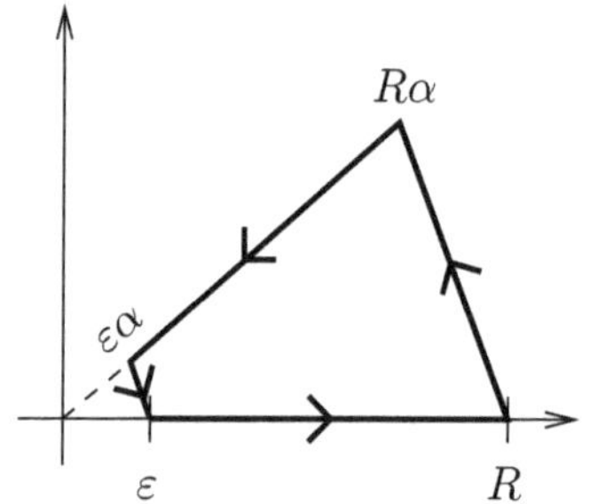

$$\underbrace{\int_\varepsilon^R \frac{\exp(-t) - \exp(-\alpha t)}{t}\,dt}_{=:\,A} \;\stackrel{\checkmark}{=}\; \int_{\overrightarrow{\varepsilon,R}} f(z)\,dz \;-\; \int_{\overrightarrow{\varepsilon\alpha,R\alpha}} f(z)\,dz$$

Nach dem Hauptsatz gilt:

$$0 = \int_{\mathfrak{C}} f(z)\,dz \;=\; A + \underbrace{\int_{\overrightarrow{R,R\alpha}} f(z)\,dz}_{=:\,B} + \underbrace{\int_{\overrightarrow{\varepsilon\alpha,\varepsilon}} f(z)\,dz}_{=:\,C}$$

Mit $[0,1] \ni t \longmapsto R[1+t(\alpha-1)] \in \mathbb{C}$ erhält man für B:

$$\int_0^1 \frac{\exp(-R[1+t(\alpha-1)])}{R[1+t(\alpha-1)]} \cdot R(\alpha-1)\,dt = \int_0^1 \exp(R(t-1))\exp(-Rt\alpha)\frac{\alpha-1}{[\cdots]}\,dt$$

Da $[0,1] \ni t \longmapsto |1+t(\alpha-1)|$ stetig und $\neq 0$ ist, existiert $c \in]0,\infty[$ so, dass $|1+t(\alpha-1)| \geq c$ für alle $t \in [0,1]$ ist. Damit gilt $\left|\frac{\alpha-1}{1+t(\alpha-1)}\right| \leq \frac{|\alpha-1|}{c} =: c'$. Mit $|\exp(-Rt\alpha)| = \exp\left(\mathfrak{Re}\,(-Rt\alpha)\right) = \exp(\underbrace{-Rt\,\mathfrak{Re}\,\alpha}_{\leq 0}) \leq 1$ folgt:

$$|B| \leq c' \int_0^1 \exp(R(t-1))\,dt = c' \cdot \frac{1}{R}\exp(R(t-1))\,\Big|_0^1 = c'\frac{1}{R}\big[1-\exp(-R)\big]$$

Dieser Ausdruck strebt also für $R \longrightarrow \infty$ gegen Null.

$$\begin{aligned} C &= -\int_{\overrightarrow{\varepsilon,\varepsilon\alpha}} \frac{\exp(-z)}{z}\,dz = -\left[\int_{\overrightarrow{\varepsilon,\varepsilon\alpha}} \frac{1}{z}\,dz + \int_{\overrightarrow{\varepsilon,\varepsilon\alpha}} \frac{\exp(-z)-1}{z}\,dz\right] \\ &\overset{\checkmark}{=} -\left[\operatorname{Log}(\varepsilon\alpha) - \operatorname{Log}(\varepsilon) + \int_{\overrightarrow{\varepsilon,\varepsilon\alpha}} \frac{\exp(-z)-1}{z}\,dz\right] \\ &= -\left[\operatorname{Log}\alpha + \int_{\overrightarrow{\varepsilon,\varepsilon\alpha}} \frac{\exp(-z)-1}{z}\,dz\right] \end{aligned}$$

Für $\varepsilon \longrightarrow 0$ strebt $\left|\int_{\overrightarrow{\varepsilon,\varepsilon\alpha}} \frac{\exp(-z)-1}{z}\,dz\right|$ gegen Null, da der Integrand beschränkt ist und die Bogenlänge gegen 0 strebt. Insgesamt hat man:

$$A = \int_\varepsilon^R \frac{\exp(-t)-\exp(-\alpha t)}{t}\,dt \longrightarrow \operatorname{Log}(\alpha) \qquad (R \longrightarrow \infty, \varepsilon \longrightarrow 0)$$

Wir bemerken noch, dass man das Resultat aus (B1) einfach aus (B2) ablesen kann; denn für $\alpha := i$ gilt

$$i\,\frac{\pi}{2} = \operatorname{Log} i = \int_0^\infty \frac{\exp(-t) - [\cos t - i\sin t]}{t}\,dt$$

und folglich — durch Trennung in Real- und Imaginärteil —

$$\int_0^\infty \frac{\sin t}{t}\,dt = \frac{\pi}{2} \quad \text{und} \quad \int_0^\infty \frac{\exp(-t) - \cos t}{t}\,dt = 0. \qquad \triangleleft$$

Beweis des Hauptsatzes

Der Beweis geht auf EDOUARD GOURSAT (1899) zurück, der allerdings Rechtecke statt wie hier Dreiecke benutzte. Das Entscheidende ist, dass — anders als bei früheren Beweisansätzen — die Stetigkeit von f' *nicht* eingesetzt wird.

Wir zeigen zunächst — und hier wird die Konvexität noch *nicht* benötigt, sondern nur, dass das betrachtete Dreieck in der offenen Menge $\mathfrak{G}$ liegt:

(A) *Für* $z_1, z_2, z_3 \in \mathfrak{G}$ *gilt:* $$\int\limits_{[z_1,z_2,z_3,z_1]} f(z)\,dz = 0$$

Dazu definieren wir induktiv für $v_j \in \mathbb{C} \quad (j \in \mathbb{N})$:

$[v_1, v_2] := \overrightarrow{v_1 v_2}$ (Parameterdarstellung: $[0,1] \ni t \longmapsto v_1 + t(v_2 - v_1) \in \mathbb{C}$)

$[v_1, \ldots, v_{n+1}] := [v_1, \ldots, v_n] + [v_n, v_{n+1}] \qquad (2 \le n \in \mathbb{N})$

$[v_1, \ldots, v_n]$ heißt *‚Streckenzug'* oder *‚Polygonzug'* zu $(v_1, \ldots, v_n)$.

Wir benutzen hier eine anschauliche Sprechweise. Eine formalere Beschreibung erfordert nur Bezeichnungsakrobatik ohne Gewinn an Einsicht.

Œ seien z_1, z_2, z_3 nicht kollinear.

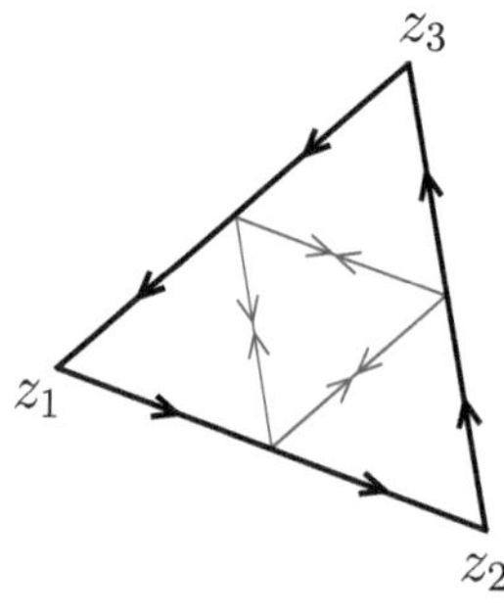

$\triangle$ bezeichne das ‚abgeschlossene Dreieck' (zu z_1, z_2, z_3). Wir zerlegen $\triangle$ in 4 ‚Teildreiecke', indem wir die ‚Seitenmitten' von $\triangle$ miteinander verbinden. ‚Orientiert' man die ‚Randkurven' wie eingezeichnet, so gilt für (mindestens) ein ‚Teildreieck' $\triangle_1$ mit der zugehörigen ‚Randkurve' $\mathfrak{C}_1$:

$$\lambda(\mathfrak{C}_1) = \frac{1}{2}\lambda(\mathfrak{C}), \qquad \left|\int\limits_{\mathfrak{C}_1} f(z)\,dz\right| \ge \frac{1}{4}M,$$

wobei $\mathfrak{C} := [z_1, z_2, z_3, z_1]$ und $M := \left|\int\limits_{\mathfrak{C}} f(z)\,dz\right|$. Man erhält so induktiv eine Folge von ‚Dreiecken' $\triangle \supset \triangle_1 \supset \triangle_2 \supset \cdots$ mit zugehörigen ‚Randkurven' $\mathfrak{C}_n$ derart, dass

$$\lambda(\mathfrak{C}_n) = \frac{1}{2^n}\lambda(\mathfrak{C}) \quad \text{und} \quad \left|\int\limits_{\mathfrak{C}_n} f(z)\,dz\right| \ge \frac{1}{4^n}M \qquad (n \in \mathbb{N}). \tag{1}$$

Es existiert (Kompaktheit!)* ein $a \in \bigcap\limits_{n=1}^{\infty} \triangle_n$.

Da $\mathfrak{G}$ offen und f in a differenzierbar ist, existiert zu beliebigem $\varepsilon > 0$ ein $\delta > 0$ mit $U_a^\delta \subset \mathfrak{G}$ und

$$\left|f(z) - [f(a) + f'(a)(z-a)]\right| \le \varepsilon|z-a| \qquad (z \in U_a^\delta). \tag{2}$$

* Der Kenner wird natürlich den CANTORschen Durchschnittssatz heranziehen.

Dazu existiert offenbar ein $n \in \mathbb{N}$ mit $\triangle_n \subset U_a^\delta$. Man hat damit

$$\frac{1}{4^n} M \underset{(1)}{\leq} \left| \int_{\mathfrak{C}_n} f(z)\, dz \right| = \left| \int_{\mathfrak{C}_n} [f(a) + f'(a)(z-a)]\, dz + \int_{\mathfrak{C}_n} \big(f(z) - [\cdots]\big)\, dz \right|$$

Nach Bemerkung 5 gilt $\int\limits_{\mathfrak{C}_n} [\cdots]\, dz = 0$. So können wir mit (2) rechts abschätzen durch $(\lambda(\mathfrak{C}_n))^2 \varepsilon$. Nach (1) gilt $(\lambda(\mathfrak{C}_n))^2 \varepsilon = \frac{1}{4^n} (\lambda(\mathfrak{C}))^2 \varepsilon$, mithin $M \leq (\lambda(\mathfrak{C}))^2 \varepsilon$. Damit ist M gleich Null, und dies ist gerade die Aussage (A).

□

Nun zeigen wir, dass aus (A) (siehe Seite 112) — wie im Sprichwort — stets (B) folgt, wobei:

(B) *Es existiert eine „Stammfunktion“ F zu f,*

d. h. es existiert eine differenzierbare Abbildung $F\colon \mathfrak{G} \longrightarrow \mathbb{C}$ mit $F' = f$. Nach Bemerkung 5 ist damit dann der Hauptsatz bewiesen.

Beweis: Mit einem festen $a \in \mathfrak{G}$ definieren wir*

$$F(z) := \int_{\overrightarrow{az}} f(\zeta)\, d\zeta \qquad (z \in \mathfrak{G}).$$

Für $z, z_0 \in \mathfrak{G}$ ist dann nach (A)

$$\begin{aligned} F(z) - F(z_0) &= \int_{\overrightarrow{z_0 z}} f(\zeta)\, d\zeta = \int_{\overrightarrow{z_0 z}} f(z_0)\, d\zeta + \int_{\overrightarrow{z_0 z}} \big(f(\zeta) - f(z_0)\big)\, d\zeta \\ &= f(z_0)(z - z_0) + \int_{\overrightarrow{z_0 z}} \big(f(\zeta) - f(z_0)\big)\, d\zeta \end{aligned}$$

Das letzte Integral ist gleich $r(z) \cdot (z - z_0)$ mit

$$r(z) := \frac{1}{z - z_0} \int_{\overrightarrow{z_0 z}} \big(f(\zeta) - f(z_0)\big)\, d\zeta = \int_0^1 \big(f(z_0 + t(z - z_0)) - f(z_0)\big)\, dt .$$

Da $r\colon \mathfrak{G} \longrightarrow \mathbb{C}$ stetig ist mit $r(z_0) = 0$, ist F differenzierbar in z_0 mit $F'(z_0) = f(z_0)$. □

Wir wollen im nächsten Kapitel den Hauptsatz unter anderem auf den Differenzenquotienten $\frac{f(\zeta) - f(z_0)}{\zeta - z_0}$ einer holomorphen Funktion f anwenden, um daraus verblüffende und weitreichende Folgerungen zu ziehen. In z_0 ist dann aber für den Differenzenquotienten zunächst keine Holomorphie gegeben; deshalb müssen wir die *Voraussetzungen des Hauptsatzes noch etwas abschwächen*:

* Hier nun wird die Voraussetzung ‚$\mathfrak{G}$ konvex‘ entscheidend benutzt.

Satz 8 (Hauptsatz; CAUCHYscher Integralsatz 2. Fassung)

> *Ist a Punkt eines* konvexen *Gebietes* $\mathfrak{G}$ *in* $\mathbb{C}$ *und h eine auf* $\mathfrak{G}$ *definierte* $\mathbb{C}$*-wertige stetige Funktion, die in* $\mathfrak{G}\setminus\{a\}$ *holomorph ist, dann existiert eine Stammfunktion zu h, und für alle* $\mathfrak{C} \in \mathrm{K}_{\mathrm{cl}}^{\mathfrak{G}}$ *gilt*
>
> $$\int_{\mathfrak{C}} h(z)\,dz = 0\,.$$

Später werden wir sehen, dass dann h sogar in ganz $\mathfrak{G}$ holomorph ist! Dass die Konvexität *nicht* ersatzlos gestrichen werden kann, zeigt das Beispiel auf Seite 105.

Beweis: Nach den bisherigen Überlegungen ist *nur (A) zu zeigen*:
Dazu seien wieder Œ z_1, z_2, z_3 nicht kollineare Punkte in $\mathfrak{G}$.

1. Fall: Liegt a ‚außerhalb' von $\triangle$, so ist man — nach dem schon Gezeigten — fertig, indem man das Gebiet gegebenenfalls verkleinert.

2. Fall: a ist ein Eckpunkt, Œ $a = z_1$:

Wir zerlegen $\triangle$ in das kleine (graue) Dreieck $\triangle_1$ bei a sowie $\triangle_2$ und $\triangle_3$. Nach dem 1. Fall sind die Kurvenintegrale über die Ränder von $\triangle_2$ und $\triangle_3$ Null. Wegen der Stetigkeit von h ist das Kurvenintegral längs $\partial\triangle_1$ betraglich abschätzbar durch $\lambda(\partial\triangle_1) \cdot \max\{|h(z)| : z \in \triangle\}$ (vgl. Bem. 3, S. 104). Die Behauptung folgt durch Grenzübergang $\lambda(\partial\triangle_1) \longrightarrow 0$.

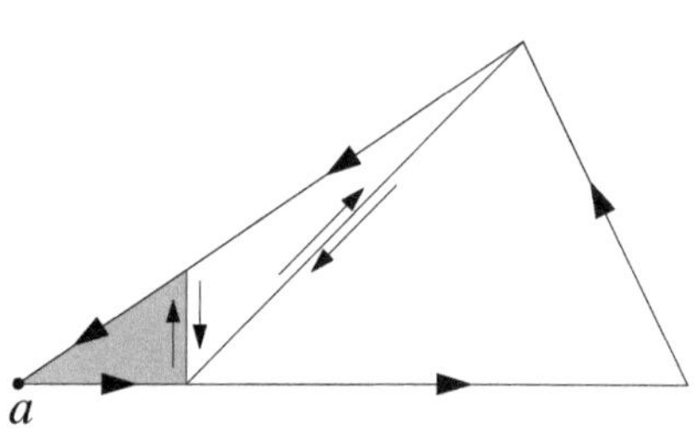

3. Fall: a auf ‚Kante' 4. Fall: a im ‚Inneren'

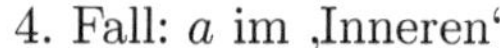

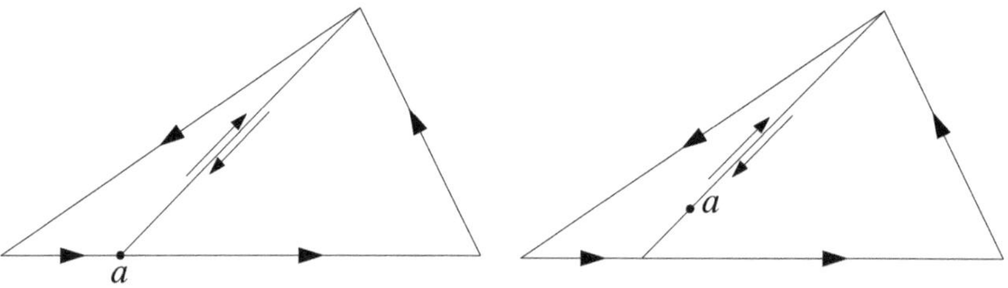

Im 3. Fall zerlegen wir $\triangle$ in zwei Teildreiecke, von denen jedes a als Eckpunkt hat, und wenden auf die Teildreiecke jeweils den 2. Fall an.

Im 4. Fall zerlegen wir $\triangle$ so in zwei Teildreiecke, dass a auf der gemeinsamen Kante liegt, und wenden auf die Teildreiecke jeweils den 3. Fall an. □

MWS zu Kapitel 4

Kurven, Kurvenintegrale und Hauptsatz

Wichtige MAPLE-Befehle dieses Kapitels:

int, Int
student[changevar], student[integrand]
pfeil (aus unserem Paket verdi)
op

4.1 Kurven

Stetige rektifizierbare Kurven in der komplexen Zahlenebene lassen sich als Spezialfall von Kurven im $\mathbb{R}^2$ auffassen. Zur Veranschaulichung bringen wir drei Beispiele:

Beispiel 1: Animierter Einheitskreis

```
> restart: with(plots): with(plottools): read "../verdi.txt":
  a := 0: r := 1: n := 30:
  g := t -> a+r*exp(I*Pi*t):  # Parameterdarstellung von C
  Kreis := circle(c2p(a),r,color=black):
  dots  := seq(disk(c2p(g(k/n)),0.03,color=black),k=0..n-1),
           seq(disk(c2p(g((k+n)/n)),0.03,color=gray),k=0..n-1):
  tplot := textplot([Re(a)+r+0.35,Im(a)," Anfangspunkt"]):
  Animation := display(dots,insequence=true):
  display(Kreis,Animation,tplot,scaling=constrained,tickmarks=[3,3],
          axes=frame,title= "Eine einfache geschlossene Kurve: ...");
```

Eine einfache geschlossene Kurve: Der Einheitskreis

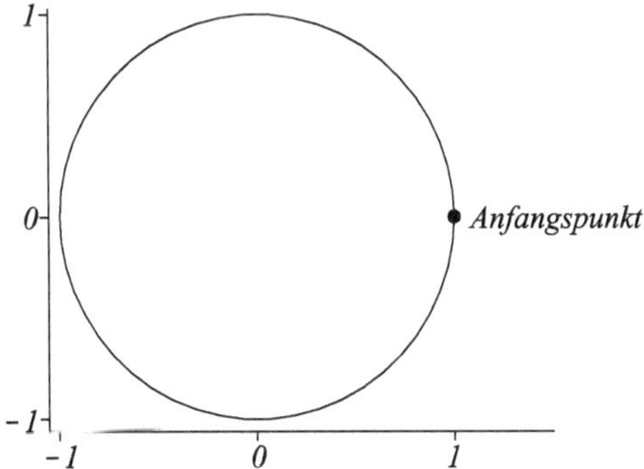

Beispiel 2: *Viele — auch krumme — Wege führen nach Rom*

```
> restart: with(plots): with(plottools): read "../verdi.txt":
  z1 := -1-I: z2 := -z1: z3 := -1+I: z4 := -z3:
    # k-tes Bernstein-Polynom 4. Grades:
  b := (k,t) -> binomial(4,k)*t^k*(1-t)^(4-k):
    # Parameterdarstellung einer Bezier-Kurve:
  g := t -> z1*b(0,t)+I*b(1,t)+3*z4*b(2,t)-3*b(3,t)+z2*b(4,t):
    # Pfeile und Kurven:
  PKurven := pfeil(g,0.95,0.16,gray),
      pfeil([z1,z4],0.92,0.16,black),pfeil([z4,z2],0.92,0.16,black),
      pfeil([z1,z3],0.92,0.16,black),pfeil([z3,z2],0.92,0.16,black),
      complexplot(g(t),t=0..1,color=gray,thickness=2),
      complexplot([z1,z4,z2],color=black,thickness=2),
      complexplot([z1,z3,z2],color=black,thickness=2,linestyle=3):
  Texte := [Re(g(0.9)-0.15),Im(g(0.9)+0.3),C[0]],[0.75,-0.92,C[1]],
            [1.1,0.75,C[2]], [-0.90,0.75,C[3]],[0.7,1.1,C[4]]:
  tplot := textplot([Texte]):
  display(PKurven,tplot,axes=frame,tickmarks=[3,3]);
```

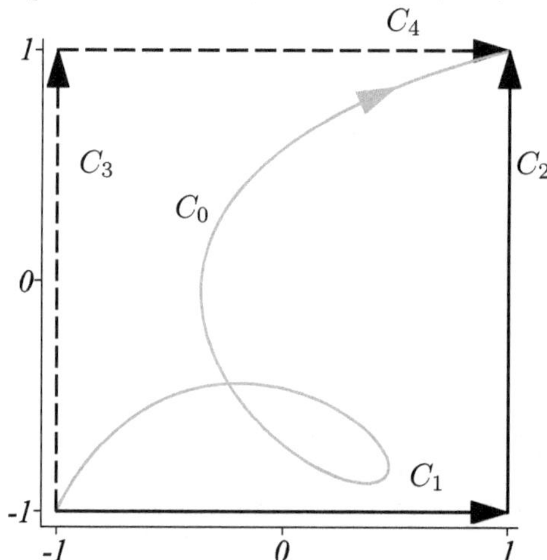

Die Kurve C_0 oben erhält man auf sehr einfache Art mit Hilfe der BÉZIER-Technik unter Verwendung der BERNSTEIN-Polynome. Nähere Einzelheiten hierzu findet man etwa in [De/Ho, S. 226 ff].

Beispiel 3: **Pochhammer-*Weg***

Im Vorgriff auf Kapitel 6 bringen wir als weiteres Beispiel eine Kurve, die in der Theorie der speziellen Funktionen der mathematischen Physik nach POCHHAMMER benannt wird.

```
> restart: with(plots): with(plottools): read "../verdi.txt":
  setoptions(color=black):
  a := 1: R := 0.6: r := 0.4: d := 0.1*a:
  alpha := Pi+arccos((R+r)/(2*a)): beta := 2*Pi-arccos((R+r)/(2*a)):
```

```
r1 := alpha..5/2*Pi: r2 := Pi/2..beta:
  # Parameterdarstellung der Kreisbögen:
g1 := t -> a+R*exp(-I*t):  g3 := t -> a+r*exp(I*t):    # t=r1
g2 := t -> -a+R*exp(-I*t): g4 := t -> -a+r*exp(I*t):   # t=r2
  # Verknüpfungspunkte der Kurvensegmente:
P := [g1(Pi/2),g2(Pi/2),g2(beta),g3(alpha),
      g3(Pi/2),g4(Pi/2),g4(beta),g1(alpha)]:
Teilkurven := complexplot(g1,r1),complexplot([P[1],P[2]]),
              complexplot(g2,r2),complexplot([P[3],P[4]]),
              complexplot(g3,r1),complexplot([P[5],P[6]]),
              complexplot(g4,r2),complexplot([P[7],P[8]]):
Pfeile := pfeil(g1,7.0,d,black),pfeil(g2,4,d,black),
          pfeil(g3,6.8,d,black),pfeil(g4,4,d,black):
dots := seq(disk(c2p(z),0.03,color=black),z=[a,-a]),
        seq(disk(c2p(z),0.02,color=black),z=P):
tplot:= textplot([Re(P[8]),Im(P[8])+0.2,"Anfangspunkt"]):
TICKS:= [[-a,0,a],[-R,0,R]]:
display(Teilkurven,Pfeile,dots,tplot,scaling=constrained,
        axes=framed,tickmarks=TICKS,title="Pochhammer-Weg");
```

POCHHAMMER-Weg

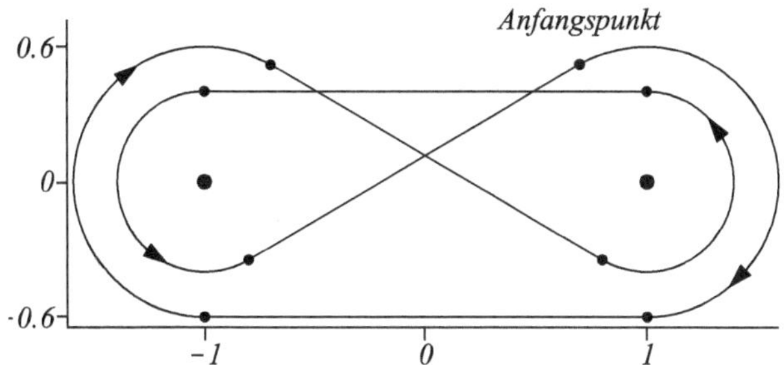

Der POCHHAMMER-Weg wird hier als glatter Weg — bestehend aus 8 Kreis- bzw. Streckenabschnitten — konstruiert. α und β (s. o.) ergeben sich mittels der folgenden einfachen Überlegungen: Die Bereiche r_1 und r_2 sind aus Symmetriegründen gleich lang. Hieraus folgt $\alpha + \beta = 3\,\pi$ und damit $\cos(\alpha) = -\cos(\beta)$. Zudem sind $g_1(\alpha) - a$ und $g_4(\beta) + a$ — aufgefasst als Vektoren des $\mathbb{R}^2$ — orthogonal zu $\overrightarrow{g_4(\beta),\, g_1(\alpha)}$. Dies ergibt $\cos(\beta) = \frac{R+r}{2\,a}$; aus $\pi \le \alpha < \frac{3\pi}{2} < \beta < 2\,\pi$ folgen dann die oben angegebenen Resultate.

4.2 Kurvenintegrale

Approximation eines Kurvenintegrals mittels Zerlegungssummen

```
> restart: assume(t,real,k,integer):
```

Wir wählen als Funktion $f\colon z \longrightarrow \overline{z}$ und als Kurve C die geradlinige Verbindung zweier Punkte a und b der komplexen Zahlenebene.

```
> f := conjugate;
  g := t -> a+t*(b-a); # Parameterdarstellung der Kurve C
```

$$f := conjugate\,, \quad g := t \longrightarrow a + t\,(b - a)$$

Für äquidistante Zerlegungen — mit jeweils dem rechten Eckpunkt eines Teilintervalls als Zwischenpunkt — erhalten wir folgende Zerlegungssummen

```
> S := n -> Sum(f(g(k/n))*(g(k/n)-g((k-1)/n)),k=1..n);
```

$$S := n \longrightarrow \sum_{k=1}^{n} f\left(g\left(\frac{k}{n}\right)\right)\left(g\left(\frac{k}{n}\right) - g\left(\frac{k-1}{n}\right)\right)$$

und mittels Grenzübergang

```
> limit(expand(S(n)),n=infinity):
  Limit('S(n)',n=infinity): eval(%,1) = factor(value(%%));
```

$$\lim_{n\to\infty} \mathrm{S}(n) = -\frac{1}{2}\,(\overline{b} + \overline{a})\,(-b + a)$$

Die Übereinstimmung mit

```
> int(f(g(t))*diff(g(t),t),t=0..1):
  Int(f(z),z=C..``) = factor(expand(%));
```

$$\int_C \overline{z}\,dz = -\frac{1}{2}\,(\overline{b} + \overline{a})\,(-b + a)$$

ist — nach Satz 4.4 — nicht überraschend.

Beispiele für Kurvenintegrale

Beispiel 1

Es sei C der positiv orientierte Kreis um a mit Radius r. Wir berechnen das Kurvenintegral $\int_C (z-a)^m\,dz$:

```
> restart: assume(m,integer):
  f := z -> (z-a)^m;
```

$$f := z \longrightarrow (z - a)^m$$

```
> Int_1 := Int(f(z),z=C..``);
```

$$Int\_1 := \int_C (z - a)^m\,dz$$

```
> g := t -> a+r*exp(I*t);        # Parameterdarstellung von C
```

$$g := t \longrightarrow a + r\,e^{i\,t}$$

```
> Int_2 := Int(f(g(t))*diff(g(t),t),t=0..2*Pi): Int_1 = Int_2;
```

$$\int_C (z-a)^m\,dz = \int_0^{2\pi} i\,\left(r\,e^{i\,t}\right)^m\,r\,e^{i\,t}\,dt$$

```
> Int_1 = value(Int_2);
```

$$\int_C (z-a)^m\,dz = 0$$

Das Ergebnis oben gilt nur für $m \neq -1$. Maple weist leider darauf nicht hin. Schauen wir uns den Fall $m = -1$ separat an:

```
> subs(m=-1,Int_1) = value(subs(m=-1,Int_2));
```

$$\int_C \frac{1}{z-a}\,dz = 2\,i\,\pi$$

Beispiel 2

Jetzt berechnen wir die Kurvenintegrale $\int_{C_0} \overline{z}\,dz$, $\int_{C_1+C_2} \overline{z}\,dz$ und $\int_{C_3+C_4} \overline{z}\,dz$. Die Teilkurven C_j $(j = 0,\ldots,4)$ seien dabei wie in Beispiel 2 von Abschnitt 4.1 gewählt.

```
> restart: assume(t,real):
  z1 := -1-I: z2 := -z1: z3 := -1+I: z4 := -z3:
  b := (k,t) -> binomial(4,k)*t^k*(1-t)^(4-k):
  f := conjugate;
```

$$f := conjugate$$

Parameterdarstellungen von C_0 bis C_4:

```
> g[0] := t -> z1*b(0,t)+I*b(1,t)+3*z4*b(2,t)-3*b(3,t)+z2*b(4,t):
  g[1] := t -> z1+t*(z4-z1):  g[2] := t -> z4+t*(z2-z4):
  g[3] := t -> z1+t*(z3-z1):  g[4] := t -> z3+t*(z2-z3):

  Int(f(z),z=C[0]..``) = Int(f(g[0](t))*diff(g[0](t),t),t=0..1):
  lhs(%) = value(rhs(%));
```

$$\int_{C_0} \overline{z}\,dz = -\frac{48}{35}\,i$$

```
> Int(f(z),z=C[1]+C[2]..``) = Int(f(g[1](t))*diff(g[1](t),t),t=0..1)
    + Int(f(g[2](t))*diff(g[2](t),t),t=0..1);
  lhs(%) = value(rhs(%));
```

$$\int_{C_1+C_2} \overline{z}\, dz = \int_0^1 (-2+2i+4t)\, dt + \int_0^1 2i\,(1+i-2it)\, dt\,, \int_{C_1+C_2} \overline{z}\, dz = 4i$$

```
> Int(f(z),z=C[3]+C[4]..``) = Int(f(g[3](t))*diff(g[3](t),t),t=0..1)
    + Int(f(g[4](t))*diff(g[4](t),t),t=0..1);
  lhs(%) = value(rhs(%));
```

$$\int_{C_3+C_4} \overline{z}\, dz = \int_0^1 2i\,(-1+i-2it)\, dt + \int_0^1 (-2-2i+4t)\, dt\,, \int_{C_3+C_4} \overline{z}\, dz = -4i$$

Das Kurvenintegral von $-(1+i)$ nach $1+i$ ist also *wegabhängig.*

Beispiel 3

Zu berechnen sei das Kurvenintegral $\int_C \frac{1}{\sqrt{z}}\, dz$ längs des positiv durchlaufenen Einheitskreises C.

```
> restart: f := z -> 1/sqrt(z);
```

$$f := z \longrightarrow \frac{1}{\sqrt{z}}$$

Mit der Parameterdarstellung

```
> g := t -> exp(I*t); # t=0..2*Pi
```

$$g := t \longrightarrow e^{it}$$

für C erhält man

```
> Int(f(z),z=C..``) = int(expand(f(g(t))*diff(g(t),t)),t=0..2*Pi);
```

$$\int_C \frac{1}{\sqrt{z}}\, dz = -4$$

Dieses Resultat ist dummerweise *falsch!* Zunächst ist $z \longmapsto \sqrt{z}$ auf $\mathbb{C} \setminus \{0\}$ gar *keine Funktion!* Liest man $\sqrt{z}$ als Hauptwert von $z^{\frac{1}{2}}$, was Maple tut, so hat man für $z \in \mathbb{C}$ mit $|z| = 1$:

$\mathrm{HW}\big(z^{\frac{1}{2}}\big) = \exp(1/2 \operatorname{Log} z) = \exp\big(1/2\,(\ln|z| + i \operatorname{Arg} z)\big) = \exp(1/2 i \operatorname{Arg} z)$ mit dem Hauptwert $\operatorname{Arg} z \in \,]-\pi, \pi]$ von z. Wir schreiben demnach $z = \exp(i\,t)$ mit $t \in \,]-\pi, \pi]$, betrachten also $]-\pi, \pi]$ als neuen Definitionsbereich für g und erhalten:

```
> Int(f(z),z=C..``) = int(expand(f(g(t))*diff(g(t),t)),t=-Pi..Pi);
```

$$\int_C \frac{1}{\sqrt{z}}\, dz = 4i$$

Auch bei etwas vorsichtigerer Argumentation bestätigt sich nach Grenzübergang die Korrektheit dieses Resultates:

```
> Int(expand(f(g(t))*diff(g(t),t)),t=-Pi+epsilon..Pi-epsilon):
  % = value(%);
```

$$\int_{-\pi+\varepsilon}^{\pi-\varepsilon} i\sqrt{e^{i\,t}}\,dt = 2\sqrt{e^{i\,(\pi-\varepsilon)}} - 2\sqrt{e^{-i\,(\pi-\varepsilon)}}$$

```
> Int(f(z),z=C..``) = limit(rhs(%),epsilon=0,right);
```

$$\int_C \frac{1}{\sqrt{z}}\,dz = 4\,i$$

4.3 Hauptsatz

Zur Berechnung der beiden folgenden — bewusst nicht-trivial gewählten — Integrale, die wir schon im Text kennengelernt haben und nun entsprechend mit Maple behandeln, reicht der Hauptsatz für *konvexe* Gebiete.

Beispiel 1: $\displaystyle\int_0^\infty \frac{\sin(x)}{x}\,dx = \frac{\pi}{2}$

Maple bestätigt dieses Ergebnis:

```
> restart:
  Int_0 := Int(sin(x)/x,x=0..infinity): % = value(%);
```

$$\int_0^\infty \frac{\sin(x)}{x}\,dx = \frac{1}{2}\,\pi$$

Wir wollen das Integral mit Hilfe des Hauptsatzes berechnen. Auf den ersten Blick sieht man nicht, wie dieser hier anzuwenden ist. Wir betrachten

```
> f := z -> exp(I*z)/z;
```

$$f := z \longrightarrow \frac{e^{i\,z}}{z}$$

für $z \in \mathbb{C} \setminus \{0\}$: f ist holomorph (und Df stetig). Für $0 < r < R < \infty$ sei die geschlossene Kurve C gemäß den folgenden Abbildungen gewählt:

```
> with(plots): with(plottools): read "../verdi.txt":
  R := 4: r := 1: z2 := exp(I*Pi/6): z1 := z2^4:
  TICKS := [[r=" r",-r="-r",R=" R",-R="-R"],0]:
  setoptions(thickness=2,scaling=constrained,tickmarks=TICKS):
  g1 := t -> R*exp(I*t):   # Parameterdarstellung von C[R]
  g2 := t -> r*exp(-I*t): # Parameterdarstellung von C[r]
```

```
Kurven := complexplot([r,R],color=black),
  complexplot(g1,0..Pi,color=black,linestyle=3),
  complexplot([-R,-r],color=black),
  complexplot(g2,Pi..2*Pi,color=black,linestyle=3),
  complexplot([r*I,R*I],color=black):
Pfeile := pfeil(g1,0.5,0.4,black),pfeil(g1,2.1,0.4,black),
  pfeil(g2,3.6,0.3,black),pfeil(g2,5.2,0.3,black),
  pfeil([r,R],0.5,0.4,black),pfeil([-R,-r],0.5,0.4,black):
Pfeil1 := pfeil([r*I,R*I],0.4,0.4,black):
Pfeil2 := pfeil([R*I,r*I],0.4,0.4,black):
tplot1 := textplot([[Re(R*z1)-0.7,Im(R*z1)+0.1,C['R ']],
                    [Re(r*z1)-0.6,Im(r*z1)+0.1,C['r ']]]):
tplot2 := textplot([[Re(R*z2)+0.5,Im(R*z2)+0.2,C['R ']],
                    [Re(r*z2)+0.1,Im(r*z2)+0.5,C['r ']]]):
 # linke bzw. rechte Halbebene:
H1 := inequal(R*x-r*y<0,x=-R-0.5..R+0.5,y=-1..R+1,
  optionsfeasible=(color=white),optionsexcluded=(color=gray)):
H2 := inequal(R*x+r*y>0,x=-R-0.5..R+0.5,y=-1..R+1,
  optionsfeasible=(color=white),optionsexcluded=(color=gray)):
display(Pfeile,Pfeil1,Kurven,H1,tplot1);
display(Pfeile,Pfeil2,Kurven,H2,tplot2);
R := 'R': r := 'r':
```

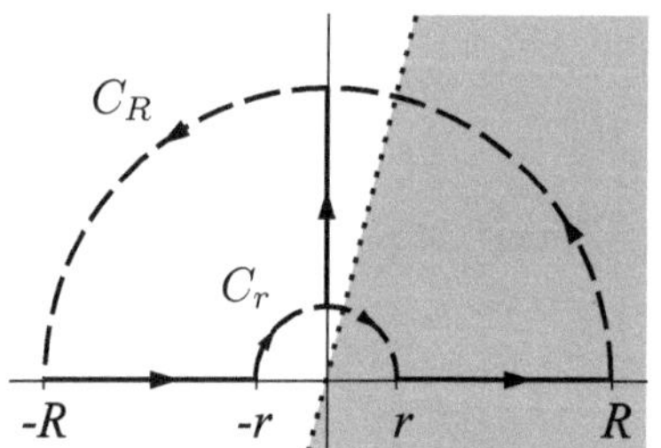

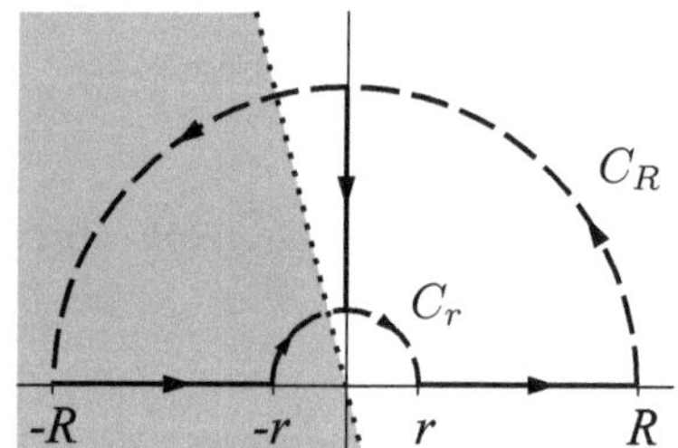

Der Hauptsatz ist nicht direkt anwendbar, da $\mathbb{C} \setminus \{0\}$ nicht konvex ist. Die Kurve C lässt sich aber in zwei Teilkurven zerlegen, die sich — etwa wie oben skizziert — in konvexe Teilgebiete von $\mathbb{C} \setminus \{0\}$ ‚einbetten' lassen.

```
> assume(R>0,r>0):
  Int_1 := Int(f(x),x=r..R):            Int_2 := Int(f(y),y=-R..-r):
  Int_3 := Int(f(z),z=C[R]..''):        Int_4 := Int(f(z),z=C[r]..''):
```

Zweifache Anwendung des Hauptsatzes ergibt:

```
> 0 = Int_1+Int_2+Int_3+Int_4;
```

$$0 = \int_r^R \frac{e^{ix}}{x}\,dx + \int_{-R}^{-r} \frac{e^{iy}}{y}\,dy + \int_{C_R} \frac{e^{iz}}{z}\,dz + \int_{C_r} \frac{e^{iz}}{z}\,dz$$

```
> Int_2a := student[changevar](x=-y,Int_2,x);
```

$$Int\_2a := \int_R^r \frac{e^{-ix}}{x}\,dx$$

```
> Int_1+Int_2 = Int(simplify(op(1,Int_1)-op(1,Int_2a)),x=r..R);
```

$$\int_r^R \frac{e^{ix}}{x}\,dx + \int_{-R}^{-r} \frac{e^{iy}}{y}\,dy = \int_r^R \frac{2\,i\sin(x)}{x}\,dx$$

Mit der oben definierten Parameterdarstellung für C_R folgt:

```
> assume(t,real):   Int_3 = Int(f(g1(t))*diff(g1(t),t),t=0..Pi);
```

$$\int_{C_R} \frac{e^{iz}}{z}\,dz = \int_0^\pi i\,e^{i\,R\,e^{i\,t}}\,dt$$

Der Betrag des Integranden rechts ist:

```
> student[integrand](rhs(%)): 'abs'(%) <= abs(%);
```

$$\left|i\,e^{i\,R\,e^{i\,t}}\right| \leq e^{-R\sin(t)}$$

Somit:

```
> abs(Int_3) <= int(rhs(%),t=0..Pi);
```

$$\left|\int_{C_R} \frac{e^{iz}}{z}\,dz\right| \leq \int_0^\pi e^{-R\sin(t)}\,dt$$

```
> assume(sin(t)>0): Limit(exp(-R*sin(t)),R=infinity): % = value(%);
```

$$\lim_{R\to\infty} e^{-R\sin(t)} = 0$$

Mit Hilfe des Konvergenzsatzes von LEBESGUE folgt dann

```
> Limit(Int_3,R=infinity) = int(rhs(%),t=0..Pi);
```

$$\lim_{R\to\infty} \int_{C_R} \frac{e^{iz}}{z}\,dz = 0$$

Im Textteil ist gezeigt, wie man den naheliegenden Einsatz des Satzes von Lebesgue — falls er noch nicht bekannt ist — hier und an der nächsten Stelle vermeiden kann.

Das vierte Integral sehen wir uns entsprechend mit einer Parameterdarstellung für $-C_r$ an:

```
> h := t -> r*exp(I*t); # t=0..Pi
```

$$h := t \longrightarrow r\, e^{i\,t}$$

```
> Int_4 = -Int(f(h(t))*diff(h(t),t),t=0..Pi);
```

$$\int_{C_r} \frac{e^{i\,z}}{z}\, dz = -\int_0^{\pi} i\, e^{i\,r\,e^{i\,t}}\, dt$$

```
> student[integrand](rhs(%));
```

$$i\, e^{i\,r\,e^{i\,t}}$$

```
> Limit(-%,r=0): % = value(%);
```

$$\lim_{r \to 0} -i\, e^{i\,r\,e^{i\,t}} = -i$$

Erneut kann man den Konvergenzsatz von Lebesgue anwenden und erhält:

```
>  Limit(Int_4,r=0) = int(rhs(%),t=0..Pi);
```

$$\lim_{r \to 0} \int_{C_r} \frac{e^{i\,z}}{z}\, dz = -i\,\pi$$

Mithin existiert das Integral $\int_0^\infty \frac{\sin(x)}{x}\, dx$, und es gilt:

```
> eq := 0 = 2*I*Int_0-I*Pi;
```

$$eq := 0 = 2\,i \int_0^\infty \frac{\sin(x)}{x}\, dx - i\,\pi$$

```
> Int_0 = solve(eq,Int_0);
```

$$\int_0^\infty \frac{\sin(x)}{x}\, dx = \frac{1}{2}\pi$$

Beispiel 2: $\displaystyle\int_0^\infty \frac{e^{-t} - e^{-\alpha\,t}}{t}\, dt = \mathrm{Log}(\alpha)$ *für* $\alpha \in \mathbb{C} \setminus \{0\}$ *mit* $\mathfrak{Re}(\alpha) \geq 0$

Es sei $\mathfrak{Im}(\alpha) > 0$. Für $0 < \varepsilon < \varrho < \infty$ betrachten wir die Kurve $C = C_{\varepsilon,\,\varrho}$. Diese ist — wie unten abgebildet — ein Polygonzug bestehend aus den gerichteten Strecken $[\varepsilon,\, \varrho]\,, [\varrho,\, \varrho\,\alpha]\,, [\varrho\,\alpha,\, \varepsilon\,\alpha]$ sowie $[\varepsilon\,\alpha,\, \varepsilon]$:

```
> restart: with(plots): with(plottools): read "../verdi.txt":
```

```
> eps := 1: rho := 4: alpha := 2/3*(2+I):
  z1 := eps*alpha: z2 := rho*alpha:
    # Linien und Pfeile:
  LPfeile := complexplot([0,z1],color=black,linestyle=3),
    complexplot([eps,rho,z2,z1,eps],color=black,thickness=2),
    seq(pfeil(w,0.4,0.3,black),
          w=[[eps,rho],[rho,z2],[z2,z1],[z1,eps]]):
  H := inequal({8*x+y>0,y+0.6>0},x=-2..Re(z2)+0.5,y=-2..Im(z2)+2,
          optionsfeasible=(color=white),optionsexcluded=(color=gray)):
  TICKS := [[eps=typeset(`&varepsilon;`),rho=typeset(`&varrho;`)],0]:
  tplot := textplot([
            [Re(z1)-0.1,Im(z1)+0.25,typeset(`&varepsilon;`,`&alpha;`)],
            [Re(z2),Im(z2)+0.25,typeset(`&varrho;`,`&alpha;`)]]):
  display(LPfeile,H,tplot,tickmarks=TICKS,scaling=constrained);
```

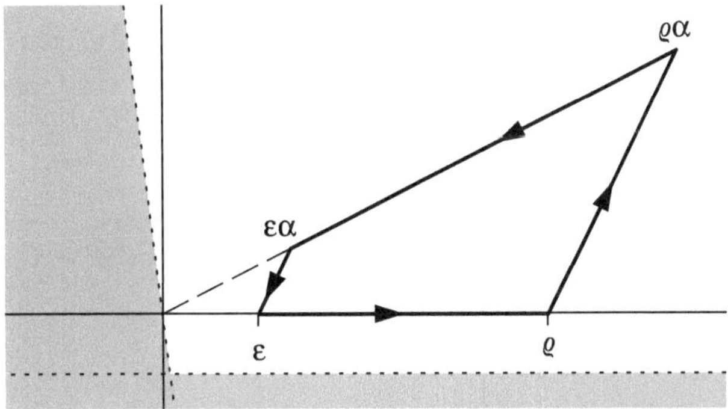

Ferner betrachten wir die Funktion

```
> restart: alias(log=ln): f := z -> exp(-z)/z;
```

$$f := z \longrightarrow \frac{e^{-z}}{z}$$

Diese ist holomorph im oben dargestellten offenen konvexen Winkelbereich. Setzt man

```
> Int_1a := Int(f(z),z=[epsilon,rho]..``);
  Int_1b := Int(f(z),z=[epsilon*alpha,rho*alpha]..``);
```

$$\mathit{Int\_1a} := \int_{[\varepsilon,\,\rho]} \frac{e^{-z}}{z}\,dz\,, \quad \mathit{Int\_1b} := \int_{[\varepsilon\,\alpha,\,\rho\,\alpha]} \frac{e^{-z}}{z}\,dz$$

```
> Int_2  := Int(f(z),z=[rho,rho*alpha]..``);
  Int_3  := Int(f(z),z=[epsilon,epsilon*alpha]..``);
```

$$\mathit{Int\_2} := \int_{[\rho,\,\rho\,\alpha]} \frac{e^{-z}}{z}\,dz\,, \quad \mathit{Int\_3} := \int_{[\varepsilon,\,\varepsilon\,\alpha]} \frac{e^{-z}}{z}\,dz$$

so gilt nach dem Hauptsatz (für konvexe Gebiete):

```
> 0 = Int_1a-Int_1b+Int_2-Int_3;
```

$$0 = \int_{[\varepsilon,\,\rho]} \frac{e^{-z}}{z}\,dz - \int_{[\varepsilon\,\alpha,\,\rho\,\alpha]} \frac{e^{-z}}{z}\,dz + \int_{[\rho,\,\rho\,\alpha]} \frac{e^{-z}}{z}\,dz - \int_{[\varepsilon,\,\varepsilon\,\alpha]} \frac{e^{-z}}{z}\,dz$$

Mittels der Parameterdarstellungen

```
> assume(t,real): Ber := epsilon..rho:    # Bereich
  g_1a := t -> t; g_1b := t -> alpha*t;  # t = Ber
```

$$g\_1a := t \longrightarrow t\,, \quad g\_1b := t \longrightarrow \alpha\,t$$

für die Kurvenstücke $[\varepsilon,\, \varrho]$ bzw. $[\varepsilon\,\alpha,\, \varrho\,\alpha]$ erhält man

```
> Int(f(g_1a(t))*diff(g_1a(t),t)-f(g_1b(t))*diff(g_1b(t),t),t=Ber);
```

$$\int_{\varepsilon}^{\rho} \left(\frac{e^{-t}}{t} - \frac{e^{-\alpha\,t}}{t}\right) dt$$

```
> student[integrand](%);
```

$$\frac{e^{-t} - e^{-\alpha\,t}}{t}$$

```
> Int_1a-Int_1b = Int(%,t=Ber);
```

$$\int_{[\varepsilon,\,\rho]} \frac{e^{-z}}{z}\,dz - \int_{[\varepsilon\,\alpha,\,\rho\,\alpha]} \frac{e^{-z}}{z}\,dz = \int_{\varepsilon}^{\rho} \frac{e^{-t} - e^{-\alpha\,t}}{t}\,dt$$

Als nächstes untersuchen wir $\int_{[\varrho,\,\varrho\,\alpha]} f(z)\,dz$ und verwenden dabei für $C_2 := [\varrho,\, \varrho\,\alpha]$ folgende Parameterdarstellung:

```
> g_2 := t -> rho*(1+t*(alpha-1)): Int_2 := Int(f(z),z=C[2]..``):
  Int_2 = Int(f(g_2(t))*diff(g_2(t),t),t=0..1);
```

$$\int_{C_2} \frac{e^{-z}}{z}\,dz = \int_0^1 \frac{e^{-\rho\,(1+t\,(\alpha-1))}\,(\alpha-1)}{1+t\,(\alpha-1)}\,dt$$

```
> assume(rho,real): op([1,1],rhs(%)):
  'abs(%)': eval(%,1) = value(%);
```

$$\left|e^{-\rho\,(1+t\,(\alpha-1))}\right| = e^{-\rho\,(1+t\,(-1+\Re(\alpha)))}$$

Wegen $\Re(\alpha) \geq 0$ gilt

```
> rhs(%) <= subs(Re(alpha)=0,rhs(%));
```

$$e^{-\rho\,(1+t\,(-1+\Re\mathrm{e}\,(\alpha)))} \leq e^{-\rho\,(1-t)}\,,$$

und wegen $1+t(\alpha-1)\neq 0$ für $t\in[0,1]$ existiert eine Konstante $c>0$ mit $1/|1+t(\alpha-1)|\ \leq\ c$ für $t\ \in\ [0,1]$. Wir erhalten damit folgende Abschätzung:

```
> abs(Int_2) <= c*abs(alpha-1)*Int(rhs(%),t=0..1);
  'lhs' <= value(rhs(%));
```

$$\left|\int_{C_2}\frac{e^{-z}}{z}\,dz\right| \leq c\,|\alpha-1|\int_0^1 e^{-\rho\,(1-t)}\,dt\,,\quad lhs \leq -\frac{c\,|\alpha-1|\,(-1+e^{-\rho})}{\rho}$$

Wegen

```
> Limit((1-exp(-rho))/rho,rho=infinity): % = value(%);
```

$$\lim_{\rho\to\infty}\frac{1-e^{-\rho}}{\rho} = 0$$

konvergiert also $\int_{[\varrho,\,\varrho\,\alpha]}\frac{e^{-z}}{z}\,dz$ für $\varrho\longrightarrow\infty$ gegen 0.

Es bleibt noch, das Integral $\int_{[\varepsilon,\,\varepsilon\,\alpha]}\frac{e^{-z}}{z}\,dz$ zu untersuchen. Dieses lässt sich aufspalten in die Summe

```
> Int_3a := Int(1/z,z=[epsilon,epsilon*alpha]..``):
  Int_3b := Int(f(z)-1/z,z=[epsilon,epsilon*alpha]..``):
  Int_3a+Int_3b;
```

$$\int_{[\varepsilon,\,\varepsilon\,\alpha]}\frac{1}{z}\,dz + \int_{[\varepsilon,\,\varepsilon\,\alpha]}\left(\frac{e^{-z}}{z}-\frac{1}{z}\right)dz$$

Da — in diesem Bereich — eine Stammfunktion bekannt ist, erhält man — mit der Funktionalgleichung für log — für das erste Integral sofort:

```
> Int_3a = log(alpha);
```

$$\int_{[\varepsilon,\,\varepsilon\,\alpha]}\frac{1}{z}\,dz = \log(\alpha)$$

Es sei ausdrücklich darauf hingewiesen, dass dabei mit $\log(\alpha)$ der Hauptwert des Logarithmus gemeint ist.

Da die Funktion $z\longmapsto\frac{e^{-z}-1}{z}$ bei 0 holomorph ergänzbar ist, existiert eine Konstante $M>0$ mit $\left|\frac{e^{-z}-1}{z}\right|\ \leq\ M$ in einer Umgebung von 0. Für das zweite Integral betrachten wir die Parameterdarstellung

```
> g_3 := t -> epsilon*(1+t*(alpha-1)); r := 0..1: # r Bereich, t = r
```

$$g\_3 := t \longrightarrow \varepsilon\,(1 + t\,(\alpha - 1))$$

und erhalten für hinreichend kleines $\varepsilon > 0$ dann die Abschätzung:

```
> abs(Int((exp(-z)-1)/z,z=C[3]..``)) <= int(M*abs(diff(g_3(t),t)),t=r);
```

$$\left|\int_{C_3} \frac{e^{-z}-1}{z}\,dz\right| \le M\,|\varepsilon\,(\alpha - 1)|$$

Mittels Grenzübergang $\varepsilon \longrightarrow 0$, $\varrho \longrightarrow \infty$ ergibt sich wie behauptet:

```
> 0 = Int((exp(-t)-exp(-t*alpha))/t,t=0..infinity)-log(alpha);
```

$$0 = \int_0^\infty \frac{e^{-t} - e^{-\alpha\,t}}{t}\,dt - \log(\alpha)$$

Diese letzte Überlegung hätte man natürlich — ohne Einsetzen einer Parameterdarstellung — einfacher haben können: Der Integrand ist beschränkt, die Kurvenlänge strebt gegen 0.

Wir bemerken noch, dass man das Resultat aus Beispiel 1 für $\alpha := i$ einfach aus Beispiel 2 ablesen kann:

```
> Int((exp(-t)-exp(-t*I))/t,t=0..infinity) = log(I);
```

$$\int_0^\infty \frac{e^{-t} - e^{-i\,t}}{t}\,dt = \frac{1}{2}\,i\,\pi$$

Wir spalten den Integranden in Real- und Imaginärteil auf:

```
> (exp(-t)-exp(-I*t))/t: % = evalc(%): Re(rhs(%)), Im(rhs(%));
```

$$\frac{e^{-t} - \cos(t)}{t},\quad \frac{\sin(t)}{t}$$

```
> Int(%[1],t=0..infinity) = Re(log(I)),
  Int(%[2],t=0..infinity) = Im(log(I));
```

$$\int_0^\infty \frac{e^{-t} - \cos(t)}{t}\,dt = 0,\quad \int_0^\infty \frac{\sin(t)}{t}\,dt = \frac{1}{2}\,\pi$$

Kapitel 5

Cauchysche Integralformel und Folgerungen

Dieses Kapitel enthält ein Filetstück der Funktionentheorie. Aus dem Hauptsatz (2. Fassung) folgt fast mühelos ein ganzes Bündel leistungsstarker und z. T. erstaunlicher Sätze: Der Hauptsatz bringt — angewandt auf den ‚Differenzenquotienten' — zunächst die *Integralformel,* die u. a. zeigt, dass bei einer holomorphen Funktion die Werte auf dem Rand eines beliebigen Kreises die im Inneren schon festlegen, was dann im *Identitätssatz* noch wesentlich verschärft wird. Aus der Integralformel folgt — via geometrischer Reihe und gleichmäßiger Konvergenz — die *Potenzreihenentwicklung einer holomorphen Funktion*, speziell dass sie *beliebig oft differenzierbar* ist, und weiter die *Integralformel für die Ableitungen.* Daraus ergeben sich leicht *Abschätzungen für die Ableitungen und Koeffizienten* der Potenzreihenentwicklung, speziell der *Satz von* LIOUVILLE. Eine Potenzreihe konvergiert im größten Kreis um den Entwicklungspunkt, der noch ganz im gegebenen Gebiet liegt. Der Konvergenzradius wird also — ganz anders als im Reellen — durch diese einfache Eigenschaft der dargestellten Funktion charakterisiert. Der *Satz von* WEIERSTRASS *II* (über lokal gleichmäßige Konvergenz der Ableitungen) und der *Satz über Gebietstreue* — mit dem *Prinzip vom Maximum* als Folgerung — runden diesen Gedankenkreis ab.

5.1 Integralformel

Satz 1 (Integralformel von CAUCHY)

Es seien $\mathfrak{G}$ ein Gebiet in $\mathbb{C}$ und $f\colon \mathfrak{G} \longrightarrow \mathbb{C}$ holomorph.
Für ein $z_0 \in \mathfrak{G}$ sei $\overline{U_{z_0}^r} \subset \mathfrak{G}$ mit einem $0 < r < \infty$.
Dann gilt für jedes $z \in U_{z_0}^r$:

$$f(z) = \frac{1}{2\pi i} \oint\limits_{|\zeta - z_0| = r} \frac{f(\zeta)}{\zeta - z}\, d\zeta$$

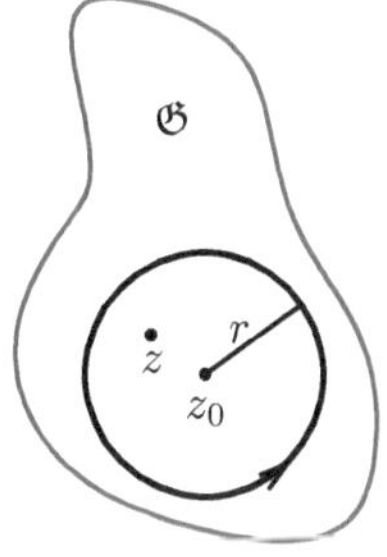

Die Holomorphie erzwingt ein so übersichtliches und gesetzmäßiges Verhalten von f, dass bereits der Funktionsverlauf auf dem Rand einer beliebigen Kreisscheibe das Funktionsverhalten im Inneren völlig festlegt.

Beweis: Es existiert ein $\delta > 0$ mit $\mathfrak{G}_0 := U_{z_0}^{r+\delta} \subset \mathfrak{G}$.
Mit festem $z \in U_{z_0}^r$ betrachten wir für $\zeta \in \mathfrak{G}_0$:

$$h(\zeta) := \begin{cases} \dfrac{f(\zeta) - f(z)}{\zeta - z} & , \zeta \neq z \\ f'(z) & , \zeta = z \end{cases}$$

Die 2. Fassung des Hauptsatzes (Satz 4.8) liefert:

$$0 = \oint\limits_{|\zeta - z_0| = r} h(\zeta)\,d\zeta = \oint\limits_{|\zeta - z_0| = r} \frac{f(\zeta) - f(z)}{\zeta - z}\,d\zeta = \oint\limits_{|\zeta - z_0| = r} \frac{f(\zeta)}{\zeta - z}\,d\zeta - f(z) \oint\limits_{|\zeta - z_0| = r} \frac{d\zeta}{\zeta - z}$$

Zu zeigen ist also nur noch:

$$\boxed{\oint\limits_{|\zeta - z_0| = r} \frac{d\zeta}{\zeta - z} = 2\pi i}$$

Nach dem Beispiel von Seite 105 ist dies lediglich für $z = z_0$ bekannt! Die Homotopie-Version des Integralsatzes der mehrdimensionalen Analysis möchten wir nicht einsetzen, da sie oft nicht behandelt oder ihr Beweis nur angedeutet wird. Daher argumentieren wir wie folgt:

Œ $z \neq z_0$: Zu $z \in U_{z_0}^r$ existiert ein ϱ so, dass $0 < \varrho < |z - z_0| < r - \varrho$.

Die folgende Skizze zeigt die Kreise um z_0 und z mit Radien r bzw. ϱ sowie drei *Hilfskurven*:

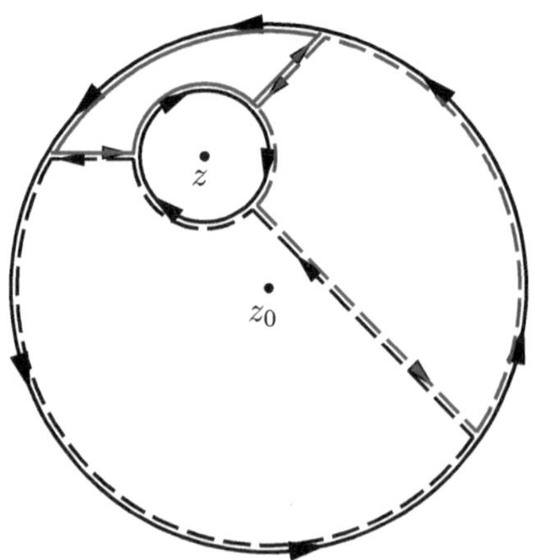

Dann ist nach dem oben zitierten Beispiel

$$2\pi i = \oint\limits_{|\zeta - z| = \varrho} \frac{d\zeta}{\zeta - z} \qquad \text{(Integration über den kleinen Kreis).}$$

Gesucht ist aber das Integral $\oint\limits_{|\zeta - z_0| = r} \frac{d\zeta}{\zeta - z}$ (Integration über den großen Kreis).

Die Integrale $\oint \frac{d\zeta}{\zeta - z}$ über die drei eingezeichneten Hilfskurven sind nach dem Hauptsatz jeweils 0, da jede einzelne offenbar in einem konvexen Gebiet verläuft, das z nicht enthält. Die ‚inneren' Verbindungsstrecken werden jeweils in beiden Richtungen durchlaufen, so dass die Summe der Integrale darüber Null ist. 0 als Summe der Integrale über die drei Hilfskurven gibt so gerade die Differenz der Integrale über den großen Kreis und über den kleinen Kreis, also die Gleichheit dieser beiden Integrale. □

5.2 Potenzreihenentwicklung

In der Integralformel schreiben wir den Term $\dfrac{1}{\zeta - z}$ wie folgt um:

$$\frac{1}{\zeta - z} = \frac{1}{\zeta - z_0 - (z - z_0)} = \frac{1}{\zeta - z_0}\,\frac{1}{1 - \frac{z - z_0}{\zeta - z_0}} = \frac{1}{\zeta - z_0}\sum_{n=0}^{\infty}\left(\frac{z - z_0}{\zeta - z_0}\right)^n$$
$$= \sum_{n=0}^{\infty} \frac{(z - z_0)^n}{(\zeta - z_0)^{n+1}},$$

wobei wir $\left|\dfrac{z - z_0}{\zeta - z_0}\right| = \dfrac{|z - z_0|}{r} < 1$ benutzt haben.

Nun vertauschen wir einmal ganz mutig Integration und Summation — was wir weiter unten noch begründen werden — und erhalten:

$$f(z) = \sum_{n=0}^{\infty}\left(\frac{1}{2\pi i}\oint\limits_{|\zeta - z_0| = r} \frac{f(\zeta)}{(\zeta - z_0)^{n+1}}\,d\zeta\right)(z - z_0)^n \qquad (z \in U^r_{z_0}) \qquad (1)$$

Nach dem Satz über Differentiation von Potenzreihen (siehe Seite 73) ist f in $U^r_{z_0}$ beliebig oft differenzierbar, und die Koeffizienten sind gerade $\dfrac{f^{(n)}(z_0)}{n!}$ $(n \in \mathbb{N}_0)$. (1) liefert also:

$$f^{(n)}(z_0) = \frac{n!}{2\pi i}\oint\limits_{|\zeta - z_0| = r} \frac{f(\zeta)}{(\zeta - z_0)^{n+1}}\,d\zeta \qquad (2)$$

Für $M \subset \mathfrak{D} \subset \mathbb{C}$ und $f\colon \mathfrak{D} \longrightarrow \mathbb{C}$ sei noch einmal erinnert an die rekursive Definition:

$$f^{(0)} := f$$

$$\mathfrak{D}\big(f^{(k+1)}\big) := \big\{a \in \big(\mathfrak{D}(f^{(k)})\big)^{\circ} : f^{(k)} \text{ differenzierbar in } a\big\} \qquad (k \in \mathbb{N}_0)$$

$$f^{(k+1)}(a) := \big(f^{(k)}\big)'(a) \qquad \big(a \in \mathfrak{D}(f^{(k+1)})\big)$$

f in a k-mal differenzierbar $:\Longleftrightarrow$ $a \in \mathfrak{D}(f^{(k)})$

(Damit ist dann ‚beliebig oft differenzierbar' erklärt.)

f in M k-mal differenzierbar $:\Longleftrightarrow$ $M \subset \mathfrak{D}(f^{(k)})$

Die obige Vertauschung von Summation und Integration wird gerechtfertigt durch die

Bemerkung 2

Es seien $\mathfrak{C}$ eine rektifizierbare Kurve in $\mathbb{C}$ und h_n, $h\colon (\mathfrak{C}) \longrightarrow \mathbb{C}$ stetige Funktionen ($n \in \mathbb{N}$) mit $h_n(z) \Longrightarrow h(z)$ $(n \longrightarrow \infty)$ (gleichmäßige Konvergenz). Dann gilt:

$$\int_{\mathfrak{C}} h_n(z)\,dz \longrightarrow \int_{\mathfrak{C}} h(z)\,dz$$

Die Stetigkeit von h folgt — unter den übrigen Voraussetzungen — aus dem Satz von Weierstrass (Seite 45).

Beweis:
$$\left|\int_{\mathfrak{C}} h_n(z)\,dz - \int_{\mathfrak{C}} h(z)\,dz\right| = \left|\int_{\mathfrak{C}} (h_n(z) - h(z))\,dz\right|$$
$$\leq \lambda(\mathfrak{C}) \cdot \max\big\{|h_n(z) - h(z)| : z \in (\mathfrak{C})\big\} \longrightarrow 0 \qquad (n \longrightarrow \infty) \qquad \square$$

Die gleichmäßige Konvergenz (auf $\{\zeta : |\zeta - z_0| = r\}$) der obigen Reihe ($z$ fest, ζ variabel) folgt — mit $\frac{|z-z_0|}{r} < 1$ — aus dem Majoranten-Kriterium von Weierstrass.

(3) Aus (2) liest man ab, dass das dort auftretende *Integral unabhängig von* r (mit $\overline{U^r_{z_0}} \subset \mathfrak{G}$) ist!

Wegen der besonderen Wichtigkeit dieser Überlegungen fassen wir noch einmal zusammen:

Satz 3 (Potenzreihenentwicklung)

Es seien $\mathfrak{G} \subset \mathbb{C}$ ein Gebiet, $f\colon \mathfrak{G} \longrightarrow \mathbb{C}$ eine holomorphe Funktion, $z_0 \in \mathfrak{G}$ und $0 < R \leq \infty$ mit $U_{z_0}^R \subset \mathfrak{G}$. Für $z \in U_{z_0}^R$ und $|z - z_0| < r < R$ gelten dann:

1.
$$f(z) = \frac{1}{2\pi i} \oint\limits_{|\zeta - z_0| = r} \frac{f(\zeta)}{\zeta - z}\, d\zeta$$

2. f ist beliebig oft differenzierbar $\big($alle $f^{(n)}$ sind also holomorph$\big)$.

3. Mit $a_n := \dfrac{1}{2\pi i} \oint\limits_{|\zeta - z_0| = r} \dfrac{f(\zeta)}{(\zeta - z_0)^{n+1}}\, d\zeta$ gilt

$$f(z) = \sum_{n=0}^{\infty} a_n (z - z_0)^n$$

4. $a_n = \dfrac{f^{(n)}(z_0)}{n!} \qquad (n \in \mathbb{N}_0)$

Zu 1. ist nur noch anzumerken, dass $\overline{U_{z_0}^r} \subset U_{z_0}^R \quad (\subset \mathfrak{G})$ gilt.
Zu 2. ist zu beachten, dass *für jedes* $z_0 \in \mathfrak{G}$ ein $r > 0$ mit $\overline{U_{z_0}^r} \subset \mathfrak{G}$ existiert.

5.3 Holomorphiekriterien

Satz 4 (Satz von MORERA*)

Es seien $\mathfrak{G} \subset \mathbb{C}$ ein Gebiet und $f\colon \mathfrak{G} \longrightarrow \mathbb{C}$ eine stetige Funktion. Gilt

$$\int\limits_{\partial\triangle} f(z)\, dz = 0$$

für jedes abgeschlossene Dreieck $\triangle \subset \mathfrak{G}$, so ist f holomorph.

Hierbei sei $\partial\triangle$ die ‚Randkurve' von $\triangle$, also $\partial\triangle = [z_1, z_2, z_3, z_1]$, falls $\triangle$ zu z_1, z_2, z_3 gebildet ist.

Beweis: Aus der Integralbeziehung folgt zunächst $\big($vgl. Seite 113, $(A) \Longrightarrow (B)\big)$, dass f ‚lokal' eine Stammfunktion hat; nach 2. aus Satz 3 ist dann auch f (lokal) holomorph. □

Dabei haben wir die folgende *Sprechweise* benutzt:

* Giacinto MORERA (1856–1909); italienischer Mathematiker

Eine Aussage gilt genau dann *„lokal“* in $\mathfrak{G}$, wenn sie für jeden Punkt aus $\mathfrak{G}$ auf einer geeigneten ε-Umgebung $(\subset \mathfrak{G})$ gilt.

Aus dem Satz von MORERA und der 2. Fassung des Hauptsatzes — lokal auf eine konvexe Umgebung von a anwenden! — liest man nun ab:

Satz 5

Ist $\mathfrak{G} \subset \mathbb{C}$ ein Gebiet und $f\colon \mathfrak{G} \longrightarrow \mathbb{C}$ eine stetige Funktion, die für ein $a \in \mathfrak{G}$ in $\mathfrak{G} \setminus \{a\}$ holomorph ist, so ist f holomorph.

Hier lässt sich die Forderung der Stetigkeit von f (in a) noch abschwächen:

Satz 6 (RIEMANNscher Hebbarkeitssatz)

Es seien $\mathfrak{G} \subset \mathbb{C}$ ein Gebiet, $a \in \mathfrak{G}$ und $f\colon \mathfrak{G} \longrightarrow \mathbb{C}$ eine in $\mathfrak{G} \setminus \{a\}$ holomorphe Funktion; dazu existiere eine Umgebung U von a derart, dass f auf $U \setminus \{a\}$ beschränkt ist. Dann gibt es eine holomorphe Funktion $h\colon \mathfrak{G} \longrightarrow \mathbb{C}$ mit $h(z) = f(z)$ für $z \in \mathfrak{G} \setminus \{a\}$.

Die Funktion f ist also unter diesen Voraussetzungen in a hinein ‚holomorph fortsetzbar‘. — Der ‚Defekt‘ ist ‚behebbar‘.

Beweis: Wir betrachten die Funktion

$$F(z) := \begin{cases} (z-a)f(z) & , z \in \mathfrak{G} \setminus \{a\} \\ 0 & , z = a \end{cases}$$

Die Beschränktheit von f in $U \setminus \{a\}$ sichert die Stetigkeit von F (in a). Der vorangehende Satz liefert dann: F ist holomorph, speziell also in a differenzierbar. Daher existiert eine in a stetige Funktion $h\colon \mathfrak{G} \longrightarrow \mathbb{C}$ derart, dass $F(z) = F(a) + h(z)(z-a) = h(z)(z-a) \quad (z \in \mathfrak{G})$. Für $z \in \mathfrak{G} \setminus \{a\}$ ist $h(z) = f(z)$. Für h ergibt der vorangehende Satz schließlich: h ist holomorph. □

Satz 7 (Identitätssatz)

Für ein Gebiet $\mathfrak{G} \subset \mathbb{C}$ und zwei holomorphe Funktionen $f, g\colon \mathfrak{G} \longrightarrow \mathbb{C}$ sind äquivalent:

(i) $f = g$

(ii) $\exists\, a \in \mathfrak{G}\ \forall\, n \in \mathbb{N}_0 \quad f^{(n)}(a) = g^{(n)}(a)$

(iii) Es existiert ein $\mathfrak{N} \subset \mathfrak{G}$ mit $\dot{\mathfrak{N}} \cap \mathfrak{G} \neq \emptyset$ und $f(z) = g(z)$ für alle $z \in \mathfrak{N}$.

Eine holomorphe Funktion ist also durch ihre Werte auf einer ‚kleinen‘ Teilmenge von $\mathfrak{G}$ festgelegt, die Gesamtinformation schon darin enthalten!

Wir erinnern daran, dass aus (iii) die Existenz von $a \in \mathfrak{G}$ und $z_n \in \mathfrak{N} \setminus \{a\}$ $(n \in \mathbb{N})$ folgt mit $z_n \longrightarrow a$ $(n \longrightarrow \infty)$ und $f(z_n) = g(z_n)$ für $n \in \mathbb{N}$.

Beweis: Œ $g = 0$ (sonst $f - g$ betrachten)

Die Implikation ‚(i) $\Longrightarrow$ (iii)' ist trivial. Für ‚(iii) $\Longrightarrow$ (ii)' gehen wir von obigen Bezeichnungen aus und haben zunächst ein $r > 0$ mit $U_a^r \subset \mathfrak{G}$ und

$$f(z) = \sum_{\nu=0}^{\infty} \underbrace{\frac{f^{(\nu)}(a)}{\nu!}}_{=:\, a_\nu} (z-a)^\nu \quad (z \in U_a^r)\,.$$

$z_n \longrightarrow a$ ergibt $0 = f(z_n) \longrightarrow f(a)$, also $f(a)$ $(= f^{(0)}(a)) = 0$. Induktiv schließen wir: Falls für ein $k \in \mathbb{N}_0$ schon $0 = f^{(0)}(a) = \cdots = f^{(k)}(a)$ gilt, hat man: $f(z) = \sum\limits_{\nu=k+1}^{\infty} a_\nu (z-a)^\nu = (z-a)^{k+1}\bigl(a_{k+1} + a_{k+2}(z-a) + \cdots\bigr)$; speziell gilt $z_n \in U_a^r$ für hinreichend großes n und

$$0 = \underbrace{f(z_n)}_{=0} = \underbrace{(z_n - a)^{k+1}}_{\neq 0} \bigl(a_{k+1} + \underbrace{a_{k+2}(z_n - a) + \cdots}_{\longrightarrow 0\ (n \longrightarrow \infty)}\bigr)\,;$$

das zeigt $a_{k+1} = 0$, also $f^{(k+1)}(a) = 0$.

Den einfachen Beweis für ‚(ii) $\Longrightarrow$ (i)', der den Wegzusammenhang von $\mathfrak{G}$, die Stetigkeit aller Ableitungen von f und die Möglichkeit der Potenzreihenentwicklung an jeder Stelle heranzieht, führen wir hier nicht mehr aus. □

Folgerung 8

Es seien $\mathfrak{G} \subset \mathbb{C}$ ein Gebiet und $f\colon \mathfrak{G} \longrightarrow \mathbb{C}$ eine holomorphe Funktion mit $f \neq 0$ (d. h. es existiert ein $z \in \mathfrak{G}$ mit $f(z) \neq 0$). Dann hat jede Nullstelle von f endliche Ordnung, und die Menge der Nullstellen von f ist diskret.

1) f hat in a $(\in \mathfrak{G})$ genau dann eine Nullstelle der *„Ordnung n"** $(\in \mathbb{N})$, wenn $f^{(0)}(a) = \cdots = f^{(n-1)}(a) = 0$ und $f^{(n)}(a) \neq 0$. Man spricht auch von *„Vielfachheit"* statt Ordnung und einer *„n-fachen Nullstelle"*.

   f hat in a $(\in \mathfrak{G})$ genau dann eine Nullstelle der *„Ordnung ∞"*, wenn $f^{(n)}(a) = 0$ für alle $n \in \mathbb{N}_0$ gilt.
   a heißt Nullstelle *„endlicher Ordnung"* von f, wenn a für ein geeignetes $n \in \mathbb{N}$ eine n-fache Nullstelle ist.

2) Eine Teilmenge M von $\mathfrak{G}$ heißt genau dann *„diskret"*, wenn zu jedem Punkt $z \in M$ eine Umgebung $U \in \mathbb{U}_z$ mit $U \cap M = \{z\}$ existiert.

* In der Literatur findet man dies auch im Sinne von *mindestens* der Ordnung n.

5.4 Integralformel für die Ableitungen

Satz 9 (Integralformel für die Ableitungen)

Es seien $\mathfrak{G}$ ein Gebiet in $\mathbb{C}$, $z_0 \in \mathfrak{G}$, $f\colon \mathfrak{G} \longrightarrow \mathbb{C}$ eine holomorphe Funktion und $0 < r < \infty$ mit $\overline{U_{z_0}^r} \subset \mathfrak{G}$. Dann gilt für alle $z \in U_{z_0}^r$ und $n \in \mathbb{N}_0$:

$$f^{(n)}(z) = \frac{n!}{2\pi i} \oint\limits_{|\zeta - z_0| = r} \frac{f(\zeta)}{(\zeta - z)^{n+1}}\, d\zeta$$

Falls der Satz über ‚Differentiation unterm Integral' schon bekannt ist*, kann dies direkt aus der Integralformel abgelesen werden. — Hier argumentieren wir wie auf Seite 130f:

Beweis: Für $z \in U_{z_0}^r$ fest: Mit $0 < \varrho < r - |z - z_0|$ nach Seite 131, (2) [dabei z statt z_0 und ϱ statt r]:

$$f^{(n)}(z) = \frac{n!}{2\pi i} \oint\limits_{|\zeta - z| = \varrho} \frac{f(\zeta)}{(\zeta - z)^{n+1}}\, d\zeta \underset{\substack{\uparrow \\ \text{vgl. Seite 130f}}}{=} r.\,S.$$

□

Satz 10 (Abschätzung für Ableitungen nach CAUCHY)

Es seien $\mathfrak{G} \subset \mathbb{C}$ ein Gebiet, $z_0 \in \mathfrak{G}$, $f\colon \mathfrak{G} \longrightarrow \mathbb{C}$ eine holomorphe Funktion und $0 < r < \infty$ mit $\overline{U_{z_0}^r} \subset \mathfrak{G}$. Für jedes $0 < \delta \le r$, $n \in \mathbb{N}_0$ und $z \in \mathbb{C}$ mit $|z - z_0| \le r - \delta$ gilt dann:

$$\left|f^{(n)}(z)\right| \le \frac{r}{\delta}\,\frac{n!}{\delta^n} \max_{|\zeta - z_0| = r} |f(\zeta)|$$

Beweis: In der Integralformel für die Ableitungen ist $|\zeta - z| \ge \delta$ für z mit $|z - z_0| \le r - \delta$; dann liefert die Integralabschätzung (vgl. Seite 104) die Behauptung. □

Folgerung 11

1. $|f^{(n)}(z_0)| \le \dfrac{n!}{r^n} \max\limits_{|\zeta - z_0| = r} |f(\zeta)|$

1'. $|f(z_0)| \le \max\{|f(\zeta)| : |\zeta - z_0| = r\}$

* Wir werden ihn erst etwas später bereitstellen.

2. $|z - z_0| \leq \frac{r}{2} \implies |f^{(n)}(z)| \leq \frac{C}{r^n} \max_{|\zeta - z_0| = r} |f(\zeta)|$ *mit*

(von f und z unabhängigem) $C\ (= C_n) > 0$

3. *Ist* a_n *der n-te Koeffizient der Potenzreihenentwicklung von f um* z_0, *dann gilt:*

$$|a_n| \leq \frac{1}{r^n} \max_{|\zeta - z_0| = r} |f(\zeta)|$$

Diese letzte Abschätzung heißt *Koeffizientenabschätzung* von CAUCHY.

Beweis: 1.: $\delta = r$; 1'.: In 1. $n = 0$; 2.: $\delta = r/2$; 3.: Nach 1. □

Bezeichnung: Eine in ganz $\mathbb{C}$ definierte und dort holomorphe ($\mathbb{C}$-wertige) Funktion heißt *„ganze Funktion“*.

Bemerkung 12

Es seien f eine ganze Funktion, $N \in \mathbb{N}_0$ *und* $M, R \in [0, \infty[$ *so, dass*

$$|f(z)| \leq M|z|^N \quad \textit{für } z \in \mathbb{C} \textit{ mit } |z| \geq R\,.$$

Dann ist f ein Polynom höchstens N-ten Grades.

Beweis: Es existieren $a_n \in \mathbb{C}$ $(n \in \mathbb{N}_0)$ so, dass $f(z) = \sum_{n=0}^{\infty} a_n z^n$ $(z \in \mathbb{C})$ (vgl. Seite 133). Nach der Koeffizientenabschätzung von CAUCHY hat man: $|a_n| \leq \frac{1}{r^n} \cdot M \cdot r^N$ für $r \geq R$. Ist $n > N$, so zeigt $r \longrightarrow \infty$: $a_n = 0$; also gilt: $f(z) = \sum_{n=0}^{N} a_n z^n$ □

Für $N = 0$ ergibt sich die

Folgerung 13 (Satz von LIOUVILLE)

Eine ganze Funktion, die (außerhalb eines geeigneten Kreises) beschränkt ist, ist konstant.

Im Reellen kennt man die beiden Beziehungen:

$$(\cos x)^2 + (\sin x)^2 = 1 \qquad (x \in \mathbb{R})$$
$$|\cos x| \leq 1 \qquad (x \in \mathbb{R})$$

Der Identitätssatz zeigt ($\mathfrak{N} := \mathbb{R}, \mathfrak{G} := \mathbb{C}$): $(\cos z)^2 + (\sin z)^2 = 1 \quad (z \in \mathbb{C})$

Der Satz von LIOUVILLE zeigt: $\forall\, K \in\,]0, \infty[\ \exists\, z \in \mathbb{C} \quad |\cos z| \geq K$

Mit Hilfe des Satzes von LIOUVILLE erhält man einen einfacheren Beweis des *Fundamentalsatzes der Algebra* (vgl. Seite 106):

Für $n \in \mathbb{N}$, $a_\nu \in \mathbb{C}$ $(\nu = 0, \ldots, n)$ mit $a_n \neq 0$ und

$$P(z) := \sum_{\nu=0}^{n} a_\nu z^\nu \quad (z \in \mathbb{C}) \quad \textit{(Polynom n-ten Grades)}$$

existiert ein $\alpha \in \mathbb{C}$ mit $P(\alpha) = 0$.

Beweis: Œ $a_n = 1$. Indirekt: Sonst wäre $P(z) \neq 0$ für alle $z \in \mathbb{C}$ und damit $h : \mathbb{C} \ni z \longmapsto \frac{1}{P(z)} \in \mathbb{C}$ eine ganze Funktion. Für $|z| \longrightarrow \infty$ gilt $\frac{P(z)}{z^n} \longrightarrow 1$; daher existiert ein $R \in]0, \infty[$ mit $\left|\frac{P(z)}{z^n}\right| \geq \frac{1}{2}$, falls $|z| \geq R$; damit ist $|P(z)| \geq \frac{1}{2}|z|^n \geq \frac{1}{2}R^n$, also $|h(z)| \leq 2 \cdot R^{-n}$ $\quad (|z| \geq R)$. Nach dem Satz von LIOUVILLE wäre h konstant, also auch P: *Widerspruch!* □

Satz 14 (Satz von WEIERSTRASS II)*

Auf einem Gebiet $\mathfrak{G} \subset \mathbb{C}$ seien die Funktionen $f_n : \mathfrak{G} \longrightarrow \mathbb{C}$ holomorph $(n \in \mathbb{N})$ und $f : \mathfrak{G} \longrightarrow \mathbb{C}$.

Die Folge (f_n) konvergiere gegen f in $\mathfrak{G}$ „lokal gleichmäßig“. °)

Dann ist die Grenzfunktion f holomorph, und für jedes $k \in \mathbb{N}$ konvergiert die Folge der k-ten Ableitungen $\left(f_n^{(k)}\right)$ gegen $f^{(k)}$ in $\mathfrak{G}$ lokal gleichmäßig.

°) Das heißt: $\forall\, a \in \mathfrak{G}\ \exists\, U \in \mathbb{U}_a \quad U \subset \mathfrak{G} \ \wedge\ f_n(z) \underset{U}{\Longrightarrow} f(z) \quad (n \longrightarrow \infty)$
Dies ist äquivalent zu: $\forall\, K$ (kompakt, $\subset \mathfrak{G}$) $\ f_n(z) \underset{K}{\Longrightarrow} f(z) \quad (n \longrightarrow \infty)$

Beweis (dieser Äquivalenz): In der nicht-trivialen Richtung hat man zu $a \in K$ eine offene Umgebung $U_a \subset \mathfrak{G}$ mit $f_n(z) \underset{U_a}{\Longrightarrow} f(z)$. Dann gilt — wegen der Kompaktheit von K — $K \subset \bigcup_{\text{endlich}} U_a$; dort hat man gleichmäßige Konvergenz.

Beweis (von Satz 14):

a) Die *Stetigkeit von f* folgt nach dem Satz von WEIERSTRASS (Seite 45).

b) Für den Holomorphienachweis ziehen wir den Satz von MORERA heran: Für ein (kompaktes) Dreieck $\triangle \subset \mathfrak{G}$ ist $\int_{\partial\triangle} f_n(z)\, dz = 0$; denn es existiert ein konvexes Gebiet $\mathfrak{G}_0$ mit $\triangle \subset \mathfrak{G}_0 \subset \mathfrak{G}$. Nach Bemerkung 2 hat man: $\int_{\partial\triangle} f_n(z)\, dz \longrightarrow \int_{\partial\triangle} f(z)\, dz$, also $\int_{\partial\triangle} f(z)\, dz = 0$.
a) und der Satz von MORERA liefern nun die Holomorphie von f.

* Bei Weierstraß als *„Doppelreihensatz“* bezeichnet, da für Potenzreihen notiert.

c) Zu $a \in \mathfrak{G}$ existiert ein $r > 0$ mit $\overline{U_a^r} \subset \mathfrak{G} \ \wedge \ f_n(z) \underset{U_a^r}{\Longrightarrow} f(z)$; 2. aus Folgerung 11 (angewandt auf $f_n - f$) liefert dann $f_n^{(k)}(z) \underset{U_a^{r/2}}{\Longrightarrow} f^{(k)}(z)$. □

Hilfssatz 15 *Es seien O eine offene Teilmenge von $\mathbb{C}$, $a \in O$ und $r \in \,]0, \infty[$ mit $\overline{U_a^r} \subset O$. Gilt dann*

$$|f(a)| \;<\; \min\{|f(z)| : |z-a| = r\}$$

für eine holomorphe Funktion $f\colon O \longrightarrow \mathbb{C}$, so hat diese in U_a^r eine Nullstelle.

Beweis: (Indirekt:) Sonst wäre $f(z) \neq 0$ für alle $z \in U_a^r$ und dann — nach Voraussetzung — auch $f(z) \neq 0$ für alle $z \in \overline{U_a^r}$. Dann existiert $r < R < \infty$ mit $\overline{U_a^r} \subset U_a^R =: O' \subset O$ derart, dass $f(z) \neq 0$ für $z \in O'$. Wir betrachten $h(z) := \frac{1}{f(z)}$ für $z \in O'$ und erhalten nach 1'. aus Folgerung 11: $|h(a)| \leq \max\{|h(z)| : |z-a| = r\}$, also $|f(a)| \geq \min\{|f(z)| : |z-a| = r\}$: *Widerspruch!* □

Mit diesem Hilfssatz erhalten wir nun — verhältnismäßig einfach — den wichtigen

Satz 16 (Satz über Gebietstreue)

Ist eine holomorphe Funktion $f\colon \mathfrak{G} \longrightarrow \mathbb{C}$ auf einem Gebiet $\mathfrak{G} \subset \mathbb{C}$ nicht konstant, so ist auch $f(\mathfrak{G})$ ein Gebiet.

Z.B. liest man hieraus ab:
Auf einem Gebiet holomorphe Funktionen mit konstantem Realteil (oder Imaginärteil oder Betrag) sind selbst konstant; denn die Bildmenge ist jeweils nicht offen!

Beweis: Dass $f(\mathfrak{G})$ *wegzusammenhängend* ist, haben wir schon in Bemerkung 4 aus Kapitel 2 — als Trivialität — vermerkt. Es ist also nur noch zu zeigen, dass $f(\mathfrak{G})$ *offen* ist: Dazu sei $b \in f(\mathfrak{G})$ fest gewählt. Dann existiert ein $a \in \mathfrak{G}$ mit $f(a) = b$. Nach Folgerung 8 — angewandt auf die Funktion $z \mapsto f(z) - b$ — existiert ein $0 < r < \infty$ mit $\overline{U_a^r} \subset \mathfrak{G}$ und $f(z) \neq b$ für alle $z \in \overline{U_a^r} \setminus \{a\}$. Mit $\varepsilon := \frac{1}{2} \min\{|f(z) - b| : |z-a| = r\} > 0$ zeigen wir $U_b^\varepsilon \subset f(\mathfrak{G})$ (damit ist $f(\mathfrak{G})$ offen): Für festes $w \in U_b^\varepsilon$ gilt $|f(a) - w| = |b - w| < \varepsilon$; für $z \in \mathbb{C}$ mit $|z-a| = r$ also $|f(z) - w| \geq |f(z) - b| - |b - w| > 2\varepsilon - \varepsilon = \varepsilon$. Der Hilfssatz — angewandt auf $h : \mathfrak{G} \ni z \longmapsto f(z) - w \in \mathbb{C}$ — zeigt: h hat eine Nullstelle in U_a^r; es existiert somit ein $z \in U_a^r$ $(\subset \mathfrak{G})$ mit $f(z) = w$. □

Satz 17 (Prinzip vom Maximum)

Es seien $\mathfrak{G} \subset \mathbb{C}$ ein Gebiet und $f\colon \mathfrak{G} \longrightarrow \mathbb{C}$ eine holomorphe Funktion.

1. *Besitzt die Funktion $\mathfrak{G} \ni z \longmapsto |f(z)| \in \mathbb{R}$ ein lokales Maximum, so ist f konstant.*
2. *Ist zudem $\mathfrak{G}$ beschränkt und f auf $\overline{\mathfrak{G}}$ stetig (fortsetzbar)*, dann gilt:*

$$\max\{|f(z)| : z \in \overline{\mathfrak{G}}\} = \max\{|f(z)| : z \in \partial\mathfrak{G}\}$$

Beweis:

1.: Es existieren $a \in \mathfrak{G}$ und $r > 0$ mit $U_a^r \subset \mathfrak{G}$ und $|f(z)| \leq |f(a)|$ für alle $z \in U_a^r$, daher ist $f(U_a^r)$ nicht offen.

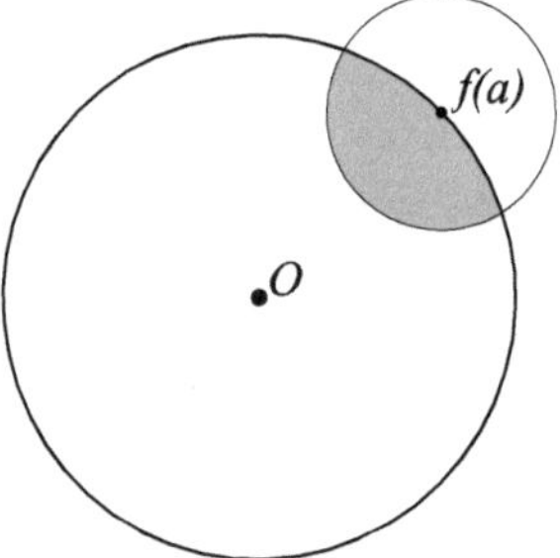

Nach dem Satz über Gebietstreue ist somit $f_{|U_a^r}$ konstant; nach dem Identitätssatz folgt dann die Konstanz von f.

2.: Œ sei f nicht konstant (sonst ist die Behauptung trivial). Es existiert — da $\overline{\mathfrak{G}}$ kompakt und $f\colon \overline{\mathfrak{G}} \longrightarrow \mathbb{C}$ stetig ist — ein $a \in \overline{\mathfrak{G}}$ mit $|f(a)| = \max\{|f(z)| : z \in \overline{\mathfrak{G}}\}$. Nach 1. gehört a nicht zu $\mathfrak{G}$, also $a \in \partial\mathfrak{G}$. □

Folgerung 18 (Prinzip vom Minimum)

Es seien wieder $\mathfrak{G}$ ein Gebiet in $\mathbb{C}$, $f\colon \mathfrak{G} \longrightarrow \mathbb{C}$ eine holomorphe Funktion und $a \in \mathfrak{G}$.

1. *Hat die Betragsfunktion $\mathfrak{G} \ni z \longmapsto |f(z)| \in \mathbb{R}$ in a ein lokales Minimum, dann ist a eine Nullstelle von f, oder f ist konstant.*
2. *Ist zudem $\mathfrak{G}$ beschränkt, f auf $\overline{\mathfrak{G}}$ stetig (fortsetzbar) und $f(z) \neq 0$ für $z \in \partial\mathfrak{G}$, dann hat f eine Nullstelle in $\mathfrak{G}$, oder es gilt:*

$$\min\{|f(z)| : z \in \overline{\mathfrak{G}}\} = \min\{|f(z)| : z \in \partial\mathfrak{G}\}.$$

Beweis:

1. Ist $f(a) \neq 0$, dann gilt $f(z) \neq 0$ $(z \in U_a^\varepsilon \subset \mathfrak{G})$ für ein geeignetes $\varepsilon > 0$. Das Prinzip vom Maximum, angewandt auf $g(z) := 1/f(z)$ $(z \in U_a^\varepsilon)$, liefert die Konstanz von f auf U_a^ε und (Identitätssatz) dann auf $\mathfrak{G}$.

* Auch die Fortsetzung sei hier und in der nächsten Folgerung mit dem gleichen Symbol f bezeichnet. Die Funktion $|f|$ nimmt also das Maximum auf dem Rand von $\mathfrak{G}$ an.

2. Ist $f(z) \neq 0$ für $z \in \mathfrak{G}$, dann folgt die Behauptung durch Anwendung des Prinzips vom Maximum auf $g(z) := 1/f(z)$ $(z \in \mathfrak{G})$. □

Differentiation unterm Integral*

Hilfssatz 19

$$\left.\begin{array}{l}\textit{Es seien } \mathfrak{G} \textit{ ein Gebiet in } \mathbb{C}, \ -\infty < \alpha < \beta < \infty \textit{ und} \\ F\colon [\alpha,\beta] \times \mathfrak{G} \longrightarrow \mathbb{C} \textit{ eine stetige Funktion, für die} \\ F(t,\cdot)\colon \mathfrak{G} \ni z \longmapsto F(t,z) \in \mathbb{C} \textit{ für alle } t \in [\alpha,\beta] \textit{ holomorph ist.}\end{array}\right\} \quad (\bullet)$$

Für
$$f(z) := \int_\alpha^\beta F(t,z)\,dt \quad (z \in \mathfrak{G})$$

gelten: *a)* f *ist holomorph.*

b) $D_2F\colon (t,z) \longmapsto \frac{\partial F}{\partial z}(t,z)$ *erfüllt* $(\bullet)$ *entsprechend, d. h.* $D_2F\colon [\alpha,\beta] \times \mathfrak{G} \longrightarrow \mathbb{C}$ *ist stetig, und für alle* $t \in [\alpha,\beta]$ *ist* $D_2F(t,\cdot)\colon \mathfrak{G} \ni z \longmapsto D_2F(t,z) \in \mathbb{C}$ *holomorph.*

c) $f'(z) = \int_\alpha^\beta D_2F(t,z)\,dt \quad (z \in \mathfrak{G})$

Natürlich gilt die Aussage dann *entsprechend* (induktiv!) *für die* k*-te Ableitung.*

*Beweis:*** Es sei K eine kompakte Menge in $\mathfrak{G}$. Für $n \in \mathbb{N}$ betrachten wir eine äquidistante Zerlegung von $[\alpha,\beta]$:

$$t_\nu^{(n)} := \alpha + \nu \cdot \frac{\beta-\alpha}{n} \qquad (\nu = 0,\ldots,n) \quad \text{und damit:}$$

$$f_n(z) := \sum_{\nu=1}^{n} F\big(t_\nu^{(n)},z\big)\big(t_\nu^{(n)} - t_{\nu-1}^{(n)}\big) = \frac{\beta-\alpha}{n}\sum_{\nu=1}^{n} F\big(t_\nu^{(n)},z\big) \qquad (z \in \mathfrak{G})$$

Dann sind die f_n *holomorph*, und mit der gleichmäßigen Stetigkeit von F auf der kompakten Menge $[\alpha,\beta] \times K$ folgt $f_n(z) \underset{K}{\Longrightarrow} f(z) \quad (n \to \infty)$. Es gilt also $f_n(z) \longrightarrow f(z)$ in $\mathfrak{G}$ lokal gleichmäßig. Nach dem Satz von WEIERSTRASS II folgen daher a) und

$$\frac{\beta-\alpha}{n}\sum_{\nu=1}^{n} D_2F\big(t_\nu^{(n)},z\big) = f_n'(z) \longrightarrow f'(z) \quad \text{lokal gleichmäßig.} \qquad (\diamond)$$

---

* Mit stärkeren integrationstheoretischen Hilfsmitteln lassen sich die folgenden Überlegungen schöner und einfacher machen.

** Wir setzen — anders als meist zu lesen — die Stetigkeit von D_2F *nicht* voraus. Daher ist der Beweis — mit einer interessanten Anwendung des Satzes von WEIERSTRASS II — etwas aufwendiger.

Wir kommen damit zum Beweis von b):

Für $z_0 \in \mathfrak{G}$ existiert ein $0 < r < \infty$ mit $\overline{U^r_{z_0}} \subset \mathfrak{G}$. Für $z \in U^r_{z_0}$ und $t \in [\alpha, \beta]$ hat man nach der Integralformel für die Ableitung:

$$D_2F(t,z) = \frac{1}{2\pi i} \oint\limits_{|\zeta - z_0| = r} \frac{F(t,\zeta)}{(\zeta - z)^2}\, d\zeta$$

$$= \frac{1}{2\pi} \int\limits_0^{2\pi} \underbrace{\frac{F(t, z_0 + r\exp(i\varphi))}{(z_0 + r\exp(i\varphi) - z)^2}\, r\exp(i\varphi)}_{\text{als Funktion von } (t,\varphi,z) \text{ stetig}}\, d\varphi$$

Hierbei haben wir natürlich die übliche Parameterdarstellung eingesetzt:
$[0, 2\pi] \ni \varphi \longmapsto z_0 + r\exp(i\varphi) \in \mathbb{C}$

Nach einer Standardüberlegung der mehrdimensionalen reellen Analysis — natürlich angewandt auf Real- und Imaginärteil — folgt daraus: D_2F ist stetig in $[\alpha, \beta] \times U^r_{z_0}$. Damit ist b) gezeigt.

c) erhält man abschließend durch Anwendung der ersten Überlegung zu a) auf D_2F unter Beachtung von ($\diamond$). □

Satz 20

Es seien $\mathfrak{G}$ *ein Gebiet in* $\mathbb{C}$, $\mathfrak{C} \in \mathrm{K}^{\mathbb{C}}$ *und*

$$\left.\begin{array}{l} F\colon (\mathfrak{C}) \times \mathfrak{G} \longrightarrow \mathbb{C} \textit{ eine stetige Funktion, für die} \\ F(v,\cdot)\colon \mathfrak{G} \ni z \longmapsto F(v,z) \in \mathbb{C} \textit{ für alle } v \in (\mathfrak{C}) \textit{ holomorph ist.} \end{array}\right\} \quad (\bullet)$$

Für $$f(z) := \int\limits_{\mathfrak{C}} F(v,z)\, dv \quad (z \in \mathfrak{G})$$

gelten: *a)* f *ist holomorph.*

b) D_2F *erfüllt* ($\bullet$) *entsprechend, d. h.*

$D_2F\colon (\mathfrak{C}) \times \mathfrak{G} \longrightarrow \mathbb{C}$ *ist stetig, und für alle* $v \in (\mathfrak{C})$ *ist*
$D_2F(v,\cdot)\colon \mathfrak{G} \ni z \longmapsto D_2F(v,z) \in \mathbb{C}$ *holomorph.*

c) $f'(z) = \int\limits_{\mathfrak{C}} D_2F(v,z)\, dv \quad (z \in \mathfrak{G})$

Beweis: Œ können wir von der Existenz einer stetig differenzierbaren Parameterdarstellung g von $\mathfrak{C}$ ausgehen (sonst Teilintervalle betrachten): Das zugehörige Parameter-Intervall sei $[\alpha, \beta]$:

Dann ist $\int\limits_{\mathfrak{C}} F(v,z)\, dv = \int\limits_{\alpha}^{\beta} \underbrace{F(g(t),z)g'(t)}_{=:\, H(t,z)}\, dt$. Auf H kann nun Hilfssatz 19 angewendet werden. □

MWS zu Kapitel 5

Cauchysche Integralformel und Folgerungen

Wichtige MAPLE-Befehle dieses Kapitels:

plots-Paket: complexplot3d, setoptions3d, spacecurve
Optionen: style=patchcontour, contours
numer, denom
mul, add
series, taylor, Order
convert(..., parfrac, ...)

5.1 Integralformel

Beispiel 1

Wir berechnen das Integral

$$\int_C \frac{e^z}{z^2+2\,z}\,dz$$

längs des positiv orientierten, einfach durchlaufenen Kreises C um den Punkt i mit Radius 3.

```
> restart: with(plots): with(plottools): F := z -> exp(z)/(z^2+2*z);
```

$$F := z \longrightarrow \frac{e^z}{z^2+2\,z}$$

```
> a := I: r := 3:
  # Parameterdarstellung für C:
  assume(t,real): g := t -> a+r*exp(I*t); # t=0..2*Pi
```

$$g := t \longrightarrow a + r\,e^{i\,t}$$

```
> Int_0 := Int(F(z),z=C..``):
```

Direkte Berechnung des Kurvenintegrals:

```
> F(g(t))*diff(g(t),t); evalc(%): combine(%):
```

$$\frac{3\,i\,e^{(i+3\,e^{i\,t})}\,e^{i\,t}}{(i+3\,e^{i\,t})^2+2\,i+6\,e^{i\,t}}$$

```
> Int_0 = int(%,t=0..2*Pi);
```

$$\int_C \frac{e^z}{z^2+2\,z}\,dz$$
$$= \int_0^{2\,\pi} \big(-27\,e^{3\cos(t)}\sin(1+3\sin(t)-t)+3\,e^{3\cos(t)}\sin(1+3\sin(t)+t)$$
$$+18\,e^{3\cos(t)}\cos(1+3\sin(t))-18\,e^{3\cos(t)}\sin(1+3\sin(t))\,+\,\cdots\big)/(\cdots)\,dt$$

Maple schafft es offenbar nicht, das Integral auf der rechten Seite zu berechnen. Im zweiten Versuch soll nun die Integralformel ins Spiel gebracht werden.

Wir lösen das Problem Schritt für Schritt und beschreiben das Vorgehen so allgemein, dass es gleich auch auf die folgenden Beispiele anwendbar ist. Der Integrand habe die Form $F = \mathit{Zähler}/\mathit{Nenner}$, wobei *Zähler* eine in einem C umfassenden Gebiet holomorphe Funktion und *Nenner* eine Polynomfunktion sei.

```
> Zaehler := numer(F(z)); Nenner  := denom(F(z));
```

$$\mathit{Zaehler} := e^z\,,\quad \mathit{Nenner} := z\,(z+2)$$

```
> Nullstellen := [solve(Nenner)];
```

$$\mathit{Nullstellen} := [0,\,-2]$$

Um sicher zu sein, auch *alle Nullstellen* erhalten zu haben, machen wir folgenden Test:

```
> for zeta in Nullstellen do
    if type(zeta,RootOf) then
      error "Maple hat nicht alle Nullstellen gefunden." end if:
  end do:
  Nenner := lcoeff(Nenner)*mul(z-zeta,zeta=Nullstellen):
```

‚Nenner' wird jetzt in faktorisierter Form dargestellt. Dies ist sinnvoll im Hinblick auf die Hilfsfunktion H weiter unten.

Wir klassifizieren die Nullstellen danach, ob sie im Inneren, im Äußeren bzw. auf dem Kreis C liegen:

```
> Innen  := select(z->is(abs(z-a)<r),Nullstellen);
  Aussen := select(z->is(abs(z-a)>r),Nullstellen);
  Peripherie := select(z->abs(z-a)=r,Nullstellen);
```

$$Innen := [0, -2], \quad Aussen := [\ ], \quad Peripherie := [\ ]$$

```
> if Peripherie <> [] then
    error "Nullstelle des Nenners auf dem Integrationsweg!" end if;
  if Aussen=[] then R := (1+sqrt(5))/2*r
    else R := min(seq(evalc(abs(z-a)),z=Aussen)) end if;
  # Gelegentlich benutzen wir wie hier den Faktor (1+sqrt(5))/2
  # (Goldener Schnitt!), ohne dies immer wieder zu erwähnen.
```

$$R := \frac{3}{2}\sqrt{5} + \frac{3}{2}$$

Bei der Anwendung der Integralformel wird als Gebiet die offene Kreisscheibe um a mit Radius R zugrundegelegt, die in der folgenden Abbildung grau gezeichnet ist. Die Kurve C ist darin schwarz eingezeichnet.

```
> read "../verdi.txt":
  c1 := 0.11: c2 := 0.02:
  Kreis := complexplot(g,0..2*Pi,color=black):
  Pfeil := pfeil(g,Pi-c1/2*R/r,c1*R,black):
  Mitte := disk(c2p(a),c2*R,color=white,style=patchnogrid):
  dots  := seq(disk(c2p(z),0.8*c2*R,color=black),z=Nullstellen):
  Gebiet:= disk(c2p(a),R,color=gray,style=patchnogrid):
  tplot := textplot([Re(a)+1.18*r,Im(a),"C"]):
  Punkte:= [op(Nullstellen),a]:
  TICKS := tickmarks=[[seq(evalf(Re(z))=convert(Re(z),string),
    z=Punkte)],[seq(evalf(Im(z))=convert(Im(z),string),z=Punkte)]]:
  p := display(Pfeil,Kreis,Mitte,dots,Gebiet,tplot,font=[TIMES,
    ITALIC,16],TICKS,axes=frame,thickness=2,scaling=constrained):
```

Die Cauchysche Integralformel ist — bei beliebigem Zähler — nur anwendbar, wenn die *Nullstellen des Nenners im Kurveninneren alle einfach* sind:

```
> Abl := diff(Nenner,z):
  for zeta in Innen do
    if subs(z=zeta,Abl)=0 then
      error "Einfache Integralformel nicht anwendbar!" end if
  end do:
```

Das zu berechnende Kurvenintegral lässt sich mittels *Partialbruchzerlegung* folgendermaßen aufspalten:

```
> q := mul(z-zeta,zeta=Innen);
```

$$q := z\,(z+2)$$

```
> H := normal(Zaehler*q/Nenner); # Hilfsfunktion
```

$$H := e^z$$

```
> convert(1/q,parfrac,z);
```

$$\frac{1}{2z} - \frac{1}{2(z+2)}$$

```
> Int_0 = sum(Int(H*op(j,%),z=C..``),j=1..nops(%));
```

$$\int_C \frac{e^z}{z^2+2z}\,dz = \int_C \frac{1}{2}\frac{e^z}{z}\,dz + \int_C -\frac{1}{2}\frac{e^z}{z+2}\,dz$$

Die Koeffizienten der Partialbruchzerlegung kann man auch direkt berechnen:

```
> normal((z-Innen[1])/q): c_1 := subs(z=Innen[1],%);
  normal((z-Innen[2])/q): c_2 := subs(z=Innen[2],%);
```

$$c_1 := \frac{1}{2}, \quad c_2 := -\frac{1}{2}$$

Anwendung der Integralformel auf die Integrale der rechten Seite ergibt dann:

```
> Int_0
    = simplify(2*Pi*I*(c_1*subs(z=Innen[1],H)+c_2*subs(z=Innen[2],H)));
```

$$\int_C \frac{e^z}{z^2+2z}\,dz = i\pi\,(1-e^{-2})$$

Dieses Resultat lässt sich in kompakterer Form auch so berechnen:*

```
> add(subs(z=zeta,normal(H*(z-zeta)/q)),zeta=Innen):
  Erg := simplify(evalc(2*Pi*I*%)):
```

Zum Schluss geben wir den — jetzt auf diese Weise berechneten — Wert des Kurvenintegrals und die Abbildung aus:

```
> Int(F(z),z=C..``) = Erg; p;
```

$$\int_C \frac{e^z}{z^2+2z}\,dz = i\pi\,(1-e^{-2})$$

* An dieser Stelle sieht der Kenner, dass die Überlegungen eng verwandt sind mit dem Residuensatz, den wir erst in Abschnitt 7.3 kennlernen.

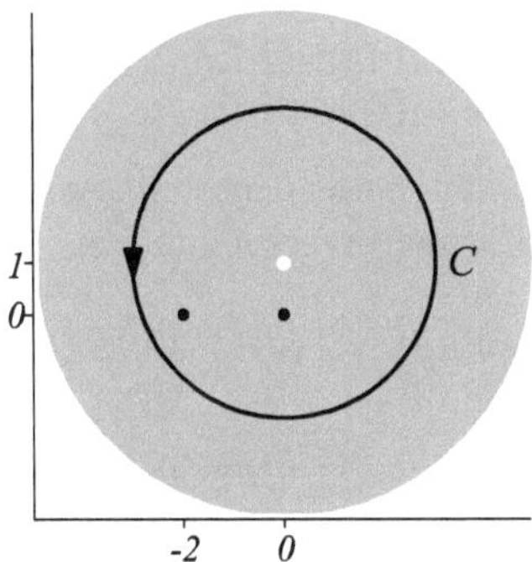

Die oben beschriebene Berechnung des Kurvenintegrals haben wir in einer Prozedur *IntFormel(F,a,r)* mit den Parametern F (Funktion), a und r (Mittelpunkt bzw. Radius des Kreises C) ‚verpackt'. $\mathrm{P} := \mathrm{IntFormel}(\mathrm{F}, \mathrm{a}, \mathrm{r});$ liefert den Wert $P[1]$ des Kurvenintegrals sowie eine Plotstruktur $P[2]$, mit der die erzeugte Abbildung ausgegeben werden kann. Durch den Aufruf `read "../cauchy.txt":` wird die Prozedur bereitgestellt.

Beispiel 2

Wir berechnen das Integral

$$\int_C \frac{4\,z^4 - 3\,z^2 + 5}{(z-1)\,(z+5)}\,dz$$

längs des positiv orientierten, einfach durchlaufenen Kreises C um den Punkt 0 mit Radius 2 direkt und mit Hilfe der Integralformel.

```
> restart: with(plots): with(plottools): read "../cauchy.txt":
  F := z -> (4*z^4-3*z^2+5)/((z-1)*(z+5));
  a := 0: r := 2: # Mittelpunkt und Radius des Kreises
```

$$F := z \longrightarrow \frac{4\,z^4 - 3\,z^2 + 5}{(z-1)\,(z+5)}$$

```
> Int_0 := Int(F(z),z=C..``):
```

Direkte Berechnung des Kurvenintegrals:

```
> g := t -> a+r*exp(I*t): # Parameterdarstellung des Kreises
  Int_0 = Int(simplify(F(g(t))*diff(g(t),t)),t=0..2*Pi);
```

$$\int_C \frac{4\,z^4 - 3\,z^2 + 5}{(z-1)\,(z+5)}\,dz = \int_0^{2\pi} \frac{2\,i\,(64\,e^{4it} - 12\,e^{2it} + 5)\,e^{it}}{(2\,e^{it} - 1)\,(2\,e^{it} + 5)}\,dt$$

```
> Int_0 = value(rhs(%));
```

$$\int_C \frac{4\,z^4 - 3\,z^2 + 5}{(z-1)\,(z+5)}\,dz = 2\,i\,\pi$$

Wir bestätigen die Richtigkeit dieses Ergebnisses, indem wir das Kurvenintegral mittels der Integralformel berechnen:

```
> P := IntFormel(F,a,r): display(P[2]); Int(F(z),z=C..``) = P[1];
```

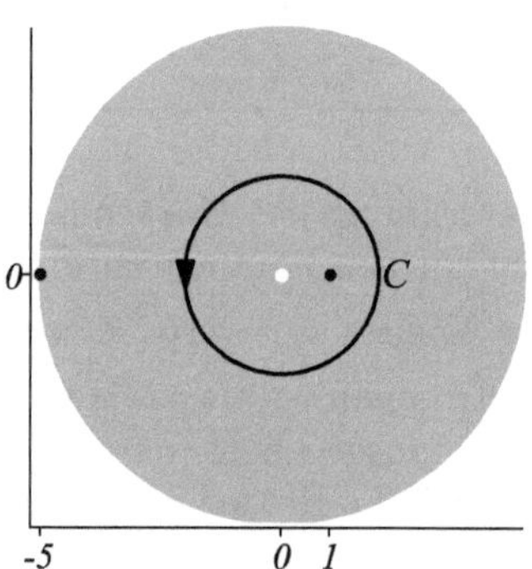

$$\int_C \frac{4\,z^4 - 3\,z^2 + 5}{(z-1)\,(z+5)}\,dz = 2\,i\,\pi$$

Beispiel 3

Wir berechnen das Integral

$$\int_C \frac{1}{(z^2 - 4\,z + 4)\,(z - 6 - i)}\,dz$$

längs des positiv orientierten, einfach durchlaufenen Kreises C um den Punkt 5 mit Radius 2.

```
> restart: with(plots): with(plottools): read "../cauchy.txt":
  F := z -> 1/((z^2-4*z+4)*(z-6-I));
```

$$F := z \longrightarrow \frac{1}{(z^2 - 4\,z + 4)\,(z - 6 - i)}$$

```
> P := IntFormel(F,5,2): Int(F(z),z=C..``) = P[1]; display(P[2]);
```

$$\int_C \frac{1}{(z^2 - 4\,z + 4)\,(z - 6 - i)}\,dz = \frac{16}{289}\,\pi + \frac{30}{289}\,i\,\pi$$

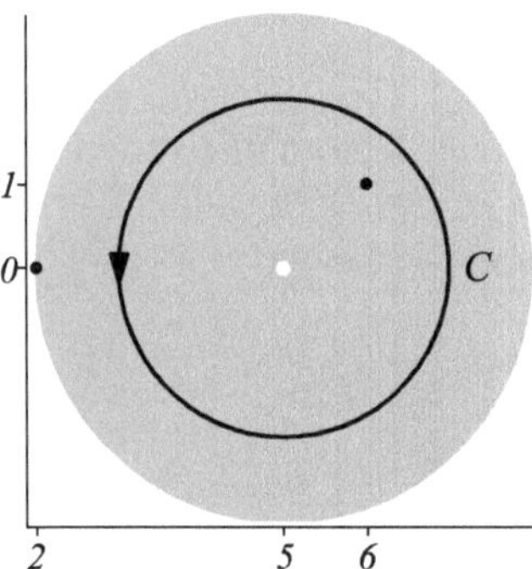

5.2 Potenzreihenentwicklung

Beispiel 1: Rationale Funktionen

Wir berechnen die Potenzreihenentwicklung von $f = \dfrac{1}{z^2 - 4\,z + 3}$ um 0.

```
> restart: f := 1/(z^2-4*z+3);
```

$$f := \frac{1}{z^2 - 4\,z + 3}$$

Mittels *Partialbruchzerlegung* lassen sich die Entwicklungskoeffizienten sehr einfach berechnen:

```
> convert(f,parfrac,z);
```

$$-\frac{1}{2\,(z-1)} + \frac{1}{2\,(z-3)}$$

```
> f_1 := op(1,%); f_2 := op(2,%%);
```

$$f_1 := -\frac{1}{2\,(z-1)}, \quad f_2 := \frac{1}{2\,(z-3)}$$

Der folgende einfache Maple-Befehl liefert den Anfang der Reihenentwicklung von f_1 um 0:

```
> taylor(f_1,z=0);
```

$$\frac{1}{2} + \frac{1}{2}\,z + \frac{1}{2}\,z^2 + \frac{1}{2}\,z^3 + \frac{1}{2}\,z^4 + \frac{1}{2}\,z^5 + \mathrm{O}(z^6)$$

Es wird die Entwicklung bis zur Ordnung 5 mit dem Rest $\mathrm{O}(z^6)$ ausgegeben. Gleichwertig ist folgender Befehl:

```
> series(f_1,z=0):
```

Will man die Ordnung verändern, kann dies durch eine Wertzuweisung an die Umgebungsvariable Order — sie ist auf den Wert 6 voreingestellt — oder durch Übergabe eines weiteren Parameters an taylor bzw. series geschehen:

```
> s_1 := taylor(f_1,z=0,12);
```

$$s_1 := \frac{1}{2} + \frac{1}{2}z + \frac{1}{2}z^2 + \frac{1}{2}z^3 + \frac{1}{2}z^4 + \frac{1}{2}z^5 + \frac{1}{2}z^6 + \frac{1}{2}z^7 + \frac{1}{2}z^8 + \frac{1}{2}z^9 + \frac{1}{2}z^{10} + \frac{1}{2}z^{11} + \mathrm{O}(z^{12})$$

Man erkennt leicht, dass f_1 folgende Potenzreihenentwicklung um $z_0 = 0$ besitzt, was der geübte Leser natürlich auch ohne Maple sofort aus der geometrischen Reihe abliest:

```
> Sum(z^n/2,n=0..infinity): % = value(%);
```

$$\sum_{n=0}^{\infty} \frac{1}{2} z^n = -\frac{1}{2(z-1)}$$

Diese Reihe hat bekanntlich den *Konvergenzradius* $R = 1$. Analog verfährt man mit f_2:

```
> Order := 8: s_2 := taylor(f_2,z=0);
```

$$s_2 := -\frac{1}{6} - \frac{1}{18}z - \frac{1}{54}z^2 - \frac{1}{162}z^3 - \frac{1}{486}z^4 - \frac{1}{1458}z^5 - \frac{1}{4374}z^6 - \frac{1}{13122}z^7 + \mathrm{O}(z^8)$$

Schreibt man f_2 in der Gestalt $-\frac{1}{6}\frac{1}{1-z/3}$, so erhält man — wieder über die geometrische Reihe — folgende Potenzreihenentwicklung:

```
> Sum(-(z/3)^n/6,n=0..infinity): % = value(%);
```

$$\sum_{n=0}^{\infty} \left(-\frac{1}{6}\left(\frac{1}{3}z\right)^n\right) = \frac{1}{2(z-3)}$$

Offensichtlich hat diese Reihe den *Konvergenzradius* $R = 3$. Durch *Zusammensetzen beider Reihen* ergibt sich für f folgende Potenzreihenentwicklung um $z_0 = 0$ mit Konvergenzradius 1:

```
> Sum(1/2*(1-1/3^(n+1))*z^n,n=0..infinity): % = value(%);
```

$$\sum_{n=0}^{\infty} \frac{1}{2}\left(1-\frac{1}{3^{n+1}}\right) z^n = \frac{1}{z^2-4\,z+3}$$

Betrachten wir die *gleiche rationale Funktion* für den *Entwicklungspunkt* $z_0 = i$, so haben die Nenner folgende Gestalt:

```
> N_1 := taylor(1/f_1,z=I); N_2 := taylor(1/f_2,z=I);
```

$$N_1 := 2-2\,i-2\,(z-i), \quad N_2 := -6+2\,i+2\,(z-i)$$

Hier haben wir natürlich mit Kanonen auf Spatzen geschossen (und getroffen). Auch die folgenden beiden Maple-Anweisungen sind nicht sonderlich elegant. Wir leisten uns mal den Luxus der Umständlichkeit, um f_1 bzw. f_2 in der Form $a/(1-b(z-i))$ zu schreiben:

```
> 1/coeff(N_1,z-I,0)/(1+coeff(N_1,z-I,1)/coeff(N_1,z-I,0)*(z-I)):
  normal(%) = %;
  1/coeff(N_2,z-I,0)/(1+coeff(N_2,z-I,1)/coeff(N_2,z-I,0)*(z-I)):
  normal(%) = %;
```

$$-\frac{1}{2\,(z-1)} = \frac{\frac{1}{4}+\frac{1}{4}i}{1-\left(\frac{1}{2}+\frac{1}{2}i\right)(z-i)}, \quad \frac{1}{2(z-3)} = \frac{-\frac{3}{20}-\frac{1}{20}i}{1-\left(\frac{3}{10}+\frac{1}{10}i\right)(z-i)}$$

Man erkennt daraus (geometrische Reihe!) folgende Reihenentwicklungen:

```
> (1/4+1/4*I)*Sum(((1/2+1/2*I)*(z-I))^n,n=0..infinity):
  % = value(%);
  (-3/20-1/20*I)*Sum(((3/10+1/10*I)*(z-I))^n,n=0..infinity):
  % = value(%);
```

$$\left(\frac{1}{4}+\frac{1}{4}i\right)\sum_{n=0}^{\infty}\left(\left(\frac{1}{2}+\frac{1}{2}i\right)(z-i)\right)^n = -\frac{1}{2\,(z-1)}$$

$$\left(-\frac{3}{20}-\frac{1}{20}i\right)\sum_{n=0}^{\infty}\left(\left(\frac{3}{10}+\frac{1}{10}i\right)(z-i)\right)^n = \frac{1}{2\,(z-3)}$$

Mit dem Befehl taylor(f_1,z=i) hätten wir z. B. den Reihenanfang von f_1 leichter erhalten. Die Summe dieser beiden Reihen ergibt die Potenzreihe um i der rationalen Funktion $1/(z^2-4\,z+3)$, und diese hat den Konvergenzradius

```
> R = min(abs(I-1),abs(I-3));
```

$$R = \sqrt{2}$$

Beispiel 2: Logarithmus

```
> restart: log(1+z) = taylor(log(1+z),z=0,8);
```

$$\ln(1+z) = z - \frac{1}{2}z^2 + \frac{1}{3}z^3 - \frac{1}{4}z^4 + \frac{1}{5}z^5 - \frac{1}{6}z^6 + \frac{1}{7}z^7 + O(z^8)$$

Dies ergibt offensichtlich folgende Potenzreihenentwicklung für die Logarithmusfunktion:

```
> Sum((-1)^(n+1)*z^n/n,n=1..infinity): % = value(%);
```

$$\sum_{n=1}^{\infty} \frac{(-1)^{n+1} z^n}{n} = \ln(1+z)$$

Man gelangt auch über die (bekannte) Potenzreihenentwicklung der Ableitung leicht zur gesuchten Entwicklung:

```
> diff(log(1+z),z);
```

$$\frac{1}{1+z}$$

```
> Sum((-1)^n*z^n,n=0..infinity): % = value(%);
```

$$\sum_{n=0}^{\infty} (-1)^n z^n = \frac{1}{1+z}$$

```
> Sum(int((-1)^n*z^n,z),n=0..infinity) = int(rhs(%),z);
```

$$\sum_{n=0}^{\infty} \frac{(-1)^n z^{n+1}}{n+1} = \ln(1+z)$$

Eigentlich könnten die linke und die rechte Seite sich noch um eine additive Konstante c unterscheiden. Einsetzen von $z = 0$ ergibt jedoch $c = 0$.

Natürlich sind auch andere Entwicklungspunkte möglich:

```
> z0 := 2+I: log(z) = taylor(log(z),z=z0,5);
```

$$\ln(z) = \ln(2+i) + \left(\frac{2}{5} - \frac{1}{5}i\right)(z-2-i) + \left(-\frac{3}{50} + \frac{2}{25}i\right)(z-2-i)^2 + \left(\frac{2}{375} - \frac{11}{375}i\right)(z-2-i)^3 + \left(\frac{7}{2500} + \frac{6}{625}i\right)(z-2-i)^4 + O\big((z-2-i)^5\big)$$

Auf diese Weise ist das allgemeine Bildungsgesetz der Koeffizienten nur schwer erkennbar. Wir versuchen es deshalb erneut über die *Potenzreihenentwicklung der Ableitung*. Aus der Umformung $z = (1 + (z - z_0)/z_0)\, z_0$ ergibt sich unmittelbar:

```
> 1/z0*Sum((-(z-z0)/z0)^n,n=0..infinity): % = value(%);
```

$$\left(\frac{2}{5}-\frac{1}{5}i\right)\sum_{n=0}^{\infty}\left(\left(-\frac{2}{5}+\frac{1}{5}i\right)(z-2-i)\right)^n = \frac{1}{z}$$

```
> log(z)-1/z0*Sum(-z0*(-(z-z0)/z0)^(n+1)/(n+1),n=0..infinity):
  % = simplify(value(%),symbolic);
```

$$\ln(z)-\left(\tfrac{2}{5}-\tfrac{1}{5}i\right)\sum_{n=0}^{\infty}\frac{(-2-i)\left(\left(-\tfrac{2}{5}+\tfrac{1}{5}i\right)(z-2-i)\right)^{n+1}}{n+1} = -\ln\left(\tfrac{2}{5}-\tfrac{1}{5}i\right)$$

Das optionale Schlüsselwort symbolic bewirkt weitergehende Vereinfachungen. Für Maple scheint die rechte Seite eine einfachere Darstellung für $\log(2+i)$ zu sein. Die gewünschte Reihenentwicklung lautet folglich:

```
> op(1,lhs(%)) = log(z0)-op(2,lhs(%));
```

$$\ln(z) = \ln(2+i)+\left(\tfrac{2}{5}-\tfrac{1}{5}i\right)\sum_{n=0}^{\infty}\frac{(-2-i)\left(\left(-\tfrac{2}{5}+\tfrac{1}{5}i\right)(z-2-i)\right)^{n+1}}{n+1}$$

Es sei noch erwähnt, dass die Potenzreihe folgenden Konvergenzradius hat:

```
> R = abs(z0);
```

$$R = \sqrt{5}$$

Und nun noch ein letztes Beispiel hierzu:

```
> taylor(log(z),z=0);
Error, does not have a taylor expansion, try series()
```

Diese Fehlermeldung ist nicht überraschend, denn um $z = 0$ ist log *nicht* holomorph und deshalb nicht in eine Potenzreihe entwickelbar.

Beispiel 3: Tangens

```
> restart: tan(z) = taylor(tan(z),z=0,13);
```

$$\tan(z) = z+\frac{1}{3}z^3+\frac{2}{15}z^5+\frac{17}{315}z^7+\frac{62}{2835}z^9+\frac{1382}{155925}z^{11}+\mathrm{O}(z^{13})$$

In diesem Falle kann man die Koeffizienten der Potenzreihenentwicklung nicht so leicht explizit angeben. Genauere Untersuchungen ergeben einen *Zusammenhang mit den* BERNOULLI-*Zahlen*. Der interessierte Leser findet dies zum Beispiel in [Hen, S. 112] ausgeführt.

5.4 Integralformel für die Ableitungen

Differentiation unter dem Integral

Die Cauchysche Integralformel

$$f(z) = \frac{1}{2\pi i}\int_C \frac{f(\zeta)}{\zeta - z}\,d\zeta$$

aus Abschnitt 5.1 drückt die holomorphe Funktion f durch ein komplexes Parameterintegral aus. Diese Formel kann durch Differentiation unter dem Integral auf die Ableitungen übertragen werden. Dazu sei folgende Situation betrachtet: Es seien $\mathfrak{G}$ ein Gebiet und C eine stetige, rektifizierbare Kurve in der komplexen Ebene. $F\colon (C)\times\mathfrak{G} \longrightarrow \mathbb{C}$ sei eine stetige Funktion, und für alle $\zeta \in (C)$ sei $z \longmapsto F(\zeta, z)$ holomorph in $\mathfrak{G}$. Dann ist die durch

```
> restart:
  Int(F(zeta,z),zeta=C..``): f := unapply(%,z): 'f(z)' = f(z);
```

$$f(z) = \int_C F(\zeta, z)\,d\zeta$$

definierte Funktion f holomorph in $\mathfrak{G}$, und es gilt

```
> Diff('f(z)',z) = diff(f(z),z);
```

$$\frac{d}{dz} f(z) = \int_C \frac{\partial}{\partial z} F(\zeta, z)\,d\zeta$$

Beispiel

Es sei C der positiv orientierte, einfach durchlaufene Einheitskreis.

```
> restart: F := 1/(zeta*(zeta-z)):
  f := Int(F,zeta=C..``): f := unapply(f,z): 'f(z)' = f(z);
```

$$f(z) = \int_C \frac{1}{\zeta(\zeta - z)}\,d\zeta$$

Mittels Partialbruchzerlegung folgt dann im Inneren des Einheitskreises für $z \neq 0$:

```
> convert(F,parfrac,zeta);
```

$$-\frac{1}{z\zeta} + \frac{1}{z(\zeta - z)}$$

```
> 'f(z)' = 2*Pi*I*(subs(zeta=0,simplify(%*zeta))
          + subs(zeta=z,simplify(%*(zeta-z))));
```

$$f(z) = 0$$

Zudem gilt $f(0) = 0$, da $f(0) = \int_C \frac{1}{\zeta^2}\, d\zeta$ ist und zu dem Integranden eine Stammfunktion existiert. Im Äußeren des Einheitskreises gilt nach der Integralformel

```
> 'f(z)' = 2*Pi*I*subs(zeta=0,simplify(F*zeta));
```

$$f(z) = \frac{-2\, i\, \pi}{z}$$

Dies steht im Einklang mit

```
> diff(f(z),z) = diff(rhs(%),z);
```

$$\int_C \frac{1}{\zeta\, (\zeta - z)^2}\, d\zeta = \frac{2\, i\, \pi}{z^2}$$

Integralformel für Ableitungen

Beispiel 1

Wir berechnen das Integral

$$\int_C \frac{1}{(1 - z^2)^2\, (1 + z^2)^3}\, dz$$

längs des positiv orientierten, einfach durchlaufenen Kreises C um den Punkt i mit Radius $\left(1 + \sqrt{5}\right)/2$.

```
> restart: with(plots): with(plottools):
  F := z -> 1/((1-z^2)^2*(1+z^2)^3);
```

$$F := z \longrightarrow \frac{1}{(1 - z^2)^2\, (1 + z^2)^3}$$

```
> a := I: r := (1+sqrt(5))/2:    # Mittelpunkt und Radius der Kurve C
  g := t -> a+r*exp(I*t):        # t=0..2*Pi
  Int_0 := Int(F(z),z=C..``):
```

Wir gehen zunächst wie in Abschnitt 5.1 vor und verzichten deshalb auf eine Wiedergabe der dort gemachten Ausführungen. Genauer handelt es sich um die Folge von Maple-Anweisungen, die auf Seite 144 mit

Zaehler := numer(F(z)); Nenner := denom(F(z));

beginnt und auf Seite 145 mit der Anweisungsgruppe für die Graphik p endet.

Um die Cauchysche Integralformel für Ableitungen anwenden zu können, ermitteln wir die *Vielfachheiten der Nullstellen des Nenners im Inneren:*

```
> ListTools[Categorize]((x,y)->x=y,Innen);
  Vfh := map(z->[op(1,z),nops(z)],[%]);
```

$$[1,\, 1],\, [-1,\, -1],\, [i,\, i,\, i]\,, \qquad Vfh := [[1,\, 2],\, [-1,\, 2],\, [i,\, 3]]$$

ListTools[Categorize] liefert also eine Partition der in U_a^r liegenden Nullstellen. Die neudefinierte Liste *Vfh* gibt dann zugleich die im Inneren von C liegenden Nullstellen sowie deren Vielfachheit an. Für Nutzer, die nicht über das ListTools-Paket verfügen, folgt eine Alternativlösung:

```
> M_Innen := convert(convert(Innnen,set),list);
  # M_Innen enthält die Elemente von Innen nur einfach.
  seq(select(u->u=v,Innen),v=M_Innen):
  map(nops,[%]):  # Vielfachheiten der Elemente von Innen
  Vfh := zip((x,y)->[x,y],M_Innen,%):
```

Das zu berechnende Kurvenintegral lässt sich mittels *Partialbruchzerlegung* folgendermaßen aufspalten:

```
> q := mul((z-zeta[1])^zeta[2],zeta=Vfh);
  H := unapply(normal(Zaehler*q/Nenner),z); # Hilfsfunktion
```

$$q := (z-1)^2\,(z+1)^2\,(z-i)^3\,, \qquad H := z \longrightarrow \frac{1}{(z+i)^3}$$

```
> convert(1/q,parfrac,z);
```

$$\frac{-\frac{1}{16}+\frac{1}{16}i}{(z-1)^2}+\frac{\frac{1}{4}-\frac{1}{16}i}{z-1}+\frac{\frac{1}{16}+\frac{1}{16}i}{(z+1)^2}+\frac{\frac{1}{4}+\frac{1}{16}i}{z+1}+\frac{1}{4\,(z-i)^3}+\frac{\frac{1}{2}i}{(z-i)^2}$$
$$-\frac{1}{2\,(z-i)}$$

```
> Int_0 = add(Int('H(z)'*op(j,%),z=C..``),j=1..nops(%));
```

$$\int_C \frac{1}{(1-z^2)^2\,(1+z^2)^3}\,dz = \int_C \frac{(-\frac{1}{16}+\frac{1}{16}i)\,\mathrm{H}(z)}{(z-1)^2}\,dz + \cdots$$

Die Integrale auf der rechten Seite kann man direkt mit der Cauchyschen Integralformel für die Ableitungen berechnen. Wir berücksichtigen dabei, dass die Koeffizienten der Partialbruchzerlegung

$$\frac{1}{q} = \sum_{\kappa=1}^{k}\left(\sum_{j=1}^{n_\kappa}\frac{A_{j,\,\kappa}}{(z-z_\kappa)^j}\right)$$

durch

$$A_{n_\kappa - j,\,\kappa} = \frac{\mathrm{D}^j\left(\frac{(z-z_\kappa)^{n_\kappa}}{q}\right)(z_\kappa)}{j!} \qquad (j = 0, \ldots, n_\kappa - 1)$$

gegeben sind. Hierbei bezeichnen $z_1, \ldots, z_k$ die paarweise verschiedenen Nullstellen im Inneren und n_κ die Vielfachheit von z_κ $(\kappa = 1, \ldots, k)$. Das Integral lässt sich somit in der folgenden kompakten Form berechnen:

```
> Folge := NULL:
  for zeta in Vfh do
    h := unapply(normal((z-zeta[1])^zeta[2]/q),z);
    for j from 0 to zeta[2]-1 do
      (D@@j)(h)(zeta[1])/j!;
      (D@@(zeta[2]-j-1))(H)(zeta[1])/(zeta[2]-j-1)!;
      Folge := Folge,%*%
  end do end do:
  add(w,w=[Folge]):
  Erg := simplify(evalc(2*Pi*I*%)):
```

Zum Schluss geben wir die Abbildung und den Wert des Kurvenintegrals aus:

```
> p; Int(F(z),z=C..``) = Erg;
```

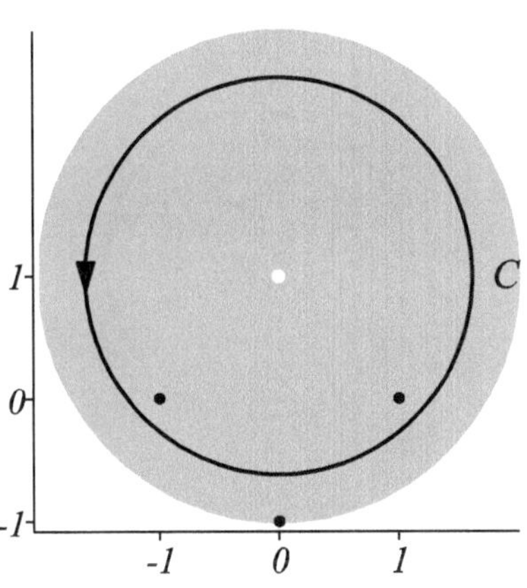

$$\int_C \frac{1}{(1-z^2)^2\,(1+z^2)^3}\,dz = \frac{13}{32}\,\pi$$

Die oben beschriebene Berechnung des Kurvenintegrals haben wir in einer Prozedur *IntFormel_2(F,a,r)* mit den Eingangsparametern F (Funktion), a und r (Mittelpunkt bzw. Radius des Kreises C) ‚verpackt'. Mittels P := IntFormel_2(F, a, r); liefern $P[1]$ den Wert des Kurvenintegrals und $P[2]$ eine Plotstruktur, mit der die erzeugte Abbildung ausgegeben werden kann. Durch den Aufruf `read "../cauchy.txt":` wird die Prozedur bereitgestellt.

Beispiel 2

Die folgenden zwei Beispiele haben wir bewusst einfach gewählt, damit man sie von Hand — mittels der Integralformel für die Ableitung — leicht nachprüfen kann: Wir berechnen das Integral

$$\int_C \frac{e^{2z}}{(1-z)^5}\,dz$$

längs des positiv orientierten, einfach durchlaufenen Kreises C um den Punkt 0 mit Radius 2.

```
> restart: with(plots): with(plottools): read "../cauchy.txt":
  F := z -> exp(2*z)/(1-z)^5;
```

$$F := z \longrightarrow \frac{e^{2z}}{(1-z)^5}$$

```
> P := IntFormel_2(F,0,2): display(P[2]); Int(F(z),z=C..``) = P[1];
```

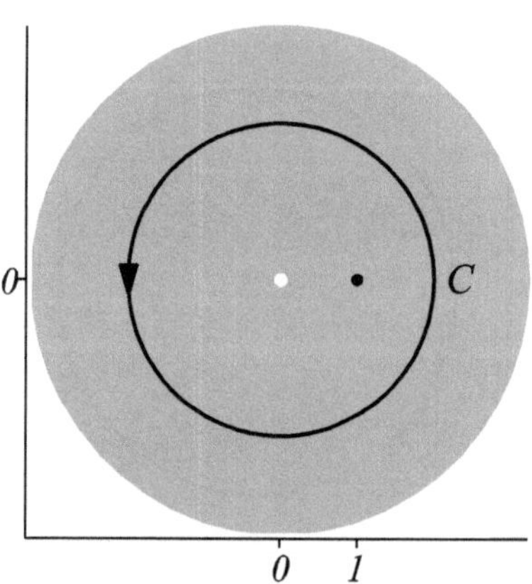

$$\int_C \frac{e^{2z}}{(1-z)^5}\,dz = -\frac{4}{3}\,i\,\pi\,e^2$$

Beispiel 3

Wir berechnen das Integral

$$\int_C \frac{\sin(z)^2}{(z-\pi/2)^3}\,dz$$

längs des positiv orientierten, einfach durchlaufenen Kreises C um den Punkt 0 mit Radius 2.

```
> restart: with(plots): with(plottools): read "../cauchy.txt":
  F := z -> sin(z)^2/(z-Pi/2)^3;
```

$$F := z \longrightarrow \frac{\sin(z)^2}{(z - \frac{1}{2}\pi)^3}$$

```
> P := IntFormel_2(F,0,2): display(P[2]); Int(F(z),z=C..``) = P[1];
```

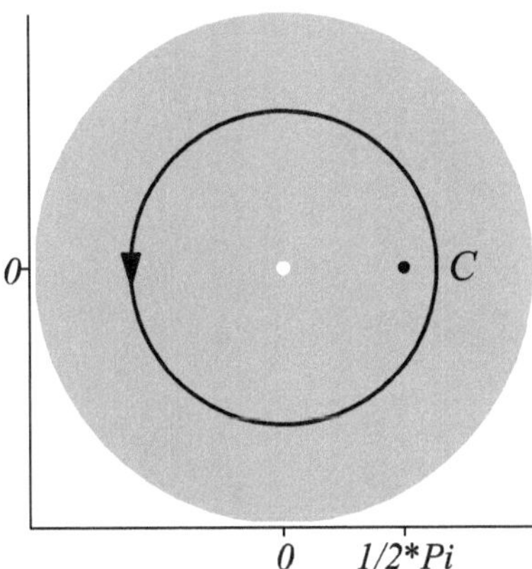

$$\int_C \frac{\sin(z)^2}{\left(z - \frac{1}{2}\pi\right)^3}\,dz = -2\,i\,\pi$$

Maximum-Prinzip, Minimum-Prinzip

Für eine auf einem beschränkten Gebiet $\mathfrak{G}$ holomorphe Funktion f, die noch auf $\overline{\mathfrak{G}}$ stetig (fortsetzbar) ist, besagt Satz 5.17 (Prinzip vom Maximum): $|f(z)|$ nimmt auf dem Rand von $\mathfrak{G}$ das Maximum aller Werte für $z \in \overline{\mathfrak{G}}$ an.

Ist f nicht konstant, so gibt es keine solche Stelle in $\mathfrak{G}$. Folgerung 5.18 (Prinzip vom Minimum) zeigt ergänzend, dass eine solche Funktion nur dann ein (Betrags-)Minimum in $\mathfrak{G}$ annehmen kann, wenn dieses 0 ist. Wir verifizieren dies an zwei Beispielen:

```
> restart: with(plots):
  setoptions3d(shading=zhue,style=patchcontour,contours=20,axes=boxed,
    grid=[70,70],tickmarks=[3,3,3],axesfont=[TIMES,ITALIC,12]):
```

Beispiel 1

```
> f := z -> sin(z+1)^2/(z-2); # Idee aus: [Kli, S. 178]
  p := plot3d(abs(f(x+I*y)),x=-Pi/2..Pi/2,y=-Pi/2..Pi/2):
  display(p,orientation=[125,30]);
  display(p,orientation=[180,0],scaling=constrained);
```

$$f := z \longrightarrow \frac{\sin(z+1)^2}{z-2}$$

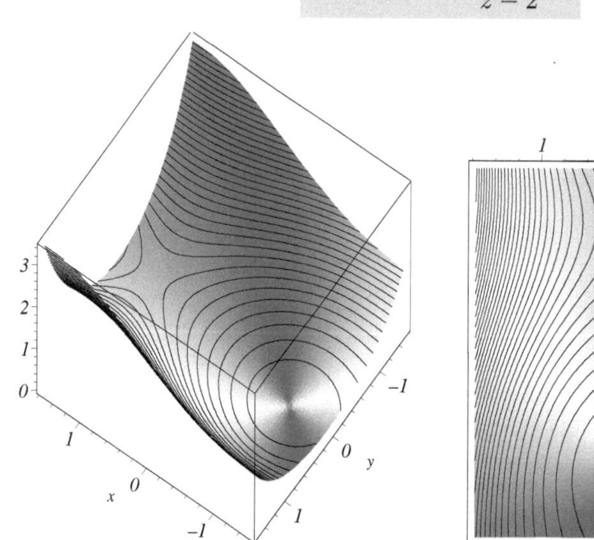

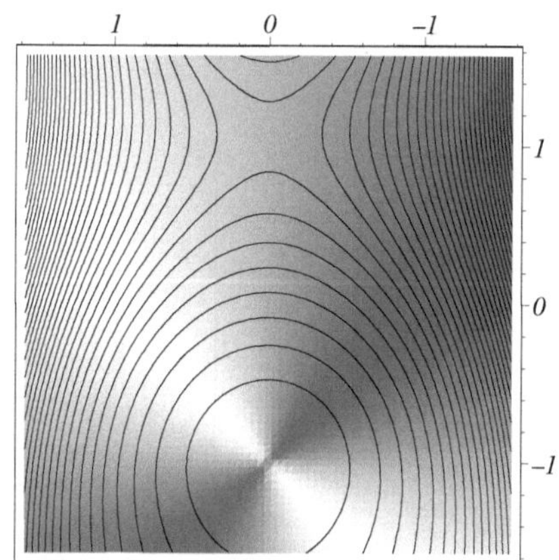

Beispiel 2

```
> g := z -> (z^4-1)/(z-I-1); # Idee aus: [Me/Va, S. 239]
  p1 := plot3d(abs(g(x+I*y)),x=-1..1,y=-sqrt(1-x^2)..sqrt(1-x^2)):
  p2 := spacecurve([cos(t),sin(t),0],t=0..2*Pi,color=black):
  display({p1,p2},orientation=[150,60]);
  display(p1,orientation=[180,0],scaling=constrained);
```

$$g := z \longrightarrow \frac{z^4-1}{z-i-1}$$

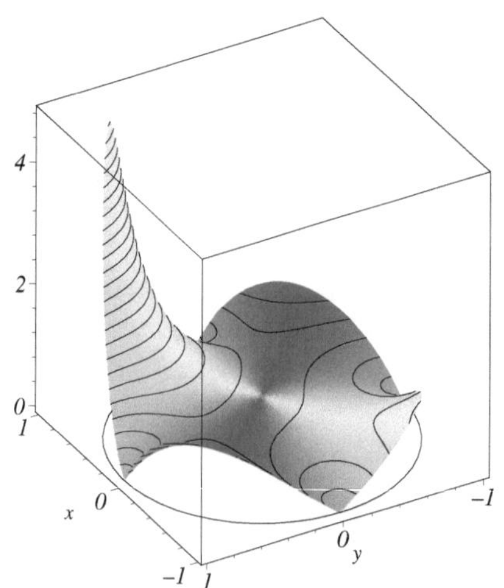

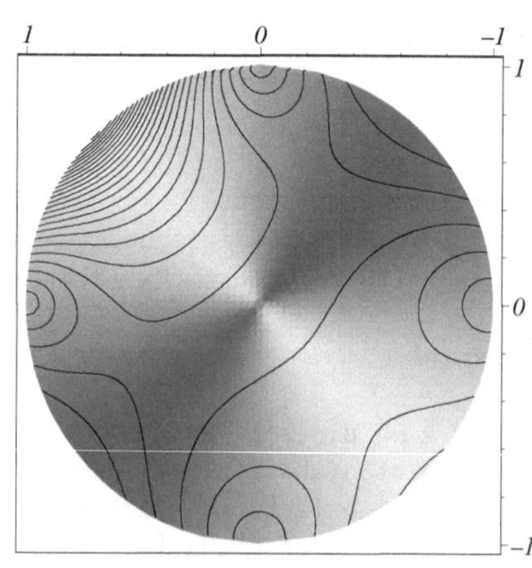

In den vorangehenden Beispielen ging es um die graphische Darstellung des Absolutbetrages komplexwertiger Funktionen. Diese Abbildungen enthalten nicht alle Informationen über die betrachtete Funktion f. Wir können den Wert $|f(z)|$, nicht aber $f(z)$ selbst ‚sehen'. Hierzu müsste man eine vierte reelle Variable — etwa argument($f(z)$) — sichtbar machen. Aufgrund der Beschränkungen durch den dreidimensionalen Anschauungsraum besteht ein häufig gewähltes Vorgehen darin, das Argument von $f(z)$ durch die Färbung der Oberfläche auszudrücken. Maple realisiert dies — allerdings nur für Rechteckbereiche — mit Hilfe des Befehls complexplot3d . Für Beispiel 1 etwa sieht dies dann so aus:

```
> p := complexplot3d(f,-(1+I)*Pi/2..(1+I)*Pi/2):
  display(p,orientation=[125,30]);
  display(p,orientation=[180,0],scaling=constrained);
```

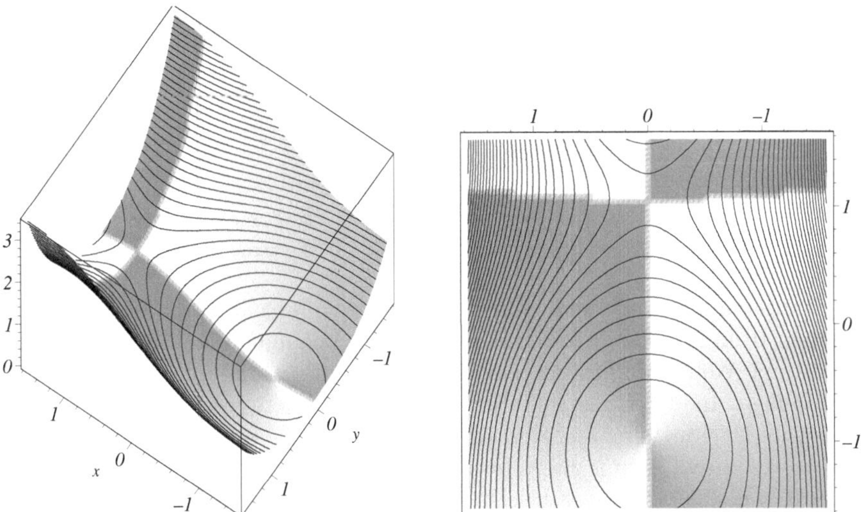

complexplot3d entspricht im Prinzip *plot3d* unter Angabe einer geeigneten Color-Funktion für die color-Option. Wir verzichten darauf, dies mittels folgender Anweisung nachzuprüfen:

```
> plot3d(abs(f(x+I*y)),x=-Pi/2..Pi/2,y=-Pi/2..Pi/2,
    color=Pi+argument(f(x+I*y)),orientation=[125,30]):
```

Die in den beiden Abbildungen oben deutlich erkennbaren Kurven auf der Oberfläche sind Ausdruck der Tatsache, dass die Argumentfunktion auf der negativen reellen Achse unstetig ist und dort einen Sprung der Höhe 2π macht.

Zum Abschluss machen wir noch ein paar ergänzende Bemerkungen zur Kolorierung von 3D-Graphiken. Maple ermöglicht dies auf verschiedene Weisen. Die Benutzung einer einzigen Farbe — wie z. B. mittels der Option color=gray bei den Abbildungen auf Seite 62 und 63 — liefert nur in Ausnahmefällen befriedigende Ergebnisse. Eine wesentlich ansprechendere Darstellung erhält man mittels der Option shading=zhue, wodurch eine Funktion, gegeben durch den Term $z = f(x,y)$, in Abhängigkeit von den z-Werten koloriert wird. Die Anweisung

```
> plot3d(f(x,y),x=a..b,y=c..d,shading=zhue);
```

ist dabei äquivalent zu

```
> plot3d(f(x,y),x=a..b,y=c..d,color=f(x,y));
```

Leider können die so entstehenden ‚schönen' Bilder im Rahmen der drucktechnischen Vorgaben für dieses Buch (weitgehend Schwarz-Weiss-Druck!) nicht wirklichkeitsgetreu wiedergegeben werden. Es liegt nahe, shading=zhue durch shading=zgrayscale zu ersetzen, doch leider liefert dies kein befriedigendes Ergebnis. Basierend auf diesem Ansatz konnten wir jedoch folgende Color-Funktion kreieren:

```
> grayscale := x -> COLOR(RGB,x,x,x):
  u := (x,y) -> 2*x*y/(x^2+y^2):
  a := 2.4: G := (x,y) -> (a+u(x,y))/(a+1):     # Glanzfunktion
  ColorFunc := (x,y) -> grayscale(G(x,y)):      # Color-Funktion
```

Sie ist zusammengesetzt aus zwei Funktionen: *grayscale* liefert für x-Werte zwischen 0 und 1 eine Skala von Grautönen, beginnend mit Schwarz und endend mit Weiß. Die Funktion G dient dazu, der Abbildung mehr ‚Glanz' zu verleihen. In die Konstruktion der ‚Glanzfunktion' G geht die Funktion u entscheidend ein, die zum klassischen Beispielrepertoire einer jeden Analysis-Grundvorlesung zählt. Für den Parameter a muss $a \geq 1$ gelten, damit $0 \leq G(x,y) \leq 1$ gewährleistet ist. Der aktuelle Wert von a ist dabei dem jeweiligen Beispiel anzupassen. Insgesamt ergibt sich so unsere Color-Funktion mit einem ‚Glanzpunkt' im Ursprung $(0,0)$.

Angewendet auf Beispiel 1 (siehe S. 159) erhält man mittels

```
> p := plot3d(abs(f(x+I*y)),x=-Pi/2..Pi/2,y=-Pi/2..Pi/2,
              color=ColorFunc(x+1,y)):
  display(p,orientation=[125,30]);
  display(p,orientation=[180,0],scaling=constrained);
```

die ersten beiden Abbildungen auf Seite 160. Den Glanzpunkt haben wir dabei nach $(-1,0)$ verschoben, wo die betrachtete Funktion ein Betragsminimum hat.

Das vorangehend geschilderte Vorgehen wird später noch wiederholt angewendet, gelegentlich in leicht modifizierter Form.

Kapitel 6

Der globale Hauptsatz

In diesem Kapitel wird der Haupsatz aus Kapitel 4 (Satz 8) hinsichtlich Leistungsfähigkeit und Handlichkeit deutlich verbessert. Es werden wesentlich allgemeinere als nur *konvexe* Gebiete zugelassen. Zur Beschreibung der zentralen Bedingung wird der Begriff der *Umlaufzahl* benötigt. Die betrachteten Kurven werden verallgemeinert zu *Zyklen*.

6.1 Umlaufzahl, Zyklen

Umlaufzahl*

Für $a \in \mathbb{C}$, $0 < r < \infty$ und $n \in \mathbb{Z}$ betrachten wir die durch

$$g_n \colon [0, 2\pi] \ni \varphi \longmapsto a + r\exp(in\varphi) \in \mathbb{C}$$

gegebene Kurve $\mathfrak{C}_n$. Man wird sagen: $\mathfrak{C}_n$ *umläuft* a n*-mal im* (mathematisch) *positiven Sinne*, falls $n \in \mathbb{N}_0$, und $|n|$*-mal im negativen Sinne*, falls $-n \in \mathbb{N}$. Die Beobachtung

$$\frac{1}{2\pi i}\int\limits_{\mathfrak{C}_n} \frac{1}{z-a}\,dz = \frac{1}{2\pi i}\int\limits_0^{2\pi} \frac{inr\exp(in\varphi)}{r\exp(in\varphi)}\,d\varphi = n$$

gibt einen ersten Hinweis darauf, dass

$$\frac{1}{2\pi i}\int\limits_{\mathfrak{C}} \frac{1}{z-a}\,dz$$

* Für eine stärker an der Anschauung orientierte Einführung des Begriffs der Umlaufzahl verweisen wir auf MWS 6. An Stelle der Logarithmusfunktion wird dort mit der *Argumentfunktion* gearbeitet, und es werden auch nicht-geschlossene Kurven betrachtet.

für eine beliebige geschlossene Kurve $\mathfrak{C}$ etwas über das ‚Umlaufverhalten' von $\mathfrak{C}$ um a aussagt.

Hilfssatz

Ist eine Funktion $f\colon \mathfrak{G} \longrightarrow \mathbb{C}\setminus\{0\}$ *holomorph auf einem konvexen* Gebiet* $\mathfrak{G}$, *so existiert eine holomorphe Funktion* $g\colon \mathfrak{G} \longrightarrow \mathbb{C}$ *mit*

$$f(z) = \exp(g(z)), \quad \textit{also } g(z) \in \log(f(z)), \qquad \textit{für } z \in \mathfrak{G}.$$

Beweis: Nach der 2. Fassung des Hauptsatzes (S. 114) existiert eine Stammfunktion h zu der holomorphen Funktion f'/f. Damit gilt:

$$(f\cdot\exp(-h))' = f'\exp(-h) + f\exp(-h)\,(-h') = \underbrace{(f'-h'f)}_{=0}\exp(-h) = 0;$$

daher existiert eine komplexe Zahl d mit $f(z)\exp(-h(z)) = d$ für $z \in \mathfrak{G}$. Da die linke Seite ungleich Null ist, existiert ein $c \in \mathbb{C}$ mit $\exp(c) = d$; so hat man wegen $f(z) = \exp(h(z)+c)$ $(z \in \mathfrak{G})$ eine gesuchte Funktion g. □

Zusatz *Ist* g *eine Funktion gemäß obigem Hilfssatz, so hat man für eine stetige Funktion* $g_1\colon \mathfrak{G} \longrightarrow \mathbb{C}$ *genau dann* $f(z) = \exp(g_1(z))$ $(z \in \mathfrak{G})$, *wenn*

$$g_1(z) = g(z) + 2k\pi i \quad (z \in \mathfrak{G})$$

mit einem $k \in \mathbb{Z}$ *gilt.*

Beweis: Ausgehend von $g_1(z) = g(z) + 2k\pi i$ folgt trivialerweise $f(z) = \exp(g_1(z))$ $(z \in \mathfrak{G})$. In der umgekehrten Richtung existiert zunächst für $z \in \mathfrak{G}$ jeweils ein $k(z) \in \mathbb{Z}$ mit $g_1(z) - g(z) = 2\pi i k(z)$; da $g_1 - g$ stetig und $\mathfrak{G}$ wegzusammenhängend ist, muss die Funktion k konstant sein. □

Satz 1

Für $\mathfrak{C} \in \mathrm{K}_{\mathrm{cl}}^{\mathbb{C}}$** *und* $z \in \mathbb{C}\setminus(\mathfrak{C})$ *gilt:*

$$\boxed{u(\mathfrak{C},z) := \frac{1}{2\pi i}\int_{\mathfrak{C}} \frac{1}{\zeta - z}\,d\zeta} \quad \in \mathbb{Z}$$

$u(\mathfrak{C},z)$ heißt „*Umlaufzahl* — auch „*Index*" oder „*Windungszahl*" — *von* $\mathfrak{C}$ *bezüglich* (oder: um) z".

Die Voraussetzungen des Satzes an $\mathfrak{C}$ können deutlich abgeschwächt werden! Einen eleganteren Beweis — aber ohne direkte Verbindung zur Anschauung — findet man z. B. bei [Rud] und [Fi/Li].

* Diese Voraussetzung ist recht speziell!

** Wir erinnern daran, dass dies bedeutet: $\mathfrak{C}$ ist eine stückweise stetig differenzierbare geschlossene Kurve in $\mathbb{C}$.

Beweis und *Verbindung zur anschaulichen Vorstellung:*

Œ kann $z = 0$ angenommen werden. Es sei g eine (stetige) Parameterdarstellung von $\mathfrak{C}$ mit Parameterintervall $[\alpha, \beta]$. Da $|g(t)|$ auf diesem Intervall ständig positiv ist, existiert ein $0 < r < \infty$ mit $|g(t)| \geq 2r$ für alle $t \in [\alpha, \beta]$. Da g zudem gleichmäßig stetig ist, existieren eine natürliche Zahl n und eine Zerlegung $\alpha = t_0 < t_1 < \cdots < t_n = \beta$ derart, dass mit $z_\nu := g(t_\nu)$

$$g\big([t_{\nu-1}, t_\nu]\big) \subset U^r_{z_{\nu-1}} =: \mathfrak{G}_\nu \overset{\checkmark}{\subset} \mathbb{C} \setminus \{0\}.$$

Nach dem obigen Hilfssatz existiert jeweils ein holomorphes $f_\nu \colon \mathfrak{G}_\nu \longrightarrow \mathbb{C}$ mit $f_\nu(\zeta) \in \log \zeta$ für $\zeta \in \mathfrak{G}_\nu$. So gilt $f_\nu(\zeta) = \ln|\zeta| + i\varphi_\nu(\zeta)$ mit einem Argument $\varphi_\nu(\zeta)$ von ζ. Dann ist φ_ν stetig. Nach obigem Zusatz kann, unter Beachtung von $z_\nu \in \mathfrak{G}_\nu \cap \mathfrak{G}_{\nu+1}$,

$$f_{\nu+1}(z_\nu) = f_\nu(z_\nu)$$

erreicht werden ($\nu = 1, \ldots, n-1$).
$\varphi(t) := \varphi_\nu(g(t))$ $(t \in [t_{\nu-1}, t_\nu])$
liefert dann
$\varphi \colon [\alpha, \beta] \longrightarrow \mathbb{C}$ *stetig* mit
$\varphi(t) \in \arg(g(t))$ $(t \in [\alpha, \beta])$.

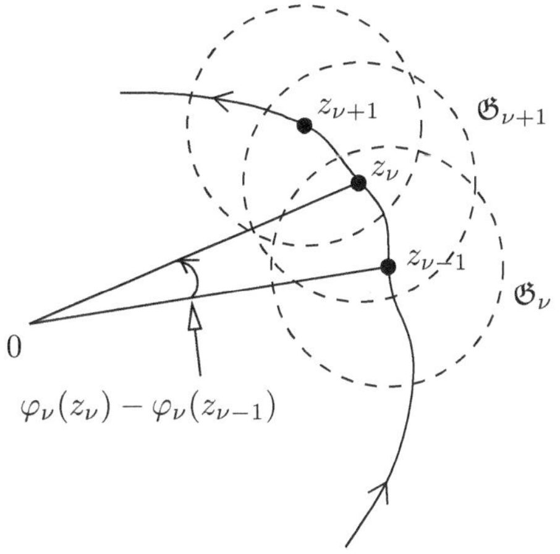

Mit der Kurve $\mathfrak{C}_\nu$ zu $g_{|[t_{\nu-1}, t_\nu]}$ gilt

$$\int_{\mathfrak{C}_\nu} \frac{1}{\zeta}\, d\zeta = f_\nu(z_\nu) - f_\nu(z_{\nu-1}) = \ln|z_\nu| - \ln|z_{\nu-1}| + i\underbrace{\big(\varphi_\nu(z_\nu) - \varphi_\nu(z_{\nu-1})\big)}_{= \varphi(t_\nu) - \varphi(t_{\nu-1})}$$

Der Imaginärteil misst die *Änderung des Argumentes* von $g(t)$, wenn t das Teilintervall $[t_{\nu-1}, t_\nu]$ durchläuft.

$$\int_{\mathfrak{C}} \frac{1}{\zeta}\, d\zeta = \sum_{\nu=1}^{n} \int_{\mathfrak{C}_\nu} \frac{1}{\zeta}\, d\zeta \underset{\substack{z_n = z_0, \\ \text{da } \mathfrak{C} \text{ geschlossen}}}{=} i\underbrace{\big(\varphi(\beta) - \varphi(\alpha)\big)}_{\substack{\text{misst Gesamtänderung} \\ \text{des Argumentes}}} \in 2\pi i\mathbb{Z}$$

Die letzte Aussage folgt, da $\varphi(\beta), \varphi(\alpha) \in \arg(a(\mathfrak{C}))$. □

Eigenschaften der Umlaufzahl: Für $\mathfrak{C}, \mathfrak{C}_1, \mathfrak{C}_2 \in \mathrm{K}_{\mathrm{cl}}^{\mathbb{C}}$ gilt:

a) $u(-\mathfrak{C}, z) = -u(\mathfrak{C}, z) \quad (z \in O := \mathbb{C} \setminus (\mathfrak{C}))$;
$u(\mathfrak{C}_1 + \mathfrak{C}_2, z) = u(\mathfrak{C}_1, z) + u(\mathfrak{C}_2, z)$, falls $a(\mathfrak{C}_2) = e(\mathfrak{C}_1)$, d. h. die Umlaufzahl ist *additiv* bezüglich der Kurven.

b) $O \ni z \longmapsto u(\mathfrak{C}, z)$ ist *holomorph.*

c) Ist $\mathfrak{M}$ eine *wegzusammenhängende* Teilmenge von O, dann existiert ein $k \in \mathbb{Z}$ mit $u(\mathfrak{C}, z) = k$ für alle $z \in \mathfrak{M}$.

d) Für $0 < r < \infty$ mit $(\mathfrak{C}) \subset U_0^r$ gilt $u(\mathfrak{C}, z) = 0$ für $z \in \mathbb{C} \setminus U_0^r$.

e) Sind $a \in \mathbb{C}$, $\mathfrak{G}$ ein Gebiet in $\mathbb{C} \setminus \{a\}$ und $\mathfrak{C}_1, \mathfrak{C}_2$ *homotop** in $\mathfrak{G}$, so ist $u(\mathfrak{C}_1, a) = u(\mathfrak{C}_2, a)$.

Beweis:
a) folgt unmittelbar aus den allgemeinen Eigenschaften des Kurvenintegrals.
b) folgt (lokal) aus Satz 5.20 (‚Differentiation unterm Integral').
c) Eine $\mathbb{Z}$-wertige stetige Abbildung auf einer wegzusammenhängenden Menge ist konstant.
d) Auf $\mathbb{C} \setminus U_0^r$ ist — nach c) — die Umlaufzahl $u(\mathfrak{C}, \cdot)$ konstant; für z mit hinreichend großem $|z|$ liefert die Integralabschätzung $|u(\mathfrak{C}, z)| < 1$. Zusammen folgt also die Behauptung.
e) Man vergleiche hierzu etwa [Rud, 10.40]. □

Definition:

Es seien $\mathfrak{G}$ ein Gebiet in $\mathbb{C}$ und $\mathfrak{C} \in \mathrm{K}_{\mathrm{cl}}^{\mathfrak{G}}$:

$\mathfrak{C}$ heißt genau dann „*nullhomolog* (in $\mathfrak{G}$)", wenn $u(\mathfrak{C}, z) = 0$ für alle $z \in \mathbb{C} \setminus \mathfrak{G}$ gilt. *(‚Es werden keine gebietsfremden Punkte umlaufen.')*

Nur für Leser, die den Begriff „*nullhomotop* (in $\mathfrak{G}$)" (‚auf einen Punkt zusammenziehbar') kennen, sei angemerkt: Aus ‚nullhomolog' folgt *nicht* ‚nullhomotop'. Ein Beispiel dazu liefert die in der Theorie der speziellen Funktionen der mathematischen Physik nach POCHHAMMER benannte Kurve — natürlich mit $\mathfrak{G}$ als zweifach punktierte Ebene (ohne die beiden fett eingezeichneten Punkte):

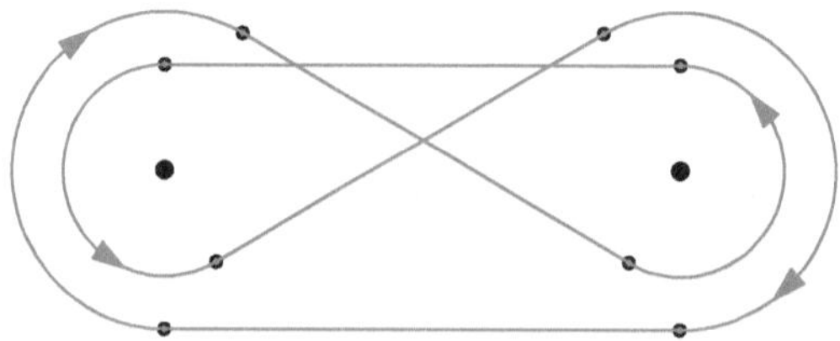

* Dies ist nur angemerkt für Leser, denen der Begriff der Homotopie vertraut ist. Wir benutzen diese Überlegung nicht!

Zyklen

Um die folgenden Überlegungen knapp und übersichtlich notieren zu können, führen wir ‚Zyklen' (geschlossene Ketten) ein; dies machen wir *‚naiv'* und nicht — wie Puristen — über freie abelsche Gruppen.

Es seien $\mathfrak{G}$ ein Gebiet in $\mathbb{C}$ und $f\colon \mathfrak{G} \longrightarrow \mathbb{C}$ eine holomorphe Funktion:

Bezeichnung:

Für $\mathfrak{C}_\nu \in \mathrm{K}_{\mathrm{cl}}^{\mathfrak{G}}$ und $a_\nu \in \mathbb{Z}$ $(\nu = 1, \ldots, n;\ n \in \mathbb{N})$ bezeichnen wir eine ‚formale Linearkombination' $\mathfrak{K} = a_1\mathfrak{C}_1 + \cdots + a_n\mathfrak{C}_n$ als *„Zyklus"* (in $\mathfrak{G}$).
$n\mathfrak{C}$ für $n \in \mathbb{N}$ sei dabei rekursiv erklärt, $0\mathfrak{C} := \mathfrak{C}_{a(\mathfrak{C})}$ * und $(-n)\mathfrak{C} := -(n\mathfrak{C})$.

$$\int_{\mathfrak{K}} f(z)\,dz := \sum_{\nu=1}^{n} a_\nu \int_{\mathfrak{C}_\nu} f(z)\,dz$$

$$(\mathfrak{K}) := \bigcup_{\substack{\nu=1\\ a_\nu \neq 0}}^{n} (\mathfrak{C}_\nu) \qquad \text{„}\textit{Träger(menge) von } \mathfrak{K}\text{“}$$

$$-\mathfrak{K} := (-a_1)\mathfrak{C}_1 + \cdots + (-a_n)\mathfrak{C}_n$$

Ist $\mathfrak{L} = a_{n+1}\mathfrak{C}_{n+1} + \cdots + a_{n+m}\mathfrak{C}_{n+m}$ ein weiterer Zyklus in $\mathfrak{G}$, so ist natürlich

$$\mathfrak{K} + \mathfrak{L} := a_1\mathfrak{C}_1 + \cdots + a_{n+m}\mathfrak{C}_{n+m}\,,$$
$$\mathfrak{K} - \mathfrak{L} := \mathfrak{K} + (-\mathfrak{L})\,.$$

$\int_{\mathfrak{K}} f(z)\,dz$ ist wieder *linear bezüglich* f und *additiv bezüglich* $\mathfrak{K}$.

Für $z_0 \in \mathbb{C} \setminus (\mathfrak{K})$

$$u(\mathfrak{K}, z_0) := \sum_{\substack{\nu=1\\ a_\nu \neq 0}}^{n} a_\nu\, u(\mathfrak{C}_\nu, z_0) \qquad \text{„}\textit{Umlaufzahl von } \mathfrak{K} \textit{ bezüglich } z_0\text{“}$$

$\mathfrak{K}$ *„nullhomolog (in $\mathfrak{G}$)"* $:\iff \forall z \in \mathbb{C} \setminus \mathfrak{G}\quad u(\mathfrak{K}, z) = 0$

$\mathfrak{K}$ und $\mathfrak{L}$ *„homolog"* $:\iff \mathfrak{K} - \mathfrak{L}$ nullhomolog

* Dies soll natürlich die durch die ‚triviale' Parameterdarstellung $[0,1] \ni t \mapsto a(\mathfrak{C})$ definierte Kurve bezeichnen.

6.2 Der Hauptsatz für nullhomologe Zyklen

Hauptsatz (3. und letzte Fassung; Umlaufzahlversion)

Es seien $\mathfrak{G}$ ein Gebiet in $\mathbb{C}$, $f\colon \mathfrak{G} \longrightarrow \mathbb{C}$ eine holomorphe Funktion und $\mathfrak{K}$ ein nullhomologer Zyklus in $\mathfrak{G}$. Dann gelten:

(1) $$f^{(k)}(z) \cdot u(\mathfrak{K}, z) = \frac{k!}{2\pi i} \int\limits_{\mathfrak{K}} \frac{f(\zeta)}{(\zeta - z)^{k+1}} \, d\zeta \qquad (z \in \mathfrak{G} \setminus (\mathfrak{K}), k \in \mathbb{N}_0)$$

(2) $$\int\limits_{\mathfrak{K}} f(\zeta) \, d\zeta = 0$$

(3) Für homologe Zyklen $\mathfrak{K}_1, \mathfrak{K}_2$ in $\mathfrak{G}$: $$\int\limits_{\mathfrak{K}_1} f(\zeta) \, d\zeta = \int\limits_{\mathfrak{K}_2} f(\zeta) \, d\zeta$$

*Beweis** (nach Dixon (1971) [Proc. Am. Math. Soc. 29; Seite 625 f])

Wir zeigen (1) für $k = 0$; daraus folgt dann (1) für $k \in \mathbb{N}$ durch Differentiation unterm Integral, indem man Satz 5.20 (siehe Seite 142) lokal anwendet.

(1) (für $k = 0$) impliziert (2):
Für festes $z \in \mathfrak{G} \setminus (\mathfrak{K})$ wendet man (1) (für $k = 0$) an auf $F(\zeta) := (\zeta - z) f(\zeta)$ $(\zeta \in \mathfrak{G})$.

(2) impliziert (3): $\mathfrak{K}_1 - \mathfrak{K}_2$ ist nullhomolog. So liest man die Behauptung mit der Additivität des Integrals bezüglich der Zyklen ab.

Zum *Beweis von (1) für* $k = 0$ bemerken wir zunächst: Die Behauptung ist offenbar äquivalent zu

$$0 = \frac{1}{2\pi i} \int\limits_{\mathfrak{K}} \frac{f(\zeta) - f(z)}{\zeta - z} \, d\zeta \tag{1}$$

für $z \in \mathfrak{G} \setminus (\mathfrak{K})$. Wir betrachten

$$g(\zeta, z) := \begin{cases} \dfrac{f(\zeta) - f(z)}{\zeta - z} &, \ \zeta \neq z \\ f'(z) &, \ \zeta = z \end{cases} \qquad ((\zeta, z) \in \mathfrak{G}^2)$$

und zeigen zunächst:

$$g \text{ ist stetig.} \tag{2}$$

Dazu sei $(\zeta_0, z_0) \in \mathfrak{G}^2$ fest.

* Andere Beweise findet man z. B. in [Jae] und [Be/So]; dem Kenner ist natürlich auch der Zugang über den Satz von Runge vertraut.

Ist $\zeta_0 \neq z_0$, so existiert ein $r > 0$ mit $\zeta \neq z$ für alle $(\zeta, z) \in U^r_{(\zeta_0, z_0)}$, damit ist g trivialerweise in (ζ_0, z_0) stetig.

Im Falle $\zeta_0 = z_0$ existiert zu $\varepsilon > 0$ ein $r > 0$ derart, dass $U^r_{z_0} \subset \mathfrak{G}$ und $|f'(v) - f'(z_0)| < \varepsilon$ für $v \in U^r_{z_0}$. Für $\zeta, z \in U^r_{z_0}$ betrachten wir

$$\varphi(t) := (1-t)z + t\zeta \in U^r_{z_0} \qquad \big(t \in [0,1]\big);$$

damit gilt

$$g(\zeta, z) - g(\zeta_0, z_0) \stackrel{\checkmark}{=} \int_0^1 \big(f'(\varphi(t)) - f'(z_0)\big)\,dt, \quad \text{also}$$

$$\big|g(\zeta, z) - g(\zeta_0, z_0)\big| \leq \varepsilon\,.$$

Damit ist g stetig. Wir definieren nun

$$h_0(z) := \int_{\mathfrak{K}} g(\zeta, z)\,d\zeta \qquad (z \in \mathfrak{G})\,.$$

Zu zeigen ist also $h_0 = 0$:
Für festes $\zeta \in \mathfrak{G}$ ist die Abbildung $\mathfrak{G} \ni z \longmapsto g(\zeta, z)$ holomorph (vgl. z. B. Satz 5.5); unter Beachtung von (2) und des Satzes über die Differentiation unterm Integral ist daher h_0 *holomorph.* Wir betrachten nun

$$\mathfrak{N} := \{z \in \mathbb{C} \setminus (\mathfrak{K}) : u(\mathfrak{K}, z) = 0\}\,.$$

$\mathfrak{N}$ ist offen, da $u(\mathfrak{K}, z)$ stetig und ganzzahlig ist. Da $\mathfrak{K}$ nullhomolog ist, folgt $\mathfrak{G} \cup \mathfrak{N} = \mathbb{C}$. Für $z \in \mathfrak{N}$ definieren wir

$$h_1(z) := \int_{\mathfrak{K}} \frac{f(\zeta)}{\zeta - z}\,d\zeta\,;$$

dann ist auch h_1 *holomorph*, und für $z \in \mathfrak{G} \cap \mathfrak{N}$ gilt nach Definition von $\mathfrak{N}$ $h_0(z) = h_1(z)$. Durch

$$h(z) := \begin{cases} h_0(z)\,, & z \in \mathfrak{G} \\ h_1(z)\,, & z \in \mathfrak{N} \end{cases}$$

ist somit eine *ganze Funktion* h definiert.
Integralabschätzung zeigt mit der Eigenschaft d) von S. 166 für $z \in \mathfrak{N}$:

$$h(z) = h_1(z) \longrightarrow 0 \quad \big(|z| \longrightarrow \infty\big)$$

Jetzt liefert der Satz von LIOUVILLE: $h = 0$, speziell $h_0 = 0$, das ist die Behauptung (1). □

Einfach-zusammenhängende Gebiete

An manchen Stellen sind für Gebiete die Begriffe *konvex* und *sternförmig*, die für viele Überlegungen (lokal) durchaus ausreichen, doch etwas einschränkend.

Wir erinnern noch einmal an deren Bedeutung: Ein Gebiet $\mathfrak{G}$ ist genau dann *konvex*, wenn zu je zwei Punkten aus $\mathfrak{G}$ die Verbindungsstrecke ganz in $\mathfrak{G}$ verläuft (vgl. Seite 57). *Sternförmig* bedeutet, dass es einen ausgezeichneten Punkt a gibt, von dem aus man alle anderen Punkte des Gebietes ‚sehen' kann, d. h. für beliebiges $z \in \mathfrak{G}$ die Verbindungsstrecke $[a, z]$ im Gebiet liegt (vgl. Seite 58).

Die folgende Eigenschaft erweist sich als angemessen* für Verallgemeinerungen:

Definition:

Ein Gebiet $\mathfrak{G}$ in $\mathbb{C}$ heißt genau dann *einfach-zusammenhängend*, wenn jeder Zyklus $\mathfrak{K}$ in $\mathfrak{G}$ nullhomolog ist.

Trivialerweise ist jedes konvexe Gebiet sternförmig. Dass ein (bezüglich a) sternförmiges Gebiet $\mathfrak{G}$ einfach-zusammenhängend ist, sieht man wie folgt: Für $z \in \mathbb{C} \setminus \mathfrak{G}$ ist die Umlaufzahl $u(\mathfrak{K}, z)$ auf der wegzusammenhängenden Teilmenge $\{a+t(z-a) \, : \, t \in [1, \infty[\}$ (Halbstrahl) von $\mathbb{C} \setminus (\mathfrak{K})$ konstant (Seite 166, Eigenschaft c)). Mit Integralabschätzung (für große $|z|$) folgt dann, dass sie Null ist.

Bemerkung 2 *Jede holomorphe Funktion auf einem einfach-zusammenhängenden Gebiet hat eine Stammfunktion.*

Beweis: In solchen Gebieten gilt nach dem Hauptsatz dieses Kapitels

$$\int_{\mathfrak{K}} f(z)\, dz = 0$$

für jede holomorphe Funktion f und jeden Zyklus $\mathfrak{K}$. Daraus folgt — mit naheliegender Modifikation der Überlegungen von Seite 113 — die Existenz einer Stammfunktion. □

* Wir setzen den Begriff einfach-zusammenhängend allerdings nur an zwei Stellen (Kapitel 8) ein.

MWS zu Kapitel 6

Der globale Hauptsatz

Wichtige MAPLE-Befehle dieses Kapitels:

discont (=true, false)
unapply, piecewise
indets
sort

6.1 Umlaufzahl, Zyklen

Umlaufzahl

Zur Formulierung des globalen CAUCHYschen Integralsatzes wird der Begriff der Umlaufzahl herangezogen. Auch ohne genaue mathematische Beschreibung verbindet man damit intuitiv eine gewisse Vorstellung:

Denken wir z. B. an die durch die Parameterdarstellung

$$g\colon t \longmapsto a + r\exp(i\nu t) \quad (t \in [0,\, 2\pi])$$

gegebene Kurve C (Kreis um a mit Radius r), so wird man für $\nu \in \mathbb{N}_0$ sagen, dass C den Punkt a im mathematisch positiven Sinne ν-mal umläuft; analog umläuft C für ganzzahliges $\nu < 0$ den Punkt a $|\nu|$-mal im negativen Sinne. Es liegt also in diesem Falle nahe, das Umlaufverhalten von C um a durch die Umlaufzahl $u(C,\, a) := \nu$ auszudrücken. Beobachtet man, dass $\vartheta(t) := \nu t$ ein Argument von $g(t) - a$ ist, so kann man $u(C, a)$ auch als die (relative) Argumentänderung $\big(\vartheta(2\pi) - \vartheta(0)\big)/2\pi$ deuten. Für unser Beispiel leuchtet ein, dass dann $u(C, a) = \nu$ auch für nicht ganzzahliges reelles ν — in diesem Falle ist C nicht geschlossen — einen Sinn ergibt.

In diesem Abschnitt werden wir uns nun allgemeiner mit Umlaufzahlen für stetige, nicht notwendigerweise geschlossene Kurven beschäftigen und dabei vorgehen wie beispielsweise HENRICI in [Hen, S. 230–234].

Es seien a ein Punkt der komplexen Zahlenebene und C eine Kurve mit der stetigen Parameterdarstellung $g\colon [\alpha,\, \beta] \longrightarrow \mathbb{C} \setminus \{a\}$. Dann existiert eine stetige Funktion $\vartheta\colon [\alpha,\, \beta] \longrightarrow \mathbb{R}$ mit $g(t) = a + |g(t) - a| \exp(i\vartheta(t))$, und die Funktion ϑ ist bis auf eine additive Konstante der Form $2\pi N$ mit ganzzahligem N eindeutig bestimmt. Durch $u(C,\, a) := \big(\vartheta(\beta) - \vartheta(\alpha)\big)/2\pi$ kann man die *Umlaufzahl von C bezüglich a* definieren. $u(C,\, a)$ erweist sich als unabhängig von der speziellen stetigen Argumentfunktion ϑ sowie der speziellen Parameterdarstellung von C. Der Einfachheit halber sei $a = 0$. Ist λ ein Argument von $g(\alpha)$, und gilt $0 \le \mathfrak{Re}\big(g(t)/g(\alpha)\big)$ für $t \in [\alpha,\, \beta]$, so können wir die gesuchte stetige Argumentfunktion ϑ sofort angeben: $\vartheta(t) = \lambda + \operatorname{Arg}\big(g(t)/g(\alpha)\big)$. Den allgemeinen Fall kann man auf den eben erwähnten Spezialfall zurückführen, indem man das Intervall $[\alpha,\, \beta]$ in geeigneter Weise zerlegt und die Konstruktion von ϑ schrittweise durchführt.

Beispiel

```
> restart: with(plots): with(plottools):
```

Wir betrachten folgende Polynomfunktion, auf die wir später im Zusammenhang mit dem Satz von ROUCHÉ zurückkommen werden:

```
> f := z -> z^3-z^2+2;
```

$$f := z \longrightarrow z^3 - z^2 + 2$$

Hierfür erhält man folgende Nullstellen:

```
> Nullstellen := [solve(f(z))];
```

$$\mathit{Nullstellen} := [-1,\, 1 - i,\, 1 + i]$$

Offensichtlich liegen diese drei Nullstellen im Inneren des positiv durchlaufenen Kreises K um 0 mit Radius $r = 2$:

```
> a := 0:  r := 2:  g := t -> a+r*exp(I*t):  # t=0..2*Pi
```

Die Bildkurve $C := f(K)$ mit der Parameterdarstellung $w = f(g(t))$ für $t \in [0,\, 2\pi]$ verläuft also nicht durch den Ursprung der w-Ebene.

```
> read "../verdi.txt":
  h := unapply(f(g(t)),t):
  Startp := disk(c2p(h(0)),0.3,color=black):  # Startpunkt
  Kurve  := complexplot(h,0..2*Pi,tickmarks=[3,3],thickness=2,
                        color=black,title="Bildkurve  C = f(K)"):
  Pfeile := seq(pfeil(h,v,1.2,black),
                        v=[0.26,1.57,2.36,3.11,3.875,4.655,5.96]):
  display(Pfeile,Kurve,Startp,scaling=constrained);
```

Die Zahlenwerte der Pfeilpositionen oben sind durch ‚Stören' aus $\pi/12$, $\pi/2$, $3\pi/4$, π, $5\pi/4$, $3\pi/2$, $23\pi/12$ hervorgegangen; an diesen lassen sich gewisse ‚Symmetrien' erkennen.

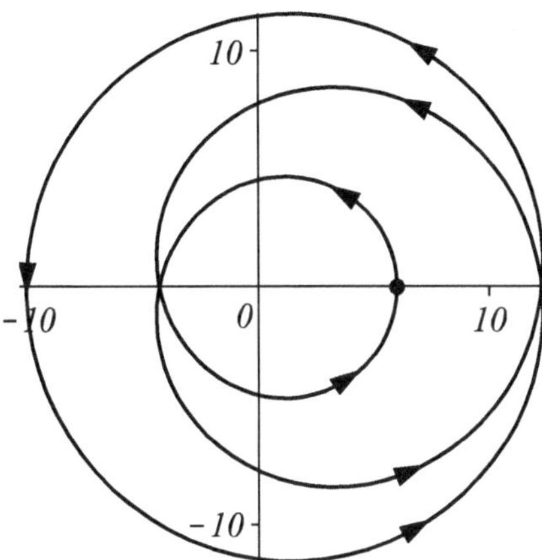

Wir wollen nun $u(C, 0)$ berechnen und konstruieren dazu eine stetige Argumentfunktion ϑ mit $f(g(t)) = |f(g(t))| \exp(i\,\vartheta(t))$ für $t \in [0, 2\pi]$. Wie oben schon gesagt, verläuft die Konstruktion in Teilschritten:

```
> s[0] := 0; theta[0] := 0;
```

$$s_0 := 0, \quad \vartheta_0 := 0$$

```
> expr[0] := combine(evalc(Re(h(t)/h(s[0]))));
```

$$expr_0 := \frac{1}{3} + \frac{4}{3}\cos(3\,t) - \frac{2}{3}\cos(2\,t)$$

Wir suchen das maximale s_1 mit $s_0 < s_1 \leq 2\pi$ und $0 \leq \mathfrak{Re}\big(f(g(t))/f(g(s_0))\big)$ für alle t aus dem Intervall $[s_0, s_1]$ und dazu die Nullstellen von $expr_0$. In diesem speziellen Beispiel würde man ‚von Hand' wohl wie folgt rechnen: Über $\mathrm{cost}(3\,t) = 4\cos(t)^3 - 3\cos(t)$ und $\mathrm{cost}(2\,t) = 2\cos(t)^2 - 1$ wird aus $3\,expr_0$ mit $\tau := \cos(t)$:

```
> expand(3*expr[0]); pol := subs(cos(t)=tau,%);
```

$$3 + 16\cos(t)^3 - 12\cos(t) - 4\cos(t)^2, \quad pol := 3 + 16\,\tau^3 - 12\,\tau - 4\,\tau^2$$

Die Nullstellen von *pol* bestimmt man zu $1/4$, $\sqrt{3}/2$ und $-\sqrt{3}/2$. Die zugehörigen arccos-Werte im Intervall $[0, \pi]$ sind $\arccos(1/4), \pi/6$ und $5\,\pi/6$. Mit Maple würde man diese *spezielle Rechnung* etwa wie folgt machen:

```
> `Nullstellen von pol  ` = [solve(pol)];
```

$$\textit{Nullstellen von pol} \quad = \left[\frac{1}{4}, \frac{1}{2}\sqrt{3}, -\frac{1}{2}\sqrt{3}\right]$$

```
> 'Zugehörige t-Werte   ' = map(arccos,rhs(%));
```

$$\textit{Zugehörige t-Werte} = \left[\arccos\left(\frac{1}{4}\right), \frac{1}{6}\pi, \frac{5}{6}\pi\right]$$

Wir wollen aber den *allgemeiner* brauchbaren Weg gehen:

```
> alias(Arc = arccos(1/4)): _EnvAllSolutions := true:
  M := [solve(expr[0],t)];
```

$$M := \left[Arc - 2Arc\_B1 + 2\pi\_Z1, \frac{\pi}{6} - \frac{\pi}{3}\_B1 + 2\pi\_Z1, \frac{5\pi}{6} - \frac{5\pi}{3}\_B1 + 2\pi\_Z1\right]$$

$\_B1$ ist eine *binäre Variable*, nimmt also die Werte 0 und 1 an, $\_Z1$ ist ganzzahlig. Uns interessieren davon die Lösungen aus dem Intervall $[0, 2\pi]$. Diese erhält man für $\{\_B1{=}0, \_Z1{=}0\}$ und $\{\_B1{=}1, \_Z1{=}1\}$. Um diese Werte den Unbestimmten zuweisen zu können, benötigt man den Maple-Befehl indets:

```
> with(ListTools):
  sol := FlattenOnce([subs({indets(M)[1]=0,indets(M)[2]=0},M),
                      subs({indets(M)[1]=1,indets(M)[2]=1},M)]);
```

$$sol := \left[Arc, \frac{1}{6}\pi, \frac{5}{6}\pi, -Arc + 2\pi, \frac{11}{6}\pi, \frac{7}{6}\pi\right]$$

indets(M) liefert als Ergebnis die Menge $\{\_B1, \_Z1\}$, also eine ungeordnete Datenstruktur. Da beiden Variablen *hier* die gleichen Werte zugewiesen werden, kommt es nicht auf die Reihenfolge an.

Dies ist die Lösungsmenge von $\mathfrak{Re}\big(f(g(t))/f(g(s_0))\big) = 0$ im Intervall $[0, 2\pi]$:

```
> LoesMenge := select(tau -> is(s[0] < tau),sol);
```

$$LoesMenge := \left[Arc, \frac{1}{6}\pi, \frac{5}{6}\pi, -Arc + 2\pi, \frac{11}{6}\pi, \frac{7}{6}\pi\right]$$

```
> s[1] := min(LoesMenge[]);
  theta[1] := evalc(theta[0]+argument(h(s[1])/h(s[0])));
```

$$s_1 := \frac{1}{6}\pi, \quad \vartheta_1 := \frac{1}{2}\pi$$

Die Bestimmung der Lösungsmenge mittels select ist hier — da $s_0 = 0$ — überflüssig; es soll nur das allgemeine Vorgehen verdeutlicht werden!

Schritte dieser Art müssten nun 11-mal wiederholt werden. Das ist auf die Dauer langweilig und unübersichtlich, obwohl man das natürlich mit einer Prozedur in einer Schleife abhandeln kann. Wir listen nachfolgend nur die wichtigsten Ergebnisse auf:

```
> s[2] := arccos((1+sqrt(17))/8): s[3] := arccos(1/4):
  s[4] := arccos((1-sqrt(17))/8): s[5] := 5/6*Pi: s[6] := Pi:
  for j from 7 to 12 do s[j] := 2*Pi-s[12-j] end do:
  for j from 2 to 12 do theta[j] := j*Pi/2 end do:
```

Bei *diesem* Beispiel lassen sich alle Schritte symbolisch rechnend durchführen. Wenn in anderen Fällen bei der Anwendung von *solve* Probleme auftreten, kann man stattdessen mittels *fsolve* unter Angabe eines Startwertes eine numerische Lösung berechnen. Die gesuchte Argumentfunktion lässt sich nun mit dem Maple-Befehl piecewise (auf den 12 Teilintervallen) so in kompakter Form definieren

```
> seq([t<=s[j],theta[j-1]+evalc(argument(h(t)/h(s[j-1])))],j=1..12):
  Folge := op(FlattenOnce([%])): piecewise(Folge):
  Theta := unapply(%,t):
```

... und graphisch darstellen:

```
> TICKS := [spacing(Pi),spacing(2*Pi)]:
  plot(Theta,0..2*Pi,tickmarks=TICKS,color=black,thickness=2,
       title="Graph der Argumentfunktion");
```

Graph der Argumentfunktion

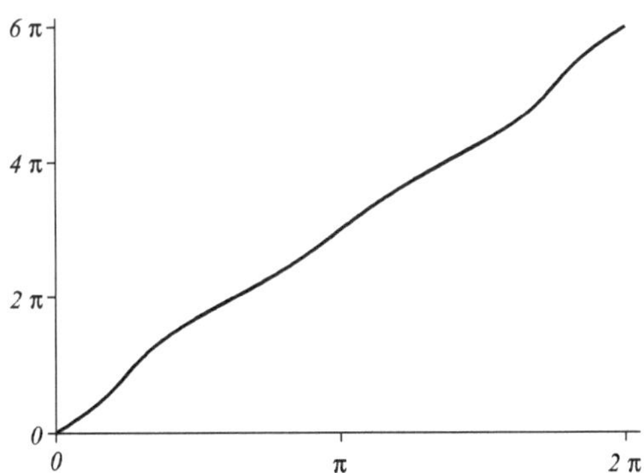

Die Umlaufzahl von C um 0 ist:

```
> u(C,0) = (Theta(2*Pi)-Theta(0))/(2*Pi);
```

$$u(C,0) = 3$$

Aber auch für Teilkurven kann man so die entsprechenden Umlaufzahlen berechnen:

```
> (Theta(Pi)-Theta(0))/(2*Pi): evalc(%);
  (Theta(3/2*Pi)-Theta(0))/(2*Pi): evalc(%), evalf(%,3);
  (Theta(Pi/2)-Theta(0))/(2*Pi): evalc(%), evalf(%,3);
```

$$\frac{3}{2}, \quad \frac{2\pi + \frac{1}{2}\arctan\left(\frac{4}{3}\right)}{\pi}, \quad 2.15, \quad \frac{\frac{3}{4}\pi + \frac{1}{2}\arctan\left(\frac{3}{4}\right)}{\pi}, \quad 0.850$$

Versucht man, die Argumentfunktion auf folgendem Wege zu berechnen, so erhält man eine unstetige Funktion; mittels der Option discont=true unterdrücken wir die Senkrechten an den Sprungstellen:

```
> evalc(argument(h(t))): Theta2 := unapply(%,t):
  TICKS2 := [spacing(Pi/2),spacing(Pi)]:
  plot(Theta2,0..2*Pi,discont=true,thickness=2,tickmarks=TICKS2,
       color=black,view=[0..6.3,-3.2..3.2]);
```

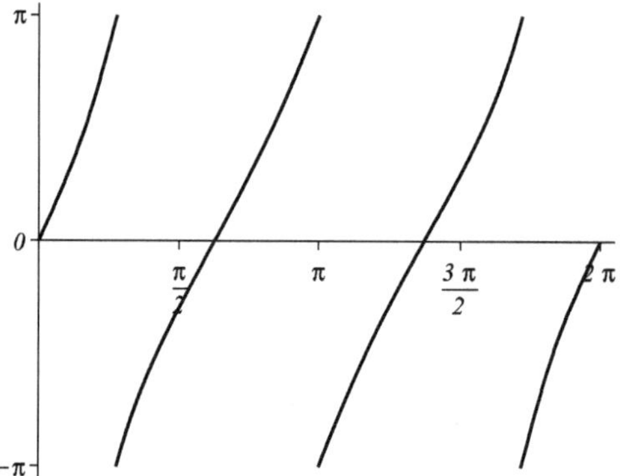

Dieser Graph der unstetigen Argumentfunktion (Hauptwert) gibt nun einen Hinweis, wie man die stetige Argumentfunktion mit wesentlich weniger Zerlegungspunkten konstruieren kann. Wir berechnen dazu die Sprungstellen dieser Funktion im Intervall $[0,\, 2\pi]$ und erwarten natürlich die alten Bekannten $s_2 = \arccos((1+\sqrt{17})/8)$, $s_6 = \pi$ und $s_{10} = 2\pi - s_2$:

```
> F := h(t):  IF := factor(evalc(Im(F)));
```

$$IF := 8\sin(t)\,\left(3\cos(t)^2 - \sin(t)^2 - \cos(t)\right)$$

```
> IF_1 := op(2,IF); M_1 := solve(IF_1,t);
  IF_2 := simplify(op(3,IF),trig);
```

$$IF\_1 := \sin(t), \quad M\_1 := \pi\_Z2, \quad IF\_2 := 4\cos(t)^2 - \cos(t) - 1$$

Mit $\tau := \cos(t)$ ist also die Gleichung $4\tau^2 - \tau - 1 = 0$ mit den Lösungen $(1+\sqrt{17})/8$ und $(1-\sqrt{17})/8$ zu betrachten:

```
> alias(Arc2 = s[2],Arc3 = s[4]): _EnvAllSolutions := false:
  solve(IF_2,t): M_2 := [min(%),max(%)];
```

$$M\_2 := [Arc2,\ Arc3]$$

Dies sind die beiden Nullstellen von IF_2 im Intervall $[0,\ \pi]$; insgesamt hat $\mathfrak{Im} \circ F$ damit in $[0,\ 2\pi]$ die folgenden (einfachen) Nullstellen:

```
> M := FlattenOnce([[0,Pi,2*Pi],M_2,map(t->2*Pi-t,M_2)]);
```

$$M := \left[0,\ \pi,\ 2\pi,\ Arc2,\ Arc3,\ 2\pi - Arc2,\ \pi + \arccos\left(-\frac{1}{8} + \frac{1}{8}\sqrt{17}\right)\right]$$

Dies sind gerade die Werte $s_{2\nu}$ für ν von 0 bis 6. Für die gesuchten Sprungstellen muss noch $\mathfrak{Re} \circ F$ kleiner als 0 sein:

```
> select(tau->is(subs(t=tau,evalc(Re(F)))<0),M);
```

$$[\pi,\ Arc2,\ 2\pi - Arc2]$$

Da haben wir unsere alten Bekannten s_2, s_6 und s_{10}. Wir sortieren diese Sprungstellen mit dem Befehl sort:

```
> sol := sort(%,(x,y)->is(x<y));
```

$$sol := [Arc2,\ \pi,\ 2\pi - Arc2]$$

Nun können wir die Argumentfunktion ϑ knapper angeben:

```
> s[1] := sol[1]; theta[1] := evalc(theta[0]+argument(h(s[1])));
  s[2] := sol[2]; theta[2] := theta[1]+2*Pi;
  s[3] := sol[3]; theta[3] := theta[2]+2*Pi;
```

$$s_1 := Arc2\,,\ \vartheta_1 := \pi\,, \quad s_2 := \pi\,,\ \vartheta_2 := 3\pi\,, \quad s_3 := 2\pi - Arc2\,,\ \vartheta_3 := 5\pi$$

```
Theta3 := piecewise(t<=s[1],evalc(argument(h(t))),
                    t<=s[2],evalc(theta[1]+Pi+argument(h(t))),
                    t<=s[3],evalc(theta[2]+Pi+argument(h(t))),
                            evalc(theta[3]+Pi+argument(h(t)))):
Theta3 := unapply(Theta3,t):
Graph := plot(Theta3,0..2*Pi,color=black,thickness=2):
Nahtstellen := pointplot([seq([s[k],theta[k]],k=1..3)],
                      symbol=solidcircle,symbolsize=18,color=black):
display(Nahtstellen,Graph,tickmarks=TICKS,
   title="Nochmals der Graph der Argumentfunktion samt Nahtstellen");
```

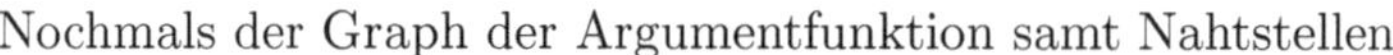

Nochmals der Graph der Argumentfunktion samt Nahtstellen

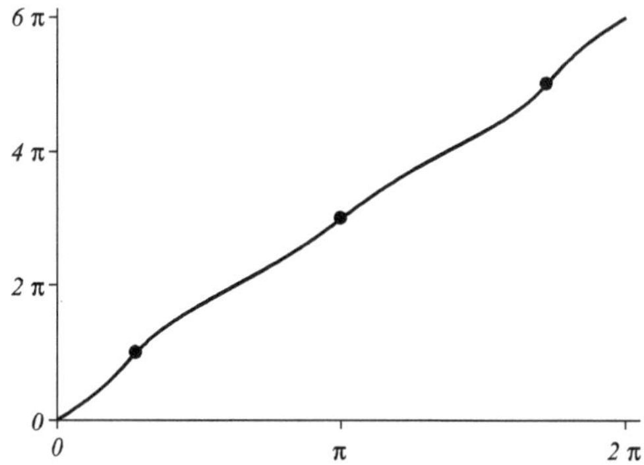

Zur Kontrolle:

```
> h := t -> evalc(abs(f(g(t))))*exp(I*Theta3(t)):
  Startp:= disk(c2p(h(0)),0.3,color=black):  # Startpunkt
  Kurve := complexplot(h,0..2*Pi,thickness=2,color=black):
  Pfeile:= seq(pfeil(h,v,1.2,black),
                          v=[0.26,1.57,2.36,3.11,3.875,4.655,5.96]):
  display(Pfeile,Kurve,Startp,tickmarks=[3,3],scaling=constrained);
```

Nochmals die Bildkurve

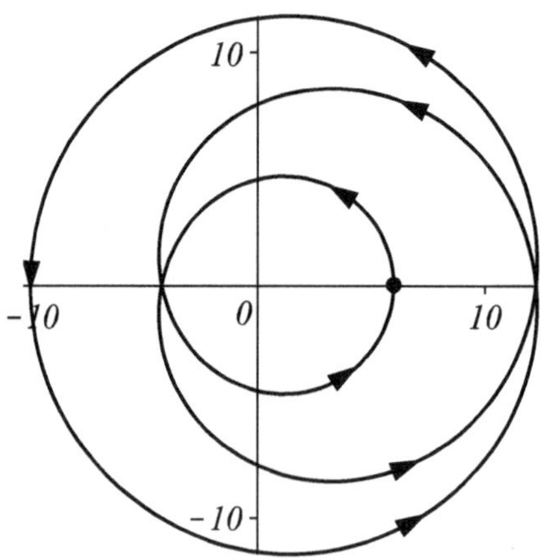

Zyklen

An zwei Beispielen demonstrieren wir die Berechnung der Umlaufzahlen geschlossener Kurven.

```
> restart: with(plots): with(plottools): read "../verdi.txt":
  setoptions(tickmarks=[3,3],thickness=2,scaling=constrained):
  g := t -> evalf((2-cos(t))*exp(I*3*Pi/2*sin(t))):
  t1 := arcsin(2/3):
  bogen := proc(r::range,f,L)
    complexplot(g,r,color=f,linestyle=L) end proc:
```

Die durch $g := t \longmapsto (2-\cos(t))\, e^{3/2\,\pi\, i \sin(t)}$ für $t \in [0, 2\,\pi]$ beschriebene Kurve C ist unten im linken Bild dargestellt durch die schwarz bzw. grau gefärbten Teilkurven, welche sukzessive durchlaufen werden. Im rechten Bild ist C als Zyklus dreier geschlossener Kurven veranschaulicht. Hieraus ergeben sich direkt die Umlaufzahlen: Im Inneren der punktiert gezeichneten Kurve haben alle Punkte die Umlaufzahl 0, im Inneren der grauen Kurve die Umlaufzahl -2; alle übrigen Punkte im Inneren der großen schwarzen Kurve, die nicht auf C liegen, haben die Umlaufzahl -1.

```
> Startp := disk(c2p(g(0)),0.08,color=black): # Anfangspunkt der Kurve
  Kurve1 := bogen(t1..Pi-t1,gray,1),bogen(Pi-t1..Pi+t1,black,1),
            bogen(2*Pi-t1..2*Pi,black,2):
  Pfeile := pfeil(g,0.31,0.4,black),pfeil(g,1.95,0.4,gray),
            pfeil(g,2.65,0.4,black),pfeil(g,3.3,0.4,black),
            pfeil(g,4.28,0.4,gray),pfeil(g,5.9,0.4,black):
    # linke Graphik
  Kurve2 := bogen(0..t1,black,1),bogen(Pi+t1..2*Pi-t1,gray,3):
  p := display(Pfeile,Kurve1,Kurve2,Startp,axes=frame):
    # rechte Graphik
  Kurve2 := bogen(0..t1,black,2),bogen(Pi+t1..2*Pi-t1,gray,1):
  tplot  := textplot([[-2,0,"-2"],[2,0,"-1"],[0,0,"0"]]):
  q := display(Pfeile,Kurve1,Kurve2,Startp,tplot,axes=frame):
  display(Array([p,q]));
```

Zerlegung von C in Teilkurven

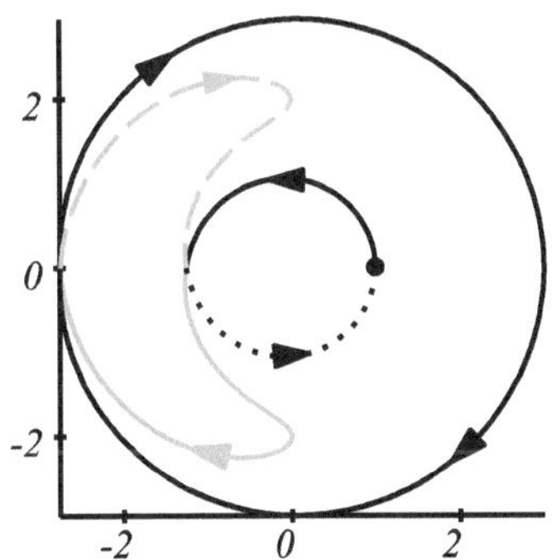

C als Zyklus

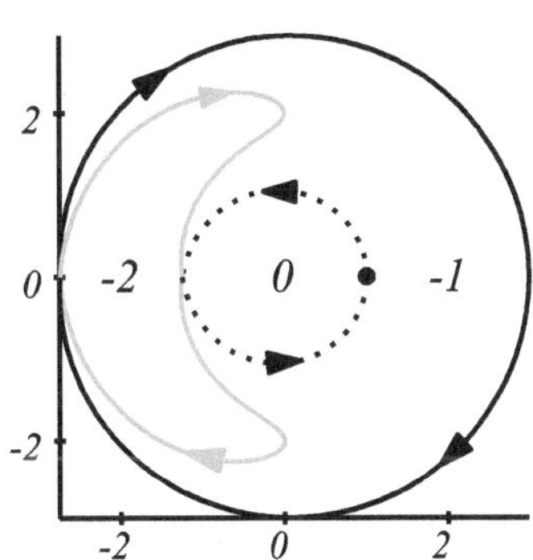

Die Zahlenwerte der Pfeilpositionen sind wieder durch ‚Stören' entstanden, nämlich aus τ, $\pi/2+\tau$, $\pi-3/2\tau$, $\pi+\tau/2$, $3/2\pi-\tau$, $2\pi-\tau$ mit $\tau := \arcsin(1/3)$.

Als zweites Beispiel betrachten wir den aus Abschnitt 4.1 bekannten POCHHAMMER-Weg. In naheliegender Weise kann man diesen Weg als Zyklus von vier einfach geschlossenen Kurven auffassen; und zwar besteht dieser aus der grauen Kurve, der schwarzen Kurve, ergänzt um die orientierte Strecke $[A, C]$, der gestrichelten grauen Kurve, ergänzt um die orientierte Strecke

$[B, A]$, sowie dem positiv orientierten Rand des Dreiecks zu A, B, C. Im Bild sind zudem die Umlaufzahlen im Innenbereich angegeben. Auf eine Wiedergabe des MAPLE-Codes verzichten wir und verweisen auf die ‚Netzversion' unserer Worksheets.

Die Umlaufzahlen beim POCHHAMMER-Weg

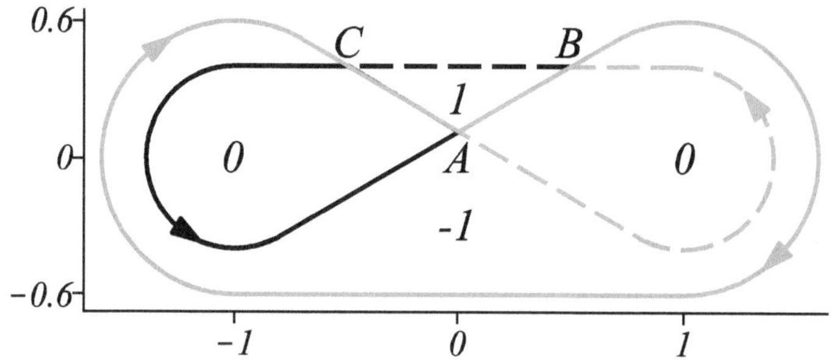

6.2 Der Hauptsatz für nullhomologe Zyklen

Der Cauchysche Hauptsatz wurde bisher nur für geschlossene Kurven in konvexen Gebieten, die Cauchyschen Integralformeln nur für Kreise hergeleitet. Manchmal war der Hauptsatz nicht direkt anwendbar, aber er hat dennoch ausgereicht, wichtige Resultate zu beweisen. In diesem Abschnitt wird bei vorgegebenem Gebiet $\mathfrak{G}$ die Frage untersucht, für welche in $\mathfrak{G}$ verlaufenden geschlossenen Kurven C der Cauchysche Hauptsatz gilt. Offensichtlich ist dafür notwendig, dass C *nullhomolog* in $\mathfrak{G}$ ist, d. h. es gilt $u(C, z) = 0$ für alle $z \in \mathbb{C} \setminus \mathfrak{G}$ — kein gebietsfremder Punkt wird umlaufen. Der sogenannte globale Hauptsatz zeigt, dass diese Bedingung auch hinreichend ist. Wir knüpfen an Abschnitt 6.1 an und zeigen zwei nicht-triviale Beispiele für Gebiete mit nullhomologen Kurven. Auch diesmal verzichten wir auf eine Wiedergabe des Maple-Codes.

Kreisring | Zweifach gelochtes Rechteckgebiet

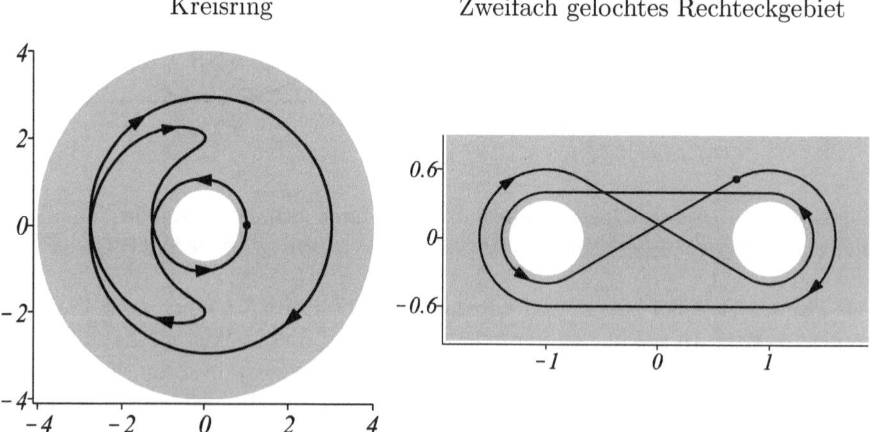

Kapitel 7

Laurent-Reihen, isolierte Singularitäten, Residuensatz

Nach dem etwas spröden Kapitel 6, in dem der ‚Apparat' verbessert wurde, fahren wir in diesem relativ umfangreichen Kapitel nun reiche Ernte ein:

Neben Potenzreihen spielt ein neuer, allgemeinerer Typ von Reihen, LAURENT-*Reihen,* eine wesentliche Rolle. Eine in einem Kreisring holomorphe Funktion ist dort in eine solche Reihe entwickelbar. Umgekehrt stellt jede konvergente LAURENT-Reihe eine in einem Kreisring holomorphe Funktion dar. Mit Hilfe dieser Reihen lassen sich *isolierte Singularitäten* holomorpher Funktionen einfach klassifizieren.

Isolierte Singularitäten sind eng mit dem *Residuenkalkül* verbunden. Ein zentrales Ergebnis ist der *Residuensatz,* der den Hauptsatz aus Kapitel 4 verallgemeinert auf den Fall, dass der Integrand im ‚Inneren' der betrachteten Kurve (Kette) endlich viele isolierte Singularitäten besitzt.

Ein Anwendungsbereich des Residuensatzes ist die *einfache Berechnung großer Klassen reeller Integrale.* Theoretische Konsequenzen sind das *Prinzip vom Argument* mit dem *Satz von* ROUCHÉ als Folgerung.

Als Besonderheit gehen wir abschließend — via Satz von ROUCHÉ — noch auf das ROUTH-*Kriterium* ein, das bei Stabilitätsuntersuchungen gewöhnlicher Differentialgleichungen, speziell etwa bei der Untersuchung von Schwingungen mechanischer oder elektrischer Systeme, wichtig ist.

7.1 Laurent-Reihen

Ist eine komplexwertige Funktion f holomorph im offenen Kreis um den Punkt a mit Radius $r > 0$, so besitzt sie dort eine Potenzreihenentwicklung:

$$f(z) = \sum_{n=0}^{\infty} a_n (z-a)^n$$

für alle z mit $|z-a| < r$. Diese Darstellung kann im allgemeinen nicht gelten, wenn f nur im *Kreisring (-Gebiet)*

$$\boxed{K_a(r, R) := \{z \in \mathbb{C} : r < |z-a| < R\}}$$

mit $0 \le r < R \le \infty$ holomorph ist. Denn sonst wäre f — wegen der Darstellung als Potenzreihe — holomorph fortsetzbar in $\overline{U_a^r}$. Eine solche Funktion kann jedoch durch eine LAURENT-*Reihe*

$$\boxed{\sum_{n=-\infty}^{\infty} a_n (z-a)^n := \sum_{n=1}^{\infty} \frac{a_{-n}}{(z-a)^n} + \sum_{n=0}^{\infty} a_n (z-a)^n}$$

dargestellt werden. Der erste Summand der rechten Seite heißt *Hauptteil*, der zweite *Nebenteil* der LAURENT-Reihe. Die (komplexe) Koeffizientenfolge (a_n) hat also *ganze Zahlen als Indizes*, d. h.

$$(a_n) \in \mathbb{C}^{\mathbb{Z}} := \{c \mid c \colon \mathbb{Z} \longrightarrow \mathbb{C}\}.$$

Für eine Folge $(c_n) \in \mathbb{C}^{\mathbb{Z}}$ definieren wir:

$$\sum_{n=-\infty}^{\infty} c_n \quad \text{„}\textit{konvergent}\text{“} :\Longleftrightarrow \sum_{n=0}^{\infty} c_n \quad \text{konvergent} \wedge \sum_{n=1}^{\infty} c_{-n} \quad \text{konvergent}$$

Statt $\sum_{n=1}^{\infty} c_{-n}$ notiert man auch $\sum_{n=-\infty}^{-1} c_n$ oder $\sum_{n=-1}^{-\infty} c_n$.
Falls $\sum_{n=-\infty}^{\infty} c_n$ konvergent ist, schreiben wir auch für den *Reihenwert:*

$$\sum_{n=-\infty}^{\infty} c_n := \sum_{n=0}^{\infty} c_n + \sum_{n=1}^{\infty} c_{-n}$$

Entsprechend ist die *„absolute Konvergenz“* solcher Reihen erklärt und — bei Funktionenreihen — auch die (absolute) *„gleichmäßige Konvergenz“*.

Zu gegebenem $a \in \mathbb{C}$ und $(a_n) \in \mathbb{C}^{\mathbb{Z}}$ fragen wir: Für welche $z \in \mathbb{C}$ ist die Reihe $\sum_{n=-\infty}^{\infty} a_n(z-a)^n$ (bzw. zunächst $\sum_{n=-\infty}^{-1} a_n(z-a)^n$) konvergent? Dazu betrachten wir $w := 1/(z-a)$ für $z \in \mathbb{C} \setminus \{a\}$ und erhalten:

$$\sum_{n=-\infty}^{-1} a_n(z-a)^n = \sum_{n=1}^{\infty} a_{-n} w^n,$$

also mit $r := \limsup\limits_{n \longrightarrow \infty} \sqrt[n]{|a_{-n}|} \quad (\in [0, \infty])$:

Für $|z-a|>r$ ist $|w|<\frac{1}{r}$, also $\sum_{n=-\infty}^{-1} a_n(z-a)^n$ absolut konvergent.
Für $0<|z-a|<r$ ist $|w|>\frac{1}{r}$, also $\sum_{n=-\infty}^{-1} a_n(z-a)^n$ divergent.

Daher folgt mit $R := \left(\limsup\limits_{n\longrightarrow\infty} \sqrt[n]{|a_n|}\right)^{-1}$ $(\in [0,\infty])$, falls $r<R$:

Für $z \in K_a(r,R)$ ist $\sum\limits_{n=-\infty}^{\infty} a_n(z-a)^n$ *absolut konvergent;* für $z \in \mathbb{C}$ mit $0<|z-a|<r$ oder $|z-a|>R$ ist $\sum\limits_{n=-\infty}^{\infty} a_n(z-a)^n$ *divergent.*

Aus den Überlegungen über Potenzreihen wissen wir:

$\sum_{n=-\infty}^{\infty} a_n(z-a)^n$ ist in $K_a(r,R)$ lokal absolut gleichmäßig konvergent und stellt in $K_a(r,R)$ eine differenzierbare Funktion dar; die Ableitung ergibt sich durch gliedweise Differentiation.*

Satz 1 **

Für $0 \le r < R \le \infty$, $a \in \mathbb{C}$, $K := K_a(r,R)$ und eine holomorphe Funktion $f\colon K \longrightarrow \mathbb{C}$ gelten:

1) Es existieren eindeutige $a_n \in \mathbb{C}$ $(n \in \mathbb{Z})$ mit

$$f(z) = \sum_{n=-\infty}^{\infty} a_n(z-a)^n \quad (z \in K)\,.$$

2) $\sum\limits_{n=-\infty}^{\infty} a_n(z-a)^n$ ist lokal absolut gleichmäßig konvergent (in K).

3) Für eine geschlossene Kurve $\mathfrak{C}$ im Kreisring K, die den Punkt a einmal umläuft, hat man:

$$a_n = \frac{1}{2\pi i}\int\limits_{\mathfrak{C}} \frac{f(\zeta)}{(\zeta-a)^{n+1}}\,d\zeta \quad (n \in \mathbb{Z})$$

Beweis: Wir betrachten ein festes $z \in K$ und dazu $r<r_1<|z-a|<r_2<R$. $\mathfrak{C}_\nu$ bezeichne den positiv orientierten Kreis um a mit Radius r_ν.

* Wir erinnern daran, dass dies bedeutet: In kompakten Teilmengen von $K_a(r,R)$ ist die Reihe absolut gleichmäßig konvergent.

** Diese Überlegungen leiten wir *nicht* aus den entsprechenden Aussagen über Potenzreihen ab, sondern führen — aus didaktischen Gründen — einen separaten Beweis. Man hätte die Überlegungen über LAURENT-Reihen durchaus gleich zu Beginn durchführen können. Auch dies haben wir — mit Bedacht — nicht gemacht!

Der Zyklus $\mathfrak{K} := \mathfrak{C}_2 - \mathfrak{C}_1$ ist *nullhomolog* (in K): ✓ Ferner gilt $u(\mathfrak{K}, z) = 1$. Der Hauptsatz [(1) für $k = 0$] liefert somit:

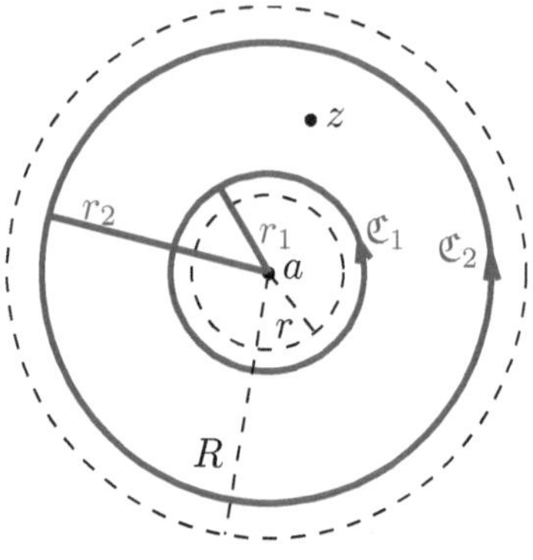

$$f(z) = \frac{1}{2\pi i} \int_{\mathfrak{K}} \frac{f(\zeta)}{\zeta - z}\, d\zeta = \frac{1}{2\pi i}\Big(\int_{\mathfrak{C}_2} \cdots - \int_{\mathfrak{C}_1} \cdots \Big)$$

Für $\zeta \in (\mathfrak{C}_2)$ ist $|\zeta - a| = r_2$, also $\left|\dfrac{z-a}{\zeta - a}\right| < 1$ und daher

$$\frac{1}{\zeta - z} = \frac{1}{\zeta - a} \cdot \frac{1}{1 - \frac{z-a}{\zeta-a}} = \sum_{n=0}^{\infty} \frac{(z-a)^n}{(\zeta - a)^{n+1}}$$

gleichmäßig konvergent bezüglich ζ; mit Bemerkung 5.2 folgt somit:

$$\frac{1}{2\pi i} \int_{\mathfrak{C}_2} \frac{f(\zeta)}{\zeta - z}\, d\zeta = \sum_{n=0}^{\infty} \underbrace{\Big(\frac{1}{2\pi i} \int_{\mathfrak{C}_2} \frac{f(\zeta)}{(\zeta - a)^{n+1}}\, d\zeta \Big)}_{=:\, a_n} (z-a)^n$$

Für $\zeta \in (\mathfrak{C}_1)$ ist $|\zeta - a| = r_1$, also $\left|\dfrac{\zeta - a}{z - a}\right| < 1$; man erhält analog:

$$\begin{aligned} -\frac{1}{2\pi i} \int_{\mathfrak{C}_1} \frac{f(\zeta)}{\zeta - z}\, d\zeta &= \sum_{k=0}^{\infty} \Big(\frac{1}{2\pi i} \int_{\mathfrak{C}_1} f(\zeta)\, (\zeta - a)^k d\zeta \Big) (z-a)^{-(k+1)} \\ &= \sum_{n=-\infty}^{-1} \underbrace{\Big(\frac{1}{2\pi i} \int_{\mathfrak{C}_1} \frac{f(\zeta)}{(\zeta - a)^{n+1}}\, d\zeta \Big)}_{=:\, a_n} (z-a)^n \end{aligned}$$

Eine geschlossene Kurve $\mathfrak{C}$ im Kreisring K mit $u(\mathfrak{C}, a) = 1$ ist homolog zu $\mathfrak{C}_1$ bzw. $\mathfrak{C}_2$. Daher können bei der Berechnung der a_n diese Kurven jeweils durch $\mathfrak{C}$ ersetzt werden; so hat man

$$f(z) = \sum_{n=-\infty}^{\infty} a_n (z-a)^n$$

mit a_n gemäß 3). Wir kommen nun zur Eindeutigkeit: Sind $b_n \in \mathbb{C}$ $(n \in \mathbb{Z})$ mit $f(z) = \sum_{n=-\infty}^{\infty} b_n (z-a)^n$ $(z \in K)$, dann ist nach den vorangestellten Überlegungen (Seite 183, oben) die Reihe $\sum_{n=-\infty}^{\infty} b_n (z-a)^n$ lokal absolut gleichmäßig konvergent in K; speziell gilt also 2).
Für $m \in \mathbb{Z}$ kann daher $\frac{f(\zeta)}{(\zeta - a)^{m+1}} = \sum_{n=-\infty}^{\infty} b_n (\zeta - a)^{n-m-1}$ längs $\mathfrak{C}$ gliedweise integriert werden (vgl. Bemerkung 5.2):

$$\int_{\mathfrak{C}} \frac{f(\zeta)}{(\zeta - a)^{m+1}}\, d\zeta \;=\; \sum_{n=-\infty}^{\infty} b_n \int_{\mathfrak{C}} (\zeta - a)^{n-m-1}\, d\zeta \;\overset{\checkmark}{=}\; 2\pi i\, b_m$$

Dies zeigt die Eindeutigkeit in 1). □

Zusatz *Setzt man*

$$f_1(z) := \sum_{n=0}^{\infty} a_n (z-a)^n \quad \left(z \in U_a^R =: \mathfrak{G}_1\right) \quad \textit{und}$$

$$f_2(z) := \sum_{n=-\infty}^{-1} a_n (z-a)^n \quad \left(z \in \mathfrak{G}_2 := \{z \in \mathbb{C} : |z-a| > r\}\right),$$

dann sind f_1, f_2 *holomorph mit* $f_2(z) \longrightarrow 0$ *für* $|z| \longrightarrow \infty$ *und*

$$f(z) = f_1(z) + f_2(z) \quad \left(z \in \mathfrak{G}_1 \cap \mathfrak{G}_2 = K_a(r,R)\right).$$

Hat man andererseits $g_j \colon \mathfrak{G}_j \longrightarrow \mathbb{C}$ *holomorph* $(j = 1,2)$ *mit* $g_2(z) \longrightarrow 0$ *für* $|z| \longrightarrow \infty$ *und* $f(z) = g_1(z) + g_2(z) \quad (z \in \mathfrak{G}_1 \cap \mathfrak{G}_2)$, *dann gelten:*

$$g_1 = f_1 \quad \textit{und} \quad g_2 = f_2 .$$

Beweis: f_j ist holomorph in $\mathfrak{G}_j$: ✓

$$f_2(z) = \sum_{n=1}^{\infty} a_{-n} \left(\frac{1}{z-a}\right)^n \overset{\checkmark}{\longrightarrow} 0 \qquad (|z| \longrightarrow \infty)$$

Für $z \in \mathfrak{G}_1 \cap \mathfrak{G}_2$ gilt

$$f_1(z) - g_1(z) = g_2(z) - f_2(z);$$

durch

$$h(z) := \begin{cases} f_1(z) - g_1(z) & (z \in \mathfrak{G}_1) \\ g_2(z) - f_2(z) & (z \in \mathfrak{G}_2) \end{cases}$$

wird eine ganze Funktion h definiert; wegen $h(z) \longrightarrow 0 \quad (|z| \longrightarrow \infty)$ folgt nach dem Satz von LIOUVILLE $h = 0$. □

7.2 Isolierte Singularitäten

Annahmen: Es seien $\mathfrak{D} \subset \mathbb{C}$, $a \in \mathbb{C} \setminus \mathfrak{D}$ und $f \colon \mathfrak{D} \longrightarrow \mathbb{C}$.

Definition: a heißt genau dann *„isolierte Singularität“* von f, wenn ein $r \in]0, \infty[$ so existiert, dass $U_a^r \setminus \{a\} = K_a(0,r) \subset \mathfrak{D}$ gilt und f auf $U_a^r \setminus \{a\}$ holomorph ist. $U_a^r \setminus \{a\}$ heißt *„punktierte (r-) Umgebung (von a)“*.

Im Folgenden sei a eine *isolierte Singularität von* f; dazu werde $r \in\,]0,\infty[$ wie oben gewählt. Nach den Überlegungen über LAURENT-Reihen existiert dann eindeutig eine Folge $(a_n) \in \mathbb{C}^{\mathbb{Z}}$ mit

$$f(z) = \sum_{n=-\infty}^{\infty} a_n(z-a)^n \quad \left(z \in U_a^r \setminus \{a\}\right).$$

Wir sprechen hier von der „LAURENT-*Entwicklung ‚direkt' um a*".

$\sum_{n=-\infty}^{-1} a_n(z-a)^n$ heißt *„Hauptteil von f in a"*.

Wir wissen schon, dass man LAURENT-Reihen gliedweise differenzieren kann. Bei der Frage nach der gliedweisen Gewinnung einer Stammfunktion erhält man für die Summanden

$$\frac{1}{n+1}\, a_n(z-a)^{n+1},$$

also für das Integral über einen ‚kleinen' Kreis um a jeweils 0.

Der einzige ‚Störenfried' dabei ist $n=-1$. Der ‚Rest' a_{-1} oder das ‚Überbleibsel' heißt — etwas vornehmer und weniger diskriminierend —

„Residuum von f in a", notiert als $\operatorname{Res}(f;\, a)$. Nach Satz 1 (Seite 183) gilt für $\mathfrak{C} \in \mathrm{K}_{\mathrm{cl}}^{K_a(0,r)}$ mit $u(\mathfrak{C},a)=1$, also eine geschlossene Kurve in $K_a(0,r)$, die den Punkt a einmal umläuft:

$$\operatorname{Res}(f;\, a) := a_{-1} = \frac{1}{2\pi i}\int_{\mathfrak{C}} f(\zeta)\, d\zeta$$

a_{-1} ist an und für sich wenig interessant, aber meist leicht zu berechnen. Das Integral $\int_{\mathfrak{C}} f(\zeta)\, d\zeta$ interessiert in der Regel schon mehr, ist aber oft schwierig zu berechnen. Die obige Formel, die wir mit dem *Residuensatz* noch wesentlich ausgestalten werden, ergibt — wenn noch geeignete Hilfsmittel zur Berechnung von Residuen bereitgestellt sind — u.a. eine einfache Berechnung schwieriger Integrale. Dies führt zum *Residuenkalkül.*

Definition: a heißt genau dann *„hebbare Singularität (von f)"*, wenn ein $r \in\,]0,\infty[$ mit $U_a^r \setminus \{a\} \subset \mathfrak{D}$ sowie eine holomorphe Funktion $g\colon U_a^r \longrightarrow \mathbb{C}$ existieren mit $f(z)=g(z)$ für $z \in U_a^r \setminus \{a\}$. Wir sagen: „$f$ ist in a holomorph fortsetzbar".

Bemerkung 2 *Äquivalent sind:*

α) *a ist eine hebbare Singularität von f.*

β) $a_{-n}=0$ *für* $n \in \mathbb{N}$, *d. h. der Hauptteil von f in a ist Null.*

γ) $(z-a)f(z) \longrightarrow 0 \quad (z \longrightarrow a)$

Beweis: $\alpha) \Longrightarrow \gamma)$: ✓

$\beta) \Longrightarrow \alpha)$: Setze $g(z) := \sum\limits_{n=0}^{\infty} a_n(z-a)^n$ für $z \in U_a^r$.

$\gamma) \Longrightarrow \beta)$: Für $n \in \mathbb{N}$ und hinreichend kleines $\varrho > 0$ gilt:

$$a_{-n} = \frac{1}{2\pi i} \oint\limits_{|\zeta - a| = \varrho} \frac{f(\zeta)}{(\zeta - a)^{-n+1}}\, d\zeta\,,$$

$$\text{also} \quad |a_{-n}| \leq \varrho^{n-1} \cdot \max_{|\zeta - a| = \varrho} |f(\zeta)(\zeta - a)| \longrightarrow 0 \quad (\varrho \longrightarrow 0) \quad \square$$

Definition: Für $k \in \mathbb{N}$ heißt a genau dann *„Pol der Ordnung k (von f)“**, wenn $a_{-k} \neq 0$ und $a_{-n} = 0$ für $n > k$.
a heißt genau dann *„wesentliche Singularität (von f)“*, wenn $a_{-n} \neq 0$ für unendlich viele $n \in \mathbb{N}$ gilt.

Beispiel: (für eine wesentliche Singularität)

$$\mathbb{C} \setminus \{0\} \ni z \longmapsto \exp\Big(\frac{1}{z}\Big)$$

Bemerkung 3 *Für $k \in \mathbb{N}$ sind äquivalent:*

$\alpha)$ *a ist ein Pol der Ordnung k von f.*

$\beta)$ *Es existiert ein offenes $U \in \mathbb{U}_a$ mit $U \setminus \{a\} \subset \mathfrak{D}$ und dazu $g\colon U \longrightarrow \mathbb{C}$ holomorph mit $g(a) \neq 0$ und $f(z)(z-a)^k = g(z)$ für $z \in U \setminus \{a\}$.*

$\gamma)$ *Es existiert ein offenes $U \in \mathbb{U}_a$ mit $U \setminus \{a\} \subset \mathfrak{D}$ und dazu $g, h\colon U \longrightarrow \mathbb{C}$ holomorph mit: $g(a) \neq 0$, a ist (genau) k-fache Nullstelle von h und $f(z) = g(z)/h(z)$ für $z \in U \setminus \{a\}$.*

Beweis: $\beta) \Longrightarrow \gamma)$: $h(z) := (z-a)^k \quad (z \in U)$

$\alpha) \Longrightarrow \beta)$: Für $z \in U_a^r \setminus \{a\}$ ist $f(z) = \sum\limits_{n=-k}^{\infty} a_n(z-a)^n$,

$$g(z) := \sum_{n=-k}^{\infty} a_n(z-a)^{n+k} = \sum_{m=0}^{\infty} a_{m-k}(z-a)^m \quad \big(z \in U_a^r =: U\big)$$

$\gamma) \Longrightarrow \alpha)$: Œ sei $U = U_a^\varepsilon$ mit einem geeigneten $\varepsilon > 0$. Dann gilt $h(z) = \widetilde{h}(z)(z-a)^k$ mit $\widetilde{h}\colon U \longrightarrow \mathbb{C}$ holomorph und $\widetilde{h}(a) \neq 0$. Œ (✓) gelte $\widetilde{h}(z) \neq 0$ für alle $z \in U$. Somit existieren $b_n \in \mathbb{C}$ $(n \in \mathbb{N}_0)$ mit $g(z)/\widetilde{h}(z) = \sum\limits_{n=0}^{\infty} b_n(z-a)^n \quad (z \in U)$ und $b_0 \neq 0$. Jetzt gilt

$$f(z) = (z-a)^{-k} \sum_{n=0}^{\infty} b_n(z-a)^n = \sum_{n=-k}^{\infty} b_{n+k}(z-a)^n\,. \qquad \square$$

* auch *„k-facher Pol“* usw.

Folgerung 4 *a Pol von f* $\iff |f(z)| \longrightarrow \infty \quad (z \longrightarrow a)$

Beweis: „$\Longrightarrow$": nach γ)
„$\Longleftarrow$": Es existiert eine offene Umgebung U von a mit $U \setminus \{a\} \subset \mathfrak{D}$ derart, dass $f(z) \neq 0$ für $z \in U \setminus \{a\}$; $U \setminus \{a\} \ni z \mapsto 1/f(z)$ ist holomorph und in a zu 0 stetig — und damit holomorph — ergänzbar; daher existieren $k \in \mathbb{N}$ und eine holomorphe Funktion φ mit $1/f(z) = (z-a)^k \varphi(z)$ und $\varphi(a) \neq 0$; mit $g := 1/\varphi$ folgt nach β) die Behauptung. □

Satz 5 (CASORATI-WEIERSTRASS)

Ist a eine wesentliche Singularität von f, so gilt:
$\forall c \in \mathbb{C}\ \forall \varepsilon > 0\ \forall \delta > 0\ \exists z \in \mathfrak{D} \cap U_a^\delta \setminus \{a\} \quad |f(z) - c| < \varepsilon$

Die untere Zeile bedeutet: *f kommt in jeder Umgebung von a jedem Wert aus $\mathbb{C}$ beliebig nahe.*[*]

Beweis: Sonst existieren $c \in \mathbb{C}, \varepsilon > 0$ und $\delta > 0$ derart, dass $|f(z) - c| \geq \varepsilon$ für alle $z \in U_a^\delta \setminus \{a\}$ gilt (dabei Œ $U_a^\delta \setminus \{a\} \subset \mathfrak{D}$); also ist $1/(f(\cdot) - c)$ beschränkt auf $U_a^\delta \setminus \{a\}$ und damit in a stetig ergänzbar zu einem Wert A (Riemannscher Hebbarkeitssatz!).
Ist $A = 0$, so gilt $|f(z) - c| \longrightarrow \infty$ und damit $|f(z)| \longrightarrow \infty$ für $z \longrightarrow a$. Dann ist a ein Pol von f: Widerspruch.
Im Falle $A \neq 0$ hat man $f(z) - c \longrightarrow 1/A \quad (z \longrightarrow a)$, und so ist f in a holomorph ergänzbar: Widerspruch. □

Berechnungsmethoden für Residuen

Im nächsten Abschnitt werden Residuen vielfältig herangezogen. Daher sehen wir uns einige Möglichkeiten der Berechnung an:

(1) $\operatorname{Res}(\,\cdot\,; a)$ ist offenbar linear.

Annahmen: Es seien $\mathbb{C} \supset \mathfrak{D}$, $a \in \mathbb{C} \setminus \mathfrak{D}$, $f\colon \mathfrak{D} \longrightarrow \mathbb{C}$, $k \in \mathbb{N}$, $\mathbb{U}_a \ni U$ offen mit $U \setminus \{a\} \subset \mathfrak{D}$ und f auf $U \setminus \{a\}$ holomorph.

(2)** Es seien $g, h\colon U \longrightarrow \mathbb{C}$ holomorph, und h habe eine *k-fache Nullstelle* in a. Dann existiert $\varphi\colon U \longrightarrow \mathbb{C}$ holomorph mit $\varphi(a) \neq 0$ (somit Œ $\varphi(z) \neq 0$ für $z \in U$) und $h(z) = (z-a)^k \varphi(z)$ $(z \in U)$; damit gilt:

$$\operatorname{Res}\left(\frac{g}{h}; a\right) = \frac{1}{(k-1)!} \left(\frac{g}{\varphi}\right)^{(k-1)}(a)$$

[*] Eine weit darüber hinaus gehende Aussage macht ein Satz von PICARD, auf den wir aber im Rahmen dieser einführenden Darstellung nicht eingehen.

(2') Hat h — unter den obigen Voraussetzungen — eine *einfache Nullstelle* in a, so gilt speziell:

$$\operatorname{Res}\left(\frac{g}{h};\, a\right) = \frac{g(a)}{h'(a)}$$

(3) Ist a *einfacher Pol* von f, so hat man:

$$\operatorname{Res}(f;\, a) = \lim_{z\to a}(z-a)f(z)$$

(3') Ist a *einfacher Pol* von f und $g\colon U \longrightarrow \mathbb{C}$ *holomorph*, dann gilt:

$$\operatorname{Res}(fg;\, a) = g(a)\operatorname{Res}(f;\, a)$$

Beweise: (2) Für hinreichend kleines $0 < r < \infty$ gilt:

$$\operatorname{Res}\left(\frac{g}{h};\, a\right) = \frac{1}{2\pi i}\oint_{|\zeta-a|=r}\frac{g}{h}(\zeta)\,d\zeta$$

$$= \frac{1}{2\pi i}\oint_{|\zeta-a|=r}\frac{\frac{g}{\varphi}(\zeta)}{(\zeta-a)^k}\,d\zeta = \frac{1}{(k-1)!}\left(\frac{g}{\varphi}\right)^{(k-1)}(a)$$

(2') Nach (2) für $k=1$: $\operatorname{Res}\left(\frac{g}{h};\, a\right) = \frac{g(a)}{\varphi(a)} \stackrel{\checkmark}{=} \frac{g(a)}{h'(a)}$

(3) Laut Bemerkung 3 existiert $g\colon U \longrightarrow \mathbb{C}$ holomorph mit $\big(g(a)\neq 0$ und$\big)$ $f(z) = \dfrac{g(z)}{z-a}$ für $z \in U\setminus\{a\}$; nach (2') gilt also $\operatorname{Res}(f;\, a) = g(a) = \lim\limits_{z\to a}(z-a)f(z)$.

(3') Falls $g(a)=0$: ✓ (fg ist in a holomorph ergänzbar.) Sonst gilt:

$$\operatorname{Res}(fg;\, a) \underset{(3)}{=} \lim_{z\to a}(z-a)f(z)g(z) = g(a)\lim_{z\to a}(z-a)f(z) \underset{(3)}{=} g(a)\operatorname{Res}(f;\, a)$$

□

Beispiel: $f(z) := \dfrac{1}{1+z^2}$ $\quad\big(z\in\mathbb{C}\setminus\{i,-i\}\big)$: $\quad \operatorname{Res}(f;\, i) = \dfrac{1}{2i}$

1. Methode: Ablesen aus der Reihenentwicklung:

$f(z) = \dfrac{1}{z-i}\cdot\dfrac{1}{(z-i)+2i} = \dfrac{1}{z-i}\cdot\dfrac{1}{2i}\cdot\dfrac{1}{\left(\frac{z-i}{2i}+1\right)}$; jetzt Potenzreihenentwicklung (geometrische Reihe!) für den letzten Bruch.

2. Methode: $f(z) = \dfrac{\frac{1}{z+i}}{z-i}$; nach (2'): $\operatorname{Res}(f;\, i) = \dfrac{\frac{1}{2i}}{1} = \dfrac{1}{2i}$

3. Methode: $(z-i)f(z) = \dfrac{1}{z+i} \longrightarrow \dfrac{1}{2i}$ $\quad(z\longrightarrow i)$ (folgt aus (3))

4. Methode: In (2'): $\quad g(z) := 1,\ h(z) := 1+z^2$: $\quad\operatorname{Res}(f;\, i) = \dfrac{1}{2i}$

** Zu (2): Oft ist es allerdings einfacher, den Anfang der Potenzreihenentwicklung von g und φ zu bestimmen und daraus $\operatorname{Res}\left(\frac{g}{h};\, a\right)$ ‚abzulesen'.

7.3 Residuensatz

Hilfssatz

Es seien $\mathfrak{G}$ *ein Gebiet in* $\mathbb{C}$, $M \subset \mathfrak{G}$ *mit* $\dot{M} \cap \mathfrak{G} = \emptyset$. *Dann ist* $\mathfrak{G} \setminus M$ *ein Gebiet, und für jeden Zyklus* $\mathfrak{K}$ *in* $\mathfrak{G} \setminus M$, *der nullhomolog in* $\mathfrak{G}$ *ist, ist* $\{a \in M : u(\mathfrak{K}, a) \neq 0\}$ *endlich.*

Den einfachen *Beweis* überlassen wir dem interessierten Leser als Übungsaufgabe.

Satz 6 (Residuensatz)

Es seien $\mathfrak{G}$ *ein Gebiet in* $\mathbb{C}$, M *eine Teilmenge von* $\mathfrak{G}$ *mit* $\dot{M} \cap \mathfrak{G} = \emptyset$ *und* $f\colon \mathfrak{G} \setminus M \longrightarrow \mathbb{C}$ *eine holomorphe Funktion. Für jeden Zyklus* $\mathfrak{K}$ *in* $\mathfrak{G} \setminus M$, *der nullhomolog in* $\mathfrak{G}$ *ist, gilt dann:*

$$\int_{\mathfrak{K}} f(z)\,dz = 2\pi i \sum_{a \in M} u(\mathfrak{K}, a) \cdot \operatorname{Res}(f;\, a)$$

Beweis: Œ $\{a \in M : u(\mathfrak{K}, a) \neq 0\} \neq \emptyset$; nach dem vorangehenden Hilfssatz existieren dann $n \in \mathbb{N}$ und paarweise verschiedene $a_\nu \in \mathbb{C}$ mit

$$\{a \in M : u(\mathfrak{K}, a) \neq 0\} = \{a_1, \ldots, a_n\}.$$

Für $\nu \in \{1, \ldots, n\}$ existiert $\varrho_\nu \in \,]0, \infty[$ so, dass $\overline{U_{a_\nu}^{\varrho_\nu}} \setminus \{a_\nu\} \subset \mathfrak{G} \setminus M$; es sei $\mathfrak{C}_\nu$ der positiv orientierte Kreis um a_ν mit Radius ϱ_ν. Dann gilt:

$$\mathfrak{K} \quad \text{und} \quad \sum_{\nu=1}^{n} u(\mathfrak{K}, a_\nu)\mathfrak{C}_\nu \quad \text{sind homolog in} \quad \mathfrak{G} \setminus M;$$

daher hat man nach dem Hauptsatz:

$$\int_{\mathfrak{K}} f(z)\,dz = \sum_{\nu=1}^{n} u(\mathfrak{K}, a_\nu) \int_{\mathfrak{C}_\nu} f(z)\,dz = r.\,S. \qquad \square$$

Wir stellen theoretische Konsequenzen des Residuensatzes zurück und behandeln zuerst die *Berechnung von Integralen mit Hilfe von Residuen.*

Trigonometrische Integranden

$$\int_0^{2\pi} R(\cos t, \sin t)\, dt$$

Hierbei sei R eine rationale Funktion von zwei Variablen derart, dass $R(x, y)$ für alle $(x, y) \in \mathbb{R}^2$ mit $x^2 + y^2 = 1$ definiert (also Nenner $\neq 0$) ist.

Mit $z = \exp(it)$:

$$\cos t = \frac{1}{2}\Big(z + \frac{1}{z}\Big), \quad \sin t = \frac{1}{2i}\Big(z - \frac{1}{z}\Big)$$

$$\int_0^{2\pi} R(\cos t, \sin t)\, dt = \oint_{|z|=1} \underbrace{\frac{1}{i} R\Big(\frac{1}{2}\Big(z + \frac{1}{z}\Big), \frac{1}{2i}\Big(z - \frac{1}{z}\Big)\Big)\frac{1}{z}}_{=:\, S(z)}\, dz$$

S ist eine rationale Funktion, die für alle $z \in \mathbb{C}$ mit $|z| = 1$ definiert ist. $a_1, \ldots, a_n$ seien die paarweise verschiedenen isolierten Singularitäten von S in U_0^1; mit dem Residuensatz hat man:

$$\int_0^{2\pi} R(\cos t, \sin t)\, dt = 2\pi i \sum_{\nu=1}^{n} \operatorname{Res}(S; a_\nu)$$

Natürlich liefern höchstens die *Pole* von S (in U_0^1) einen von Null verschiedenen Beitrag; dabei ist offenbar die Voraussetzung ‚R rationale Funktion' nicht wesentlich; es genügt, dass R in U_0^1 keine wesentlichen oder nicht-isolierten Singularitäten hat.

Beispiel: Für $\mathbb{R} \ni c > 1$ $\quad \displaystyle\int_0^{\pi} \frac{dt}{c + \cos t} =: W$

Der Integrand ist gerade und 2π-periodisch, dies liefert: $\displaystyle W = \frac{1}{2}\int_0^{2\pi} \frac{dt}{c + \cos t}$

Hier hat man: $\displaystyle S(z) = \frac{1}{i}\frac{1}{z}\frac{1}{c + \frac{1}{2}(z + \frac{1}{z})} = \frac{1}{i}\frac{2}{z^2 + 2cz + 1}$. Die (einfachen) Nullstellen des Nenners sind $z_1 = -c + \sqrt{c^2 - 1}$, $z_2 = -c - \sqrt{c^2 - 1}$. Wegen $z_1 z_2 = 1$ und $|z_2| > 1$ liegt nur z_1 in U_0^1. Nach (2') (Seite 189) folgt:

$$\operatorname{Res}(S;\, z_1) = \frac{1}{i}\frac{2}{2z_1 + 2c} = \frac{1}{i}\frac{1}{\sqrt{c^2 - 1}}$$

Somit gilt $\displaystyle W = \frac{\pi}{\sqrt{c^2 - 1}}$.

Uneigentliche Integrale mit rationalen und trigonometrischen Integranden

Annahme: Es seien $k \in \mathbb{N}$ und $b_1, \ldots, b_k$ paarweise verschiedene Punkte der *oberen Halbebene**

$$\mathrm{OH} := \{z \in \mathbb{C} : \mathfrak{Im}\, z > 0\}$$

und $\mathfrak{G}$ ein Gebiet mit $\overline{\mathrm{OH}}\ \big(= \{z \in \mathbb{C} : \ \mathfrak{Im}\, z \geq 0\}\big) \subset \mathfrak{G} \subset \mathbb{C}$ sowie $f \colon \mathfrak{G} \setminus \{b_1, \ldots, b_k\} \longrightarrow \mathbb{C}$ eine holomorphe Funktion, die

(A) $\displaystyle\int_{\overset{\curvearrowleft}{-R,R}} f(z)\, dz \longrightarrow 0 \qquad (R \longrightarrow \infty)$ erfüllt. Dann gilt:

$$\lim_{R\to\infty} \int_{-R}^{R} f(x)\, dx \;=\; 2\pi i \sum_{\kappa=1}^{k} \mathrm{Res}\,(f;\, b_\kappa)$$

Die Bedingung (A) ist z.B. erfüllt,

falls a): $f \;=\; p/q$ mit Polynomen p und q, für die gilt:
$q(t) \neq 0\ (t \in \mathbb{R})$ und $\mathrm{Grad}\, p + 2 \leq \mathrm{Grad}\, q$.**

oder b): $f(z) \;=\; \exp(i\alpha z)\, h(z)$ mit $\alpha > 0$ und
$\max\big\{|h(z)| : \mathfrak{Im}\,(z) \geq 0 \wedge |z| = R\big\} \longrightarrow 0\ (R \longrightarrow \infty)$

Die Bedingung $\max\big\{|h(z)| : \mathfrak{Im}\,(z) \geq 0 \wedge |z| = R\big\} \longrightarrow 0 \quad (R \longrightarrow \infty)$ ist zum Beispiel erfüllt, falls $h = p/q$ mit Polynomen p und q, für die gilt: $q(t) \neq 0 \quad (t \in \mathbb{R})$ und $\mathrm{Grad}\, p + 1 \leq \mathrm{Grad}\, q$: ✓

Beweise: Mit $R > 0$ so, dass $b_1, \ldots, b_k \in U_0^R$ gilt, sei $\mathfrak{C}_R$:

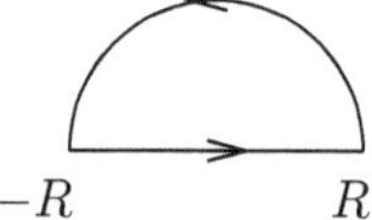

$$2\pi i \sum_{\kappa=1}^{k} \mathrm{Res}(f;\, b_\kappa) \;=\; \int_{\mathfrak{C}_R} f(z)\, dz \;=\; \int_{-R}^{R} f(x)\, dx + \int_{\overset{\curvearrowleft}{-R,R}} f(z)\, dz \;\underset{\text{(A)}}{\Longrightarrow}\; \text{Behauptung}$$

Zu a): Hier hat man: $z^2 p(z)/q(z)$ konvergiert für $|z| \longrightarrow \infty$, also existieren $M, R_0 \in \,]0, \infty[$ so, dass $|f(z)| \leq M/|z|^2$, falls $|z| \geq R_0$ (hieraus folgt die Existenz des Integrals); für $R \geq R_0$ gilt dann:

$$\left| \int_{\overset{\curvearrowleft}{-R,R}} f(z)\, dz \right| \leq \pi R \frac{M}{R^2} \longrightarrow 0 \quad (R \longrightarrow \infty)$$

---

* Man hat natürlich ein Analogon dieser Überlegungen für die untere Halbebene.

** Hier existiert $\int_{-\infty}^{\infty} f(x)\, dx$ als absolut konvergentes uneigentliches R-Integral.

Zu b): Für $\overset{\curvearrowleft}{-R,R}$ ist die Parameterdarstellung durch $[0,\pi] \ni t \longmapsto R\exp(it)$ gegeben; damit kann abgeschätzt werden:

$$\Bigg| \int\limits_{\overset{\curvearrowleft}{-R,R}} f(z)\,dz \Bigg| = \Bigg| \int\limits_0^\pi \exp\big(i\alpha R\exp(it)\big)\, h(R\exp(it))\, i \cdot R\exp(it)\,dt \Bigg|$$

$$\underset{|\exp(v)| = \exp(\operatorname{Re} v)}{\overset{\leq}{\wr}} \quad \underbrace{R \int\limits_0^\pi \exp(-\alpha R\sin t)\,dt}_{\text{beschränkt (vgl. Seite 109)}^*} \cdot \max\{|h(z)| : z \in \overline{\mathrm{OH}} \wedge |z| = R\}$$

Beispiel zu a): $\displaystyle\int\limits_{-\infty}^{\infty} \frac{x^2}{1+x^4}\,dx = \frac{\pi}{\sqrt{2}}$

Die Nullstellen von $1+z^4$ sind $z_0,\ z_0^3,\ z_0^5,\ z_0^7$ mit $z_0 := \exp\left(i\frac{\pi}{4}\right)$; davon liegen in der oberen Halbebene: z_0 und z_0^3. Dies sind *Pole erster Ordnung* von $f(z) := z^2/(1+z^4)$.

Damit folgt $\displaystyle\int\limits_{-\infty}^{\infty} \frac{x^2}{1+x^4}\,dx = 2\pi i\,\big(\operatorname{Res}(f;\,z_0) + \operatorname{Res}(f;\,z_0^3)\big)$. Nach (2') der Berechnungsmethoden für Residuen (vgl. Seite 189) hat man für

$a \in \{z_0,\ z_0^3\}$: $\displaystyle\operatorname{Res}(f;\,a) = \frac{a^2}{4a^3} = \frac{1}{4}\cdot\frac{1}{a}$

Wegen $a\overline{a} = |a|^2 = 1$ ist $\operatorname{Res}(f;\,a) = \frac{1}{4}\,\overline{a}$; damit folgt

$$\operatorname{Res}(f;\,z_0) + \operatorname{Res}(f;\,z_0^3) = \frac{1}{4}\Big(\frac{1}{\sqrt{2}}\big[(1-i)+(-1-i)\big]\Big) = \frac{-i}{2\sqrt{2}} = \frac{1}{2\sqrt{2}\,i};$$

dies liefert die Behauptung.

Berechnung des Hauptwertes uneigentlicher Integrale

Definition

In physikalischen Anwendungen und bei gewissen Integraltransformationen treten gelegentlich ‚Integrale' auf, bei denen *Singularitäten auf dem Integrationsweg* liegen. Wir kommen daher noch zu einem solchen Typ von ‚Integralen'; dazu definieren wir zunächst:

Für $m \in \mathbb{N}$, $-\infty < c_1 < \cdots < c_m < \infty$ und eine stetige Funktion $f\colon \mathbb{R}\setminus\{c_1,\ldots,c_m\} \longrightarrow \mathbb{C}$: Falls

---

* Wir hatten $\sin t \geq \frac{2}{\pi}t$ für $0 \leq t \leq \frac{\pi}{2}$ berücksichtigt.

$$\lim_{\substack{R\to\infty\\ \varepsilon_\nu\to 0+}} \left[\int_{-R}^{c_1-\varepsilon_1} f(x)\,dx + \int_{c_1+\varepsilon_1}^{c_2-\varepsilon_2} f(x)\,dx + \cdots + \int_{c_{m-1}+\varepsilon_{m-1}}^{c_m-\varepsilon_m} f(x)\,dx + \int_{c_m+\varepsilon_m}^{R} f(x)\,dx \right]$$

existiert, so heißt er *„Hauptwert" des Integrals (von f von $-\infty$ bis ∞)* und wird folgendermaßen bezeichnet:

$$\boxed{P\int_{-\infty}^{\infty} f(x)\,dx}$$

Berechnungsmethode

Es seien $\mathfrak{G}$ ein Gebiet mit $\overline{\text{OH}} \subset \mathfrak{G} \subset \mathbb{C}$, $k \in \mathbb{N}_0, m \in \mathbb{N}$, $b_1, \ldots, b_k$ paarweise verschiedene Punkte in der oberen Halbebene, $c_1, \ldots, c_m$ paarweise verschiedene reelle Zahlen und $f\colon \mathfrak{G} \setminus \{b_1, \ldots, b_k, c_1, \ldots, c_m\} \longrightarrow \mathbb{C}$ holomorph mit einfachen Polen c_μ $\quad(\mu = 1, \ldots, m)$ sowie $\int\limits_{\overset{\frown}{-R,R}} f(z)\,dz \longrightarrow 0 \quad (R \longrightarrow \infty)$.

Dann gilt:

$$P\int_{-\infty}^{\infty} f(x)\,dx = 2\pi i\left(\sum_{\kappa=1}^{k} \operatorname{Res}(f;\, b_\kappa) + \frac{1}{2}\sum_{\mu=1}^{m} \operatorname{Res}(f;\, c_\mu)\right)$$

Lässt man hier $m = 0$ zu, dann umfasst dieser Typ auch die zuvor behandelten Integrale, wenn man $P\int_{-\infty}^{\infty} f(x)\,dx := \lim\limits_{R\to\infty} \int_{-R}^{R} f(x)\,dx$ setzt.

Beweis: Wir integrieren über den — für $m = 2$ — skizzierten Weg. (Dabei seien $R > 0$ hinreichend groß und $\varepsilon_1, \varepsilon_2$ geeignet gewählt.)

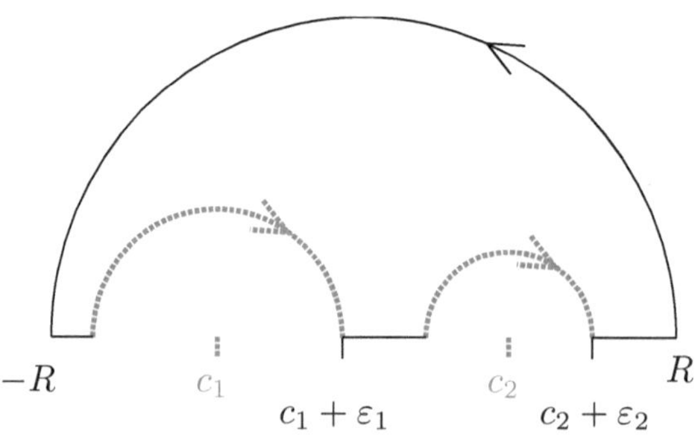

Mit Hilfe des nachstehenden Hilfssatzes liefert der Residuensatz dann die Behauptung.

Hilfssatz

Es seien $c \in \mathbb{C}$, $\varrho > 0$ *und* $f : U_c^\varrho \setminus \{c\} \longrightarrow \mathbb{C}$ *eine holomorphe Funktion mit einfachem Pol* c. *Dann gilt*

$$\int\limits_{\overset{\curvearrowleft}{c-\varepsilon,c+\varepsilon}} f(z)\,dz \longrightarrow \pi i \operatorname{Res}(f;c) \text{ für }]0,\varrho[\ni \varepsilon \longrightarrow 0.$$

Beweis: Aus der Laurentreihenentwicklung folgt die Existenz einer holomorphen Funktion $g : U_c^\varrho \longrightarrow \mathbb{C}$ so, dass $f(z) = \frac{\operatorname{Res}(f;c)}{z-c} + g(z) \quad \big(z \in U_c^\varrho \setminus \{c\}\big)$. $\int\limits_{\overset{\curvearrowleft}{c-\varepsilon,c+\varepsilon}} \frac{1}{z-c}\,dz \overset{\checkmark}{=} \pi i$ und $\int\limits_{\overset{\curvearrowleft}{c-\varepsilon,c+\varepsilon}} g(z)\,dz \overset{\checkmark}{\longrightarrow} 0$ zeigen die Behauptung. □

Beispiel: $P\int\limits_{-\infty}^{\infty} \frac{1}{x(x-1)}\,dx = 0$

Hier sind: $k = 0$, $m = 2$, $c_1 = 0$, $c_2 = 1$;
mit $f(z) := 1/(z(z-1)) \quad (z \in \mathbb{C} \setminus \{0,1\})$ folgt:

$$\ell.S. = \pi i \Big[\underbrace{\operatorname{Res}(f;c_1)}_{=-1} + \underbrace{\operatorname{Res}(f;c_2)}_{=1} \Big]$$

Integranden mit Verzweigungsstellen

Es seien $0 < \alpha < 1$, p und q Polynome mit $1 + \operatorname{Grad} p \le \operatorname{Grad} q$ und $q(x) \neq 0$ für $x \in [0,\infty[$. Zu $r := p/q$ mit den (paarweise verschiedenen) Polen $b_1, \ldots, b_k$ betrachten wir

$$f(z) := r(z)\ \mathrm{HW}(-z)^{-\alpha} \quad \Big(z \in \mathbb{C} \setminus \big([0,\infty[\cup \{b_1,\ldots,b_k\}\big)\Big)$$

und erhalten:

$$\int\limits_0^\infty x^{-\alpha} r(x)\,dx = \frac{\pi}{\sin \alpha\pi} \sum_{\kappa=1}^{k} \operatorname{Res}(f; b_\kappa)$$

Beweis: Für $0 < \varepsilon < \varrho < R < \infty$ betrachten wir

$$\mathfrak{C} = \mathfrak{C}_1 + \mathfrak{C}_2 + \mathfrak{C}_3 + \mathfrak{C}_4 = \mathfrak{C}_{\varepsilon,\varrho,R}$$

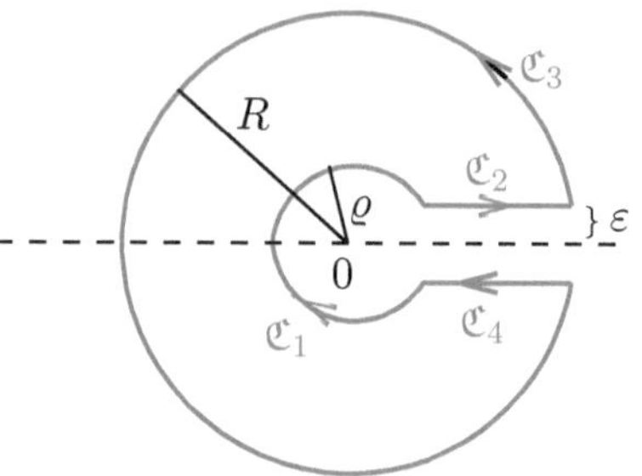

gemäß der nebenstehenden Skizze. Dabei seien ε, ϱ, R so, dass $\varrho < |b_\kappa| < R$ und $\varepsilon < |\mathfrak{Im}\,(b_\kappa)|$ $(\kappa = 1, \ldots, k)$; dann ergibt der Residuensatz:

$$\int\limits_{\mathfrak{C}} f(z)\,dz \;=\; 2\pi i \sum_{\kappa=1}^{k} \operatorname{Res}\,(f;\, b_\kappa)$$

$$\big|\operatorname{HW}(-z)^{-\alpha}\big| \;=\; \big|\exp[-\alpha \operatorname{Log}(-z)]\big| \;=\; \exp\big(-\alpha \ln|z|\big) \;=\; |z|^{-\alpha}$$

Es existieren $0 < M < \infty$, $0 < \varrho_0 < R_0$ so, dass

$$|r(z)| \;\leq\; \frac{M}{|z|} \quad \big(|z| \geq R_0\big) \;\;\wedge\;\; |r(z)| \;\leq\; M \quad \big(|z| \leq \varrho_0\big).$$

Unabhängig von ε schätzen wir die Integrale über $\mathfrak{C}_1$ und $\mathfrak{C}_3$ wie folgt ab:

$\mathfrak{C}_1$: $0 < \varrho \leq \varrho_0$: $\Big|\int\limits_{\mathfrak{C}_1} f(z)\,dz\Big| \leq 2\pi\varrho \cdot M \cdot \varrho^{-\alpha} \;=\; 2\pi M \varrho^{1-\alpha} \longrightarrow 0 \quad (\varrho \longrightarrow 0)$

$\mathfrak{C}_3$: $R_0 \leq R < \infty$: $\Big|\int\limits_{\mathfrak{C}_3} f(z)\,dz\Big| \leq 2\pi R \cdot \frac{M}{R} R^{-\alpha} = 2\pi M R^{-\alpha} \longrightarrow 0 \;\; (R \longrightarrow \infty)$

$\mathfrak{C}_2$: Für $z \in \mathrm{OH}$ und $x \in \,]0, \infty[$:

$$\operatorname{HW}(-z)^{-\alpha} \;=\; \exp\big(-\alpha\big[\ln|z| + i\operatorname{Arg}(-z)\big]\big)$$
$$\longrightarrow \exp\big(-\alpha\big[\ln x + i(-\pi)\big]\big) \;=\; x^{-\alpha}\exp(i\alpha\pi) \quad (z \longrightarrow x)$$

Für festes ϱ und R ergibt der Grenzübergang $\varepsilon \longrightarrow 0$:

$$\int\limits_{\mathfrak{C}_2} f(z)\,dz \;\longrightarrow\; \exp(i\alpha\pi) \int\limits_{\varrho}^{R} x^{-\alpha} r(x)\,dx$$

Man wendet dazu etwa den Integralsatz an auf:

Für das Integral über $\mathfrak{C}_4$ erhält man ‚ebenso': Für festes ϱ und R und den Grenzübergang $\varepsilon \longrightarrow 0$:

$$\int\limits_{\mathfrak{C}_4} f(z)\,dz \;\longrightarrow\; -\exp(-i\alpha\pi) \int\limits_{\varrho}^{R} x^{-\alpha} r(x)\,dx$$

Zusammen hat man also

$$\int\limits_{\mathfrak{C}_2} f(z)\,dz + \int\limits_{\mathfrak{C}_4} f(z)\,dz \longrightarrow 2i\sin(\alpha\pi)\int\limits_{\varrho}^{R} x^{-\alpha} r(x)\,dx \quad (\varepsilon \longrightarrow 0)$$

und so die Behauptung. □

Beispiel: Für $0 < \beta < 1$ ist:

$$\int\limits_0^\infty \frac{x^{\beta-1}}{1+x}\,dx = \frac{\pi}{\sin(\beta\pi)}$$

Beweis: Mit $\alpha := 1-\beta \quad (\in\,]0,1[\,)$ erhält man:

$$\ell.S. = \int\limits_0^\infty x^{-\alpha}\frac{1}{1+x}\,dx \overset{\checkmark}{=} \frac{\pi}{\sin(\alpha\pi)}\operatorname{Res}(f;\,-1)$$
$$\overset{\checkmark}{=} \frac{\pi}{\sin(\alpha\pi)}\operatorname{HW}(-(-1))^{-\alpha} = \frac{\pi}{\sin(\alpha\pi)} = \frac{\pi}{\sin(\pi-\beta\pi)} \overset{\checkmark}{=} \frac{\pi}{\sin(\beta\pi)} \quad \square$$

Wir belassen es bei diesen exemplarischen Typen von Integralen und verweisen für Ergänzungen und weitere Anwendungen des Residuensatzes auf reelle Fragestellungen auf die weitergehende Literatur.

7.4 Argumentprinzip und Anwendungen

Wir behandeln in diesem Abschnitt einige **funktionentheoretische Konsequenzen des Residuensatzes:**

Satz 7 („logarithmisches Residuum")

Es seien $f,\,g\colon \mathfrak{G} \longrightarrow \mathbb{C}$ holomorphe Funktionen auf einem Gebiet $\mathfrak{G}$ in $\mathbb{C}$ und f nicht konstant Null. Mit der Nullstellenmenge

$$\mathfrak{N} := \{z \in \mathfrak{G} : f(z) = 0\}^*$$

sei $\mathfrak{K}$ ein nullhomologer Zyklus in $\mathfrak{G}$ mit $\mathfrak{N} \cap (\mathfrak{K}) = \emptyset$. Dann gilt:

$$\frac{1}{2\pi i}\int\limits_{\mathfrak{K}} \frac{f'(z)}{f(z)}\,g(z)\,dz = \sum_{a\in\mathfrak{N}} u(\mathfrak{K},a)\,g(a)\cdot v_f(a)$$

* Nach der Folgerung aus dem Identitätssatz gilt $\dot{\mathfrak{N}} \cap \mathfrak{G} = \emptyset$.

Hierbei bezeichne $v_f(a)$ die *Ordnung (Vielfachheit)* der Nullstelle a (von f) für $a \in \mathfrak{N}$. Zu der Summe in der Behauptung sei angemerkt: Die Menge $\{a \in \mathfrak{N} : u(\mathfrak{K}, a) \neq 0\}$ ist endlich (vgl. Hilfssatz, S. 190).

Ein *wichtiger Spezialfall* ist:

$g(z) := 1$ $(z \in \mathfrak{G})$ und $u(\mathfrak{K}, a) \in \{0, 1\}$ für alle $a \in \mathfrak{N}$. Man sagt dann: $\mathfrak{K}$ ist (bezüglich $\mathfrak{N}$) *„einfach"*.

Der *Beweis* ist mit dem Residuensatz unter Beachtung von (3') (aus den Berechnungsmethoden für Residuen (vgl. Seite 189)) gegeben; denn zu einer Nullstelle a von f existiert ein $m \in \mathbb{N}$, ein $\delta > 0$ mit $U_a^\delta \subset \mathfrak{G}$ und eine holomorphe Funktion $h\colon U_a^\delta \longrightarrow \mathbb{C}$ mit

$$f(z) = (z-a)^m h(z) \quad \text{und} \quad h(a) \neq 0\,.$$

Dann ist Œ $h(z) \neq 0$ für $z \in U_a^\delta$.

$f'(z) = m(z-a)^{m-1}h(z) + (z-a)^m h'(z)$ zeigt

$$\frac{f'(z)}{f(z)} = \frac{m}{z-a} + \frac{h'(z)}{h(z)}\,.$$

Daraus liest man $\operatorname{Res}(f'/f;\, a) = m = v_f(a)$ ab. □

Es können entsprechend auch Pole von f berücksichtigt werden. Auf diese kleine Ergänzung gehen wir aber nicht mehr ein.

Spezialfälle dieses Satzes werden oft auch als **„Prinzip vom Argument"** bezeichnet; dem liegt folgende Überlegung zugrunde:

Hilfssatz (‚Integraltransformation')

Es seien $\mathfrak{G}$ und $\mathfrak{G}_1$ Gebiete in $\mathbb{C}$, $f\colon \mathfrak{G} \longrightarrow \mathfrak{G}_1$ und $g\colon \mathfrak{G}_1 \longrightarrow \mathbb{C}$ holomorphe Funktionen. Zu $a, b \in \mathfrak{G}$ sei $\mathfrak{C} \in \mathrm{K}^{\mathfrak{G}}(a, b)$, also eine Kurve, die innerhalb $\mathfrak{G}$ von a nach b verläuft.

Die — für ein $\varphi \in \mathfrak{C}$ — durch $f \circ \varphi$ gegebene ‚Bildkurve', die offenbar innerhalb $\mathfrak{G}_1$ von $f(a)$ nach $f(b)$ verläuft, bezeichnen wir mit $f(\mathfrak{C})$. Dann gilt:

$$\int_{f(\mathfrak{C})} g(w)\,dw = \int_{\mathfrak{C}} g(f(z))f'(z)\,dz$$

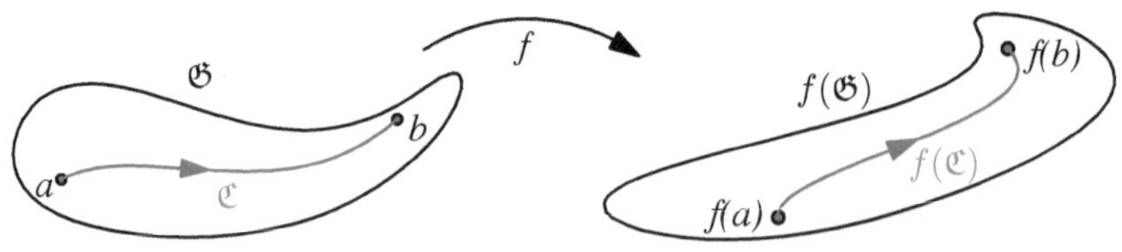

Beim *Beweis* kann Œ von einer stetig differenzierbaren Parameterdarstellung $\varphi\colon [\alpha,\beta] \longrightarrow \mathfrak{G}$ von $\mathfrak{C}$ ausgegangen werden. Dann ist auch die Parameterdarstellung $f \circ \varphi$ von $f(\mathfrak{C})$ stetig differenzierbar, und es gilt:

$$\int_{f(\mathfrak{C})} g(w)\,dw = \int_\alpha^\beta g\big((f\circ\varphi)(t)\big)(f\circ\varphi)'(t)\,dt$$

$$= \int_\alpha^\beta g\big(f(\varphi(t))\big)f'\big(\varphi(t)\big)\varphi'(t)\,dt = r.\,S. \qquad \square$$

So gilt speziell:

$$\frac{1}{2\pi i}\int_{\mathfrak{C}} \frac{f'(z)}{f(z)}\,dz = \frac{1}{2\pi i}\int_{f(\mathfrak{C})} \frac{1}{w}\,dw = u\big(f(\mathfrak{C}),0\big)$$

Hier steht rechts die *Umlaufzahl von* $f(\mathfrak{C})$ *um* 0, die gerade die Argumentänderung beim Umlauf von $f(\mathfrak{C})$ um 0 beschreibt.

Satz 8 (Satz von ROUCHÉ)*

Es seien $\mathfrak{G}$ ein Gebiet in $\mathbb{C}$ und $\mathfrak{K}$ ein nullhomologer Zyklus in $\mathfrak{G}$ mit $u(\mathfrak{K},a) \in \{0,1\}$ für alle $a \in \mathfrak{G} \setminus (\mathfrak{K})$. Für zwei holomorphe Funktionen $f,g\colon \mathfrak{G} \longrightarrow \mathbb{C}$ mit $|g(z)| < |f(z)|$ für alle $z \in (\mathfrak{K})$ gilt dann:
f und $f+g$ haben in

$$\mathfrak{M} := \big\{a \in \mathfrak{G} \setminus (\mathfrak{K}) \mid u(\mathfrak{K},a) = 1\big\}$$

gleich viele Nullstellen (der Vielfachheit entsprechend gezählt); diese Anzahl ist endlich.

Der Beweis lässt unschwer erkennen, dass dieser Satz noch wesentlich verallgemeinert werden kann.

Beweis: Für $\alpha \in [0,1]$ betrachten wir

$$h_\alpha(z) := f(z) + \alpha g(z) \quad (z \in \mathfrak{G});$$

dann ist $h_\alpha\colon \mathfrak{G} \longrightarrow \mathbb{C}$ holomorph mit $h_\alpha(z) \neq 0$ für $z \in (\mathfrak{K})$, da $|g(z)| < |f(z)|$. Die Abbildung

$$[0,1] \ni \alpha \longmapsto \frac{1}{2\pi i}\int_{\mathfrak{K}} \frac{h'_\alpha(z)}{h_\alpha(z)}\,dz =: S(\alpha)$$

* E. ROUCHÉ (1832–1910)

ist stetig (✓) und $\mathbb{Z}$-wertig (nach dem Satz über das logarithmische Residuum), also konstant. Daher folgt speziell $S(0) = S(1)$, was die Behauptung liefert. □

Der Satz von ROUCHÉ ist unter anderem auch für numerische Überlegungen nützlich; er gibt Informationen über die Lage von Nullstellen holomorpher Funktionen. Dazu ein einfaches

Beispiel: Es existiert eindeutig ein $z \in U_0^1$ mit $z^4 - 4z + 2 = 0$: Dazu wenden wir den Satz auf den positiv orientierten Kreis $\mathfrak{K}$ um 0 mit Radius 1 und $f(z) := -4z + 2$, $g(z) := z^4$ $(z \in \mathfrak{G} := \mathbb{C})$ an. Für $z \in (\mathfrak{K})$, also $|z| = 1$, hat man:

$$|g(z)| = 1 < 2 \overset{\checkmark}{\leq} |f(z)|$$

Nach dem Satz von ROUCHÉ hat die Funktion $f + g$ ebensoviele Nullstellen in U_0^1 wie f, nämlich eine.

Wir sehen uns noch einen weiteren — jetzt besonders einfachen — Beweis des **Fundamentalsatzes der Algebra** (vgl. Seiten 106 und 137f) an und verzichten dabei darauf, den Satz erneut zu formulieren.

Beweis: $f(z) := a_n z^n$, $g(z) := \sum_{\nu=0}^{n-1} a_\nu z^\nu$ $(z \in \mathbb{C})$; $\frac{g(z)}{f(z)} \longrightarrow 0$ $(|z| \longrightarrow \infty)$. Somit existiert ein $R \in \,]0, \infty[$ mit $|g(z)| < |f(z)|$ $\big(|z| = R\big)$; der Satz von ROUCHÉ, angewendet auf $\mathfrak{G} := \mathbb{C}$ und $\mathfrak{K}$ als positiv orientierten Kreis um 0 mit Radius R, liefert die Behauptung, da f in 0 eine n-fache Nullstelle hat. □

Als einfache Folgerung aus dem Satz von ROUCHÉ ergibt sich noch die *‚stetige Abhängigkeit der Nullstellen eines Polynoms von den Koeffizienten'*. Diese theoretische Aussage schließt jedoch nicht aus, dass geringfügige ‚Störungen' der Polynomkoeffizienten zu ‚dramatischen' Änderungen der Nullstellen führen. Ein bekanntes Beispiel von J. H. WILKINSON zeigt dies:

$$p(z) := \prod_{k=1}^{20} (z - k), \quad q(z) := p(z) - 2^{-23} z^{19};$$

q hat fünf Paare konjugiert komplexer Nullstellen mit Imaginärteilen, die von ± 0.64 bis ± 2.81 variieren!

Routh-Kriterium

Im Folgenden befassen wir uns mit der Frage, ob alle Nullstellen eines *komplexen* Polynoms

$$p_n(z) = a_n z^n + (a_{n-1} + i\, b_{n-1}) z^{n-1} + \cdots + (a_1 + i\, b_1) z + (a_0 + i\, b_0)$$

mit $a_\nu, b_\nu \in \mathbb{R}, n \in \mathbb{N}$ und $a_n \neq 0$, also *reellem Hauptkoeffizienten*, in der linken Halbebene $\{\lambda \in \mathbb{C} : \mathfrak{Re}\,(\lambda) < 0\}$ liegen. Ein solches p_n heißt *stabil.* Derartige Polynome haben Bedeutung bei Stabilitätsuntersuchungen gewöhnlicher Differentialgleichungen, speziell etwa bei der Untersuchung von Schwingungen mechanischer oder elektrischer Systeme.

Notwendige und hinreichende Bedingungen für die Stabilität *reeller* Polynome stammen von A. HURWITZ, der 1895 ein *Determinantenkriterium* veröffentlichte (vgl. etwa [Me/Va, Satz 9.10.4]). Bereits 1877 war von E. J. ROUTH ein dazu äquivalentes Kriterium hergeleitet worden. ROUTH hatte hierfür einen besonders *übersichtlichen Algorithmus* entwickelt, der auf STURM*schen Ketten* basierte. Das folgende *Reduktionsverfahren* geht auf I. SCHUR (ZAMM 1 (1921), 307–311) zurück und benutzt zum Beweis den Satz von ROUCHÉ als Haupthilfsmittel. Dies hat den Vorzug, dass der ROUTHsche Algorithmus auch für Polynome mit komplexen Koeffizienten seine Gültigkeit behält und zudem genauere Aussagen über die Anzahl der Nullstellen in einer Halbebene gewonnen werden können.

In diesem Zusammenhang ist die durch

$$\boxed{p_n^*(z) := (-1)^n\,\overline{p_n(-\overline{z})}}$$

definierte „*Parakonjugierte von* p_n" von Interesse.

Mit $b_n := 0$ und $\alpha_\nu := a_\nu + i\,b_\nu \quad (\nu = 0, \ldots, n)$ gelten:

$$p_n(z) = \sum_{\nu=0}^{n} \alpha_\nu\, z^\nu \qquad \text{und}$$

$$p_n^*(z) = \sum_{\nu=0}^{n} (-1)^{n+\nu}\,\overline{\alpha_\nu}\, z^\nu = a_n\, z^n + \sum_{\nu=0}^{n-1} (-1)^{n+\nu}\,\overline{\alpha_\nu}\, z^\nu$$

$$= a_n\, z^n - (a_{n-1} - i\,b_{n-1})z^{n-1} + (a_{n-2} - i\,b_{n-2})z^{n-2} \mp \cdots + (-1)^n\,(a_0 - i\,b_0)$$

Die Linearfaktorzerlegung

$$p_n(z) = a_n\,(z - z_1)\,(z - z_2)\cdots(z - z_n)$$

geht über in

$$p_n^*(z) = a_n\,(z + \overline{z_1})\,(z + \overline{z_2})\cdots(z + \overline{z_n})\,.$$

Die Nullstellen von p_n^* erhält man also aus denen von p_n durch Spiegelung an der imaginären Achse, was man natürlich auch unmittelbar aus der Definition von p_n^* abliest. Mit p_n und p_n^* werden die Polynome q_n und q_{n-1} definiert:

$$q_n(z) := \frac{1}{2}\big(p_n(z) + p_n^*(z)\big) = \frac{1}{2}\sum_{\nu=0}^{n}\big(\alpha_\nu + (-1)^{n+\nu}\,\overline{\alpha_\nu}\big)\,z^\nu$$

$$= a_n\, z^n + i\,b_{n-1}\, z^{n-1} + a_{n-2}\, z^{n-2} + i\,b_{n-3}\, z^{n-3} + \cdots$$

$$q_{n-1}(z) := \frac{1}{2}\big(p_n(z) - p_n^*(z)\big) = \frac{1}{2}\sum_{\nu=0}^{n}\big(\alpha_\nu + (-1)^{n+\nu+1}\,\overline{\alpha_\nu}\big)\,z^\nu$$

$$= a_{n-1}\, z^{n-1} + i\,b_{n-2}\, z^{n-2} + a_{n-3}\, z^{n-3} + i\,b_{n-4}\, z^{n-4} + \cdots$$

Sind *alle Koeffizienten reell* (d. h. $b_\nu = 0$ auch für $\nu = 0, \ldots, n-1$), so bedeutet diese Aufteilung, dass das eine Polynom die geraden Anteile von p_n, das andere die ungeraden enthält.

Mit $p_n = q_n + q_{n-1}$ folgt — wegen der speziellen Struktur von q_n und q_{n-1} sind $q_n(i\,t)$ und $q_{n-1}(i\,t)$ in dem Sinne ‚orthogonal', dass ein Wert reell und der andere rein-imaginär ist — leicht

$$|p_n(i\,t)|^2 = |q_n(i\,t)|^2 + |q_{n-1}(i\,t)|^2 \qquad (t \in \mathbb{R}). \tag{1a}$$

Nach dem Satz von VIETA gilt $a_n \sum_{\nu=1}^{n} z_\nu = -\alpha_{n-1}$ für die — entsprechend Vielfachheiten gezählten — Nullstellen z_ν von p_n. Ist $\boxed{a_{n-1} = 0}$, so gilt also auch

$$\sum_{\nu=1}^{n} \mathfrak{Re}\,(z_\nu) = 0\,.$$

Für mindestens ein $\nu \in \{1, \ldots, n\}$ folgt somit $\mathfrak{Re}\,(z_\nu) \geq 0$; p_n ist daher *nicht stabil*. Ist man nur an der Entscheidung hierüber interessiert, kann der Algorithmus schon hier stoppen.

Im *nicht-trivialen Fall* $\boxed{n \geq 2 \text{ und } a_{n-1} \neq 0}$ liefert *Division mit Rest* (EUKLIDischer Algorithmus) für q_n und q_{n-1} mit

$$\tau_1 := \frac{a_n}{a_{n-1}} \quad \text{und} \quad \sigma_1 := \frac{b_{n-1} - \tau_1\, b_{n-2}}{a_{n-1}}$$

$$q_n(z) = q_{n-1}(z)\,(\tau_1\, z + i\,\sigma_1) + q_{n-2}(z)\,. \tag{2}$$

Löst man in (2) nach q_{n-2} auf, so sieht man: Das Restpolynom q_{n-2} hat die gleiche Struktur wie q_n und q_{n-1} (mit $\operatorname{Grad} q_{n-2} \leq n-2$), nämlich die Gestalt

$$q_{n-2}(z) = c_{n-2}\, z^{n-2} + i\, c_{n-3}\, z^{n-3} + \cdots$$

mit reellen c_ν. Wir führen nun das Polynom

$$p_{n-1} := q_{n-1} + q_{n-2}$$

ein. Für dessen Nullstellen wollen wir später einen Zusammenhang mit den Nullstellen von p_n herstellen. Analog zu (1a) gilt

$$|p_{n-1}(i\,t)|^2 = |q_{n-1}(i\,t)|^2 + |q_{n-2}(i\,t)|^2 \qquad (t \in \mathbb{R}). \tag{1b}$$

Mit (2) (und $p_n = q_n + q_{n-1}$) folgt

$$\begin{aligned} p_n(z) &= q_{n-1}(z)(i\,\sigma_1 + \tau_1 z) + q_{n-2}(z) + q_{n-1}(z) \\ &= (1 + i\,\sigma_1 + \tau_1 z)q_{n-1}(z) + q_{n-2}(z) \qquad (3) \\ &= (1 + i\,\sigma_1 + \tau_1 z)p_{n-1}(z) - (i\,\sigma_1 + \tau_1 z)q_{n-2}(z) \end{aligned}$$

und weiter

$$p_n(i\,t) \;=\; 0 \iff p_{n-1}(i\,t) = 0 \qquad \text{für } \; t \in \mathbb{R}\,. \qquad (4)$$

Beweis von (4): Aus $\ell.\,S.$ folgt nach (1a): $q_n(it) = 0 = q_{n-1}(it)$. Mit (3) ergibt dies zunächst $q_{n-2}(it) = 0$ und dann über (1b) $r.\,S.$.

Aus $r.\,S.$ folgt nach (1b) $q_{n-1}(it) = 0 = q_{n-2}(it)$ und so nach (3) $\ell.\,S.$. □

Wir setzen

$$\begin{aligned} f(z) &:= (1 + i\,\sigma_1 + \tau_1\,z)p_{n-1}(z)\,, \\ g(z) &:= -(i\,\sigma_1 + \tau_1\,z)q_{n-2}(z)\,. \end{aligned}$$

Mit (3) erhalten wir damit eine Zerlegung von p_n der Form

$$p_n \;=\; f + g\,,$$

auf die wir den Satz von ROUCHÉ anwenden werden. Für z auf der imaginären Achse $i\mathbb{R}$ gelten

$$|\,i\,\sigma_1 + \tau_1\,z\,| < |1 + i\,\sigma_1 + \tau_1\,z|$$

und — nach (1b) —

$$|q_{n-2}(z)| \le |p_{n-1}(z)|\;.$$

Damit haben wir, *sofern* $p_{n-1}(z) \neq 0$ (bzw. $p_n(z) \neq 0$)

$$|g(z)| < |f(z)|\,.$$

Nach Voraussetzung sind a_{n-1} und τ_1 von 0 verschieden. Mithin ist $\operatorname{Grad} f \;=\; n$. Wegen $\operatorname{Grad} g \le n - 1$ folgt so

$$|g(z)| < |f(z)| \qquad \text{für } \; |z| = r$$

und hinreichend großes r.

Liegen *auf* $i\mathbb{R}$ *keine Nullstellen von* p_n, so kann der Satz von ROUCHÉ auf die Kurve C gemäß Zeichnung

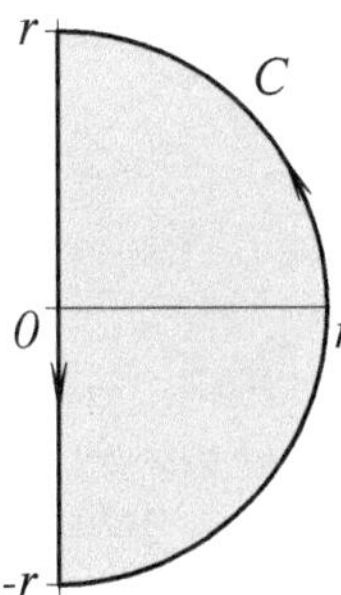

(positiv durchlaufener Halbkreis mit Radius r, geschlossen durch entsprechende Strecke auf $i\mathbb{R}$) angewendet werden und liefert:

f und $f+g \quad (= p_n)$ haben im Inneren von C gleich viele Nullstellen (entsprechend den Vielfachheiten).

Die Nullstelle von $1 + i\,\sigma_1 + \tau_1\, z$ hat den Realteil $-\frac{1}{\tau_1}$. Im Falle $\tau_1 < 0$ hat also f (und damit p_n) im Inneren von C (für hinreichend großes r) eine Nullstelle mehr als p_{n-1}. Im Falle $\tau_1 > 0$ sind diese beiden Anzahlen gleich.

Haben p_n und p_{n-1} (bzw. q_n, q_{n-1} und q_{n-2}) *auf* $i\mathbb{R}$ *eine gemeinsame Nullstelle* $i\zeta$ (mit $\zeta \in \mathbb{R}$), so kann man den Faktor $z - i\zeta$ ausklammern. Wichtig für unsere Überlegungen ist, dass danach bei den verbleibenden Polynomen $\widetilde{q}_n$, $\widetilde{q}_{n-1}$ und $\widetilde{q}_{n-2}$ die spezielle Struktur erhalten bleibt, d. h. ihre Koeffizienten sind — beginnend mit reellem Hauptkoeffizienten — alternierend reell bzw. imaginär. So übertragen sich die ‚Orthogonalitätsrelationen' (1a) und (1b). Gegebenenfalls lassen sich weitere Linearfaktoren des Typs $z - i\zeta$, $\zeta \in \mathbb{R}$, abspalten. Auf diese Weise wird klar, dass p_n und p_{n-1} auf $i\mathbb{R}$ Nullstellen mit gleichen Vielfachheiten besitzen, d. h. es existiert ein gemeinsamer Faktor $\psi(z)$ mit $p_n(z) = \psi(z)\widetilde{p}_n(z)$ und $p_{n-1}(z) = \psi(z)\widetilde{p}_{n-1}(z)$ derart, dass auf $i\mathbb{R}$ keine Nullstellen von $\widetilde{p}_n$ und $\widetilde{p}_{n-1}$ liegen. Es gilt dann natürlich auch $q_k(z) = \psi(z)\widetilde{q}_k(z)$ für $k = n-2, n-1, n$. Mithin kann man die Überlegungen von Seite 203 auch auf

$$\begin{aligned} \widetilde{f}(z) &:= (1 + i\,\sigma_1 + \tau_1\, z)\widetilde{p}_{n-1}(z), \\ \widetilde{g}(z) &:= -(i\,\sigma_1 + \tau_1\, z)\widetilde{q}_{n-2}(z) \end{aligned}$$

mit $\widetilde{p}_n = \widetilde{f} + \widetilde{g}$ anwenden. Zusammenfassend erhalten wir:

Satz 9

In der rechten Halbebene ist die Anzahl der Nullstellen (entsprechend Vielfachheiten) von p_n *gleich der von* p_{n-1}, *falls* a_n *und* a_{n-1} *gleiches Vorzeichen haben; andernfalls ist sie um 1 größer.*

Auf der imaginären Achse haben beide Polynome die gleichen Nullstellen mit gleichen Vielfachheiten.

Lässt sich der oben beschriebene Divisionsalgorithmus wiederholen und sukzessive auf $p_{n-1}, \ldots, p_1$ *anwenden, so erhält man Polynome* q_{n-k} *mit reellen Hauptkoeffizienten* $a_{n-k}^{(k)}$. q_n *und* q_{n-1} *sind direkt durch* p_n *gegeben. Die übrigen Polynome* q_{n-k} *entstehen daraus durch Division mit Rest (*EUKLID*ischer Algorithmus).*

- *Gilt* $\tau_k = \frac{a_{n-k+1}^{(k-1)}}{a_{n-k}^{(k)}} \neq 0$ *für* $k = 1, \ldots, n$ (alle *auftretenden Quotientenpolynome* $i\,\sigma_k + \tau_k\, z$ *sind linear), dann besitzt das Polynom* p_n *keine Nullstellen auf der imaginären Achse, und die Anzahl seiner Nullstellen in der rechten Halbebene ist gleich der Anzahl der negativen Elemente der Liste* $\left[\tau_1, \ldots, \tau_n\right]$.

- *Bricht das Verfahren nach k Schritten mit $q_{n-k-1} = 0$ ab, so ist $p_{n-k} = q_{n-k}$ der größte gemeinsame Teiler von p_n und p_n^*, dessen Nullstellen konjugiert symmetrisch zur imaginären Achse liegen, d. h. mit z ist auch $-\overline{z}$ Nullstelle von p_{n-k}. Die Anzahl der Nullstellen von p_n in der rechten Halbebene ist gleich der Summe der Anzahl der negativen Elemente der Liste $\left[\tau_1, \ldots, \tau_k\right]$ und der Anzahl der Nullstellen von p_{n-k} in der rechten Halbebene.*

Anmerkungen

- Falls p_n auf $i\mathbb{R}$ eine Nullstelle hat, bricht der Divisionsalgorithmus ab, d. h. es gilt $a_{n-k}^{(k)} = 0$ für ein $k \in \{1, \ldots, n\}$.
- Bricht der Divisionsalgorithmus ab, so hat p_n eine Nullstelle z_0 mit $\mathfrak{Re}\,(z_0) \geq 0$ (vgl. Seite 202).
- Durch Nullstellenverschiebungen und Drehungen sind Nullstellentests in beliebigen Halbebenen und Winkelbereichen möglich. Diese führen — auch ausgehend von reellen Polynomen — auf Polynome mit komplexen Koeffizienten.

Wir rechnen vier Beispiele von Hand, um die Dinge einzuüben und so zu vertiefen, aber auch um den Einstieg in das zugehörige Worksheet zu erleichtern:

Beispiele:

$$\boxed{p_3(z) := z^3 + 2z^2 + 2z + 1} \qquad \textbf{(B1)}$$

Hier hat man $q_3(z) = z^3 + 2z$ und $q_2(z) = 2z^2 + 1$ und rechnet nach dem Schema:

	z^3	z^2	z^1	z^0	
	$\boxed{1}$	$\cdot$	2	$\cdot$	q_3
$\tau_1 = \frac{1}{2}$	$*$	$\boxed{2}$	$\cdot$	1	q_2
$\tau_2 = \frac{4}{3}$	$*$	$*$	$\boxed{\frac{3}{2}}$	$\cdot$	q_1
$\tau_3 = \frac{3}{2}$	$*$	$*$	$*$	$\boxed{1}$	q_0

Das ROUTH-Schema bricht nicht vorzeitig ab; nach dem vorangehenden Satz liegen *alle 3 Nullstellen in der linken Halbebene.* Hier können wir das natürlich noch leicht bestätigen, indem wir die Nullstelle -1 ‚sehen', dann (HORNER!) den Linearfaktor abspalten und die Faktorisierung

$$p_3(z) = (z+1)(z^2 + z + 1)$$

erhalten, aus der wir dann die beiden weiteren Nullstellen $-\frac{1}{2}\left(1 \pm i\sqrt{3}\right)$ ablesen.

$$\boxed{p_6(z) := z^6 + 2z^5 + 6z^4 + 10z^3 + 9z^2 + 8z + 4} \qquad \textbf{(B2)}$$

Hier hat man $q_6(z) = z^6 + 6z^4 + 9z^2 + 4$ und $q_5(z) = 2z^5 + 10z^3 + 8z$ und rechnet:

	z^6	z^5	z^4	z^3	z^2	z^1	z^0	
	$\boxed{1}$	$\cdot$	6	$\cdot$	9	$\cdot$	4	q_6
$\tau_1 = \frac{1}{2}$	$*$	$\boxed{2}$	$\cdot$	10	$\cdot$	8	$\cdot$	q_5
$\tau_2 = 2$	$*$	$*$	$\boxed{1}$	$\cdot$	5	$\cdot$	4	q_4
	$*$	$*$	$*$	$\boxed{0}$	$\cdot$	0	$\cdot$	q_3

Das Routh-Schema bricht nach zwei Schritten mit $q_3 = 0$ ab. Mit den Bezeichnungen von Seite 204 gilt $\psi(z) = q_4(z) = (z^2+1)(z^2+4)$ sowie $p_k(z) = \psi(z)\widetilde{p}_k(z)$ für $k = 5, 6$ sowie $q_k(z) = \psi(z)\widetilde{q}_k(z)$ für $k = 4, 5, 6$ mit $\widetilde{q}_4(z) = 1$, $\widetilde{q}_5(z) = 2z$, $\widetilde{q}_6(z) = z^2 + 1$ sowie $\widetilde{p}_5(z) = 2z + 1$, $\widetilde{p}_6(z) = z^2 + 2z + 1$. Wegen $\tau_1 = 1/2$, $\sigma_1 = 0$ sind

$$\widetilde{f}(z) = \left(1 + \frac{z}{2}\right)\widetilde{p}_5(z) \quad \text{und} \quad \widetilde{g}(z) = -\frac{z}{2}\widetilde{q}_4(z)\,.$$

Ferner gilt $\widetilde{p}_6(z) = \widetilde{f}(z) + \widetilde{g}(z)$. So hat dann $\widetilde{p}_6$ in der linken Halbebene eine Nullstelle mehr als $\widetilde{p}_5$.

Nach Satz 9 folgt insgesamt:

- p_6 hat — wie p_4 — die imaginären Nullstellen $\pm i, \pm 2i$.
- p_6 hat keine Nullstellen in der rechten Halbebene, folglich zwei Nullstellen in der linken Halbebene.

$$\boxed{p_4(z) := z^4 + 5z^3 + 10z^2 + 10z + c} \qquad \textbf{(B3)}$$

Für welche $c \in \mathbb{R}$ liegen alle Nullstellen in der linken Halbebene?

	z^4	z^3	z^2	z^1	z^0	
	$\boxed{1}$	$\cdot$	10	$\cdot$	c	q_4
$\tau_1 = \frac{1}{5}$	$*$	$\boxed{5}$	$\cdot$	10	$\cdot$	q_3
$\tau_2 = \frac{5}{8}$	$*$	$*$	$\boxed{8}$	$\cdot$	c	q_2
$\tau_3 = \frac{64}{80-5c}$	$*$	$*$	$*$	$\boxed{10 - \frac{5}{8}c}$	$\cdot$	q_1
$\tau_4 = \frac{80-5c}{8c}$	$*$	$*$	$*$	$*$	$\boxed{c}$	q_0

Damit τ_3 und τ_4 existieren, müssen natürlich $10 - \frac{5}{8}c \neq 0$, d. h. $c \neq 16$, und $c \neq 0$ sein. Wir erhalten als *Bedingung für Stabilität* $10 - \frac{5}{8}c > 0 \wedge c > 0$, also $16 > c > 0$.

$$\boxed{p_6(z) := z^6 + z^5 + 3z^4 + 3z^3 + 3z^2 + 2z + 1} \qquad \textbf{(B4)}$$

	z^6	z^5	z^4	z^3	z^2	z^1	z^0	
	$\boxed{1}$	·	3	·	3	·	1	q_6
$\tau_1 = 1$	$*$	$\boxed{1}$	·	3	·	2	·	q_5
	$*$	$*$	$\boxed{0}$	·	1	·	1	q_4

Das Routh-Schema bricht nach einem Schritt wegen $a_4^{(2)} = 0$ ab. Da man weder zu einem sinnvollen Ende kommt, noch die Rechnung fortgesetzt werden kann, bezeichnet man diesen Fall als *Entartung*.

$q_4(z) = z^2 + 1$

$p_5(z) = q_5(z) + q_4(z) = z^5 + 3z^3 + z^2 + 2z + 1 = (z^3 + 2z + 1)(z^2 + 1)$

$p_6(z) = (z^4 + z^3 + 2z^2 + 2z + 1)(z^2 + 1)$

- p_6 hat — wie p_5 — die imaginären Nullstellen $\pm i$.
- p_6 hat in der linken Halbebene eine Nullstelle mehr als p_5.
- p_6 und p_5 haben in der rechten Halbebene gleich viele Nullstellen.

MWS zu Kapitel 7

Laurent-Reihen, isolierte Singularitäten, Residuensatz

Wichtige MAPLE-Befehle dieses Kapitels:

Plot-Optionen: coords=cylindrical, labelfont, titlefont
save, read
convert(..., polynom)
residue
select; add
degree, quo

7.1 Laurent-Reihen

An drei einfachen Beispielen, die man noch leicht im Kopf nachvollziehen kann (Reihe der Exponentialfunktion und geometrische Reihe!), werden nun LAURENT-Reihen, speziell ihr Approximationsverhalten, durch Darstellung des Absolutbetrages der komplexen ‚Fehlerfunktion' veranschaulicht.

Beispiel 1

```
> restart: with(plots): f := z -> exp(1/z);
```

$$f := z \longrightarrow e^{\frac{1}{z}}$$

Wir betrachten die LAURENT-Reihe von f um 0 in $K_0(0, \infty)$ und beschränken dabei die Graphik auf $K_0(0, 1)$:

```
> L := series(f(z),z=infinity):
  # Der Ausdruck rechts ist äquivalent zu:
  # subs(z=1/z,series(subs(z=1/z,f(z)),z=0))
  convert(L,polynom):    # Restterm weglassen
  L := unapply(%,z); Rest := f - L:
```

$$L := z \longrightarrow 1 + \frac{1}{z} + \frac{1}{2\,z^2} + \frac{1}{6\,z^3} + \frac{1}{24\,z^4} + \frac{1}{120\,z^5}$$

Da wir mit der folgenden plot3d-Anweisung die Betragsfunktion von ‚Rest' in einem Kreis bzw. Kreisring darstellen wollen, verwenden wir hierzu Zylinderkoordinaten mittels der Option coords=cylindrical. Um die Überlegungen in diesem Abschnitt noch mehrfach einsetzen zu können, schreiben wir gleich eine kleine Prozedur und speichern diese in einer Textdatei ab:

```
> show := proc(r,R::realcons,Titel::string)
    global Rest;
    plot3d([rho,t,abs(evalf(Rest(rho*exp(I*t))))],rho=r..R,t=0..2*Pi,
      view=[-R..R,-R..R,0..3],coords=cylindrical,shading=zhue,
      grid=[50,50],style=patchcontour,contours=30,tickmarks=[3,3,3],
      axes=box,titlefont=[TIMES,ROMAN,14],labelfont=[TIMES,ITALIC,14],
      labels=["Realteil","    Imaginaerteil","Rest"],title=Titel,
      labeldirections=["horizontal","horizontal","vertical"])
  end proc:
  save show, "show.txt":
  show(0,1,"Differenz (betraglich) zwischen f und dem Anfangsteil der
            Laurent-Reihe L");
```

Differenz (betraglich) zwischen f und dem Anfangsteil der LAURENT-Reihe L

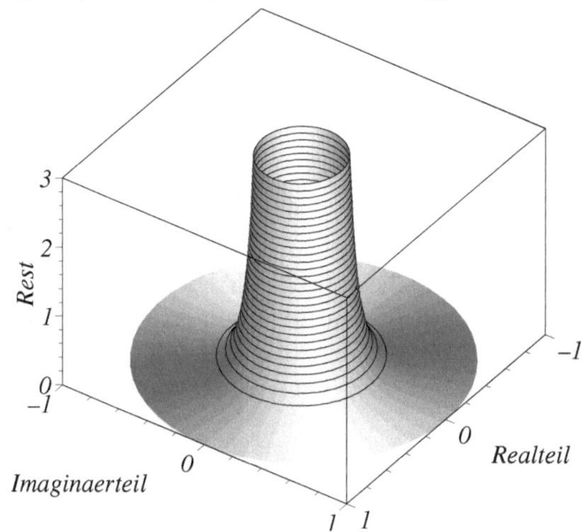

Beispiel 2

```
> restart: with(plots): read "show.txt":
  f := z -> 3/((z+1)*(2-z));
```

$$f := z \longrightarrow \frac{3}{(z+1)\,(2-z)}$$

Wir interessieren uns für die LAURENT-Reihe(n) von f um 0. Die Singularitäten von f sind -1 und 2. Wir beginnen mit der LAURENT-Reihe in

$K_0(0, 1)$. Da f in 0 holomorph ist, stimmt die LAURENT-Reihe mit der Potenzreihe im Einheitskreis überein.

```
> series(f(z),z=0): L := unapply(convert(%,polynom),z);
  Rest := f - L:
  show(0,1,"(Rest zur) Laurent-Reihe in |z| < 1
            (Potenzreihe von f um 0)");
```

$$L := z \longrightarrow \frac{3}{2} - \frac{3}{4}z + \frac{9}{8}z^2 - \frac{15}{16}z^3 + \frac{33}{32}z^4 - \frac{63}{64}z^5$$

(Rest zur) LAURENT-Reihe in $|z| < 1$ (Potenzreihe von f um 0)

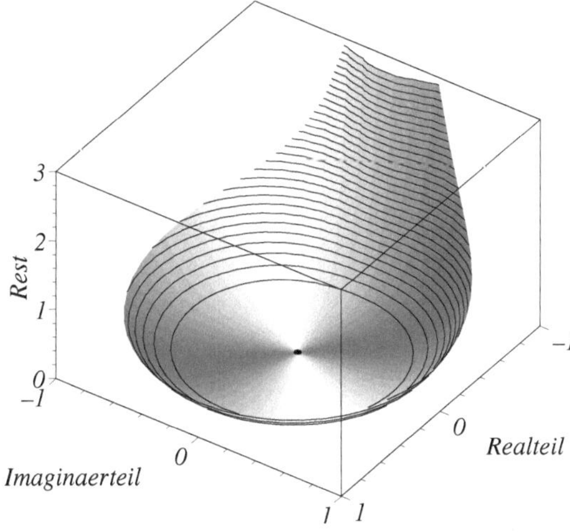

Als nächstes betrachten wir die LAURENT-Reihe von f in $K_0(1, 2)$. Dazu berechnen wir die Partialbruchzerlegung von f und spalten f auf in die Summe der beiden Funktionen $f_1\colon z \mapsto 1/(z+1)$ und $f_2\colon z \mapsto 1/(2-z)$. Mittels series(f_1(z), z=infinity) erhalten wir die LAURENT-Reihe von f_1 in $K_0(1, \infty)$, und series(f_2(z), z=0) liefert die LAURENT-Reihe von f_2 in $K_0(0, 2)$.

```
> convert(f(z),parfrac,z);
```

$$\frac{1}{z+1} - \frac{1}{-2+z}$$

```
  f_1 := unapply(1/(z+1),z); f_2 := unapply(-1/(-2+z),z);
```

$$f_1 := z \longrightarrow \frac{1}{z+1}, \quad f_2 := z \longrightarrow -\frac{1}{-2+z}$$

```
Order := 10:
series(f_1(z),z=infinity) + series(f_2(z),z=0):
L := unapply(convert(%,polynom),z);  Rest := f - L:
show(1,2,"(Rest zur) Laurent-Reihe in 1 < |z| < 2");
```

$$L := z \longrightarrow \frac{1}{z} - \frac{1}{z^2} + \frac{1}{z^3} - \frac{1}{z^4} + \frac{1}{z^5} - \frac{1}{z^6} + \frac{1}{z^7} - \frac{1}{z^8} + \frac{1}{z^9} + \frac{1}{2} + \frac{1}{4}z + \frac{1}{8}z^2 + \frac{1}{16}z^3 + \frac{1}{32}z^4 + \frac{1}{64}z^5 + \frac{1}{128}z^6 + \frac{1}{256}z^7 + \frac{1}{512}z^8 + \frac{1}{1024}z^9$$

(Rest zur) LAURENT-Reihe in $1 < |z| < 2$

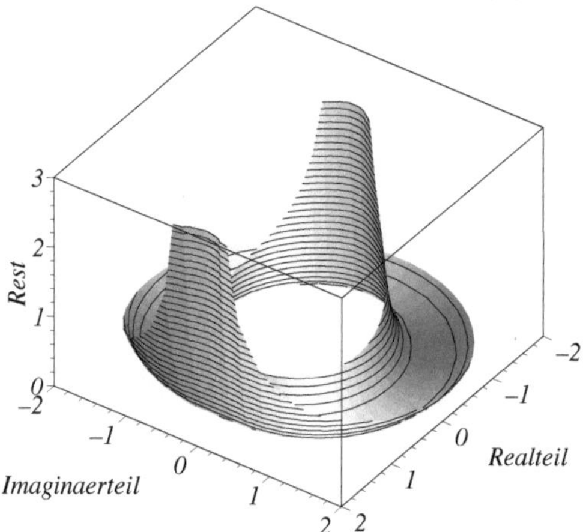

Und so erhält man schließlich die LAURENT-Reihe von f in $K_0(2, \infty)$:

```
> series(f_1(z),z=infinity,8) + series(f_2(z),z=infinity,8):
  L := unapply(convert(%,polynom),z): Rest := f - L:
  show(2,4,"(Rest zur) Laurent-Reihe von f in |z| > 2"); L;
```

(Rest zur) LAURENT-Reihe von f in $|z| > 2$

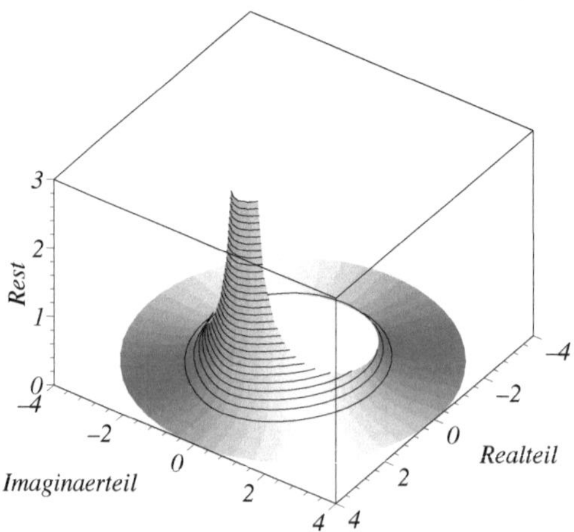

$$L := z \longrightarrow -\frac{3}{z^2} - \frac{3}{z^3} - \frac{9}{z^4} - \frac{15}{z^5} - \frac{33}{z^6} - \frac{63}{z^7}$$

Beispiel 3

In vielen Bereichen der Mathematik kommt die Funktion $x \longrightarrow 1/(1+x^2)$ vor. Hieran sieht man, dass man die Größe des Konvergenzradius einer entsprechenden Potenzreihenentwicklung oft nur nach Erweiterung ins Komplexe richtig versteht. Wir sehen uns dieses Beispiel noch kurz an:

```
> restart: with(plots): read "show.txt":
  f := z -> 1/(1+z^2);
```

$$f := z \longrightarrow \frac{1}{1+z^2}$$

```
> series(f(z),z=0,12): L := unapply(convert(%,polynom),z);
  Rest := f- L:
  show(0,1,"(Rest zur) Laurent-Reihe in |z| < 1
            (Potenzreihe von f um 0)");
```

$$f := z \longrightarrow 1 - z^2 + z^4 - z^6 + z^8 - z^{10}$$

(Rest zur) LAURENT-Reihe in $|z| < 1$ (Potenzreihe von f um 0)

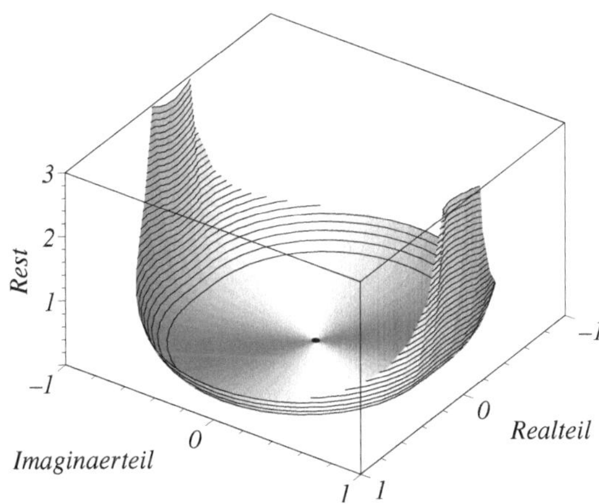

Wir sehen uns nur noch die Entwicklung in $K_0(1, \infty)$ an:

```
> series(f(z),z=infinity,12): unapply(convert(%,polynom),z);
```

$$z \longrightarrow \frac{1}{z^2} - \frac{1}{z^4} + \frac{1}{z^6} - \frac{1}{z^8} + \frac{1}{z^{10}}$$

7.2 Isolierte Singularitäten

Beispiel für eine nicht-isolierte Singularität

```
> restart: with(plots): f := z -> 1/sin(Pi/z);
```

$$f := z \longrightarrow \frac{1}{\sin\left(\frac{\pi}{z}\right)}$$

```
> _EnvAllSolutions := true: solve(sin(Pi/z));
```

$$\frac{1}{\_Z1}$$

0 ist eine Singularität, die *nicht isoliert* ist; denn $z_n = 1/n$ definiert eine Nullfolge von Singularitäten.

```
> TICKS := [[seq(1.0/k=cat(` 1/`,k),k=12..15)],[-4,-2,0,2,4]]:
  plot(f,1/16..1/12,-4..4,tickmarks=TICKS,color=black,thickness=2);
```

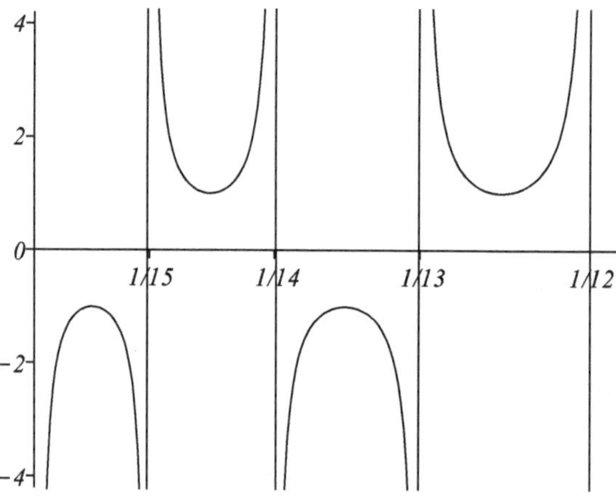

Klassifikation von isolierten Singularitäten

Beispiel 1: Hebbare Singularitäten und Polstellen

```
> restart: f := z -> z/(1-z)/sin(Pi*z);
```

$$f := z \longrightarrow \frac{z}{(1-z)\sin(\pi z)}$$

f hat eine hebbare Singularität in 0, einen Pol zweiter Ordnung in 1 und Pole erster Ordnung in k für alle anderen ganzen Zahlen k:

```
> _EnvAllSolutions := true: solve(denom(f(z)));
```

$$1, \_Z1$$

$\_Z1$ ist eine ganzzahlige Variable. Im ersten Moment gerät man ins Grübeln über diese kryptische Beschreibung der ganzen Zahlen als Lösungsmenge. f ist also holomorph in $\mathbb{C} \setminus \mathbb{Z}$. Betrachten wir die Singularität $z_0 = 0$, so gilt:

```
> Limit(f(z),z=0): % = value(%);
```

$$\lim_{z \longrightarrow 0} \frac{z}{(1-z)\sin(\pi z)} = \frac{1}{\pi}$$

Mithin ist $z_0 = 0$ eine *hebbare* Singularität, und f kann durch $f(0) := 1/\pi$ holomorph ergänzt werden. Für die Potenzreihe um 0 liefert MAPLE die folgenden Anfangsterme:

```
> series(f(z),z=0): convert(%,polynom);
```

$$\frac{1}{\pi} + \frac{z}{\pi} + \frac{\left(1+\frac{1}{6}\pi^2\right)z^2}{\pi} + \frac{\left(1+\frac{1}{6}\pi^2\right)z^3}{\pi} + \frac{\left(1-\frac{1}{120}\pi^4+\frac{1}{36}(6+\pi^2)\pi^2\right)z^4}{\pi}$$

Für die Singularität $z_0 = 1$ erhält man

```
> Limit((z-1)^2*f(z),z=1): % = value(%);
```

$$\lim_{z \longrightarrow 1} \frac{(-1+z)^2 z}{(1-z)\sin(\pi z)} = \frac{1}{\pi}$$

f hat also in $z_0 = 1$ einen Pol zweiter Ordnung. Für die LAURENT-Reihe um $z_0 = 1$ liefert MAPLE als Reihenanfang die Terme:

```
> series(f(z),z=1): convert(%,polynom);
```

$$\frac{1}{\pi(-1+z)^2} + \frac{1}{\pi(-1+z)} + \frac{1}{6}\pi + \frac{1}{6}\pi(-1+z) + \frac{7}{360}\pi^3(-1+z)^2$$

Für alle übrigen Singularitäten $z_0 = k$ aus $\mathbb{Z} \setminus \{0, 1\}$ erhalten wir wegen

```
> Limit((z-k)*f(z),z=k): % = factor(value(%)) assuming k::integer;
```

$$\lim_{z \longrightarrow k} \frac{(z-k)z}{(1-z)\sin(\pi z)} = -\frac{k}{(-1+k)(-1)^k \pi}$$

einen Pol erster Ordnung mit dem Residuum $(-1)^{k+1} k/((k-1)\pi)$. Für $k = -1$ bzw. $k = 2$ stimmt dies mit MAPLEs — über die LAURENT-Reihe gewonnenen — Resultaten überein:

```
> series(f(z),z=-1,5): convert(%,polynom);
```

$$\frac{1}{2\pi(z+1)} - \frac{1}{4\pi} - \frac{\left(\frac{1}{8} - \frac{1}{12}\pi^2\right)(z+1)}{\pi} - \frac{\left(\frac{1}{16} + \frac{1}{24}\pi^2\right)(z+1)^2}{\pi}$$

```
> series(f(z),z=2,5): convert(%,polynom);
```

$$-\frac{2}{\pi(z-2)} + \frac{1}{\pi} + \frac{(-1 - \frac{1}{3}\pi^2)(z-2)}{\pi} + \frac{(1 + \frac{1}{6}\pi^2)(z-2)^2}{\pi}$$

Beispiel 2: Wesentliche Singularitäten

```
> restart: with(plots): f := z -> exp(1/z);
```

$$f := z \longrightarrow e^{\frac{1}{z}}$$

Hierfür erhalten wir folgende LAURENT-Reihe um $z_0 = 0$:

```
> 'f(z)' = subs(z=1/z,Sum(z^k/k!,k=0..infinity));
```

$$f(z) = \sum_{k=0}^{\infty} \frac{\left(\frac{1}{z}\right)^k}{k!}$$

bzw.

```
> 'f(z)' = Sum(z^k/(-k)!,k=-infinity..0);
```

$$f(z) = \sum_{k=-\infty}^{0} \frac{z^k}{(-k)!}$$

$z_0 = 0$ ist also eine *wesentliche Singularität* von f. An diesem Beispiel lässt sich nun leicht die Aussage des Satzes von CASORATI-WEIERSTRASS verdeutlichen:

```
> Limit(f(x),x=0,right): % = value(%);
```

$$\lim_{x \longrightarrow 0+} e^{\frac{1}{x}} = \infty$$

```
> Limit(f(x),x=0,left):  % = value(%);
```

$$\lim_{x \longrightarrow 0-} e^{\frac{1}{x}} = 0$$

```
> plot([f(x),1],x=-5..5,y=0..5,discont=true,color=[black,gray],
      thickness=[1,2],title="0 und 'infinity' werden bei 0 durch
      Werte von f approximiert:");
```

0 und ∞ werden bei 0 durch Werte von f approximiert:

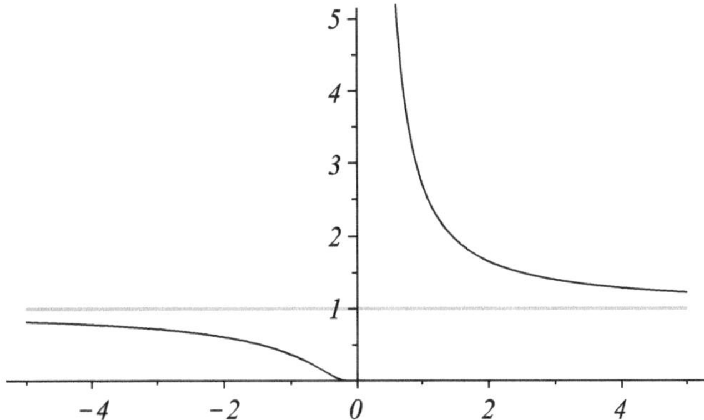

Es sei nun w eine beliebige komplexe Zahl ungleich 0. Durch $z_n = 1/\big(\log(|w|) + i\arg(w) + n2\pi i\big)$ ist dann eine Nullfolge gegeben mit:

```
> assume(n,posint,w,complex):
  z[n] := 1/(log(abs(w))+I*(argument(w)+n*2*Pi)):
  'f(z[n])' = f(z[n]);
  Limit('z[n]',n=infinity): eval(%,1) = value(%);
```

$$f(z_n) = e^{\ln(|w|)+i\,(\text{argument}(w)+2\,n\,\pi)}, \quad \lim_{n\to\infty} z_n = 0$$

```
> simplify(rhs(%%),exp);
```

$$|w|\ \text{signum}(0, w, 1)$$

Man muss MAPLE mit convert(%,abs); etwas nachhelfen, diesen Ausdruck zu w zu vereinfachen. Offensichtlich ist $f(z_n) = w$, trivialerweise also auch $\lim_{n\longrightarrow\infty} f(z_n) = w$. Insgesamt existiert also zu jedem w aus der abgeschlossenen komplexen Zahlenebene $\overline{\mathbb{C}}$ eine Nullfolge (z_n) mit $\lim_{n\longrightarrow\infty} f(z_n) = w$.

Berechnungsmethoden für Residuen

Methode 1

Kennt man die LAURENT-Reihe

$$\sum_{k=-\infty}^{\infty} c_k\,(z-a)^k$$

von f um die isolierte Singularität a, so kann man das Residuum daraus direkt ablesen, nämlich

$$\text{Res}(f;\,a) = c_{-1}\,.$$

```
> restart: f := z -> sin(1/z);
```

$$f := z \longrightarrow \sin\left(\frac{1}{z}\right)$$

```
> series(f(z),z=infinity);
```

$$\frac{1}{z} - \frac{1}{6\,z^3} + \frac{1}{120\,z^5} + \mathrm{O}\left(\frac{1}{z^6}\right)$$

Es ist also $\operatorname{Res}\left(\sin(\frac{1}{z});\, 0\right) = 1$. Schauen wir uns noch an, was der MAPLE-Befehl residue hier liefert:

```
> residue(f(z),z=0);
```

$$\text{residue}\left(\sin\left(\frac{1}{z}\right),\, z = 0\right)$$

MAPLE scheint also — an wesentlichen Singularitäten — überfordert zu sein!

Methode 2

Es sei

$$g(z) = (z-a)^k\, h(z)$$

mit h holomorph in einer Umgebung von a und $h(a) \neq 0$. Dann gilt

$$\operatorname{Res}\left(\frac{f}{g};\, a\right) = \frac{1}{(k-1)!} \left(\frac{f}{h}\right)^{(k-1)} (a)\,.$$

Im Falle $k = 1$ hat man $h(a) = g'(a)$ und somit

$$\operatorname{Res}\left(\frac{f}{g};\, a\right) = \frac{f(a)}{g'(a)}\,.$$

Beispiel 1 $\quad F(z) = \dfrac{1}{1+z^2}$

```
> restart: F := z -> 1/(1+z^2): solve(denom(F(z)));
```

$$i,\, -i$$

```
> a := I:
```

Hier liefert MAPLE direkt:

```
> Res(F,a) = residue(F(z),z=a);
```

$$\operatorname{Res}(F;\, i) = -\frac{1}{2}\, i$$

Mit der oben angegebenen Methode erhält man:

```
> f := z -> 1/(z+a); g := z -> z-a;
```

$$f := z \longrightarrow \frac{1}{z+a}, \quad g := z \longrightarrow z - a$$

```
> 'f(z)/g(z)':  eval(%,1) = rationalize(%);
```

$$\frac{f(z)}{g(z)} = \frac{1}{1+z^2}$$

```
> Res(f/g,a) = f(a)/D(g)(a);
```

$$\operatorname{Res}\Big(\frac{f}{g};\, i\Big) = -\frac{1}{2}\, i$$

Beispiel 2 $\quad F(z) = \dfrac{1}{(1+z^2)^3}$

```
> restart: F := z -> 1/(1+z^2)^3: solve(denom(F(z)));
```

$$i,\ -i,\ i,\ -i,\ i,\ -i$$

```
> a := I:
```

Hier liefert MAPLE direkt:

```
> Res(F,a) = residue(F(z),z=a);
```

$$\operatorname{Res}(F;\, i) = -\frac{3}{16}\, i$$

Mit der oben angegebenen Methode erhält man:

```
> f := z -> 1; g := z -> (z^2+1)^3;
```

$$f := z \longrightarrow 1, \quad g := z \longrightarrow (1+z^2)^3$$

```
> 'f(z)/g(z)': eval(%,1) = %;
```

$$\frac{f(z)}{g(z)} = \frac{1}{(1+z^2)^3}$$

```
>  h := z -> (z+a)^3:
  (z-a)^3*'h(z)': eval(%,1) = factor(expand(%));
```

$$(z-i)^3\, h(z) = (1+z^2)^3$$

```
> Res(F,a) = 1/2!*(D@@2)(f/h)(a);
```

$$\text{Res}(F;\, i) = -\frac{3}{16}\, i$$

Methode 3

Es seien a ein k-facher Pol von f und g holomorph in einer Umgebung von a. Dann ist

$$\text{Res}(f\,g;\, a) = \frac{1}{(k-1)!}\big((z-a)^k\, f(z)\, g(z)\big)^{(k-1)}(a)\,.$$

Im Spezialfall $k = 1$ gilt

$$\text{Res}(f\,g;\, a) = g(a)\,\big(\lim_{z\longrightarrow a}(z-a)\, f(z)\big) = g(a)\,\text{Res}(f;\, a)\,.$$

Beispiel 1 $F(z) = \dfrac{1}{z^2+1}$

```
> restart: F := z -> 1/(z^2+1):
  f := z -> 1/(z-I); g := z -> 1/(z+I);
```

$$f := z \longrightarrow \frac{1}{z-i}, \quad g := z \longrightarrow \frac{1}{z+i}$$

```
> 'f(z)*g(z)': eval(%,1) = rationalize(%);
```

$$f(z)\, g(z) = \frac{1}{z^2+1}$$

```
> Res(F,I) = g(I)*limit((z-I)*f(z),z=I);
```

$$\text{Res}(F;\, i) = -\frac{1}{2}\, i$$

oder alternativ

```
> Res(F,I) = g(I)*residue(f(z),z=I):
```

Beispiel 2 $F(z) = \dfrac{1}{(z^2+1)^3}$

```
> restart: F := z -> 1/(z^2+1)^3:
  f := z -> 1/(z-I)^3; g := z -> 1/(z+I)^3;
```

$$f := z \longrightarrow \frac{1}{(z-i)^3}, \quad g := z \longrightarrow \frac{1}{(z+i)^3}$$

```
> simplify((z-I)^3*f(z)*g(z));
```

$$\frac{1}{(z+i)^3}$$

```
> diff(%,z$2);
```

$$\frac{12}{(z+i)^5}$$

```
> Res(F,I) = 1/2!*subs(z=I,%);
```

$$\mathrm{Res}(F;\,i) = -\frac{3}{16}\,i$$

So geht es auch:

```
> Res(F,I) = 1/2!*limit(diff((z-I)^3*f(z)*g(z),z$2),z=I):
```

7.3 Residuensatz

Bei der *Berechnung von Integralen mit Hilfe von Residuen* beschränken wir uns auf einige wichtige Typen.

Direkte Berechnung von Integralen mit dem Residuensatz

```
> restart: with(plots): with(plottools): read "../verdi.txt":
```

Beispiel 1

Berechne das Integral $\int_C f(z)\,dz$ längs des Halbkreises C mit Mittelpunkt 0 und Radius 2 in der oberen Halbebene.

```
> f := z -> 1/(z^2+2);
  a := 0: R := 2: g := t -> a+R*exp(I*t):
```

$$f := z \longrightarrow \frac{1}{z^2+2}$$

```
> sol := [solve(denom(f(z))=0)];
  Z := select(z->is(abs(z-a)<R and Im(z)>0),sol);
```

$$sol := \left[i\,\sqrt{2},\,-i\,\sqrt{2}\right],\quad Z := \left[i\,\sqrt{2}\right]$$

```
> Kurve  := complexplot(g,0..Pi,color=black,thickness=2),
            complexplot([-R,R],style=line,color=black,thickness=2):
  Punkte := seq(disk(c2p(z),0.05,color=black),z=Z):
  Pfeile := seq(pfeil(g,k*Pi/4,0.2,black),k=[1,3]),
            pfeil([-R,R],0.48,0.2,black):
  display(Kurve,Punkte,Pfeile,axes=frame,scaling=constrained);
```

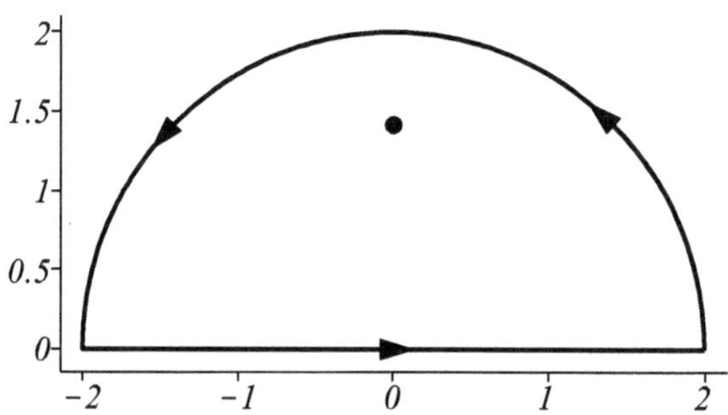


```
> add(residue(f(z),z=zeta),zeta=Z):
  Int(f(z),z=C..``) = simplify(2*Pi*I*%);
```

$$\int_C \frac{1}{z^2+2}\,dz = \frac{1}{2}\,\pi\,\sqrt{2}$$

Z ist hier einelementig. Wir verwenden `add` in dieser Form im Hinblick auf allgemeinere Situationen.

Beispiel 2

Berechne das Integral $\int_C f(z)\,dz$ längs des Kreises C um den Punkt 1 mit Radius 2:

```
> f := z -> 1/(4+z^4);
  a := 1: R := 2:
  g := t -> a+R*exp(I*t): # Parameterdarstellung von C
```

$$f := z \longrightarrow \frac{1}{4+z^4}$$

```
> sol := [solve(denom(f(z))=0)];
  Z := select(z->is(abs(z-a)<R),sol);
```

$$sol := [1-i,\, 1+i,\, -1-i,\, -1+i], \quad Z := [1-i,\, 1+i]$$

```
> Kreis  := complexplot(g,0..2*Pi,color=black):
  Punkte := seq(disk(c2p(z),0.05,color=black),z=Z):
  Pfeile := seq(pfeil(g,k*2*Pi/3,0.25,black),k=1..3):
  display(Kreis,Punkte,Pfeile,axes=frame,scaling=constrained);
```

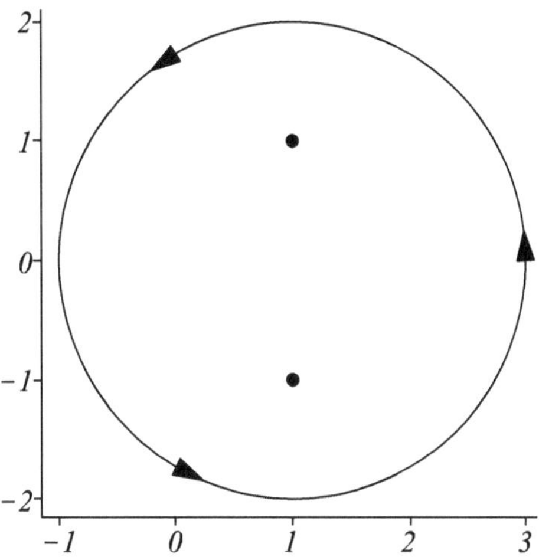


```
> add(residue(f(z),z=zeta),zeta=Z):
  Int(f(z),z=C..``) = simplify(2*Pi*I*%);
```

$$\int_C \frac{1}{4+z^4}\,dz = -\frac{1}{4}\,i\,\pi$$

Trigonometrische Integrale

Es sei $R(x,y)$ eine rationale Funktion in x und y, die auf dem Einheitskreis $\{(x,y)\in\mathbb{R}^2 : x^2+y^2=1\}$ definiert ist. Für

$$f(z) := \frac{R\left(\frac{z+\frac{1}{z}}{2},\ \frac{z-\frac{1}{z}}{2\,i}\right)}{i\,z}$$

gilt

$$\int_0^{2\pi} R\big(\cos(t),\,\sin(t)\big)\,dt = 2\,\pi\,i\sum_{\kappa=1}^{k}\operatorname{Res}(f;\,b_\kappa)\,,$$

wenn $b_1,\ldots,b_k$ die paarweise verschiedenen isolierten Singularitäten von f im Einheitskreis sind.

Beispiel 1 $\displaystyle\int_0^{\pi}\frac{1}{c+\cos(t)}\,dt \quad (c>1)$

```
> restart: R := t -> 1/(c+cos(t));
  Integral := Int(R(t),t = 0 .. Pi):
```

$$R := t \longrightarrow \frac{1}{c+\cos(t)}$$

```
> Integral = Int(R(t),t = 0 .. 2*Pi)/2;
```

$$\int_0^{\pi} \frac{1}{c+\cos(t)}\,dt = \frac{1}{2}\int_0^{2\pi} \frac{1}{c+\cos(t)}\,dt$$

```
> subs(cos(t)=(z+1/z)/2,R(t)):
  normal(%/(I*z)): f := unapply(%,z);
```

$$f := z \longrightarrow -\frac{2\,i}{2\,c\,z+z^2+1}$$

```
> assume(c>1): sol := [solve(denom(f(z)),z)];
  Z := select(z->is(abs(z)<1),sol);
```

$$sol := \left[-c+\sqrt{c^2-1},\, -c-\sqrt{c^2-1}\right],\quad Z := \left[-c+\sqrt{c^2-1}\right]$$

```
> add(residue(f(z),z=zeta),zeta=Z):
  Integral = simplify(2*Pi*I*%/2);
```

$$\int_0^{\pi} \frac{1}{c+\cos(t)}\,dt = \frac{\pi}{\sqrt{c^2-1}}$$

Beispiel 2 $\displaystyle\int_0^{2\pi} \frac{1}{1+3\cos(t)^2}\,dt$

```
> restart: with(plots): with(plottools): read "../verdi.txt":
  R := t -> 1/(1+3*cos(t)^2);
```

$$R := t \longrightarrow \frac{1}{1+3\cos(t)^2}$$

```
> subs(cos(t)=(z+1/z)/2,R(t)): normal(%/(I*z)): f := unapply(%,z);
```

$$f := z \longrightarrow -\frac{4\,i\,z}{10\,z^2+3\,z^4+3}$$

```
> sol := [solve(denom(f(z)))]; Z := select(z->is(abs(z)<1),sol);
```

$$sol := \left[i\sqrt{3},\, -i\sqrt{3},\, \frac{1}{3}\,i\sqrt{3},\, -\frac{1}{3}\,i\sqrt{3}\right],\quad Z := \left[\frac{1}{3}\,i\sqrt{3},\, -\frac{1}{3}\,i\sqrt{3}\right]$$

```
> g := t -> exp(I*t): # Einheitskreis
  Kreis  := complexplot(g,0..2*Pi,color=black):
  Punkte := seq(disk(c2p(z),0.03,color=black),z=Z):
  Pfeile := seq(pfeil(g,k*2*Pi/3,0.15,black),k=1..3):
  display(Kreis,Punkte,Pfeile,axes=frame,scaling=constrained);
```

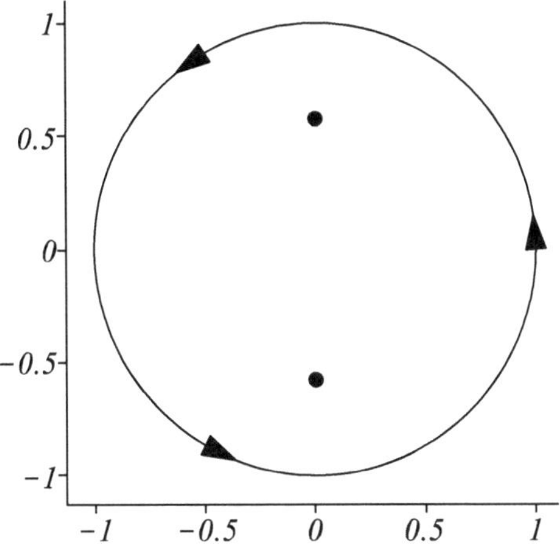


```
> add(residue(f(z),z=zeta),zeta=Z):
  Int(R(t),t=0..2*Pi) = simplify(2*Pi*I*%);
```

$$\int_0^{2\pi} \frac{1}{1+3\cos(t)^2}\,dt = \pi$$

Uneigentliche Integrale mit rationalen Funktionen

Es seien P und Q Polynome mit $2+\text{Grad}(P) \leq \text{Grad}(Q)$ und $Q(x)$ ungleich Null für alle $x \in \mathbb{R}$. Sind $b_1, \ldots, b_k$ die Nullstellen von Q in der oberen Halbebene, so gilt

$$\int_{-\infty}^{\infty} \frac{P(x)}{Q(x)}\,dx = 2\pi i \sum_{\kappa=1}^{k} \text{Res}\Big(\frac{P}{Q}; b_\kappa\Big).$$

Beispiel

```
> restart: f := x -> x^2/(4+x^4);
```

$$f := x \longrightarrow \frac{x^2}{4+x^4}$$

```
> sol := [solve(denom(f(z))=0)]; Z := select(z->is(Im(z)>0),sol);
```

$$sol := [1-i, 1+i, -1-i, -1+i], \quad Z := [1+i, -1+i]$$

```
> add(residue(f(z),z=zeta),zeta=Z):
  Int(f(x),x=-infinity..infinity) = 2*Pi*I*simplify(%);
```

$$\int_{-\infty}^{\infty} \frac{x^2}{4+x^4}\,dx = \frac{1}{2}\pi$$

Uneigentliche Integrale mit trigonometrischen Funktionen

Es seien P und Q Polynome mit $1+\text{Grad}(P) \leq \text{Grad}(Q)$ und $Q(x)$ ungleich Null für alle $x \in \mathbb{R}$. Mit einem $\alpha > 0$ betrachten wir Integranden der Form

$$f(z) := \frac{e^{i\,\alpha\,z}\,P(z)}{Q(z)}\,.$$

Sind $b_1, \ldots, b_k$ die Nullstellen von Q in der oberen Halbebene, so gilt

$$\int_{-\infty}^{\infty} f(x)\,dx = 2\,\pi\,i \sum_{\kappa=1}^{k} \text{Res}(f;\, b_\kappa)\,.$$

Beispiel $\displaystyle\int_{-\infty}^{\infty} \frac{\cos(x)}{4+x^4}\,dx$

```
> restart: f := z -> exp(I*z)/(4+z^4);
```

$$f := z \longrightarrow \frac{e^{i\,z}}{4+z^4}$$

```
> evalc(Re(f(x)));
```

$$\frac{\cos(x)}{4+x^4}$$

```
> sol := [solve(denom(f(z))=0)]; Z := select(z->is(Im(z)>0),sol);
```

$$sol := [1-i,\, 1+i,\, -1-i,\, -1+i], \quad Z := [1+i,\, -1+i]$$

```
> add(residue(f(z),z=zeta),zeta=Z):
  Int(evalc(Re(f(x))),x=-infinity..infinity)
      = (simplify@evalc@Re)(2*Pi*I*%);
```

$$\int_{-\infty}^{\infty} \frac{\cos(x)}{4+x^4}\,dx = \frac{1}{4}\,\pi\,e^{-1}\,(\sin(1)+\cos(1))$$

Berechnung des Hauptwertes uneigentlicher Integrale

Es sei $f := P/Q$ mit Polynomen P und Q sowie $2+\text{Grad}(P) \leq \text{Grad}(Q)$. $b_1, \ldots, b_k$ seien die Polstellen von f in der oberen Halbebene, $c_1, \ldots, c_m$ einfache Polstellen auf $\mathbb{R}$. Dann gilt:

$$P\int_{-\infty}^{\infty} f(x)\,dx = 2\,\pi\,i \sum_{\kappa=1}^{k} \text{Res}(f;\, b_\kappa) + \pi\,i \sum_{\mu=1}^{m} \text{Res}(f;\, c_\mu)$$

Beispiel 1 $P\int_{-\infty}^{\infty} \frac{1}{x\,(x-1)}\,dx$

```
> restart: f := z -> 1/(z*(z-1));
```

$$f := z \longrightarrow \frac{1}{z\,(z-1)}$$

```
> sol := [solve(denom(f(z))=0)];
  Z := select(z->is(Im(z)>0),sol); Zr:= select(z->is(Im(z)=0),sol);
```

$$sol := [0, 1], \quad Z := [\,], \quad Zr := [0, 1]$$

```
> add(residue(f(z),z=zeta),zeta=Z): add(residue(f(z),z=zeta),zeta=Zr):
  P*Int(f(x),x=-infinity..infinity) = simplify(2*Pi*I*%%+Pi*I*%);
```

$$P\int_{-\infty}^{\infty} \frac{1}{x\,(x-1)}\,dx = 0$$

Man kann den Hauptwert dieses Integrals auch direkt mit folgendem Maple-Befehl berechnen:

```
> int(f(x),x=-infinity..infinity,CauchyPrincipalValue):
```

Beispiel 2 $P\int_{-\infty}^{\infty} \frac{\sin(x)}{(x-1)\,(x^2+4)}\,dx$

```
> restart: f := z -> exp(I*z)/((z-1)*(z^2+4));
```

$$f := z \longrightarrow \frac{e^{i\,z}}{(z-1)\,(z^2+4)}$$

```
> evalc(Im(f(x)));
```

$$\frac{\sin(x)}{(x-1)\,(x^2+4)}$$

```
> sol := [solve(denom(f(z))=0)];
  Z := select(z->is(Im(z)>0),sol); Zr:= select(z->is(Im(z)=0),sol);
```

$$sol := [1, 2\,i, -2\,i], \quad Z := [2\,i], \quad Zr := [1]$$

```
> add(residue(f(z),z=zeta),zeta=Z): add(residue(f(z),z=zeta),zeta=Zr):
  P*Int(evalc(Im(f(x))),x=-infinity..infinity)
        = expand(Im(2*Pi*I*%%+Pi*I*%));
```

$$P\int_{-\infty}^{\infty} \frac{\sin(x)}{(x-1)\,(x^2+4)}\,dx = -\frac{1}{5}\,\pi\,e^{-2} + \frac{1}{5}\,\pi\cos(1)$$

Integranden mit Verzweigungspunkten

Es seien P und Q Polynome mit $\mathrm{Grad}(P)+1 \leq \mathrm{Grad}(Q)$ und $Q(x)$ ungleich Null für alle x aus dem Intervall $[0,\infty[$; $b_1,\ldots,b_k$ seien die (paarweise verschiedenen) Pole von P/Q. Mit $0<\alpha<1$ betrachten wir als Integranden

$$f(z) := \frac{(-z)^{-\alpha}\,P(z)}{Q(z)}\,.$$

Dann gilt:

$$\int_0^\infty \frac{x^{-\alpha}\,P(x)}{Q(x)}\,dx = \frac{\pi}{\sin(\alpha\,\pi)}\sum_{\kappa=1}^{k}\mathrm{Res}(f;\,b_\kappa)$$

Beispiel

```
> restart: assume(alpha>0,alpha<1):
  Integral := Int(x^(-alpha)/(1+x),x=0..infinity):
  f := z -> (-z)^(-alpha)/(1+z);
```

$$f := z \longrightarrow \frac{(-z)^{-\alpha}}{1+z}$$

```
> sol := [solve(denom(f(z))=0)];
```

$$sol := [-1]$$

```
> Integral = Pi/sin(alpha*Pi)*add(residue(f(z),z=zeta),zeta=sol);
```

$$\int_0^\infty \frac{x^{-\alpha}}{1+x}\,dx = \frac{\pi}{\sin(\alpha\,\pi)}$$

7.4 Argumentprinzip und Anwendungen

Satz von Rouché

Es seien f holomorph in einem Gebiet $\mathfrak{G}$ der komplexen Zahlenebene und $\mathfrak{C}$ eine geschlossene Kurve in $\mathfrak{G}$ mit der Parameterdarstellung $z=\varphi(t)$ für $t\in[\alpha,\beta]$. Ferner sei $f(z)$ ungleich Null auf dem Träger $(\mathfrak{C})$ der Kurve $\mathfrak{C}$. Die Bildkurve $f(\mathfrak{C})$ hat dann die Parameterdarstellung $f(\varphi(t))$ $\bigl(t\in[\alpha,\beta]\bigr)$, und für die Umlaufzahl von $f(\mathfrak{C})$ um 0 gilt

$$u(f(\mathfrak{C}),\,0) = \frac{1}{2\,\pi\,i}\int_\alpha^\beta \frac{(f\circ\varphi)'(t)}{f(\varphi(t))}\,dt = \frac{1}{2\,\pi\,i}\int_{\mathfrak{C}}\frac{f'(z)}{f(z)}\,dz\,.$$

Nach dem Satz vom logarithmischen Residuum ist also $u(f(\mathfrak{C}), 0)$ gleich der Anzahl der Nullstellen im Inneren von $\mathfrak{C}$. Informationen über die Lage von Nullstellen holomorpher Funktionen kann man auch mit dem Satz von ROUCHÉ gewinnen:

Beispiel 1

Wir greifen das Beispiel aus Abschnitt 6.1 auf und betrachten folgende Polynomfunktion:

```
> restart: p := z -> z^3-z^2+2;
```

$$p := z \longrightarrow z^3 - z^2 + 2$$

$\mathfrak{K}$ sei der positiv orientierte, einfach durchlaufene Kreis um 0 mit Radius $r = 2$:

```
> phi := t -> 2*exp(I*t): # t=0..2*Pi
```

Setzen wir

```
> f := z -> z^3: g := p-f: 'f(z)' = f(z), 'g(z)' = g(z);
```

$$f(z) = z^3, \quad g(z) = -z^2 + 2$$

so gilt für z mit $|z| = 2$: $|g(z)| \leq 6 < 8 = |f(z)|$. Wir überzeugen uns davon durch folgende Abbildung:

```
> with(plots): plot([0,abs(g(phi(t))),6,abs(f(phi(t)))],t=0..2*Pi,
                color=[white,black,gray,black],thickness=2,
                linestyle=[1,1,3,3],tickmarks=[spacing(Pi/2),5]);
```

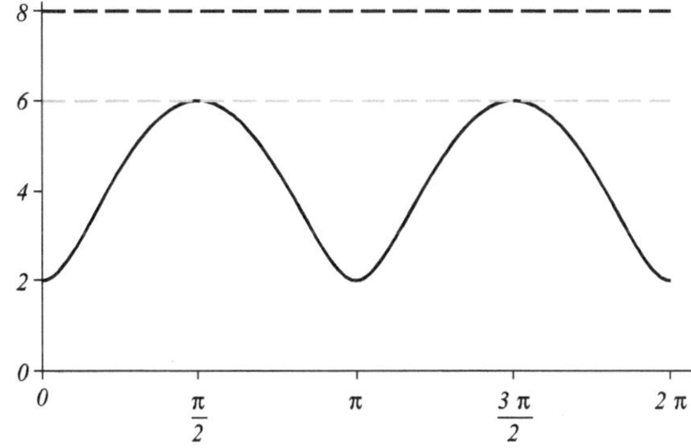

f hat im Inneren des Kreises $\mathfrak{K}$ drei Nullstellen. Mithin hat $f + g = p$ dort ebenfalls drei Nullstellen. Bei diesem einfachen Beispiel kann man dies leicht überprüfen:

```
> solve(p(z));
```

$$-1, 1-i, 1+i$$

Dies steht im Einklang mit dem Ergebnis aus dem Abschnitt 6.1, wo wir $u(p(\mathfrak{K}), 0) = 3$ erhalten haben.

Beispiel 2

Für die Polynomfunktion

```
> restart: p := z -> z^4-4*z+2;
```

$$p := z \longrightarrow z^4 - 4\,z + 2$$

wollen wir zeigen, dass sie im Einheitskreis *genau* eine Nullstelle besitzt. Wir setzen deshalb

```
> phi := t -> exp(I*t): # t=0..2*Pi
  f := z -> -4*z+2: g := p-f:
  'f(z)' = f(z), 'g(z)' = g(z);
```

$$f(z) = -4\,z + 2, \quad g(z) = z^4$$

und schauen uns die Graphen von $|f|$ (schwarz) und $|g|$ (schwarz gestrichelt) auf dem Rand des Einheitskreises an:

```
> with(plots): plot([0,abs(g(phi(t))),2,abs(f(phi(t)))],t=0..2*Pi,
      color=[white,black,gray,black],tickmarks=[spacing(Pi/2),4],
      linestyle=[1,3,3,1],thickness=2);
```

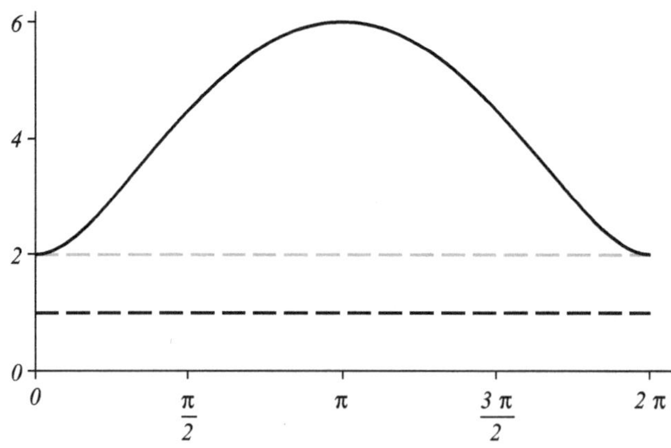

Die Ungleichung $|g(z)| = 1 < 2 \leq |f(z)|$ für z mit $|z| = 1$ erhält man natürlich auch leicht mit Hilfe der Dreiecksungleichung. f hat im Inneren des Einheitskreises genau eine Nullstelle. Folglich hat $f + g = p$ dort ebenfalls genau eine Nullstelle. Wir überprüfen dies mittels fsolve :

```
> fsolve(p(z)=0,z,complex): select(z->is(abs(z)<1),[%]);
```

$$[0.517999352206109]$$

Routh-Kriterium

Die nachfolgenden Programme *Routh, Rpc (Routh/paraconjugate)* und *RSF (Routh/Stieltjes_Fraction)* basieren auf dem von R. Corless entwickelten Programmpaket *Hurwitz* der Share Library. Ab Maple 6 ist diese nicht mehr Teil des Maple Software-Paketes. Die „Maple V Share Library — Updated to Maple 10“ kann über

http://www.maplesoft.com/applications/view.aspx?SID=1691

heruntergeladen werden. Für unsere Zwecke haben wir den Maple-Code des Programmpaketes *Hurwitz* in einer Textdatei abgespeichert, die mit dem Befehl `read "../hurwitz.txt":` bereitgestellt werden kann. Beim Vergleich der Quelltexte ist leicht zu erkennen, dass nur wenige — aber doch entscheidende — Modifikationen vorgenommen wurden, wodurch das Programm insgesamt an Aussagefähigkeit gewonnen hat. Sofern das Routh-Schema nicht entartet und dann mit einer entsprechenden Fehlermeldung endet, liefert die Prozedur *Routh* die Koeffizienten $\tau_1, \ldots, \tau_k$ des Routh-Schemas sowie den größten gemeinsamen Teiler (ggT) von p_n und p_n^* in der Form

$$\tau\text{-}Werte = [\tau_1, \ldots, \tau_k], \quad ggT = g\,.$$

(Wir verwenden hier und im Folgenden die Bezeichnungen aus Abschnitt 7.4 des Textes.) Die Anzahl der Nullstellen des vorgegebenen Polynoms p_n in der rechten (linken) Halbebene ist gleich der Summe der Anzahl der negativen (positiven) Zahlen der Liste $[\tau_1, \ldots, \tau_k]$ und der Anzahl der Nullstellen von g in der rechten (linken) Halbebene.

```
> restart:
  Routh := proc(expr,z)
    local p,pc,f_1,f_2,g;
    p := unapply(expr,z);
    pc := Rpc(p);
    f_1 := (p+pc)/2: f_2 := (p-pc)/2:
    tau-Werte = [RSF(f_1(z),f_2(z),z,'g')], g
  end proc:
  Rpc := proc(f)                  # Routh/paraconjugate
    local e,z;
    e := evalc@conjugate;
    unapply((-1)^degree(f(z),z)*e(f(e(-z))),z)
  end proc:
  RSF := proc(num,den,z,g)        # Routh/Stieltjes_Fraction
    local q,r;
    if den = 0 then # printf("num = %a, den = %a\n",num,den);
                    g := ` ggT ` = factor(1/lcoeff(num,z)*num); NULL
      else q := quo(num,den,z,'r');
        # printf("num = %a, den = %a, q = %a, r = %a\n",num,den,q,r);
        if degree(q,z)>1
          then g := cat(`  p_`,degree(num,z)) = sort(num+den,z),
```

```
          ‘ Routh-Schema entartet‘; NULL
        else evalc(lcoeff(q,z)),RSF(den,r,z,g)
      end if
    end if
  end proc:
```

Zu diesem äußerst kompakt geschriebenen Maple-Code sind einige Erläuterungen angebracht:

Im Hinblick auf die bessere Lesbarkeit des Programmtextes haben wir stillschweigend angenommen, dass *nur symbolisch gerechnet* wird. Treten Gleitpunktzahlen auf, so sind Rundungsfehler zu berücksichtigen und Stellenauslöschung möglich. Die Vergleiche in einigen der if-Abfragen sind dann in dieser Form nicht sinnvoll. Wir wollen hier nur die funktionentheoretische Komponente herauskristallisieren, nicht jedoch numerische Gesichtspunkte vertiefen.
Die Prozedur *Routh* liefert bei der Ausgabe die Zeichenfolge τ- *Werte* . Dies funktioniert bei Maple nur mit einem ‚üblen Trick‘: Man bildet die Differenz der beiden Variablen τ und *Werte!*
Die Definition der Parakonjugierten in *Rpc* unterscheidet sich durch den Faktor `(-1)^degree(f(z),z)` von der des Paketes *Hurwitz.* Für geraden Grad führt dies bei *Hurwitz* zu einer Vertauschung von q_n und q_{n-1}. Bei der erstmaligen Anwendung des EUKLIDischen Algorithmus liefert *Hurwitz* aus diesem Grunde das Nullpolynom als Quotienten.
Kernstück der Prozedur *RSF* ist der EUKLIDische Algorithmus. Dabei entsteht als Wert von *RSF* eine rekursiv gebildete (Text-)Folge. Im Falle `den=0` wird kein weiterer Text angehängt; deshalb liefert *RSF* `NULL` als (leeren) Wert; dasselbe passiert im Falle `degree(q,z)>1`. Über den (Ausgabe-) Parameter g erhält man zudem den ggT von p_n und p_n^* bzw. bei Entartung eine entsprechende Meldung. Noch ausführlichere Informationen darüber, was genau abläuft, erhält man durch Aktivierung zweier auskommentierter Print-Anweisungen und den Vergleich des Outputs mit den Ergebnissen der ‚Handrechnung‘ im Textteil.

Beispiel 1

```
> p_3 := z^3+2*z^2+2*z+1;
```

$$p_3 := z^3 + 2\,z^2 + 2\,z + 1$$

```
> Routh(p_3,z);
```

$$\tau\text{- } Werte = \left[\frac{1}{2}, \frac{4}{3}, \frac{3}{2}\right], \qquad ggT = 1$$

Das ROUTH-Schema bricht nicht vorzeitig ab. Da alle τ-Werte positiv sind, liegen alle drei Nullstellen in der linken Halbebene. Hier können wir zur Kontrolle noch leicht nachrechnen:

```
> solve(p_3);
```

$$-1,\ -\frac{1}{2}-\frac{1}{2}\,i\,\sqrt{3},\ -\frac{1}{2}+\frac{1}{2}\,i\,\sqrt{3}$$

Wir schauen uns an, was die Prozedur *Hurwitz* der Share Library hier leistet:

```
> read "../hurwitz.txt": Hurwitz(p_3,z);
```

$$\mathit{true}$$

Diese Antwort besagt, dass das Polynom p_3 *stabil* ist, d. h. alle Nullstellen liegen in der linken Halbebene. Auf folgende Weise kann man genauere Informationen erhalten:

```
> Hurwitz(p_3,z,Liste,ggT), Liste, ggT;
```

$$\mathit{true},\quad \left[\frac{1}{2}\,z,\ \frac{4}{3}\,z,\ \frac{3}{2}\,z\right],\quad 1$$

Das Programm *Hurwitz* liefert jetzt zusätzlich die Quotientenpolynome der Division mit Rest sowie den ggT.

Beispiel 2

```
> p_6 := z^6+2*z^5+6*z^4+10*z^3+9*z^2+8*z+4;
```

$$p_6 := z^6+2\,z^5+6\,z^4+10\,z^3+9\,z^2+8\,z+4$$

```
> Routh(p_6,z);
```

$$\tau\text{-}\mathit{Werte} = \left[\frac{1}{2},\ 2\right],\qquad \mathit{ggT} = (z^2+4)\,(z^2+1)$$

Der ROUTH-Algorithmus bricht hier nach zwei Schritten (wegen $q_3 = 0$) ab. p_6 hat die imaginären Nullstellen i, $-i$, $2\,i$, $-2\,i$; in der rechten Halbebene liegt keine Nullstelle. Zwei Nullstellen liegen in der linken Halbebene.

```
> Hurwitz(p_6,z,'Liste','ggT'), Liste, ggT;
```

$$\mathit{false},\quad [\,],\quad 4+z^4+5\,z^2$$

Die Parameter *Liste* und *ggT* sind Ausgabeparameter. Beim Programmaufruf muss deshalb deren *Name* (und nicht wie üblich ihr aktueller Wert) übergeben werden. Aus diesem Grunde schreiben wir 'Liste' bzw. 'ggT' (verzögerte Evaluation!). In Beispiel 1 konnten wir noch auf diese Schreibweise verzichten, da 'Liste' und 'ggT' zu diesem Zeitpunkt noch *ungebundene* Variablen waren.

```
> p_2 := quo(p_6,ggT,z);
```

$$p_2 := z^2+2\,z+1$$

```
> Hurwitz(p_2,z,'Liste','ggT'), Liste, ggT;
```

$$true, \quad \left[0, \frac{1}{2}z, 2z\right], \quad 1$$

Die 0 am Anfang der oben ausgedruckten Liste rührt daher, dass p_2 geraden Grad hat und deshalb zu Beginn der Polynomdivision die Reihenfolge von q_2 und q_1 vertauscht war. (Man vergleiche hierzu die Anmerkungen zur Prozedur *Rpc*.)

Beispiel 3

```
> p_4 := z^4+5*z^3+10*z^2+10*z+c;
```

$$p_4 := z^4 + 5z^3 + 10z^2 + 10z + c$$

Für welche reellen c liegen die Nullstellen alle in der linken Halbebene?

```
> Folge := Routh(p_4,z);
```

$$Folge := \tau\text{-}Werte = \left[\frac{1}{5}, \frac{5}{8}, -\frac{64}{5(-16+c)}, \frac{10}{c} - \frac{5}{8}\right], \quad ggT = 1$$

```
> solve({seq(T>0,T=rhs(Folge[1]))});
```

$$\{0 < c, c < 16\}$$

Beispiel 4

```
> p_6 := z^6+z^5+3*z^4+3*z^3+3*z^2+2*z+1;
```

$$p_6 := z^6 + z^5 + 3z^4 + 3z^3 + 3z^2 + 2z + 1$$

```
> Hurwitz(p_6,z,'Liste','ggT'), Liste, ggT;
```

$$false, \quad [\,], \quad z^2 + 1$$

```
> Routh(p_6,z);
```

$$\tau\text{-}Werte = [1], \quad p_5 = z^5 + 3z^3 + z^2 + 2z + 1, \quad Routh - Schema\ entartet$$

Der ROUTH-Algorithmus bricht nach einem Schritt ab. q_4 ist gleich $z^2 + 1$. Da der Koeffizient $a_4^{(2)}$ gleich 0 ist, kann die Rechnung nicht fortgesetzt werden. Dieser Fall wird als *Entartung* bezeichnet.

Kapitel 8

Konforme Abbildungen und ihre Anwendungen

8.1 Möbius-Transformationen

August Möbius (1790–1868) untersuchte einen sehr wichtigen Typ konformer Abbildungen. Man kann zeigen, dass diese — heute nach ihm benannten — Abbildungen gerade die bijektiven holomorphen Abbildungen von $\overline{\mathbb{C}}$ in $\overline{\mathbb{C}}$ sind. Sie spielen eine entscheidende Rolle in der mehr geometrisch orientierten Funktionentheorie und damit in vielen Anwendungen.

Definition: Eine Funktion f, gegeben durch

$$\boxed{f(z) := \frac{az+b}{cz+d}}$$

zu komplexen Zahlen a, b, c, d mit $ad-bc \neq 0$, heißt *„Möbius-Transformation“* oder *„linear gebrochene Transformation“*.

Der Definitionsbereich D_f einer solchen Transformation besteht aus allen komplexen Zahlen z mit $cz+d \neq 0$. Im Falle $c \neq 0$ ist $D_f = \mathbb{C} \setminus \{-\frac{d}{c}\}$ und der Wertebereich $W_f = \mathbb{C} \setminus \{\frac{a}{c}\}$, andernfalls $D_f = \mathbb{C}$ und $W_f = \mathbb{C}$.

f kann zu einer bijektiven Abbildung $f\colon \overline{\mathbb{C}} \longrightarrow \overline{\mathbb{C}}$ fortgesetzt werden durch

$$f\Big(-\frac{d}{c}\Big) := \infty, \; f(\infty) := \frac{a}{c} \text{ im Falle } c \neq 0 \text{ bzw. } f(\infty) := \infty \text{ im Falle } c = 0.$$

Hierbei bezeichnet wieder $\overline{\mathbb{C}} = \mathbb{C} \cup \{\infty\}$ die erweiterte komplexe Zahlenebene. Wir bezeichnen noch

$$\mathbb{M}_2 := \big\{A \in \mathbb{C}^{2\times 2} : \text{A nicht-singulär}\big\},$$

also die Menge der invertierbaren komplexen $(2,2)$-Matrizen, und

$$\mathfrak{M} := \{f \mid f\colon \overline{\mathbb{C}} \longrightarrow \overline{\mathbb{C}} \text{ Möbius-Transformation}\}.$$

Einer Möbius-Transformation f, gegeben durch $f(z) := \frac{az+b}{cz+d}$, kann die Matrix $A = \left(\begin{smallmatrix} a & b \\ c & d \end{smallmatrix}\right) \in \mathbb{M}_2$ zugeordnet werden. Diese ist, wie eine Routine-Übungsaufgabe zeigt, bis auf einen von 0 verschiedenen konstanten Faktor eindeutig bestimmt. Der identischen Möbius-Transformation entspricht offenbar die Einheitsmatrix $\mathbb{I} = \mathbb{I}_2$. Wir bezeichnen die Abbildung, die jeder Matrix aus $\mathbb{M}_2$ die entsprechende Möbius-Transformation zuordnet, mit ω.

Gruppenstruktur

Bemerkung 1

Sind die beiden Möbius-Transformationen f und g durch die Matrizen A bzw. B aus $\mathbb{M}_2$ gegeben, so ist die zusammengesetzte Abbildung $f \circ g$ durch AB und die inverse Abbildung f^{-1} durch $A^{-1} = \frac{1}{\det A}\left(\begin{smallmatrix} d & -b \\ -c & a \end{smallmatrix}\right)$ gegeben, also

$$\omega(A) \circ \omega(B) = \omega(AB) \quad \textit{und} \quad (\omega(A))^{-1} = \omega(A^{-1}).$$

Dies zeigt, dass $\mathfrak{M}$ eine (multiplikative) Gruppe ist.*

Die Gruppenstruktur überträgt sich also von $\mathbb{M}_2$ auf $\mathfrak{M}$.

Beweis: Es seien $A = \left(\begin{smallmatrix} a & b \\ c & d \end{smallmatrix}\right)$ und $B = \begin{pmatrix} e & f \\ g & h \end{pmatrix}$, also $AB = \begin{pmatrix} ae+bg & af+bh \\ ce+dg & cf+dh \end{pmatrix}$.
Für $f := \omega(A)$ und $g := \omega(B)$ hat man $f(v) = \frac{av+b}{cv+d}$ und $g(z) = \frac{ez+f}{gz+h}$. Dann gilt

$$(f \circ g)(z) = f(g(z)) = \frac{a\frac{ez+f}{gz+h}+b}{c\frac{ez+f}{gz+h}+d} = \frac{a(ez+f)+b(gz+h)}{c(ez+f)+d(gz+h)} = \frac{(ae+bg)z+(af+bh)}{(ce+dg)z+(cf+dh)}$$

und somit $\omega(A) \circ \omega(B) = f \circ g = \omega(AB)$. Für $h := \omega(A^{-1})$ gilt nach dem gerade Gezeigten: $f \circ h = \omega(A) \circ \omega(A^{-1}) = \omega(AA^{-1}) = \omega(\mathbb{I})$, also $(f \circ h)(z) = z = (h \circ f)(z)$ für $z \in \mathbb{C}$, d.h. $h = f^{-1}$. □

Es ist nützlich, sich das Ergebnis der Inversenbildung zu merken: *Hauptdiagonalelemente vertauschen, Vorzeichenwechsel bei Nebendiagonalelementen.*

Erzeugung aus elementaren Transformationen

Satz 2

Jede Möbius-Transformation lässt sich zusammensetzen aus Elementarabbildungen der folgenden Art:

* Der Kenner wird natürlich sagen: $\mathfrak{M}$ ist isomorph zur Quotientengruppe von $\mathbb{M}_2$ nach den (von 0 verschiedenen) Vielfachen der Einheitsmatrix.

- *Drehstreckung* $z \longmapsto az \quad (a \in \mathbb{C} \setminus \{0\})$ *mit* $A = \begin{pmatrix} a & 0 \\ 0 & 1 \end{pmatrix}$
- *Translation* $z \longmapsto z + b \quad (b \in \mathbb{C})$ *mit* $B = \begin{pmatrix} 1 & b \\ 0 & 1 \end{pmatrix}$
- *Inversion* $z \longmapsto \frac{1}{z}$ *mit* $C = \begin{pmatrix} 0 & 1 \\ 1 & 0 \end{pmatrix}$

Drehstreckungen und Translationen zusammen liefern die *ganzen linearen Funktionen.* Eine Drehstreckung kann noch weiter zerlegt werden in

- $z \longmapsto az$ mit $a \in \mathbb{C}$ und $|a| = 1$ *(Rotation)* und
- $z \longmapsto rz$ mit $\mathbb{R} \ni r > 0$ *(Streckung).*

Beweis von Satz 2: 1) $c = 0:\quad \frac{1}{d}\begin{pmatrix} a & b \\ 0 & d \end{pmatrix} = \begin{pmatrix} \frac{a}{d} & \frac{b}{d} \\ 0 & 1 \end{pmatrix} = \begin{pmatrix} 1 & \frac{b}{d} \\ 0 & 1 \end{pmatrix}\begin{pmatrix} \frac{a}{d} & 0 \\ 0 & 1 \end{pmatrix}$

2) $c \neq 0:\quad \frac{1}{c}\begin{pmatrix} a & b \\ c & d \end{pmatrix} = \begin{pmatrix} 1 & \frac{a}{c} \\ 0 & 1 \end{pmatrix}\begin{pmatrix} \frac{bc-ad}{c^2} & 0 \\ 0 & 1 \end{pmatrix}\begin{pmatrix} 0 & 1 \\ 1 & 0 \end{pmatrix}\begin{pmatrix} 1 & \frac{d}{c} \\ 0 & 1 \end{pmatrix}$ □

Kreistreue

Bemerkung 3 *Geraden und Kreise in* $\mathbb{C}$ *besitzen eine Darstellung der Form*

$$Az\overline{z} + Bz + \overline{B}\,\overline{z} + C = 0$$

mit $A, C \in \mathbb{R}$ *und* $AC < |B|^2$. *Umgekehrt werden durch Darstellungen dieser Art Kreise und Geraden beschrieben.*

Beweis: Es sei mit $\alpha, \beta, \gamma \in \mathbb{R}$ und $(\alpha, \beta) \neq (0,0)$ zunächst die *Gerade* $\alpha x + \beta y + \gamma = 0 \quad (x, y \in \mathbb{R})$ betrachtet. Mit $z := x + iy$ führt dies über $x = \frac{1}{2}(z + \overline{z})$, $y = \frac{1}{2i}(z - \overline{z})$ zu $\frac{1}{2}\alpha(z + \overline{z}) + \frac{1}{2i}\beta(z - \overline{z}) + \gamma = 0$, also $(\alpha - i\beta)z + (\alpha + i\beta)\overline{z} + 2\gamma = 0$. Mit $A := 0, B := \alpha - i\beta$ und $C := 2\gamma$ ist die vorangehende Gleichung von der o. a. Form.

Ein *Kreis* $|z - a| = r$ mit $a \in \mathbb{C}$ und $\mathbb{R} \ni r > 0$ führt zu $0 = (z - a)(\overline{z} - \overline{a}) - r^2 = z\overline{z} - z\overline{a} - a\overline{z} + |a|^2 - r^2$. Also ist dies mit $A := 1, B := -\overline{a}$ und $C := |a|^2 - r^2$ von der o. a. Form.

Umgekehrt: Ist $A = 0$, so erhält man mit $B = \alpha + i\beta$, $z = x + iy$ $0 = Bz + \overline{B}\,\overline{z} + C = 2\alpha x - 2\beta y + C$ mit $(\alpha, \beta) \neq (0,0)$, also eine *Geradengleichung.* Im Fall $A \neq 0$ rechnet man

$0 = Az\overline{z} + Bz + \overline{B}\,\overline{z} + C = A\left(z\overline{z} + \frac{B}{A}z + \frac{\overline{B}}{A}\overline{z} + \frac{|B|^2}{A^2}\right) + \left(C - \frac{|B|^2}{A}\right)$

$\iff \left|z + \frac{\overline{B}}{A}\right|^2 = \frac{|B|^2 - AC}{A^2}$, erhält also eine *Kreisgleichung.* □

Anmerkung: Geraden der komplexen Ebene können als Kreise in $\overline{\mathbb{C}}$ durch ∞ aufgefasst werden. Wir sprechen im Folgenden in diesem Sinne von *,Kreisen'*, um Geraden und Kreise gemeinsam zu erfassen. Durch drei verschiedene Punkte $z_1, z_2, z_3 \in \overline{\mathbb{C}}$ geht genau ein ,Kreis'. Im Falle $\infty \in \{z_1, z_2, z_3\}$ handelt es sich um eine Gerade.

Satz 4 *Möbius-Transformationen führen ,Kreise' in ,Kreise' über. (Geraden sind dabei in obigem Sinne spezielle ,Kreise'.)*

Beweis: Für Drehstreckungen und Translationen ist dies unmittelbar klar. Bei der Inversion ergibt sich aus der Kreisgleichung $Az\overline{z} + B\,z + \overline{B}\,\overline{z} + C = 0$ mit $w = \frac{1}{z}$ über $A\frac{1}{w}\frac{1}{\overline{w}} + B\,\frac{1}{w} + \overline{B}\frac{1}{\overline{w}} + C = 0$ unmittelbar $A + B\overline{w} + \overline{B}w + Cw\overline{w} = 0$, somit eine Kreisgleichung in w. Nach Satz 2 ist damit schon alles gezeigt. □

Fixpunkte

Satz 5 *Eine von der Identität verschiedene Möbius-Transformation besitzt genau einen oder genau zwei Fixpunkte.*

Beweis: Für $f(z) = \frac{az+b}{cz+d}$ ist $\big(\text{mit } z \in \mathbb{C}\big)$ $f(z) = z$ äquivalent zu $cz^2 - (a-d)z - b = 0$.

Für $c = 0$ also zu $z(d-a) = b : d - a \neq 0 : z = \frac{b}{d-a}$ und ∞ sind Fixpunkte,
$d - a = 0 : b \neq 0 : \infty$ ist einziger Fixpunkt,
$b = 0 : f$ ist die Identität.

Für $c \neq 0$ existieren zwei (eventuell zusammenfallende) Fixpunkte. □

Auf die Klassifizierung von Möbius-Transformationen nach Fixpunkten *(parabolisch, elliptisch, hyperbolisch* und *loxodromisch)* gehen wir nicht ein.

Doppelverhältnis

Definiton: Unter dem *Doppelverhältnis* von vier paarweise verschiedenen Punkten $z_1, z_2, z_3, z_4 \in \overline{\mathbb{C}}$ versteht man den Ausdruck

$$\boxed{\mathrm{DV}(z_1, z_2, z_3, z_4) := \frac{z_1 - z_2}{z_1 - z_4} : \frac{z_3 - z_2}{z_3 - z_4}}\,.$$

Ist dabei ein $z_k = \infty$, so ist der jeweils zugehörige Faktor der Form $\frac{u - z_k}{v - z_k}$ bzw. $\frac{z_k - u}{z_k - v}$ (mit $u, v \in \mathbb{C}$) als 1 zu lesen.

6-Punkte-Formel

Satz 6 *Zu jeweils drei verschiedenen Punkten* z_1, z_2, z_3 *bzw.* w_1, w_2, w_3 *in* $\overline{\mathbb{C}}$ *gibt es genau eine Möbius-Transformation* f *mit*

$$f(z_\nu) = w_\nu \quad (\nu = 1, 2, 3).$$

Man erhält sie durch Auflösen von

$$\mathrm{DV}(w, w_1, w_2, w_3) = \mathrm{DV}(z, z_1, z_2, z_3)$$

nach w, *ausgeschrieben*

$$\frac{w - w_1}{w - w_3} : \frac{w_2 - w_1}{w_2 - w_3} = \frac{z - z_1}{z - z_3} : \frac{z_2 - z_1}{z_2 - z_3}.$$

Beweis: Eindeutigkeit: Sind f und g Möbius-Transformationen mit $f(z_\nu) = w_\nu = g(z_\nu)$ $(\nu = 1, 2, 3)$, so ist $g^{-1} \circ f$ eine Möbius-Transformation mit den drei Fixpunkten z_1, z_2, z_3, also — nach Satz 5 — die Identität, d. h. $f = g$.
Existenz: Durch

$$h(z) := \mathrm{DV}(z, z_1, z_2, z_3) = \frac{z - z_1}{z - z_3} \cdot \frac{z_2 - z_3}{z_2 - z_1}$$

ist eine Möbius-Transformation gegeben mit

$$h(z_1) = 0, \; h(z_2) = 1 \quad \text{und} \quad h(z_3) = \infty.$$

Entsprechend gilt für die durch $g(w) := \mathrm{DV}(w, w_1, w_2, w_3)$ definierte Möbius-Transformation $g(w_1) = 0$, $g(w_2) = 1$ und $g(w_3) = \infty$. Die Möbius-Transformation $f := g^{-1} \circ h$ leistet somit das Verlangte. □

Folgerung 7 *Unter einer Möbius-Transformation bleibt das Doppelverhältnis invariant.**

(B1) Die Punkte $1, i, -1$ sollen (in dieser Reihenfolge) auf die Punkte $0, 1, \infty$ abgebildet werden:

$$w = \frac{w - 0}{1 - 0} = \frac{z - 1}{z + 1} : \frac{i - 1}{i + 1} = -i\,\frac{z - 1}{z + 1} =: f(z)$$

Der Rand des Einheitskreises (Kreis durch die Punkte $1, i, -1$) wird also — nach Satz 4 — genau auf die x-Achse (Gerade durch $0, 1$, d. h. ‚Kreis' durch $0, 1, \infty$) abgebildet.

* Wer sich in der Projektiven Geometrie auskennt, sieht sofort: Möbius-Transformationen sind Projektivitäten des eindimensionalen projektiven Raumes $\overline{\mathbb{C}}$. Einige der oben gemachten Aussagen sind Spezialfälle projektiv-geometrischer Überlegungen.

Parametrisiert man den Einheitskreis durch $\varphi(t) := \exp(it)$ für $t \in]-\pi, \pi]$, so erhält man mit $f \circ \varphi\colon\ ]-\pi, \pi] \longrightarrow \mathbb{R}$ eine (stetige) injektive Abbildung, die nach einer Standardüberlegung der Analysis streng monoton — hier durch die Reihenfolge der Bildpunkte 0 und 1 streng isoton — ist. Beim Durchlaufen des Einheitskreises von -1 über 1 und i nach -1 (also gegen den Uhrzeigersinn) durchläuft also f gerade $\mathbb{R}$ von $-\infty$ nach ∞.

(B2) Die Punkte $-1, i, 1$ sollen (in dieser Reihenfolge) auf die Punkte $-2i, 2, \infty$ abgebildet werden:

$$\frac{w+2i}{2+2i} = \frac{z+1}{z-1} : \frac{i+1}{i-1} = i\,\frac{z+1}{z-1}$$

Damit folgt:

$$w = f(z) := -2\,\frac{z+(1-2i)}{z-1}$$

Der Rand des Einheitskreises (Kreis durch die Punkte $-1, i, 1$) wird also — nach Satz 4 — genau auf die Gerade durch $-2i, 2$, d. h. den ‚Kreis' durch $-2i, 2, \infty$, abgebildet. Wie im ersten Beispiel ist durch die Reihenfolge der Punkte auch wieder der Durchlaufungssinn* festgelegt.

In beiden Fällen möchten wir *mehr* über das Abbildungsverhalten wissen. Zunächst beachten wir dazu: Ein ‚Kreis' (also ein Kreis oder eine Gerade) K zerlegt $\overline{\mathbb{C}}$ mit zwei Gebieten $\mathfrak{G}_1$ und $\mathfrak{G}_2$ (Zusammenhangskomponenten von $\overline{\mathbb{C}}$) in der Form

$$\overline{\mathbb{C}} = \mathfrak{G}_1 \uplus K \uplus \mathfrak{G}_2 .$$

Für das Bild $K' = f(K)$ unter einer Möbius-Transformation f gilt entsprechend mit zwei Gebieten $\mathfrak{G}_1'$ und $\mathfrak{G}_2'$

$$\overline{\mathbb{C}} = \mathfrak{G}_1' \uplus K' \uplus \mathfrak{G}_2' .$$

Da f wegzusammenhängende Mengen wieder in solche abbildet, muss zunächst $f(\mathfrak{G}_1) \subset \mathfrak{G}_1'$ oder $f(\mathfrak{G}_1) \subset \mathfrak{G}_2'$ gelten. Wegen der Bijektivität von f folgt dann $f(\mathfrak{G}_1) = \mathfrak{G}_1'$ oder $f(\mathfrak{G}_1) = \mathfrak{G}_2'$. Welche der beiden Möglichkeiten auftritt, kann einfach durch *einen* Punkt aus $\mathfrak{G}_1$ bestimmt werden.

Im ersten Beispiel gilt mit $f(0) = i$: Das Innere des Einheitskreises wird auf die obere Halbebene

$$\mathrm{OH} = \{z \in \mathbb{C} : \mathfrak{Im}\,(z) > 0\} ,$$

das Äußere auf die untere Halbebene

* Für eine stärker formale Beschreibung von ‚Orientierung' sei etwa auf [Ahl] oder [Con] verwiesen.

$$\text{UH} := \{z \in \mathbb{C} : \mathfrak{Im}\,(z) < 0\}$$

abgebildet. Weitere Aussagen über das Abbildungsverhalten liefern u. a. die folgenden Symmetrieüberlegungen:

Symmetrie

Ist L eine Gerade und f eine Möbius-Transformation der speziellen Form

$$f(z) = az + b \quad (a \neq 0)$$

(*ganze* Möbius-Transformation), so werden bezüglich L symmetrische Punkte z_1, z_2 (d. h. diese gehen durch Spiegelung an L ineinander über) in bzgl. der Geraden $f(L)$ symmetrische Punkte abgebildet. Für beliebige Möbius-Transformationen gehen Geraden in ‚Kreise', aber nicht notwendig speziell wieder in Geraden, über. Symmetrie muss also für die allgemeinere Situation anders definiert werden:

Definition: Ist K ein Kreis um a mit Radius r, dann heißen $z_1, z_2 \in \mathbb{C}$ *symmetrisch*

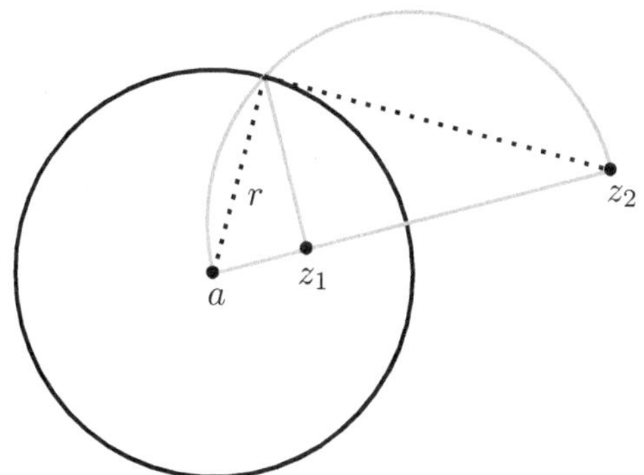

bezüglich K genau dann, wenn

$$(z_1 - a)\overline{(z_2 - a)} = r^2$$

gilt. (z_1 und z_2 liegen auf dem gleichen vom Mittelpunkt a ausgehenden ‚Halbstrahl', und das Produkt ihrer Abstände von a ist r^2.)

Jeder Punkt auf K ist symmetrisch zu sich selbst.

Zu $z_1 \in \mathbb{C} \setminus \{a\}$ existiert eindeutig ein $z_2 \in \mathbb{C} \setminus \{a\}$ derart, dass z_1 und z_2 symmetrisch bezüglich K sind. Dieser Punkt kann elementar-geometrisch (Satz von EUKLID) bestimmt werden: 1. Fall: z_1 liegt im Inneren von K: Das Lot im Punkte z_1 zur durch a und z_1 bestimmten Geraden g trifft den Kreis in zwei Punkten P und P'; das Lot in P (bzw. P') zur Geraden durch a und P (bzw. P') (Tangente) trifft g in z_2. Der 2. Fall, dass z_1 außerhalb von K liegt, dürfte damit (THALES-Kreis) auch klar sein.

Ergänzend werden noch a und ∞ als *symmetrisch* bezüglich K bezeichnet.

Satz 8 *Bildet eine Möbius-Transformation einen Kreis K auf einen Kreis L ab, so gehen bezüglich K symmetrische Punkte z_1, z_2 über in bezüglich L symmetrische Punkte w_1, w_2.*

Beweis: Es seien K der Kreis um $a \in \mathbb{C}$ mit Radius $r > 0$ und $z_1, z_2 \in \mathbb{C}$ symmetrisch zu K, also $(z_1 - a)\overline{(z_2 - a)} = r^2$. Ferner sei das Bild von K unter einer Möbius-Transformation f ein Kreis L um $b \in \mathbb{C}$ mit Radius $s > 0$. Für $w_1 := f(z_1)$, $w_2 := f(z_2)$ ist *zu zeigen:* $(*)$ $(w_1 - b)\overline{(w_2 - b)} = s^2$
Wegen Satz 2 genügt es, folgende Spezialfälle zu betrachten:

- $f(z) = \alpha z$ mit $\alpha \in \mathbb{C} \setminus \{0\}$:
  Für $b = f(a) = \alpha a$ und $s = |\alpha| r$ gilt offenbar $(*)$.
- $f(z) = z + \beta$ mit $\beta \in \mathbb{C}$:
  Für $b = f(a) = a + \beta$ und $s = r$ folgt $(*)$.
- $f(z) = \frac{1}{z} = w$:
  Die Kreisgleichung $(z-a)\overline{(z-a)} = r^2$ geht über in $(\frac{1}{w}-a)(\frac{1}{\overline{w}} - \overline{a}) = r^2$ und nach Multiplikation mit $w\overline{w}$ in $w\overline{w}(r^2 - |a|^2) + aw + \overline{a}\overline{w} = 1$.
  Für $r^2 - |a|^2 = 0$ hätte man eine Gerade in w; nach Voraussetzung soll aber L ein Kreis sein; folglich ist $r^2 - |a|^2 \neq 0$. Dann gilt:
  $w\overline{w} + w\frac{a}{r^2-|a|^2} + \overline{w}\frac{\overline{a}}{r^2-|a|^2} + \frac{a\overline{a}}{(r^2-|a|^2)^2} = \frac{r^2}{(r^2-|a|^2)^2}$ und damit:
  $\left|w + \frac{\overline{a}}{r^2-|a|^2}\right|^2 = \frac{r^2}{(r^2-|a|^2)^2}$. Dies zeigt $b = -\frac{\overline{a}}{r^2-|a|^2}$ und $s = \frac{r}{|r^2-|a|^2|}$.
  Einsetzen liefert nun $(*)$.

Den Fall $z_1 = a$ und $z_2 = \infty$ (bzw. umgekehrt) überlassen wir dem noch nicht müden Leser als Übungsaufgabe. So hat man insgesamt die Behauptung. □

(B3) Gesucht ist eine Möbius-Transformation, die den Einheitskreis in sich überführt und dabei vorgegebene Punkte z_0 aus dem Inneren und z_1 auf dem Rand in ebensolche Punkte w_0, w_1 abbildet.

Vorgegeben seien $z_0 \in \mathbb{C}$ mit $|z_0| < 1$, $z_1 := 1$ und die zugehörigen Bildpunkte $w_0 := 0$, $w_1 := \exp(i\alpha)$ mit einem $\alpha \in [0, 2\pi[$. Bezüglich des Einheitskreises symmetrisch zu z_0 ist $z_2 := \frac{1}{\overline{z_0}}$; dieser Punkt wird — nach Satz 8 — auf den zu $w_0 = 0$ symmetrischen Punkt $w_2 := \infty$ abgebildet.

Die 6-Punkte-Formel liefert damit

$$\frac{w - 0}{\exp(i\alpha) - 0} = \frac{z - z_0}{z - \frac{1}{\overline{z_0}}} \cdot \frac{1 - \frac{1}{\overline{z_0}}}{1 - z_0}, \qquad \text{somit}$$

$$w = \exp(i\alpha) \cdot \frac{z - z_0}{\overline{z_0}\, z - 1} \cdot \frac{\overline{z_0} - 1}{1 - z_0} = \exp(i\varphi) \cdot \frac{z - z_0}{\overline{z_0}\, z - 1}$$

mit einem geeigneten $\varphi \in [0, 2\pi[$. Dabei wurde berücksichtigt, dass der letzte Faktor in dem mittleren Ausdruck vom Betrage 1 ist, also in die Exponentialfunktion einbezogen werden kann.

(B4) Ein exzentrischer (nicht-konzentrischer) Kreisring soll auf einen konzentrischen Kreisring abgebildet werden (man vergleiche die Abbildungen in MWS 8 auf den Seiten 261 f):

Dazu betrachten wir den Einheitskreis

$$E := \{z \in \mathbb{C} : |z| \le 1\}$$

und darin um einen Punkt a mit $0 < |a| < 1$ einen Kreis K, der noch ganz in E liegt, was durch einen Radius $r > 0$ mit $|a| + r < 1$ gesichert ist. Nach (B3) (mit $\varphi := 0$ und einem $z_0 \in \mathbb{C}$ mit $|z_0| < 1$) erhält man durch

$$w(z) = \frac{z - z_0}{\overline{z_0}\, z - 1}$$

eine Möbius-Transformation, die den Einheitskreis E (Urbildebene) in den Einheitskreis E' (Bildebene) abbildet. Dabei ist nun z_0 so zu bestimmen, dass der Kreis K auf einen (zu E') konzentrischen Kreis K' mit Radius $r' > 0$ abgebildet wird. (Insbesondere ist dann $z_0 \neq 0$.) Die Punkte 0 und ∞ sind symmetrisch bezüglich K' und bezüglich E'. Mithin sind die Urbilder z_0 und $\frac{1}{\overline{z_0}}$ symmetrisch bezüglich K und E. Folglich hat man

$$\left(\frac{1}{\overline{z_0}} - a\right)\overline{(z_0 - a)} = r^2 ,$$

somit über $(1 - \overline{a}\, z_0)(z_0 - a) = r^2 z_0$

$$z_0^2 - \frac{1 + |a|^2 - r^2}{|a|^2}\, a\, z_0 + \frac{a^2}{|a|^2} = 0 \qquad \text{und so}$$

unter Verwendung des Wurzelterms $W := \sqrt{(1 + |a|^2 - r^2)^2 - 4\,|a|^2}$

$$z_0 = a\,\frac{1 + |a|^2 - r^2 - W}{2\,|a|^2}$$

bzw.

$$\frac{1}{\overline{z_0}} = a\,\frac{1 + |a|^2 - r^2 + W}{2\,|a|^2} .$$

Mit dem zu z_0 symmetrischen Punkt $z_0^* := \frac{1}{\overline{z_0}}$ gilt $w = z_0^* \frac{z - z_0}{z - z_0^*}$.

Bezeichnet

$$\alpha := \frac{|z_0 - a|^2}{r^2} \underset{\text{(Symmetrie!)}}{=} \frac{r^2}{|z_0^* - a|^2} ,$$

so ergibt sich für $z \in \mathbb{C}$ mit $|z - a| = r$:

$$|z - z_0|^2 = |(z - a) - (z_0 - a)|^2 = (1 + \alpha)r^2 - 2\,\mathfrak{Re}\left(\overline{(z_0 - a)}\,(z - a)\right)$$

bzw., unter Beachtung von

$$\mathfrak{Re}\left(\overline{(z_0^* - a)}(z-a)\right) = \mathfrak{Re}\left(\frac{r^2}{z_0 - a}(z-a)\right) = \frac{1}{\alpha}\mathfrak{Re}\left(\overline{(z_0 - a)}(z-a)\right),$$

$$|z - z_0^*|^2 = |(z-a)-(z_0^* - a)|^2 = \frac{1}{\alpha}\left((1+\alpha)r^2 - 2\mathfrak{Re}\left(\overline{(z_0 - a)}(z-a)\right)\right)$$

Hieraus folgt:

$$|w|^2 = |z_0^*|^2\,\alpha = \frac{1}{|z_0|^2}\,\frac{|z_0 - a|^2}{r^2}$$

Der gesuchte Radius ist demnach $r' = \dfrac{|z_0 - a|}{r\,|z_0|}$.

Speziell etwa für $a := r := \frac{2}{5}$ erhält man

$$z_0 = \frac{2}{5}\,\frac{1 - \sqrt{1 - (\frac{4}{5})^2}}{2(\frac{2}{5})^2} = \frac{5}{4}\left(1 - \frac{3}{5}\right) = \frac{1}{2},\ z_0^* = 2 \text{ und}$$

$$r' = \frac{|\frac{1}{2} - \frac{2}{5}|}{\frac{2}{5}\cdot\frac{1}{2}} = \frac{1}{2}.$$

(B5) Abbildung des Außenbereichs zweier bezüglich der imaginären Achse spiegelbildlicher disjunkter Kreise auf einen konzentrischen Kreisring (man vergleiche die Abbildungen in MWS 8 auf den Seiten 263 f):*

Es seien a, b, z_0 reelle Zahlen mit $0 < a < z_0 < b$. Wir betrachten mit $r := \frac{b-a}{2}$ und $c := \frac{a+b}{2}$ die beiden Kreise K_1 und K_2 mit Radius r um c bzw. $-c$. Diese sollen durch eine Möbius-Transformation auf zwei konzentrische Kreise K_1' und K_2' mit Mittelpunkt 0 und Radien $1, R$ (mit $1 < R \in \mathbb{R}$) abgebildet werden. Die Punkte $0, \infty$ sind bezüglich K_1' und K_2' symmetrisch; folglich sind die Urbilder z_0 und u_0 symmetrisch zu K_1 und K_2. Die beiden daraus resultierenden Gleichungen

$$r^2 = (z_0 - c)(\overline{u_0} - c)$$
$$r^2 = (z_0 + c)(\overline{u_0} + c)$$

zeigen $u_0 = -\overline{z_0} = -z_0$ und weiter

$$\frac{(b-a)^2}{4} = r^2 = (z_0 + c)(-z_0 + c) = c^2 - z_0^2 = \frac{(b+a)^2}{4} - z_0^2,$$

also $z_0^2 = ab$, d. h. $z_0 = \sqrt{ab}$.

* Laut R. Sauer: *Ingenieur-Mathematik* (Bd. 2, 3. Aufl., S. 119) wird eine solche Möbius-Transformation in der Elektrotechnik dazu verwendet, das elektrostatische Feld im Äußeren von zwei parallelen Leitern in das Feld eines Zylinderkondensators abzubilden.

Die 6-Punkte-Formel liefert für $z_0, a, -z_0$ und zugehörige Bildpunkte $0, 1, \infty$:

$$w = \frac{w-0}{1-0} = \frac{z-z_0}{z+z_0} \cdot \frac{a-(-z_0)}{a-z_0} = \frac{\sqrt{ab}-z}{\sqrt{ab}+z} \cdot \frac{\sqrt{b}+\sqrt{a}}{\sqrt{b}-\sqrt{a}}$$

$w(-a) = \frac{\sqrt{ab}+a}{\sqrt{ab}-a} \cdot \frac{\sqrt{b}+\sqrt{a}}{\sqrt{b}-\sqrt{a}} = \left(\frac{\sqrt{b}+\sqrt{a}}{\sqrt{b}-\sqrt{a}}\right)^2$ zeigt $R = \left(\frac{\sqrt{b}+\sqrt{a}}{\sqrt{b}-\sqrt{a}}\right)^2$.

Speziell etwa für $a := 1$ und $b := 9$: $z_0 = 3$ und $R = 4$; diese Daten liegen dem entsprechenden Worksheet zugrunde.

Möbius-Transformationen ermöglichen es, manche Überlegungen für holomorphe Funktionen in der Nähe von Geraden in solche zu transformieren, wo statt dessen Kreisbögen auftreten (und umgekehrt). Auf eine wichtige Fragestellung dieser Art gehen wir im übernächsten Abschnitt ein.

8.2 Joukowski-Transformation

Wir gehen noch kurz auf eine spezielle konforme Abbildung ein, die in der Aerodynamik (z. B. bei der Umströmung von Tragflächen) eine wichtige Rolle spielt, die JOUKOWSKI*-Abbildung bzw. die durch sie gegebene JOUKOWSKI-Transformation. Durch diese Transformation wird die Strömung um elliptische Zylinder, ebene und gekrümmte Platten oder tragflächenähnliche Profile aus einfachen Strömungsbildern abgeleitet.

Wir betrachten

$$\boxed{J(z) := z + \frac{1}{z} \qquad (z \in \mathbb{C} \setminus \{0\}).}$$

Die Abbildung J heißt *Joukowski-Abbildung***. Sie ist in $\mathbb{C} \setminus \{0\}$ holomorph, wobei

$$J'(z) = 1 - \frac{1}{z^2} \qquad (z \in \mathbb{C} \setminus \{0\}).$$

So gilt

$$J'(z) \neq 0 \quad \text{für} \quad z \in \mathbb{C} \setminus \{-1, 0, 1\} =: \mathfrak{D}.$$

Die Punkte -1 und 1 haben die Bilder -2 und 2.

Somit ist J eine in $\mathfrak{D}$ konforme Abbildung. Wir schauen uns einfache *Abbildungseigenschaften von J* an:

---

* Nikolai Jegorovich JOUKOWSKI (1847–1921; russischer Mathematiker und Aerodynamiker)

** Sie wird oft auch mit dem Faktor $\frac{1}{2}$ betrachtet.

Wir betrachten die Kreislinie

$$K_r := \{z \in \mathbb{C} : |z| = r\} \quad (r > 0)\,.$$

Für $r > 1$ wird diese bijektiv auf die Ellipse mit Brennpunkten ± 2 und Halbachsen

$$a := r + \frac{1}{r}\,, \quad b := r - \frac{1}{r}$$

abgebildet. Dies sieht man einfach, wenn man $z = r\exp(i\varphi)$ schreibt (mit $\varphi \in [0, 2\pi[\,$):

$$w := z + \tfrac{1}{z} = r\exp(i\varphi) + \tfrac{1}{r}\exp(-i\varphi) = \left(r + \tfrac{1}{r}\right)\cos\varphi + i\left(r - \tfrac{1}{r}\right)\sin\varphi$$

Für $u := \mathfrak{Re}\, w = \left(r + \frac{1}{r}\right)\cos\varphi$ und $v := \mathfrak{Im}\, w = \left(r - \frac{1}{r}\right)\sin\varphi$ folgt:

$$\frac{u^2}{a^2} + \frac{v^2}{b^2} = 1 \quad \text{mit} \quad a := r + \frac{1}{r},\; b := r - \frac{1}{r}$$

Weil $a^2 - b^2 = 4$ unabhängig von r ist, sind diese Ellipsen konfokal (mit Brennpunkten -2 und 2). Aufgrund der speziellen Struktur der JOUKOWSKI-Abbildung (Symmetrie in z und $\frac{1}{z}$) wird auch der Kreis $K_{1/r}$ auf die gleiche Ellipse abgebildet. Das Bild des Einheitskreisrandes K_1 ist gerade das Intervall $[-2, 2]$. Für $z \in K_1$ mit $\mathfrak{Im}\, z > 0$ gilt $J(z) = J(\overline{z})$.

In gleicher Weise wie oben sieht man: Eine Halbgerade $\{r\exp(i\varphi) : r > 0\}$ wird für ein $\varphi \in \,]0, 2\pi[$ mit $\varphi \notin \{\pi/2, \pi, 3\pi/2\}$ bijektiv auf einen Ast der Hyperbel

$$\frac{u^2}{(\cos\varphi)^2} - \frac{v^2}{(\sin\varphi)^2} = 4$$

mit den Brennpunkten ± 2 abgebildet.

JOUKOWSKI-Abbildung

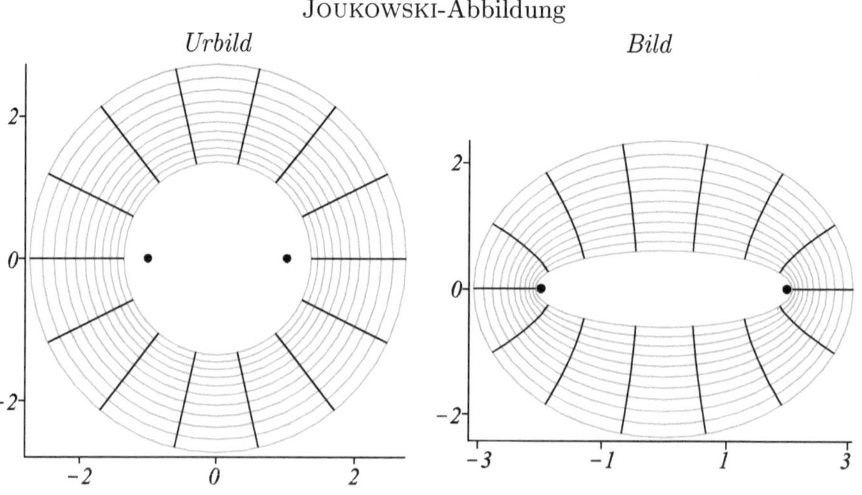

Aus diesen Abbildungseigenschaften von J folgt, dass der punktierte Einheitskreis

$$\{z \in \mathbb{C} : 0 < |z| < 1\}$$

und das Äußere des Einheitskreises

$$\{z \in \mathbb{C} : |z| > 1\}$$

jeweils konform auf die geschlitzte Ebene $\mathbb{C} \setminus [-2, 2]$ abgebildet werden.

Die Abbildung J bildet geeignete Kreise in tragflügelartige Profile mit einer scharfen Kante, *Joukowski-* oder auch *Kutta-Joukowski-Profile* genannt, ab. Ein solcher Urbildkreis muss dann durch einen der Punkte $z = \pm 1$ verlaufen, in denen die Abbildung nicht konform ist und Winkel verdoppelt werden.

JOUKOWSKI-Profil

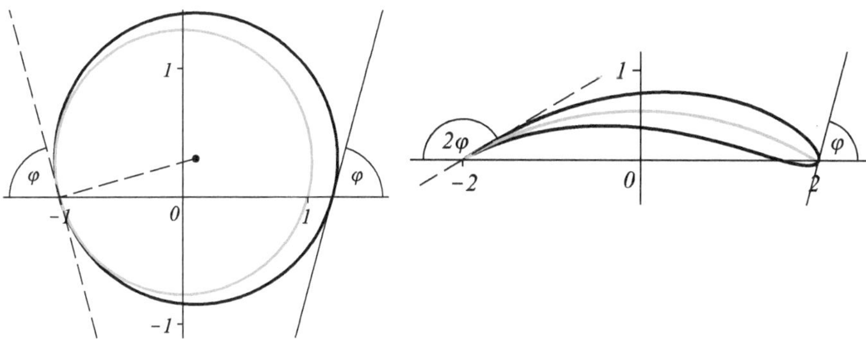

8.3 Harmonische Funktionen und das Dirichlet-Problem

Schon die Einführung der komplexen Zahlen in Kapitel 1 legte es nahe, $\mathbb{R}^2$ und $\mathbb{C}$ zu *identifizieren.* Dies haben wir in Abschnitt 3.3 genauer ausgeführt. Es sei noch einmal kurz daran erinnert, wie solche Dinge bei Bedarf zu präzisieren sind:

Die lineare Abbildung

$$\varphi\colon \mathbb{R}^2 \ni (x, y) \longmapsto x + iy \in \mathbb{C}$$

ist *bijektiv* mit $|\varphi(x, y)| = \|(x, y)\|_2 \quad \big((x, y) \in \mathbb{R}^2\big)$, also *normerhaltend* und somit insgesamt eine *Isometrie.*

Ist $f\colon \mathfrak{G} \longrightarrow \mathbb{C}$ eine holomorphe Funktion in einem Gebiet $\mathfrak{G} \subset \mathbb{C}$, so erhält man durch

$$u\colon (x, y) \longmapsto \mathfrak{Re}\, f(x + iy)$$

bzw.

$$v\colon (x,y) \longmapsto \mathfrak{Im}\, f(x+iy)$$

auf dem Gebiet

$$\mathfrak{G}' := \varphi^{-1}(\mathfrak{G}) \subset \mathbb{R}^2$$

zwei reellwertige Funktionen u und v mit den Eigenschaften:

a) $u, v \in C^\infty(\mathfrak{G}')$ (beliebig oft differenzierbar)

b) u, v *sind harmonisch auf* $\mathfrak{G}'$.

Dabei heißt eine Funktion $h \in C^2(\mathfrak{G}')$ „*harmonische Funktion*" oder „*Potentialfunktion*" (auf $\mathfrak{G}'$), wenn sie die „LAPLACE-*Gleichung*" bzw. „*Potentialgleichung*"

$$\Delta h := D_1^2 h + D_2^2 h \quad (= h_{xx} + h_{yy}) = 0$$

erfüllt.

Beweis: a) ergibt sich direkt aus dem Zusammenhang zwischen reeller und komplexer Differenzierbarkeit (vgl. Seiten 74f und 133 (Satz 3)). b) Wegen der CAUCHY-RIEMANN-Differentialgleichungen gilt auf $\mathfrak{G}'$: $u_x = v_y$ und $u_y = -v_x$. Hieraus folgt mit dem Satz von SCHWARZ $u_{xx} + u_{yy} = v_{yx} - v_{xy} = 0$ (und entsprechend die Behauptung für v). □

(B1) Es seien $\mathfrak{G} := \mathbb{C} \setminus \{x \in \mathbb{R} \mid x \le 0\}$ und $f := \log$ der Hauptzweig des Logarithmus. Dann gelten
$u(x,y) = \frac{1}{2}\log(x^2+y^2)$ und $v(x,y) = \arg(x+iy)$.

Satz 9

Für ein einfach-zusammenhängendes Gebiet $\mathfrak{G}' \subset \mathbb{R}^2$, $\mathfrak{G} := \varphi(\mathfrak{G}')$ *und eine auf* $\mathfrak{G}'$ *harmonische Funktion* u *gelten:*

a) Es existiert eine harmonische Funktion v *auf* $\mathfrak{G}'$ *mit* $v_x = -u_y$, $v_y = u_x$.

b) Es existiert eine holomorphe Funktion $f\colon \mathfrak{G} \longrightarrow \mathbb{C}$ *mit* $u = \mathfrak{Re}\,(f \circ \varphi)$.*

v heißt (zu u) „*konjugierte*" *harmonische Funktion* und ist bis auf eine additive reelle Konstante eindeutig.

Beweis: Durch $g(x+iy) := u_x(x,y) - i\,u_y(x,y)$ ist (CR-DGLn!) eine holomorphe Funktion $g\colon \mathfrak{G} \longrightarrow \mathbb{C}$ gegeben. Da $\mathfrak{G}$ einfach-zusammenhängend ist, besitzt g nach Bemerkung 6.2 eine Stammfunktion f. Diese kann so gewählt werden, dass $u = \mathfrak{Re}\,(f \circ \varphi)$ ist. $v := \mathfrak{Im}\,(f \circ \varphi)$ liefert eine gesuchte konjugiert harmonische Funktion. Damit ist alles gezeigt. □

Ab jetzt identifizieren wir $\mathbb{R}^2$ und $\mathbb{C}$ und unterscheiden daher auch nicht mehr zwischen $\mathfrak{G}'$ und $\mathfrak{G}$.

* Für Puristen: $u = \mathfrak{Re} \circ f \circ \varphi_{|\mathfrak{G}'}$

(B2) Wir zeigen, dass

$$u(x,y) := x^5 - 10x^3y^2 + 5xy^4$$

harmonisch auf $\mathbb{R}^2$ ist und berechnen die zu u konjugierte harmonische Funktion v:

$u_x = 5x^4 - 30x^2y^2 + 5y^4,\quad u_{xx} = \quad 20x^3 - 60xy^2,$

$u_y = -20x^3y + 20xy^3,\qquad u_{yy} = -20x^3 + 60xy^2,$

also $u_{xx} + u_{yy} = 0$. Zum Vektorfeld

$(x,y) \longmapsto (-u_y(x,y), u_x(x,y)) = (20x^3y - 20xy^3, 5x^4 - 30x^2y^2 + 5y^4)$

bestimmen wir nun eine Stammfunktion v: Integration bezüglich x zeigt:

$$v(x,y) = 5x^4y - 10x^2y^3 + \psi(y)$$

mit einer geeigneten Funktion ψ. Differentiation nach y liefert dann — unter Berücksichtigung von $v_y = u_x$ —

$$5x^4 - 30x^2y^2 + \psi'(y) = 5x^4 - 30x^2y^2 + 5y^4,$$

also $\psi'(y) = 5y^4$, folglich $\psi(y) = y^5 + c$ mit einer Konstanten c. Zusammen hat man so

$$v(x,y) = 5x^4y - 10x^2y^3 + y^5 + c\,.$$

Mit der Substitution $x = (z+\overline{z})/2$ und $y = (z-\overline{z})/(2i)$ ergibt sich:

$$u(x,y) + i\,v(x,y) = z^5 + i\,c\,.$$

Komplexe Potentiale

Die Funktionentheorie stellt sehr wirksame Hilfsmittel bereit für die Untersuchung ebener, in einem Gebiet $\mathfrak{G}$ quellen- und wirbelfreier Strömungsfelder (siehe etwa [Tri, S. 171–180]). Hierzu existieren — unter geeigneten Voraussetzungen an $\mathfrak{G}$ — konjugiert harmonische Funktionen $\Phi, \Psi\colon \mathfrak{G} \longrightarrow \mathbb{R}$, das sogenannte *reelle Potential* Φ bzw. die *Stromfunktion* Ψ. Die durch

$$F(x+iy) := \Phi(x,y) + i\,\Psi(x,y)$$

definierte holomorphe Funktion $F\colon \mathfrak{G} \longrightarrow \mathbb{C}$ wird als *komplexes Potential* bezeichnet. An den Höhenlinien $\Phi(x,y) = \text{const}$ und $\Psi(x,y) = \text{const}$ kann man F ‚ablesen'. Diese Kurvenscharen werden als *Äquipotentiallinien* bzw. *Stromlinien* bezeichnet. Mit Hilfe der CR-DGLn folgt unmittelbar, dass sie in allen Punkten $z \in \mathfrak{G}$ mit $F'(z) \neq 0$ zueinander orthogonal sind und so ein *orthogonales Netz* bilden.

Beispiele:

(B3) $F(z) := -i\,z^2$

Äquipotentiallinien: $2xy = \text{const}$, Stromlinien: $-x^2 + y^2 = \text{const}$

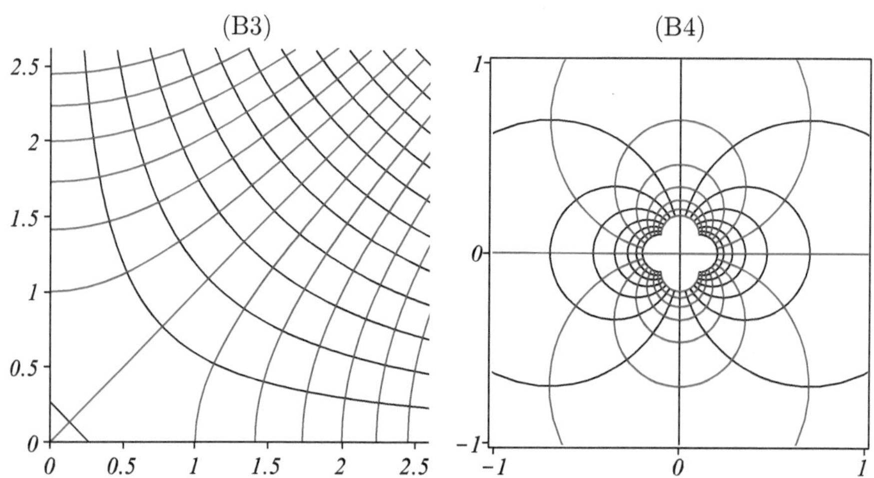

(B4) Das komplexe Potential eines Dipols: $F(z) := \frac{1}{z}$ für $z \in \mathfrak{G} := \mathbb{C} \setminus \{0\}$

Äquipotentiallinien: $\dfrac{x}{x^2 + y^2} = \text{const}$

Stromlinien: $\dfrac{-y}{x^2 + y^2} = \text{const}$

(B5) Das komplexe Potential einer Parallel- mit einer Dipolströmung (man vergleiche dazu Abschnitt 8.2 über die JOUKOWSKI-Transformation):

$F(z) = z + \dfrac{1}{z}$

Äquipotentiallinien:

$x\left(1 + \frac{1}{x^2+y^2}\right) = \text{const}$

Stromlinien: $y\left(1 - \frac{1}{x^2+y^2}\right) = \text{const}$

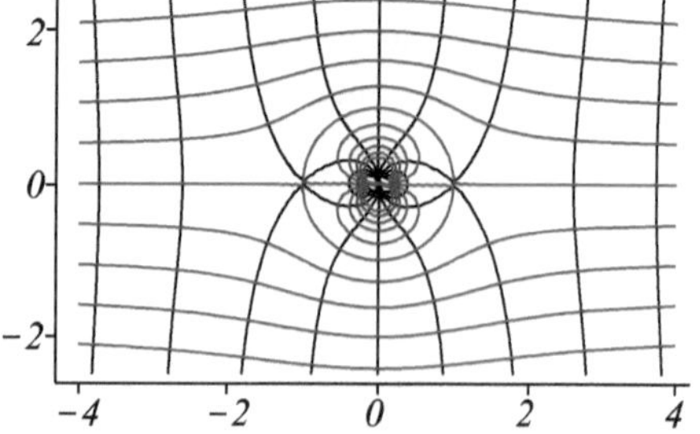

Mittels einer einfachen Anwendung der Kettenregel erhält man das *Verpflanzungsprinzip* für komplexe Potentiale, auf das wir bei der Lösung des DIRICHLET-Problems noch zurückkommen werden:

Ist F ein komplexes Potential auf $\mathfrak{G}$, und bildet eine Funktion f das Gebiet $\mathfrak{G}$ bi-konform, d. h. bijektiv und ‚in beiden Richtungen' (f und f^{-1}) konform, auf das Gebiet $\mathfrak{H}$ ab, so ergibt $G := F \circ f^{-1}$ ein komplexes Potential in $\mathfrak{H}$.

Physikalisch kann man dies so deuten: Mittels einer konformen Abbildung lässt sich das gesamte Strömungsbild übertragen. Auf diese Weise lassen sich neue Strömungen konstruieren und ‚komplizierte' Strömungen durch ‚einfachere' beschreiben.

(B6) Es seien $a := 0.2+0.5i$, $r := |a+1| = 1.3$ und F die JOUKOWSKI-Abbildung. Die durch $F(a + rz)$ definierte Abbildung f bildet dann den Rand $\partial\,\mathrm{E}$ des Einheitskreises bijektiv auf das sogenannte KUTTA-JOUKOWSKI-Profil $\mathfrak{J}$ ab.

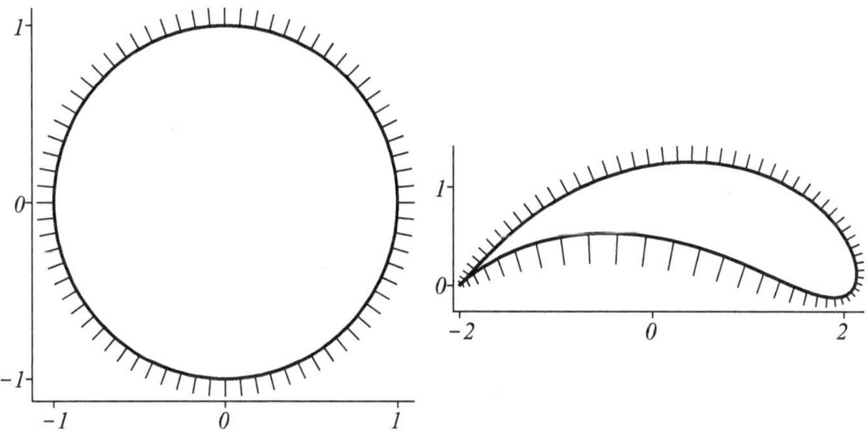

$\mathfrak{J}$ ist deshalb eine doppelpunktfreie geschlossene Kurve. Ferner bildet f das Äußere $\mathrm{ext}(\partial E) := \{z \in \mathbb{C} : |z| > 1\}$ bijektiv auf $\mathrm{ext}(\mathfrak{J})$ ab. Einen Beweis findet man etwa in [Pen, S. 387f]. Mithin ist $f_| : \mathrm{ext}(\partial E) \longrightarrow \mathrm{ext}(\mathfrak{J})$ eine bi-konforme Abbildung, und $G := F \circ f_|^{-1}$ liefert ein komplexes Potential auf $\mathrm{ext}(\mathfrak{J})$, welches $F : \mathrm{ext}(\partial E) \longrightarrow \mathbb{C}$ verpflanzt.

Mittelwerteigenschaft

Satz 10 *Es seien $\mathfrak{G} \subset \mathbb{R}^2$ ein Gebiet und $u : \mathfrak{G} \longrightarrow \mathbb{R}$ harmonisch. Für $a \in \mathfrak{G}$ und $0 < r < \infty$ mit $\overline{U_a^r} \subset \mathfrak{G}$ gilt dann:*

$$u(a) = \frac{1}{2\pi} \int_0^{2\pi} u(a + r\exp(it))\, dt$$

D. h.: Harmonische Funktionen haben die „Mittelwerteigenschaft".

Beweis: Es existiert ein $R > 0$ mit $\overline{U_a^r} \subset U_a^R \subset \mathfrak{G}$. Nach Satz 9 gibt es dann eine holomorphe Funktion $f : U_a^R \longrightarrow \mathbb{C}$ mit $\mathfrak{Re}\, f(x + iy) = u(x, y)$ für $x + iy \in U_a^R$. Mit der CAUCHYschen Integralformel ergibt sich

$$f(a) = \frac{1}{2\pi i} \oint\limits_{|z-a|=r} \frac{f(z)}{z-a}\, dz = \frac{1}{2\pi} \int\limits_0^{2\pi} f(a + r\exp(it))\, dt\,.$$

Nimmt man den Realteil, so folgt hieraus die behauptete Mittelwerteigenschaft. □

Als direkte Folgerung aus der Mittelwerteigenschaft (oder auch aus dem Satz über Gebietstreue) ergibt sich das

Prinzip vom Maximum

Für ein Gebiet $\mathfrak{G} \subset \mathbb{C}$ und eine harmonische Funktion $u\colon \mathfrak{G} \longrightarrow \mathbb{R}$ gilt:

Hat u in einem Punkt von $\mathfrak{G}$ ein lokales Maximum, dann ist u konstant.

Sind $\mathfrak{G}$ beschränkt und u auf $\overline{\mathfrak{G}}$ stetig (fortsetzbar), dann nimmt u sein Maximum auf $\partial\mathfrak{G}$ an.

Wir erinnern noch einmal daran, dass wir $\mathbb{R}^2$ und $\mathbb{C}$ identifizieren und daher auch $\mathfrak{G}'$ und $\mathfrak{G}$ nicht mehr unterscheiden wollen.

Das Prinzip vom Maximum ist z. B. wichtig für den Nachweis der *Eindeutigkeit* bei der Lösung des DIRICHLET-**Problems:**

Es seien $\mathfrak{G} \subset \mathbb{C}$ ein beschränktes Gebiet und $h\colon \partial\mathfrak{G} \longrightarrow \mathbb{R}$ eine stetige Funktion. Gesucht ist eine stetige Funktion $u\colon \overline{\mathfrak{G}} \longrightarrow \mathbb{R}$, die auf $\mathfrak{G}$ harmonisch ist und die Randbedingung

$$u(z) = h(z) \qquad \textit{für } z \in \partial\mathfrak{G}$$

erfüllt.

Beweis (der Eindeutigkeit): Es seien u_1, u_2 Lösungen des obigen DIRICHLET-Problems. $v := u_1 - u_2$ ist dann auf $\overline{\mathfrak{G}}$ stetig und in $\mathfrak{G}$ harmonisch. Ferner gilt $v(z) = 0$ für $z \in \partial\mathfrak{G}$. Mithin gilt nach dem Prinzip vom Maximum, angewendet auf v und $-v$, $v(z) = 0$ für $z \in \overline{\mathfrak{G}}$, d. h. $u_1 = u_2$. □

POISSON**sche Integralformel für den Einheitskreis**

Es seien $\mathfrak{G} \subset \mathbb{C}$ ein Gebiet, $u\colon \mathfrak{G} \longrightarrow \mathbb{R}$ harmonisch, $\overline{U_0^1} \subset \mathfrak{G}$, $0 < r < 1$ und $\varphi \in [0, 2\pi]$. Dann gilt

$$\boxed{u(r\exp(i\varphi)) = \frac{1}{2\pi} \int\limits_0^{2\pi} \frac{1-r^2}{1 - 2r\cos(t-\varphi) + r^2}\, u(\exp(it))\, dt}\,.$$

Beweis: Mit einem geeigneten $\varepsilon > 0$ gilt $U_0^{1+\varepsilon} \subset \mathfrak{G}$. Nach Satz 9 existiert eine holomorphe Funktion $f\colon U_0^{1+\varepsilon} \longrightarrow \mathbb{C}$ mit $\mathfrak{Re}\, f(\zeta) = u(\zeta)$ für $\zeta \in U_0^{1+\varepsilon}$. Mit $z := r\exp(i\varphi)$ betrachten wir die Funktion

$$g(\zeta) := \frac{f(\zeta)}{1-\zeta\overline{z}}\,.$$

Diese ist in einer Umgebung von $\overline{U_0^1}$ — etwa $U_0^{1+\delta}$ mit $0 < \delta < \varepsilon$ — holomorph. So folgt mit der CAUCHYschen Integralformel unter Verwendung der Parameterdarstellung $\zeta = \exp(it)$

$$g(z) = \frac{1}{2\pi i}\int\limits_{|\zeta|=1}\frac{g(\zeta)}{\zeta - z}\,d\zeta = \frac{1}{2\pi}\int\limits_0^{2\pi}\frac{g(\exp(it))}{1-\exp(-it)\,z}\,dt = \frac{1}{2\pi}\int\limits_0^{2\pi} f(\zeta)\,\frac{1}{|1-\overline{\zeta}z|^2}\,dt\,.$$

Es gilt — unter Beachtung von $|\zeta| = 1$ und $|z| = r$ —

$$|1-\overline{\zeta}z|^2 = 1 - 2\mathfrak{Re}(\zeta\overline{z}) + r^2 = 1 - 2r\cos(t-\varphi) + r^2.$$

Damit hat man

$$f(z) = g(z)(1 - z\overline{z}) = g(z)(1-r^2) = \frac{1}{2\pi}\int\limits_0^{2\pi} f(\zeta)\,\frac{(1-r^2)}{1-2r\cos(t-\varphi)+r^2}\,dt$$

und über den Realteil (auf beiden Seiten) die Behauptung. □

Mit Hilfe des „POISSON-*Kerns*“

$$\frac{1-r^2}{1-2r\cos(t-\varphi)+r^2} = \frac{1-|z|^2}{|\exp(it)-z|^2}$$

lässt sich nun die *Lösung des* DIRICHLET-*Problems auf dem Einheitskreis* angeben:

Satz 11

Zu einer stetigen Funktion* $h\colon \partial U_0^1 \longrightarrow \mathbb{R}$ *sei*

$$u(z) := \begin{cases} h(z) & \text{für } |z| = 1,\\[1ex] \displaystyle\frac{1}{2\pi}\int\limits_0^{2\pi}\frac{1-|z|^2}{|\exp(it)-z|^2}\,h(\exp(it))\,dt & \text{für } |z| < 1\,. \end{cases}$$

Dann ist $u\colon \overline{U_0^1} \longrightarrow \mathbb{R}$ *stetig und in* U_0^1 *harmonisch.*

Differentiation unterm Integral zeigt, dass u in U_0^1 harmonisch ist. Für einen *Beweis* der Stetigkeit (auf dem Rand) sei etwa auf [Fi/Li] verwiesen.

* Die Voraussetzungen an h können abgeschwächt werden.

Die POISSONsche Integralformel (genauer: Satz 11) wird nun mittels der MÖBIUS-Transformation

$$w = i\,\frac{1-z}{1+z}\,, \qquad \text{also} \qquad z = \frac{i-w}{i+w}\,,$$

vom Einheitskreis auf die *obere Halbebene* übertragen (vgl. (B1) aus Abschnitt 8.1).

Ist $h\colon \partial U_0^1 \longrightarrow \mathbb{R}$ eine stetige Funktion, so erhält man für $\zeta = \exp(it)$ — unter Beachtung von $\mathfrak{Re}\left(\frac{\zeta+z}{\zeta-z}\right) = \frac{1-|z|^2}{|\zeta-z|^2}$ — durch

$$\varphi(z) = \frac{1}{2\pi}\int_{-\pi}^{\pi} h(\zeta)\,\mathfrak{Re}\left(\frac{\zeta+z}{\zeta-z}\right) dt$$

eine im Einheitskreis harmonische Funktion φ. Mit $s := i\frac{1-\zeta}{1+\zeta}$ folgt $s = \tan(\frac{t}{2})$. Über $z = \frac{i-w}{i+w}$ ergibt sich ferner

$$\frac{\zeta+z}{\zeta-z} = i\,\frac{1+sw}{w-s}\,.$$

Setzen wir $w = u + iv$ (mit $u, v \in \mathbb{R}$), so gilt

$$\mathfrak{Re}\left(\frac{\zeta+z}{\zeta-z}\right) = \frac{v(1+s^2)}{(u-s)^2+v^2}\,.$$

Wir substituieren im obigen Integral $s = \tan(\frac{t}{2})$, also $t = 2\arctan s$. So folgt mit $H(s) := h(\exp(2i\arctan s))$ für die durch $\Phi(w) := \varphi\left(\frac{i-w}{i+w}\right)$ in der oberen Halbebene definierte Funktion Φ die Darstellung

$$\Phi(w) = \frac{1}{\pi}\int_{-\infty}^{\infty} H(s)\frac{v}{(u-s)^2+v^2}\,ds \qquad (v>0)\,.$$

Verpflanzungsprinzip

Wir lernen nun eine Methode kennen, wie man für ein Gebiet $\mathfrak{G} \subset \mathbb{R}^2$ mit Hilfe konformer Abbildungen das DIRICHLET-Problem

$$(*) \qquad \begin{cases} \Delta\Phi = 0 & \text{auf } \mathfrak{G} \quad \text{und} \\ \Phi = h & \text{auf } \partial\mathfrak{G} \end{cases}$$

lösen kann. Dazu nehmen wir an, dass folgende Schritte durchführbar seien:

- Wähle ein Gebiet $\mathfrak{H}$ mit ‚schönem' Rand $\partial\mathfrak{H}$ und bekanntem Lösungsverfahren für das zugehörige DIRICHLET-Problem.

- Bestimme eine bi-konforme Abbildung $f\colon \mathfrak{G} \longrightarrow \mathfrak{H}$ mit $f(\mathfrak{G}) = \mathfrak{H}$, $f(\partial\mathfrak{G}) = \partial\mathfrak{H}$ und $f(x+iy) = u(x,y) + iv(x,y)$ mit reellwertigen Funktionen u, v.
- $g(u,v) := h(f^{-1}(u+iv)) \qquad (u+iv \in \mathfrak{H})$

  Löse das DIRICHLET-Problem
$$\begin{aligned} \Delta\Psi &= 0 \text{ auf } \mathfrak{H} \quad \text{und} \\ \Psi &= g \text{ auf } \partial\mathfrak{H}\,. \end{aligned}$$
- $\Phi(x,y) := \Psi(u(x,y), v(x,y))$ liefert dann eine Lösung Φ von $(*)$.

Diese Art der Konstruktion nennt man „*Verpflanzungsprinzip*“.

Beweisidee: (a): Am einfachsten und übersichtlichsten ist der Beweis, wenn $\mathfrak{H}$ einfach-zusammenhängend ist: Zu der in $\mathfrak{H}$ harmonischen Funktion Ψ existiert nach Satz 9 eine holomorphe Funktion $F\colon \mathfrak{H} \longrightarrow \mathbb{C}$ mit $\Psi(w) = \mathfrak{Re}\, F(w)$ für $w \in \mathfrak{H}$. $F \circ f$ ist dann holomorph in $\mathfrak{G}$, und aus der Beziehung $\Phi(x,y) = \mathfrak{Re}\big(F(u(x,y) + iv(x,y))\big)$ folgt, dass Φ in $\mathfrak{G}$ harmonisch ist.
Der allgemeine Fall lässt sich mit der Kettenregel und den CR-DGLn nachweisen.
(b): Für $(x,y) \in \partial\mathfrak{G}$ gilt: $\Phi(x,y) = \Psi(f(x+iy)) = g(f(x+iy)) = h(x+iy)$ □

Wir sehen uns abschließend dazu ein kleines **Beispiel** an:

(B7) Es seien $0 < r < 1$, $V \in \mathbb{R}$ und
$$\mathfrak{H} := \{w \in \mathbb{C} : r < |w| < 1\} \quad \text{(konzentrischer Kreisring).}$$
Das DIRICHLET-Problem
$$\begin{cases} \Delta\Psi = 0 & \text{in } \mathfrak{H}, \\ \Psi(w) = 0 & \text{für } |w| = 1, \\ \Psi(w) = V & \text{für } |w| = r \end{cases}$$
wird gelöst durch
$$\Psi(w) := V \cdot \frac{\log|w|}{\log r} \quad \big(w \in \overline{\mathfrak{H}}\big)\,.$$

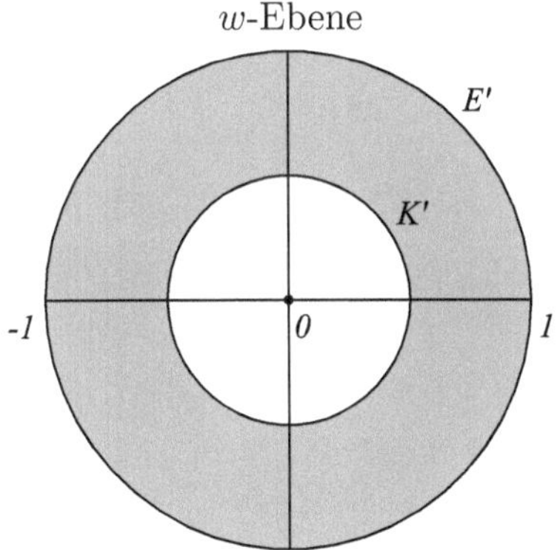

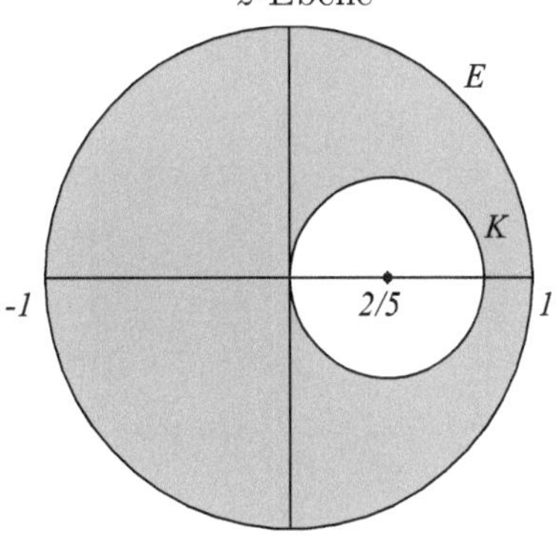

Es sei das elektrische Feld zwischen zwei parallelen nicht-konzentrischen Zylindern mit den Querschnitten

$$E := \{z \in \mathbb{C} : |z| \le 1\} \quad \text{und} \quad K := \{z \in \mathbb{C} : |z - 2/5| \le 2/5\}$$

betrachtet.

Auf dem Rand von E sei als Potential 0, auf dem Rand von K der Wert V vorgeschrieben. Nach (B4) des Abschnitts 8.1 erhält man hier — mit $z_0 := 1/2$ — eine *Verpflanzung* des nicht-konzentrischen Ringgebietes $\mathfrak{G} := \{z \in \mathbb{C} : |z| < 1 \wedge |z - 2/5| > 2/5\}$ nach $\mathfrak{H}$ durch die Möbius-Transformation

$$w := f(z) := \frac{z - z_0}{\overline{z_0}\, z - 1}\,.$$

Dabei gehen der Rand von E in den äußeren Rand E' von $\mathfrak{H}$ $\big(|w| = 1\big)$ und der Rand von K in den inneren Rand K' von $\mathfrak{H}$ $\big(|w| = 1/2 =: r\big)$ über.

Für $\mathfrak{G} \ni z = x + iy = (x, y) \in \mathbb{R}^2$ gilt

$$\Phi(x, y) = \Psi(f(z)) = V \cdot \frac{\log|f(z)|}{\log r} = \frac{V}{2\,\log r}\,\log|f(z)|^2 \quad \text{mit}$$

$$|f(z)|^2 = \frac{|z|^2 - 2x\,z_0 + z_0^2}{z_0^2\,|z|^2 - 2x\,z_0 + 1} = \frac{(x - z_0)^2 + y^2}{(z_0\,x - 1)^2 + z_0^2\,y^2}\,.$$

MWS zu Kapitel 8

Konforme Abbildungen und ihre Anwendungen

Wichtige MAPLE-Befehle dieses Kapitels:

option remember
VectorCalculus-Paket: Laplacian, ScalarPotential
int(..., continuous)
conformal, contourplot, contours

8.1 Möbius-Transformationen

Die 6-Punkte-Formel:

$$\frac{(w-w_1)(w_2-w_3)}{(w-w_3)(w_2-w_1)} = \frac{(z-z_1)(z_2-z_3)}{(z-z_3)(z_2-z_1)}$$

Beispiel 1

Das Innere des Einheitskreises soll auf die obere Halbebene abgebildet werden. Dazu wählen wir auf dem (positiv durchlaufenen) Rand des Einheitskreises die Punkte $z_1 = 1$, $z_2 = i$, $z_3 = -1$ und auf der (positiv durchlaufenen) reellen Achse die Bildpunkte $w_1 = 0$, $w_2 = 1$, $w_3 = \infty$.

```
> restart: with(plots): with(plottools): read "../verdi.txt":
  z1 := 1; z2 := I; z3 := -1;
  w1 := 0; w2 := 1; w3 := infinity;
```

$$z1 := 1, \quad z2 := i, \quad z3 := -1, \quad w1 := 0, \quad w2 := 1, \quad w3 := \infty$$

Mit der 6-Punkte-Formel erhält man:

```
> moebius := (w-w1)/(w2-w1) = (z-z1)*(z2-z3)/(z-z3)/(z2-z1);
```

$$moebius := w = -\frac{i(z-1)}{z+1}$$

```
> f := unapply(rhs(%),z);
  F := transform((x,y) -> c2p(f(x+I*y))):
```

$$f := z \longrightarrow -\frac{i\,(z-1)}{z+1}$$

Wir veranschaulichen das Abbildungsverhalten dieser Möbius-Transformation durch folgende *Animation.* Mit Hilfe des Maple-Befehls `option remember` merken wir uns dabei alte Zwischenergebnisse in einer ‚Erinnerungstabelle', um so Rechenzeit zu sparen:

```
> n := 6: # Anzahl der Kreisringe
  xL := -6: xR := 6: yL := 0: yR := 12:
  Farben := [black,gray,red,black,gray,red]:
  Disk := k -> disk([0,0],k/n,color=Farben[k],style=patchnogrid,
                    numpoints=k*150):
  zPunkte := display(seq(disk(c2p(z),0.03,color=black),z=[z1,z2,z3])):
  wPunkte := display(seq(disk(c2p(f(z)),0.15,color=black),z=[z1,z2])):

  zBilder := proc(k)
    option remember:
    if k=0 then display(zPunkte)
      else display(zBilder(k-1),Disk(k))
    end if
  end proc:

  wBilder := proc(k)
    option remember:
    if k=0 then display(wPunkte)
      elif k<n then display(wBilder(k-1),F(Disk(k)))
      else display(wBilder(n-1),rectangle([xL,yL],[xR,yR],
                    color=Farben[n],style=patchnogrid))
    end if
  end proc:

  Option1 := tickmarks=[[-1,0,1],[-1,0,1]],axes=frame,
                scaling=constrained:
  Option2 := tickmarks=[[xL,(xL+xR)/2,xR],[yL,(yL+yR)/2,yR]],
                axes=frame,scaling=constrained:
  # Die beiden unsichtbaren (weißen) Rechtecke sichern in der
  # Animation eine konstante Größe der Einzelbilder:
  r := rectangle([-1,-1],[1,1],style=patchnogrid,color=white):
  R := rectangle([xL,yL],[xR,yR],style=patchnogrid,color=white):

  Animation := seq(display(Array([display(zBilder(k),r,Option1),
                  display(wBilder(k),R,Option2)])),k=1..n):
  display(Animation,scaling=constrained,insequence=true);
```

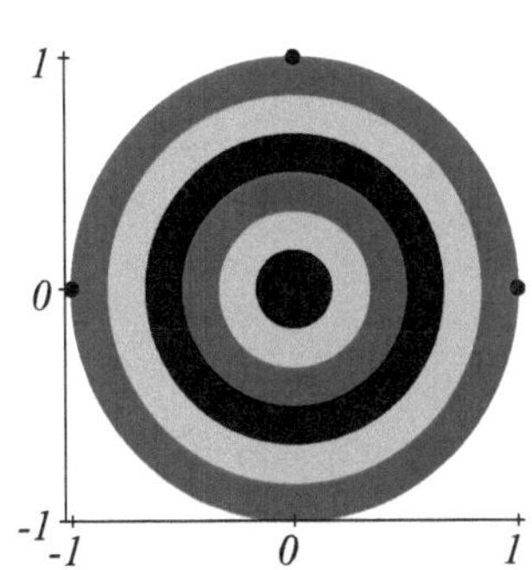

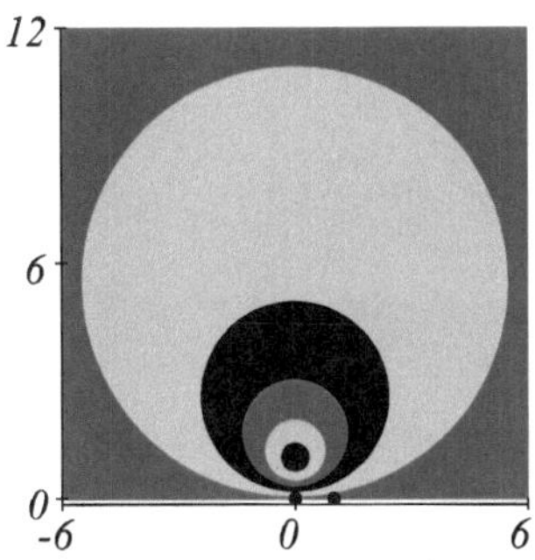

Beispiel 2

Es bezeichne g die Gerade durch die Punkte $-2i$ und 2. Das Äußere des Einheitskreises soll auf die Halbebene oberhalb von g abgebildet werden. Dazu wählen wir als Randpunkte des (negativ durchlaufenen) Einheitskreises $z_1 = -1$, $z_2 = i$, $z_3 = 1$. Als Bildpunkte wählen wir auf der (positiv durchlaufenen) Geraden g die Punkte $w_1 = -2i$, $w_2 = 2$, $w_3 = \infty$.

```
> restart: with(plots): with(plottools): read "../verdi.txt":
  z1 := -1; z2 := I; z3 := 1;
  w1 := -2*I; w2 := 2; w3 := infinity;
```

$$z1 := -1\,,\quad z2 := i\,,\quad z3 := 1\,,\quad w1 := -2i\,,\quad w2 := 2\,,\quad w3 := \infty$$

Die 6-Punkte-Formel ergibt:

```
> moebius := (w-w1)/(w2-w1) = (z-z1)*(z2-z3)/(z-z3)/(z2-z1);
```

$$moebius := \left(\frac{1}{4} - \frac{1}{4}i\right)(w + 2i) = \frac{i(z+1)}{z-1}$$

```
> solve(moebius,w): radnormal(%):
  f := unapply(%,z);
  F := transform((x,y) -> c2p(f(x+I*y))):
```

$$f := z \longrightarrow -\frac{2\,(1 - 2i + z)}{z-1}$$

Wir veranschaulichen das Abbildungsverhalten auch dieser Möbius-Transformation durch eine *Animation*. Auf eine Wiedergabe des vollständigen Maple-Codes verzichten wir dabei und verweisen auf die Netz-Version der Worksheets. Stattdessen zeigen wir auf der folgenden Seite beispielhaft die *gesamte Bildfolge:*

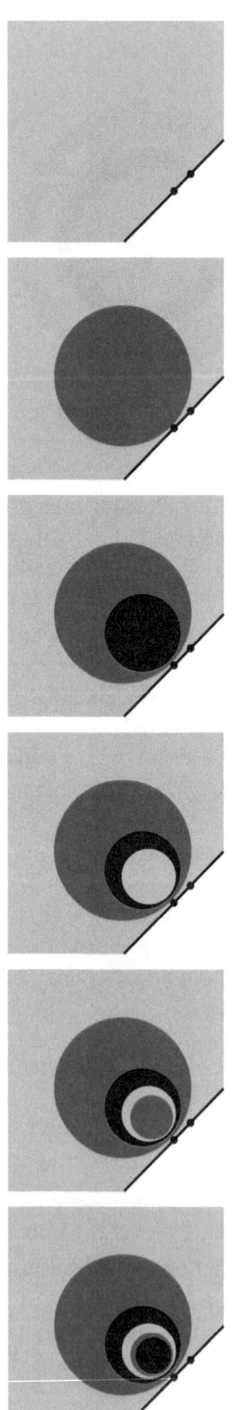

Symmetrietreue der Möbius-Transformation

Beispiel 1: *Abbildung eines nicht-konzentrischen Kreisrings auf einen konzentrischen Kreisring*

Das nicht-konzentrische Ringgebiet zwischen dem Einheitskreis E (Mittelpunkt 0, Radius 1) und dem Kreis K (Mittelpunkt $a \neq 0$, Radius r) mit $|a| + r < 1$ soll auf ein konzentrisches Ringgebiet abgebildet werden.

```
> restart: with(plots): with(plottools): read "../verdi.txt":
  a := 1/20+2/5*(1-I)/sqrt(2): r := 2/5: d := abs(a)^2-1-r^2:
  z_0 := a*(d+2-sqrt((d+2*r)*(d-2*r)))/2/abs(a)^2:
  Text  := [0.75,0.8,"E"],[Re(a)+1.1*r,Im(a)+0.2,"K"],
           [Re(z_0)+0.1,Im(z_0),z[0]],[Re(a)+0.05,Im(a)+0.05," a"]:
  tplot := textplot([Text]):
  dots  := seq(disk(c2p(z),0.01,color=black),z=[a,z_0]):
  Kreise:= disk(c2p(a),r,color=white),disk([0,0],1,color=gray):
  display(dots,Kreise,tplot,tickmarks=[[-1,1],0],scaling=constrained);
```

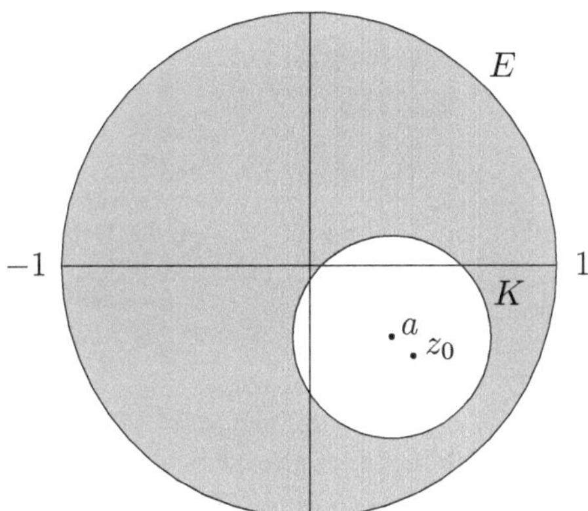

Wir suchen eine Möbius-Transformation, die den Einheitskreis E in den Einheitskreis E' überführt. Bekanntlich hat diese die Gestalt $w = \frac{z-z_0}{\overline{z_0}\,z-1}$ mit einem z_0 mit $|z_0| < 1$. z_0 ist hier so zu bestimmen, dass der Kreis K auf einen konzentrischen Kreis K' mit Radius r' abgebildet wird. Die Punkte 0 und ∞ sind symmetrisch bezüglich K'. Mithin sind z_0 und $\frac{1}{\overline{z_0}}$ symmetrisch bezüglich K. Es gilt also $(z_0 - a)\left(\frac{1}{z_0} - \overline{a}\right) = r^2$.

```
> restart:
  gl := (z_0-a)*(1/z_0-conjugate(a)) = r^2;
```

$$gl := (z_0 - a)\left(\frac{1}{z_0} - \overline{a}\right) = r^2$$

```
> collect(z_0*gl,z_0);
  sol := factor([solve(%,z_0)]);
```

$$-\overline{a}\, z_0^2 + (a\,\overline{a} + 1)\, z_0 - a = z_0\, r^2,$$

$$sol := \left[\frac{1}{2}\,\frac{-r^2 + a\,\overline{a} + 1 + \sqrt{(a\,\overline{a} - 1 - 2\,r - r^2)\,(a\,\overline{a} - 1 + 2\,r - r^2)}}{\overline{a}},\right.$$
$$\left.\frac{1}{2}\,\frac{-r^2 + a\,\overline{a} + 1 - \sqrt{(a\,\overline{a} - 1 - 2\,r - r^2)\,(a\,\overline{a} - 1 + 2\,r - r^2)}}{\overline{a}}\right]$$

Das Produkt dieser beiden Lösungen ist eine komplexe Zahl vom Betrage 1. Mithin gilt für die gesuchte Lösung z_0:

```
> z_0 := sol[2]:
```

Der Kreis $|z - a|^2 = r^2$ wird durch die Möbius-Transformation $w = \frac{z - z_0}{\overline{z_0}\, z - 1}$ in den Kreis mit dem Mittelpunkt 0 und dem Radius $r' = \frac{|z_0 - a|}{r\,|z_0|}$ abgebildet.

```
> ‘r’‘ := abs(z_0-a)/r/abs(z_0):
  # ‘r’‘ ist der NAME der Variablen r’
```

Für $a = 2/5$ und $r = 2/5$ ergibt sich:

```
> a := 2/5: r := 2/5: ’z_0’ = simplify(z_0); ’‘r’‘’ = simplify(‘r’‘);
```

$$z_0 = \frac{1}{2}, \quad r' = \frac{1}{2}$$

```
> with(plots): with(plottools): read "../verdi.txt":
  Texte:= [0.75,0.85,"E"],[Re(a)+r,Im(a)+0.3,"K"],
          [Re(z_0),Im(z_0)+0.1,z[0]]:
  tplot:= textplot([Texte]):
  dot  := disk(c2p(z_0),0.02,color=black):
  Kreissch := disk(c2p(a),r,color=white),disk([0,0],1,color=gray):
  p := display(dot,Kreissch,tplot,tickmarks=[[-1,1],0]):
  tplot:= textplot({[0.75,0.9,"E’ "],[‘r’‘,0.4,"K’"]}):
  dot  := disk([0,0],0.02,color=black):
  Kreissch := disk([0,0],‘r’‘,color=white),disk([0,0],1,color=gray):
  q := display(dot,Kreissch,tplot,tickmarks=[[-1="-1",
         evalf(‘r’‘)="r’",1="1"],0]):
  display(Array([p,q]),scaling=constrained);
```

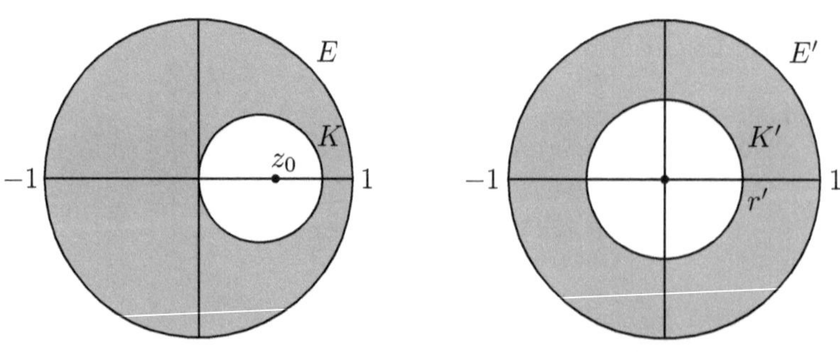

Beispiel 2: *Abbildung des Außenbereichs zweier kongruenter, disjunkter Kreise auf einen konzentrischen Kreisring*

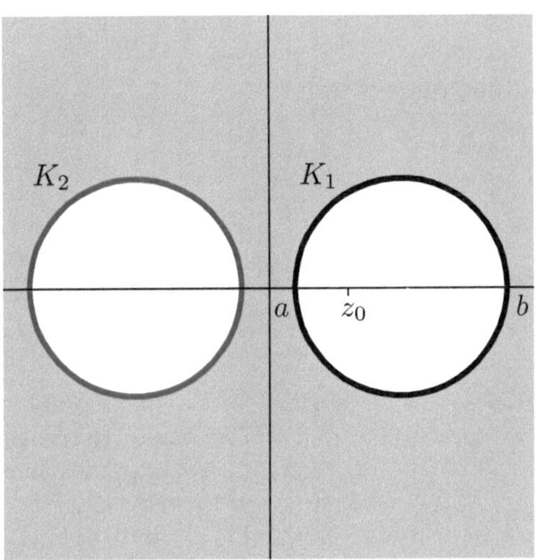

Laut R. SAUER *Ingenieur-Mathematik* (Bd. 2, 3. Aufl., S. 119) wird diese Möbius-Transformation in der Elektrotechnik dazu verwendet, das elektrostatische Feld im Äußeren von zwei parallelen Leitern in das Feld eines Zylinderkondensators abzubilden. Wir suchen eine Möbius-Transformation, welche die Kreise K_1 und K_2 auf zwei konzentrische Kreise K_1' und K_2' abbildet. Die Punkte 0 und ∞ sind hierzu symmetrisch. Folglich sind die Urbilder z_0 und u_0 symmetrisch zu K_1 und K_2, d. h. es gilt $(z_0 - c)(\overline{u_0} - c) = r^2$ bzw. $(z_0 + c)(\overline{u_0} + c) = r^2$. Hieraus ergibt sich $u_0 = -\overline{z_0}$. Die beiden Gleichungen oben vereinfachen sich damit zu $(\frac{a+b}{2} - z_0)(\frac{a+b}{2} + z_0) = (\frac{b-a}{2})^2$ und so zu $z_0^2 = a\,b$. Liegt z_0 im Inneren von K_1, so gilt $z_0 = \sqrt{a\,b}$. Mit der 6-Punkte-Formel erhalten wir dann für a, z_0, $-z_0$ und $1, 0, \infty$ die gesuchte Möbius-Transformation.

```
> restart: with(plots): with(plottools):
  z1 := z_0: z2 := a: z3 := -z_0:        # z_0 = sqrt(a*b)
  w1 := 0: w2 := 1: w3 := infinity:
  (w-w1)/(w2-w1) = (z-z1)*(z2-z3)/(z-z3)/(z2-z1);
```

$$w = \frac{(z - z_0)(a + z_0)}{(z + z_0)(a - z_0)}$$

```
> f := unapply(rhs(%),z):
  normal(f(-a));
```

$$\frac{(a + z_0)^2}{(-a + z_0)^2}$$

Mithin ist das Bild von K_2 ein Kreis um 0 mit dem Radius

```
> z_0 := sqrt(a*b): R := ((sqrt(b)+sqrt(a))/(sqrt(b)-sqrt(a)))^2;
```

$$R := \frac{\left(\sqrt{b}+\sqrt{a}\right)^2}{\left(\sqrt{b}-\sqrt{a}\right)^2}$$

In der Abbildung oben waren

```
> a := 1: b := 9:
```

Mithin sind

```
> 'z_0' = simplify(z_0), 'R' = simplify(R);
```

$$z_0 = 3, \quad R = 4$$

```
> c := (a+b)/2: r := (b-a)/2:            # Urbild
  Kreise   := circle([c,0],r,color=black,thickness=3),
              circle([-c,0],r,color=red,thickness=3):
  Disks    := seq(disk([x,0],r,color=white),x=[c,-c]):
  Rechteck := rectangle(-(a+b)*[1,1],(a+b)*[1,1],color=gray,
                style=patchnogrid):
  tplot    := textplot([[a,r,K[1]],[-b,r,K[2]]]):
  p := display(Kreise,Disks,Rechteck,tplot,
               tickmarks=[[z_0=z[0],a="a ",b=" b"],[]]):
  display(p,scaling=constrained,view=[-10..10,-6..6]); # siehe S. 263
> R := evalf(R):                         # Bild
  Disks  := disk([0,0],1,color=white),disk([0,0],R,color=gray):
  Kreise := circle([0,0],1,color=black,thickness=3),
            circle([0,0],R,color=red,thickness=3):
  tplot  := textplot([[1,1,typeset(K[1],"'")],
                      [0.78*R,0.78*R,typeset(K[2],"'")]]):
  q := display(tplot,Kreise,Disks,
               tickmarks=[[-R="-R ",-1="-1 ",1=" 1",R=" R"],0]):
  display(Array([p,q]),scaling=constrained);
```

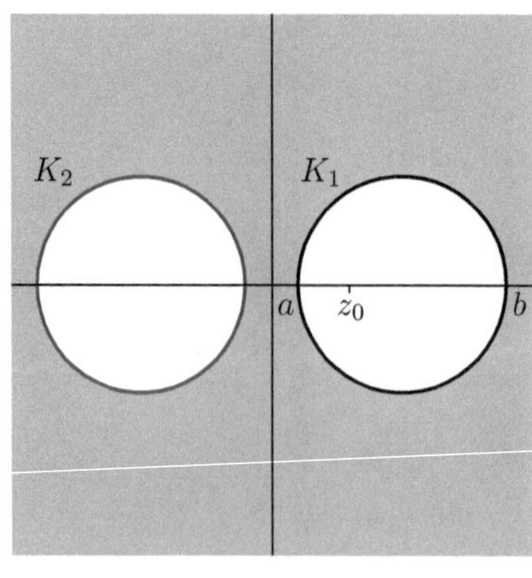

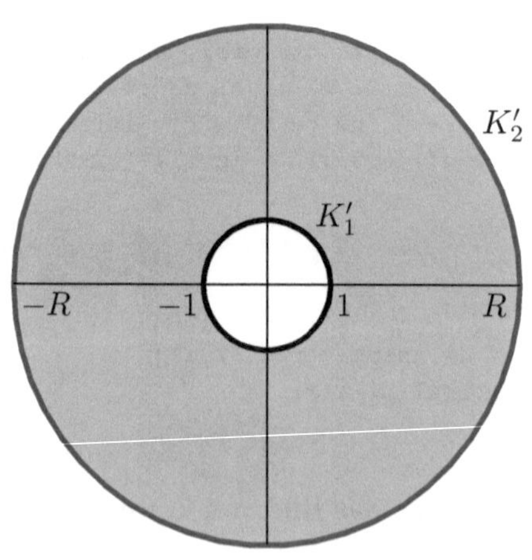

8.2 Joukowski-Transformation

Am Ende von Abschnitt 8.2 des Textes wurde das JOUKOWSKI-Profil vorgestellt. Dieses entsteht mittels der JOUKOWSKI-Transformation aus einem Urbildkreis, der durch einen der Punkte $+1$ oder -1 verläuft und den anderen in seinem Inneren enthält. Der unten betrachtete (schwarze) Kreis mit dem Mittelpunkt $a = 0.2+0.5i$ und Radius $R = 1.3$ verläuft durch -1. Ferner interessiert uns der (graue) Kreis mit Mittelpunkt b auf der imaginären Achse, der durch 1 verläuft und den schwarzen Kreis in -1 berührt.

```
> restart: with(plots): with(plottools): read "../verdi.txt":
  J := z -> z+1/z; # Joukowski-Transformation
```

$$J := z \longrightarrow z + \frac{1}{z}$$

```
a := 0.2+0.5*I: R := 1.3:
b := -1+(1+a)/(1+Re(a)): r := abs(b+1):
Kreise := circle(c2p(a),R,numpoints=400,color=black),
          circle(c2p(b),r,color=gray):
Linien := complexplot([a,-1],linestyle=3,color=black),
  complexplot([-1+1.5*I*(a+1),-1-I*(a+1)],linestyle=3,color=black):
Punkte := seq(disk(c2p(z),0.025,color=black),z=[a,b]):
Texte  := textplot([[0.32,0.5,"a"],[Re(b)+0.1,Im(b)-0.1,"b"]]):
p0 := display(Kreise,thickness=2):
display(p0,Linien,Punkte,Texte,scaling=constrained,tickmarks=[3,3]);
```

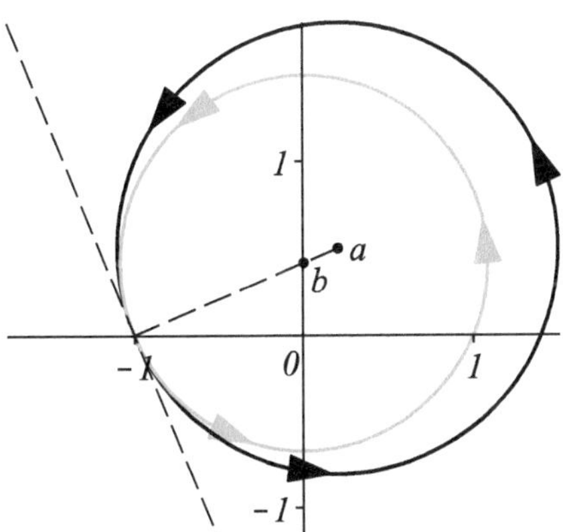

Die JOUKOWSKI-Transformation bildet den schwarzen Kreis auf ein JOUKOWSKI-Profil ab, und der graue Kreis geht über in einen Kreisbogen, der doppelt durchlaufen wird. Um dies einzu‚sehen', machen wir davon Gebrauch, dass die JOUKOWSKI-Transformation als Hintereinanderausführung von drei einfachen konformen Abbildungen beschrieben werden kann:

```
> M[1] := z -> (z+1)/(z-1);          # 1. Möbiustransformation
  Q := u -> u^2;                     # Quadrieren
  M[2] := v -> 2*(v+1)/(v-1);        # 2. Möbiustransformation
```

$$M_1 := z \longrightarrow \frac{z+1}{z-1}, \quad Q := u \longrightarrow u^2, \quad M_2 := v \longrightarrow \frac{2\,(v+1)}{v-1}$$

```
> 'M[2](Q(M[1](z)))': eval(%,1) = expand(normal(%));
```

$$M_2(\mathrm{Q}(M_1(z))) = z + \frac{1}{z}$$

Mittels transform definieren wir die entsprechenden Graphiktransformationen und bilden damit schrittweise die Bilder der beiden Urbildkreise:

```
> TM1 := transform((x,y)->c2p(M[1](x+I*y))):
  TQ  := transform((x,y)->c2p(Q(x+I*y))):
  TM2 := transform((x,y)->c2p(M[2](x+I*y))):
  p1 := TM1(p0): p2 := TQ(p1): p3 := TM2(p2):
  setoptions(axes=frame,scaling=constrained):
  display(p0,Linien[2],tickmarks=[3,3],title="Urbildkreise ...");
  display(p1,tickmarks=[3,3],view=[-2..7,-3..5],title="Bild ...");
  display(p2,tickmarks=[3,3],view=[-20..42,-20..42],title="Bild ...");
  display(p3,tickmarks=[3,3],title="Bild unter M[2]@Q@M[1]");
```

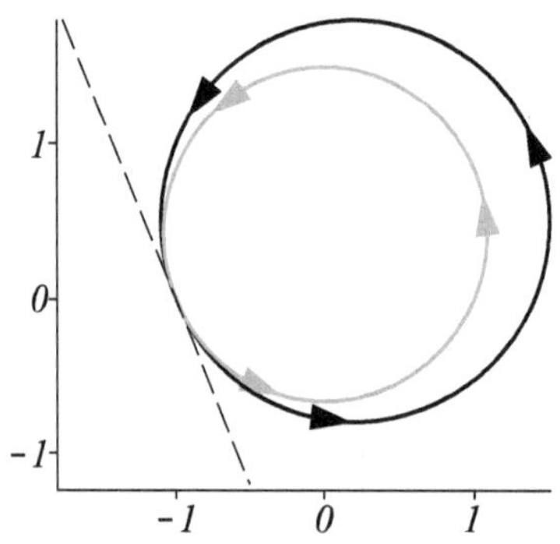

Urbildkreise in der z-Ebene

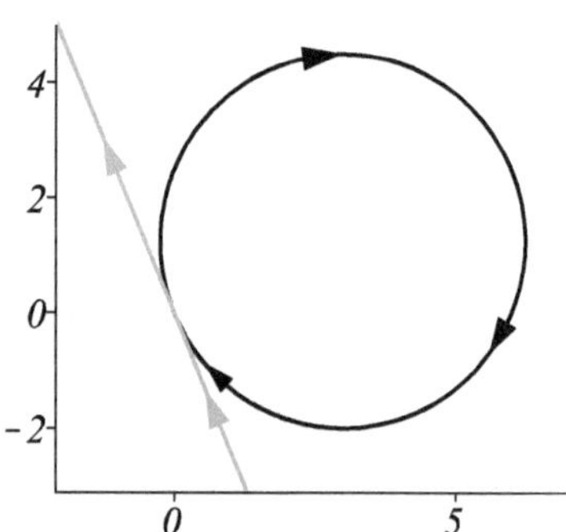

Bild unter der Abbildung M_1

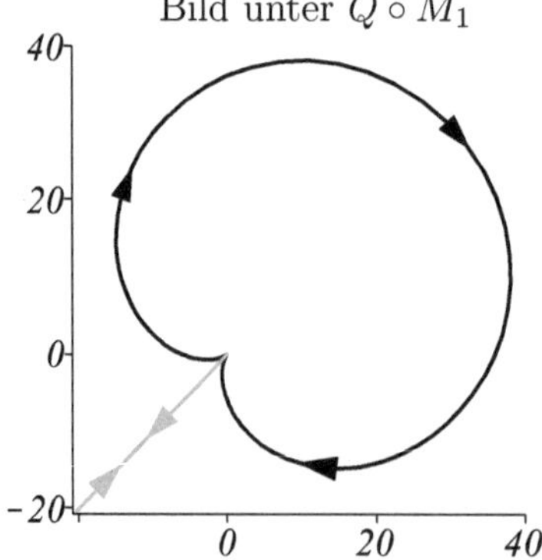

Bild unter $Q \circ M_1$

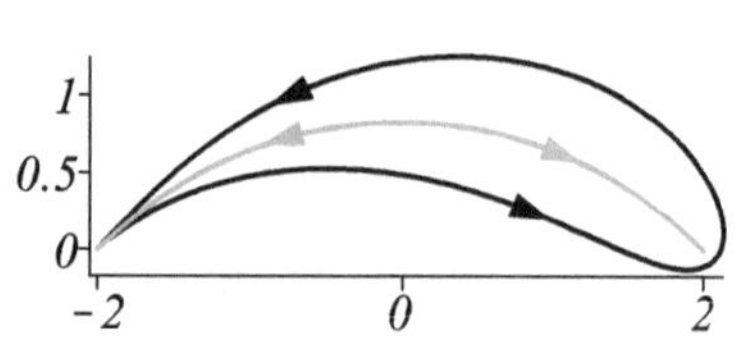

Bild unter $M_2 \circ Q \circ M_1$

Die Möbiustransformation M_1 bildet den schwarzen Kreis in einen Kreis ab, und aus dem grauen Kreis entsteht eine Gerade. Beide verlaufen durch den Ursprung und berühren sich dort. Mittels der Abbildung Q (Quadrieren) entsteht aus dem Kreis eine Kardioide und aus der Geraden ein (doppelt durchlaufener) Halbstrahl. Durch die Möbiustransformation M_2 schließlich gehen die Kardioide über in ein JOUKOWSKI-Profil und der Halbstrahl in einen (doppelt durchlaufenen) Kreisbogen.

8.3 Harmonische Funktionen und das Dirichlet-Problem

Harmonische Funktionen

Beispiel 1

```
> restart: with(VectorCalculus): f := log;
```

$$f := \log$$

Real- und Imaginärteil dieser holomorphen Funktion liefern harmonische Funktionen, die später zur Lösung einfacher Dirichlet-Probleme benutzt werden können:

```
> u := (x,y) -> evalc(Re(f(x+I*y))):
  v := (x,y) -> evalc(Im(f(x+I*y))):
  'u'(x,y): eval(%,1) = value(%);
  'v'(x,y): eval(%,1) = value(%);
```

$$u(x, y) = \frac{1}{2}\ln(x^2+y^2), \quad v(x, y) = \arctan(y, x)$$

Hierbei ist $\arctan(y, x) = \text{argument}(x + i\,y)$.

```
> Delta(u) = simplify(Laplacian(u(x,y),[x,y]));
  Delta(v) = simplify(Laplacian(v(x,y),[x,y]));
```

$$\Delta(u) = 0, \quad \Delta(v) = 0$$

Beispiel 2

```
> restart: with(VectorCalculus):
```

Zu einer vorgegebenen harmonischen Funktion u bestimmen wir eine konjugiert harmonische Funktion v sowie eine holomorphe Funktion f mit $f(x+i\,y) = u(x, y) + i\,v(x, y)$:

```
> u := unapply(x^5-10*x^3*y^2+5*x*y^4,x,y);
```

$$u := (x, y) \to x^5 - 10\,x^3\,y^2 + 5\,x\,y^4$$

Wir überprüfen, dass u harmonisch ist:

```
> Delta(u) = Laplacian(u(x,y),[x,y]);
```

$$\Delta(u) = 0$$

Die gesuchte konjugiert harmonische Funktion v ist — man vergleiche hierzu Satz 8.9 — Stammfunktion zu folgendem Vektorfeld:

```
> V := VectorField(<-D[2](u)(x,y), D[1](u)(x,y)>,'cartesian'[x,y]);
```

$$V := (20\,x^3\,y - 20\,x\,y^3)\,\bar{e}_x + (5\,x^4 - 30\,x^2\,y^2 + 5\,y^4)\,\bar{e}_y$$

Mit Hilfe des Maple-Befehls ScalarPotential lässt v sich einfacher berechnen, als dies in Beispiel (B2) auf Seite 249 geschehen ist:

```
> ScalarPotential(V): if % <> NULL then v := unapply(%,x,y) end if;
```

$$v := (x, y) \to 5\,x^4\,y - 10\,x^2\,y^3 + y^5$$

Die holomorphe Funktion f erhalten wir nun durch folgende Substitution:

```
> subs({x=(z+conjugate(z))/2,y=(z-conjugate(z))/(2*I)},u(x,y)+I*v(x,y)):
  f := unapply(simplify(%),z);
```

$$f := z \to z^5$$

Komplexe Potentiale

Das komplexe Potential zweier entgegengesetzter Punktladungen

```
> restart: with(plots): alias(log=ln):
  F := z -> log((1+z)/(1-z)); # komplexes Potential
```

$$F := z \to \log\left(\frac{1+z}{1-z}\right)$$

```
> phi := simplify(evalc(Re(F(x+I*y)))); # reelles Potential
  psi := simplify(evalc(Im(F(x+I*y)))); # Stromfunktion
```

$$\phi := \frac{1}{2}\log\left(\frac{1+2\,x+x^2+y^2}{1-2\,x+x^2+y^2}\right)$$

$$\psi := \arctan\left(\frac{2\,y}{1-2\,x+x^2+y^2}, -\frac{-1+x^2+y^2}{1-2\,x+x^2+y^2}\right)$$

Die Äquipotential- bzw. Strömungslinien kann man auf zwei verschiedene Arten zeichnen: Mit Hilfe des Maple-Befehls contourplot erhält man sie als

Höhenlinien des reellen Potentials bzw. der Stromfunktion. Mittels der Option contours kann man die Anzahl der Höhenlinien festlegen oder sogar ganz bestimmte Niveaus vorgeben.

```
> H1 := [seq(k*3/5,k=-5..5)]:  # Höhenlinien des reellen Potentials
  H2 := [seq(k*Pi/5,k=-5..5)]: # Höhenlinien der Stromfunktion
  p1 := contourplot(phi,x=-4..4,y=-4..4,contours=H1,grid=[70,70],
                        color=black,scaling=constrained):
  p2 := contourplot(psi,x=-4..4,y=-4..4,contours=H2,grid=[70,70],
                        color=gray,scaling=constrained):
  display(p1,p2,view=[-3.5..3.5,-3.2..3.2],axes=box;
```

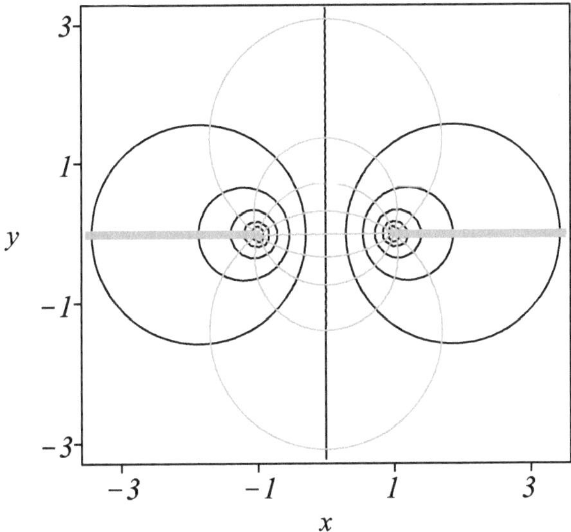

Das (fast) gleiche Resultat erhält mit Hilfe des conformal -Befehls, angewendet auf die Umkehrfunktion. Ist diese mehrdeutig, muss man darauf achten, den richtigen Zweig zu verwenden.

```
> w = F(z); z := solve(%,z);
```

$$w = \log\left(\frac{1+z}{1-z}\right), \quad z := \frac{e^w - 1}{e^w + 1}$$

Das *orthogonale Netz* entsteht durch die komplexe Abbildung $w \longmapsto \frac{e^w-1}{e^w+1}$ aus einem Raster von je 11 (schwarzen) vertikalen bzw. (grauen) horizontalen Gitterlinien, die das Rechteck $[-3,3] \times [-\pi, \pi]$ überziehen. Die Wahl der Höhenlinien oben orientierte sich daran.

```
> conformal(z,w=-3-Pi*I..3+Pi*I,view=[-3.5..3.5,-3.2..3.2],
    numxy=[100,100],axes=box,color=[black,gray],scaling=constrained);
```

Die Abbildung ist hier nicht wiedergegeben, da sie fast identisch zur vorangehenden ist.

Das komplexe Potential einer Parallel- mit einer Dipolströmung

```
> restart: with(plots): with(plottools): read "../verdi.txt":
  setoptions(tickmarks=[3,3],scaling=constrained,axes=frame):
  F := z -> z+1/z;                # Joukowski-Abbildung
```

$$F := z \longrightarrow z + \frac{1}{z}$$

```
> phi := evalc(Re(F(x+I*y))); # reelles Potential
  psi := evalc(Im(F(x+I*y))); # Stromfunktion
```

$$\phi := x + \frac{x}{x^2+y^2}, \quad \psi := y - \frac{y}{x^2+y^2}$$

Wir zeichnen nur die Strömungslinien, welche physikalisch sinnvoll sind, unterdrücken also diejenigen, die im Inneren des Einheitskreises liegen:

```
> p1 := contourplot(psi,x=-3..3,y=0..2.5,contours=[k/5 $ k=1..10],
         color=black,grid=[70,70]):
  p2 := contourplot(psi,x=-3..3,y=-2.5..0,contours=[-k/5 $ k=1..10],
         color=gray,grid=[70,70]):
  p3 := seq(plot(0,Ber,color=black),Ber=[-3..-1,1..3]),
        circle(c2p(0),1,color=black,linestyle=2):
  StromL := display(p3,p2,p1):
  display(StromL,view=[-3..3,-2.5..2.5]);
```

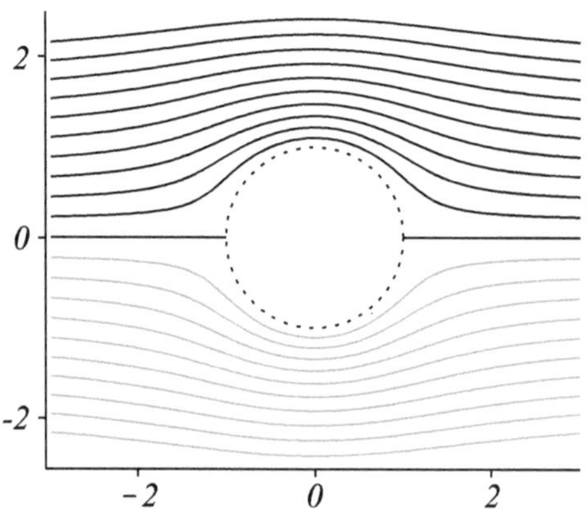


```
> a := 0.2+0.5*I: r := 1.3:
  f := z -> F(a+r*z);
  Tf := transform((x,y)->c2p(f(x+I*y))):
```

$$f := z \longrightarrow F(a + r\,z)$$

Mittels Verpflanzung erhält man dann die Strömungslinien des komplexen Potentials $G := F \circ f^{-1}$ (vgl. Seite 251):

```
> display(Tf(StromL),tickmarks=[4,4]);
```

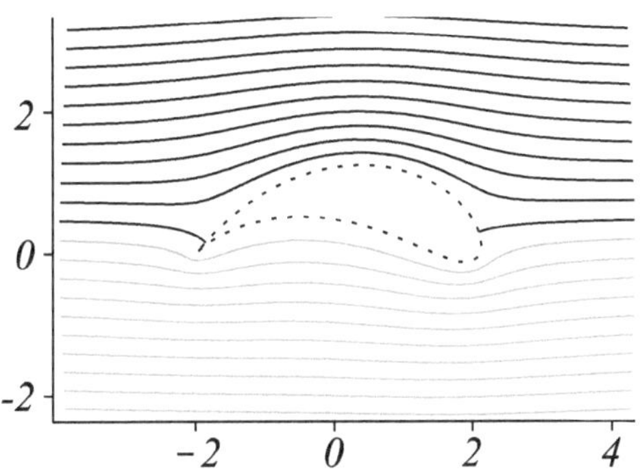

Einfache Dirichlet-Probleme

Im Parallelstreifen

Gesucht ist eine harmonische Funktion u mit $u(a,y)=A$ und $u(b,y)=B$.

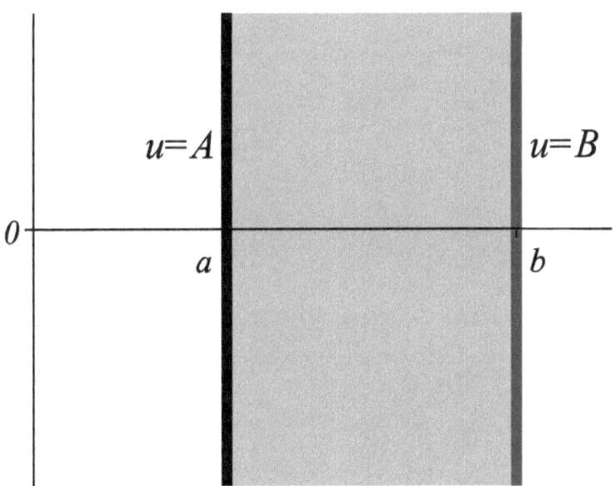


```
> restart: with(VectorCalculus):
  u := unapply(A+(B-A)*(x-a)/(b-a),x,y);
```

$$u := (x,\, y) \longrightarrow A + \frac{(B-A)\,(x-a)}{b-a}$$

```
> printf("\n Die - hier triviale - Probe:"):
  Delta(u) = Laplacian(u(x,y),[x,y]);
  'u'(a,y): eval(%,1) = value(%);   'u'(b,y): eval(%,1) = value(%);
```

Die - hier triviale - Probe: $\Delta(u) = 0, \quad u(a,\, y) = A, \quad u(b,\, y) = B$

Im Winkelbereich

Gesucht ist eine harmonische Funktion u, die folgendes Randwertproblem löst:

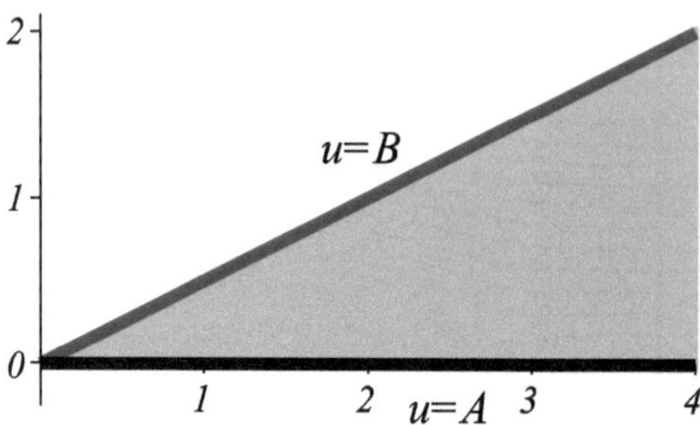


```
> restart: with(VectorCalculus):
  u := unapply(A+(B-A)*arctan(y,x)/alpha,x,y);
```

$$u := (x,\, y) \longrightarrow A + \frac{(B-A)\arctan(y,\, x)}{\alpha}$$

Für den Winkel dieses Bereiches muss dabei $0 < \alpha \leq \pi$ gelten; hier wählen wir speziell $\alpha := \arctan(1,\, 2)$:

```
> alpha := arctan(1,2): Laplacian(u(x,y),[x,y]): DGL:=simplify(%):
  printf("\n Probe: ");
  if is(DGL=0) then printf("u ist harmonisch.") end if;
  printf("\n Randbedingungen:");
  assume(x>0): 'u'(x,0): eval(%,1) = simplify(value(%));
  'u'(x,x/2): eval(%,1) = value(%);
```

Probe: u ist harmonisch. Randbedingungen: $u(x,\, 0) = A,\; u(x,\, \frac{1}{2}x) = B$

3-dimensional veranschaulicht

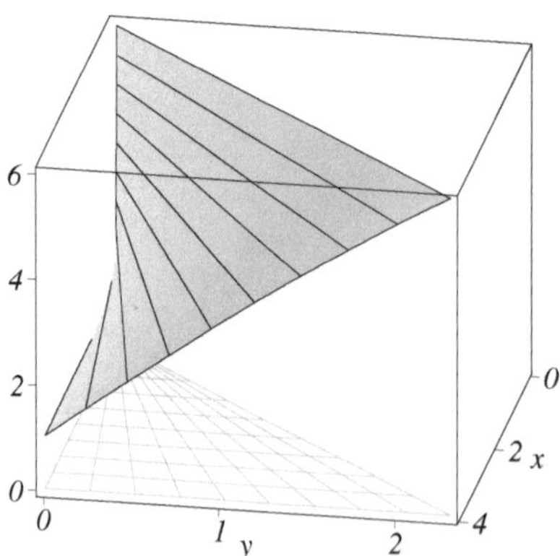

Im Kreisring

Der Radius des inneren Kreises sei 1, der des äußeren R. Die vorgegebenen Werte auf den Kreisrändern seien A (innen) und B (außen).

```
> restart:  u := (x,y) -> A+(B-A)*log(sqrt(x^2+y^2))/log(R);
```

$$u := (x, y) \longrightarrow A + \frac{(B - A)\log\left(\sqrt{x^2 + y^2}\right)}{\log(R)}$$

Wir wissen schon, dass die Funktion u harmonisch ist. Zu den Randbedingungen:

```
> u(cos(t),sin(t)): simplify(%);
  assume(R>0): u(R*cos(t),R*sin(t)): simplify(%);
```

$$A, \quad B$$

3-dimensional sieht's so aus

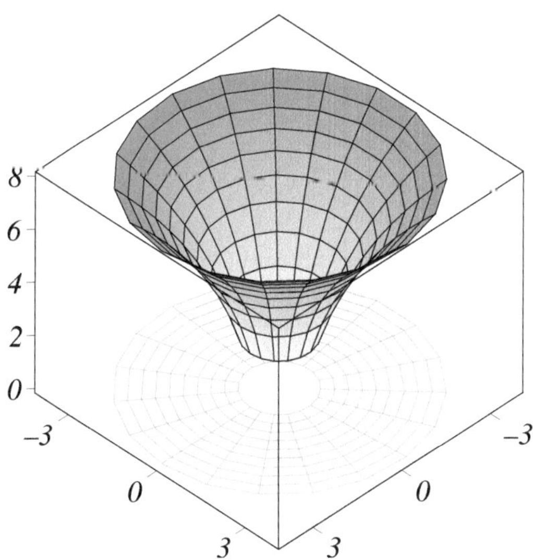

In der oberen Halbebene

Für eine reelle Zahl a soll rechts von a der Wert A, links davon der Wert B angenommen werden:

```
> restart:  v := (x,y) -> A+(B-A)*arctan(y,x-a)/Pi;
```

$$v := (x, y) \longrightarrow A + \frac{(B - A)\arctan(y, x - a)}{\pi}$$

Wir wissen wieder, dass die Funktion v harmonisch ist. Zu den Randbedingungen:

```
> assume(x>a): v(x,0); assume(x<a): v(x,0);
```

$$A, \quad B$$

Für $A = 2$, $B = 8$ und $a = 0$ sieht die Lösung folgendermaßen aus:

3-dimensional

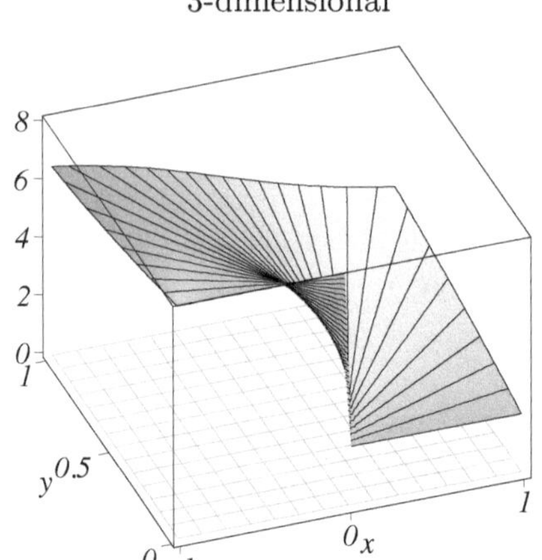

So sieht die Welt von oben aus

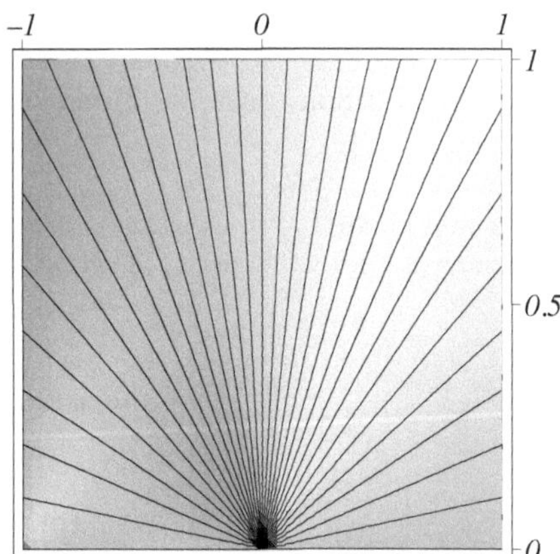

Vorgegeben sei nun die folgende (unstetige) Randbelegung U (auf der reellen Achse):

```
> restart:  U := t -> piecewise(abs(t)<1,t^2/2-1/6,0):
```

Wir erhalten dafür mit Hilfe der POISSON*schen Integralformel in der oberen Halbebene* (vgl. Seite 254):

```
> y/Pi*int(U(t)/((x-t)^2+y^2),t=-infinity..infinity,continuous):
  u := unapply(%,x,y);
```

$$u := (x,\, y) \longrightarrow -\frac{1}{6\pi}\big(3\,x\ln(x^2+1+2\,x+y^2)\,y-6\,y-3\,x\ln(x^2+1-2\,x+y^2)\,y \\ +3\,y^2\arctan(\tfrac{x+1}{y})-\arctan(\tfrac{x-1}{y})+3\arctan(\tfrac{x-1}{y})\,x^2-3\,y^2\arctan(\tfrac{x-1}{y}) \\ -3\arctan(\tfrac{x+1}{y})\,x^2+\arctan(\tfrac{x+1}{y})\big)$$

Man benötigt hier die int-Option continuous, um symbolisch über die Unstetigkeiten der Funktion U hinwegzuintegrieren.

```
> with(VectorCalculus): Laplacian(u(x,y),[x,y]): DGL:=simplify(%):
  JaNein := `if`(is(DGL=0),""," nicht"):
  printf("\n Probe: u ist%s harmonisch!\n\n Das Verhalten am Rand:
          \n\n",JaNein);
```

Probe: u ist harmonisch! Das Verhalten am Rand:

```
> Limes := Limit('u'(x,y),y=0,right):
  eval(Limes,1) = value(Limes) assuming x>1;
  eval(Limes,1) = value(Limes) assuming x<-1;
  eval(Limes,1) = value(Limes) assuming -1<x,x<1;
```

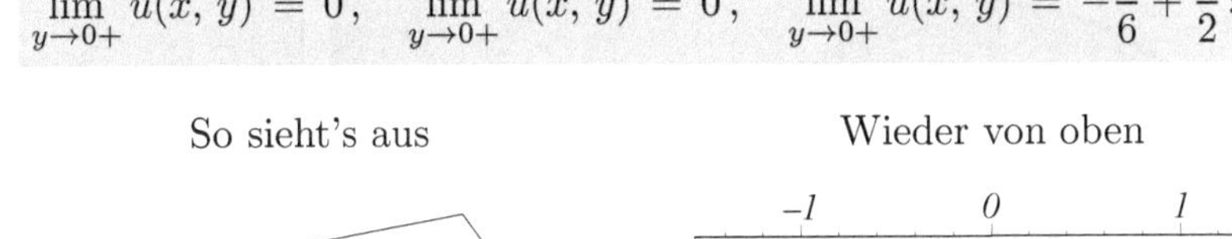

$$\lim_{y \to 0+} u(x, y) = 0, \quad \lim_{y \to 0+} u(x, y) = 0, \quad \lim_{y \to 0+} u(x, y) = -\frac{1}{6} + \frac{1}{2} x^2$$

So sieht's aus

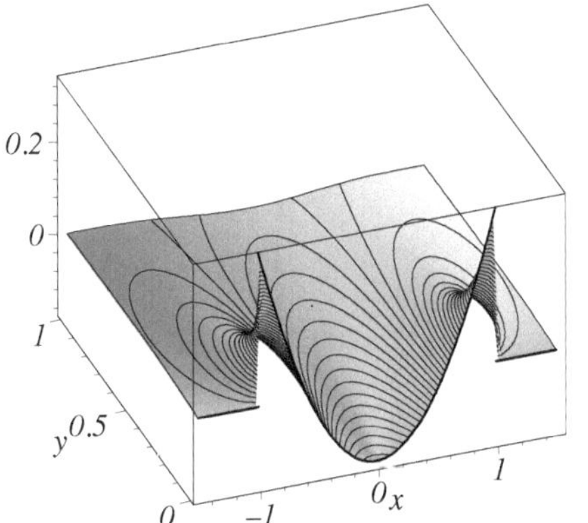

Wieder von oben

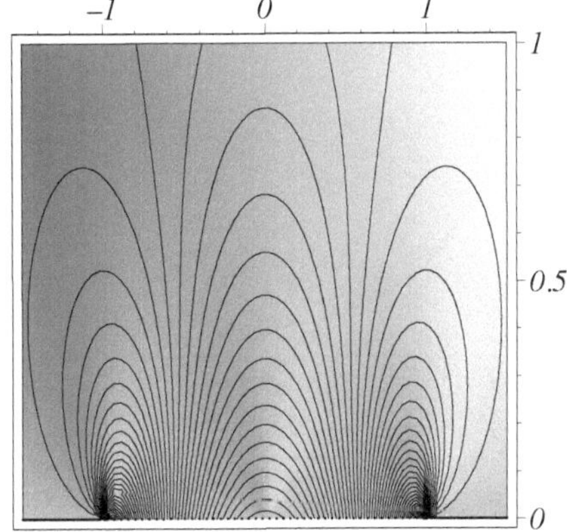

Lösung des Dirichlet-Problems mit Hilfe konformer Abbildungen

Im Kreis

Gesucht ist eine harmonische Funktion v, die auf dem Rand des Einheitskreises in der rechten Halbebene den Wert -1, in der linken Halbebene den Wert 1 annimmt.

Wir transformieren den Einheitskreis mit Hilfe einer Möbiustransformation auf die rechte Halbebene:

```
> restart:
  z1 := I: z2 := -1: z3 := -I: w1 := 0: w2 := -I: w3 := infinity:
  (w-w1)/(w2-w1) = (z-z1)*(z2-z3)/((z-z3)*(z2-z1));
  w := solve(%,w);
```

$$i\,w = -\frac{i\,(z-i)}{z+i}, \quad w := \frac{-z+i}{z+i}$$

Urbildbereich und Bildbereich haben folgendes Aussehen:

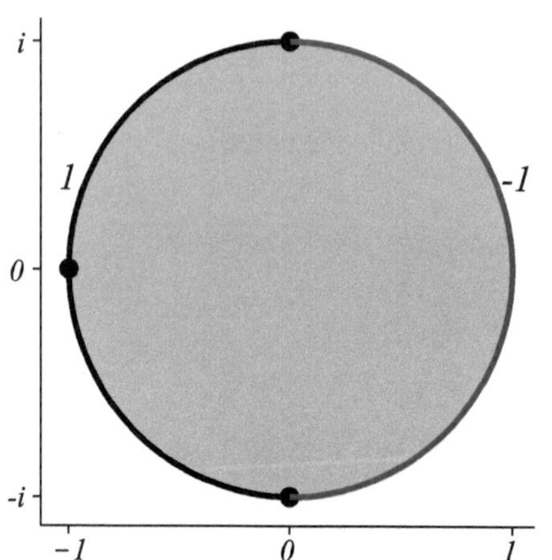

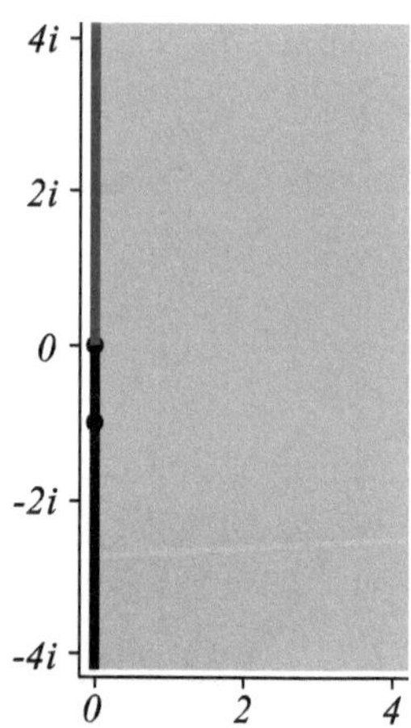

Für die rechte Halbebene kennen wir eine harmonische Funktion, die auf der schwarzen Halbgeraden den Wert 1, auf der roten den Wert −1 annimmt:

```
> V := -(2/Pi)*argument('w');
```

$$V := -\frac{2\,\mathrm{argument}(w)}{\pi}$$

Wir machen die Probe:

```
> subs(w=-I,V): simplify(%); subs(w=I,V): simplify(%); V;
```

$$1,\quad -1,\quad -\frac{2\,\mathrm{argument}\left(\frac{-z+i}{z+i}\right)}{\pi}$$

```
> subs(z=x+I*y,-(Pi/2)*V): simplify(evalc(%));
```

$$\arctan\left(\frac{2\,x}{x^2+y^2+2\,y+1},\ -\frac{x^2+y^2-1}{x^2+y^2+2\,y+1}\right)$$

Die gesuchte harmonische Funktion v hat dann im Inneren des Einheitskreises folgende Darstellung:

```
> v := -(2/Pi)*arctan(op(1,%) / op(2,%));
          # arctan(y,x)=arctan(y/x) für x > 0
```

$$v := \frac{2\arctan\left(\frac{2\,x}{x^2+y^2-1}\right)}{\pi}$$

```
> printf("\n Probe:"); with(VectorCalculus):
  Delta('v') = simplify(Laplacian(v,[x,y]));
```

Probe: $\Delta(v) = 0$

Im Halbkreis

Gesucht ist eine harmonische Funktion u mit $u = 0$ auf dem oberen Rand des Halbkreises und $u = 1$ auf dem Intervall $[-1, 1]$. Dazu betrachten wir eine Möbiustransformation, die den oberen Rand des Halbkreises auf die positive reelle Achse abbildet (vgl. Beispiel (B1) auf Seite 239f):

```
> restart:
  z1 := 1: z2 := I: z3 := -1: w1 := 0: w2 := 1: w3 := infinity:
  (w-w1)/(w2-w1) = (z-z1)*(z2-z3)/((z-z3)*(z2-z1)):
  w := solve(%,w);
```

$$w := -\frac{i\,(z-1)}{z+1}$$

Wir veranschaulichen Urbild- und Bildbereich:

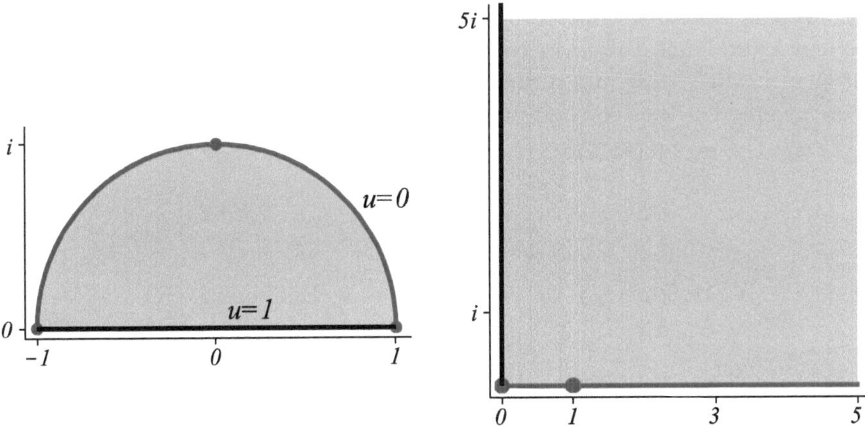

Auf der schwarzen Achse nimmt die gesuchte Funktion den Wert 1 an, auf der roten Achse den Wert 0. Wir verzichten hier auf weitere Kommentare und Proben, da uns das Vorgehen aus dem vorangehenden Beispiel vertraut ist.

```
> U := (2/Pi)*argument('w'); # Harmonische Funktion
```

$$U := \frac{2\,\mathrm{argument}(w)}{\pi}$$

```
> U;
```

$$\frac{2\,\mathrm{argument}\left(-\frac{i\,(z-1)}{z+1}\right)}{\pi}$$

```
> subs(z=x+I*y,Pi/2*U): simplify(evalc(%));
```

$$\arctan\left(-\frac{x^2-1+y^2}{x^2+2x+1+y^2}, \frac{2y}{x^2+2x+1+y^2}\right)$$

```
> u := (2/Pi)*arctan(op(1,%) / op(2,%));
          # arctan(y,x)=arctan(y/x) für x > 0
```

$$u := -\frac{2\arctan\left(\frac{1}{2}\,\frac{x^2-1+y^2}{y}\right)}{\pi}$$

Im Viertelkreis

Die beiden abschließenden Beispiele (im Viertelkreis, im nicht-konzentrischen Kreisring) kommentieren wir sparsamer und verzichten auf Proben, da uns die Dinge nun vertraut sind. Gesucht ist eine harmonische Funktion u, die auf dem Rand des Viertelkreises den Wert 0 und auf den Achsenabschnitten den Wert 1 annimmt. Wir suchen dazu nach einer konformen Abbildung, die den Viertelkreis auf einen passenden Winkelbereich abbildet: Nach den vorangehenden Überlegungen zum Halbkreis (unter Beachtung der Abbildung $z \longrightarrow z^2$, die den Viertelkreis auf den Halbkreis abbildet), erhält man:

```
> restart: w := I*(1-z^2)/(1+z^2);
```

$$w := \frac{i\,(1-z^2)}{1+z^2}$$

Viertelkreis (z)

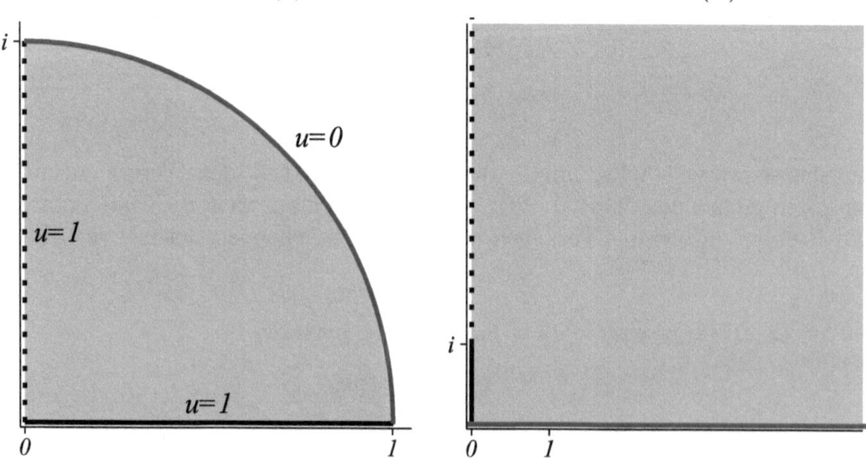


```
> U := (2/Pi)*argument(w);
```

$$U := \frac{2\,\mathrm{argument}\left(\frac{i\,(1-z^2)}{1+z^2}\right)}{\pi}$$

```
> subs(z=x+I*y,(Pi/2)*U): simplify(evalc(%));
```

$$\arctan\left(\frac{1-x^4-2x^2y^2-y^4}{1+2x^2-2y^2+x^4+2x^2y^2+y^4}, \frac{4xy}{1+2x^2-2y^2+x^4+2x^2y^2+y^4}\right)$$

Wir faktorisieren den Nenner:

```
> factor(denom(op(1,%)));
```

$$(x^2+1+2\,y+y^2)\,(x^2+1-2\,y+y^2)$$

Dieser ist also im Inneren des Viertelkreises positiv. Für die gesuchte harmonische Funktion u ergibt sich damit:

```
> u := (2/Pi)*arctan(op(1,%%) / op(2,%%));
          # arctan(y,x)=arctan(y/x) für x > 0
```

$$u := -\frac{2\arctan\left(\frac{1}{4}\,\frac{-1+x^4+2\,x^2\,y^2+y^4}{x\,y}\right)}{\pi}$$

Im nicht-konzentrischen Kreisring

Gesucht ist eine harmonische Funktion u mit $u = 0$ auf dem Rande des Einheitskreises $|z| = 1$ und $u = 1$ auf $|z - 2/5| = 2/5$.

Mittels folgender Möbiustransformation lässt sich der linke nicht-konzentrische Kreisring auf den rechten konzentrischen Kreisring abbilden (vgl. Beispiel 1, Seite 261f):

```
> restart:  z0 := 1/2:  rho := 1/2:
  moebius := w = (z-z0)/(conjugate(z0)*z-1);
```

$$moebius := w = \frac{z-\frac{1}{2}}{\frac{1}{2}\,z-1}$$

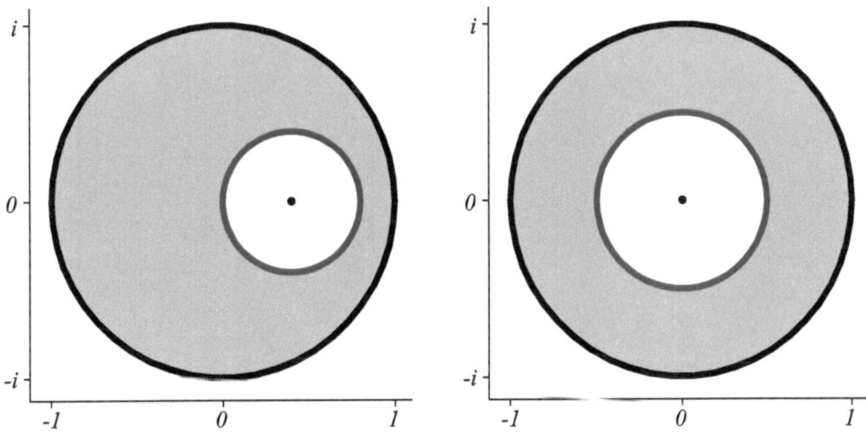

```
> U := log(abs(w))/log(rho);
```

$$U := -\frac{\ln(|w|)}{\ln(2)}$$

Wir veranschaulichen die gesuchte Lösung des vorgegebenen Dirichlet-Problems:

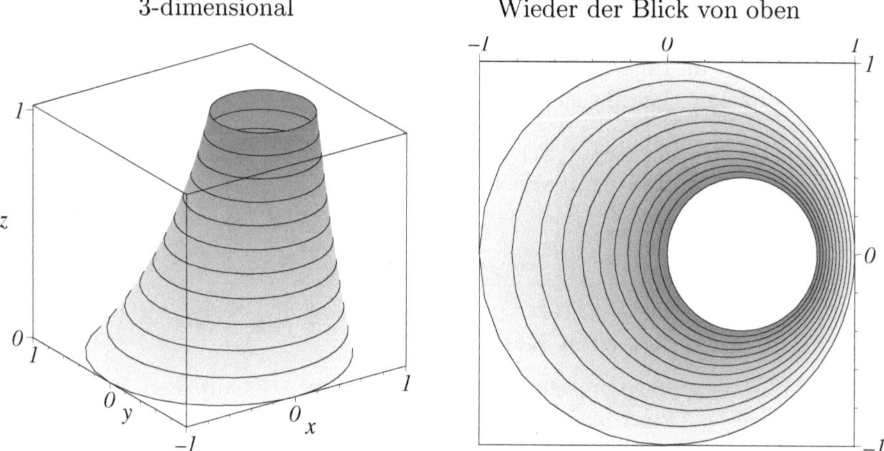

Und so sieht die analytische Gestalt der Lösung aus:

```
> subs(moebius,U): subs(z=x+I*y,%):
  u := simplify(evalc(%));
```

$$u := -\frac{1}{2}\,\frac{\ln\left(\dfrac{4\,x^2-4\,x+1+4\,y^2}{x^2-4\,x+4+y^2}\right)}{\ln(2)}$$

Kapitel 9

Die Γ-Funktion

Die Gammafunktion Γ wurde 1729 von EULER als unendliches Produkt definiert; die Bezeichnung ‚Γ' und ‚Gammafunktion' stammen von LEGENDRE (1814). Als Ergänzung zur allgemein aufgeführten Literatur sei hierzu noch speziell auf das Buch von E. ARTIN „The Gamma Function" ([Art]) hingewiesen.

9.1 Zur Γ-Funktion im Reellen

In der reellen Analysis führt man in der Regel die *„Gammafunktion"* für $x > 0$ über das 2. EULERsche Integral

$$\boxed{\Gamma(x) := \int_0^\infty t^{x-1} e^{-t}\, dt}$$

ein und zeigt dann:

1. $\Gamma(x+1) = x \cdot \Gamma(x)$ *für* $x > 0$ *(‚Funktionalgleichung der Γ-Funktion')*
2. $\Gamma(n) = (n-1)!$ $(n \in \mathbb{N})^*$, *speziell:* $\Gamma(1) = 1$
3. *Die Gammafunktion ist beliebig oft differenzierbar mit*
   $\Gamma^{(k)}(x) = \int_0^\infty t^{x-1} e^{-t} (\log t)^k\, dt$ *für* $k \in \mathbb{N}_0$.

Auf den ersten Blick hin scheint die Fortsetzung der Fakultät durch die Gammafunktion fast willkürlich zu sein. Die folgende Charakterisierung zeigt jedoch, dass dies nicht so ist:

* Sprechweise: ‚$\Gamma(x+1)$ *interpoliert die Fakultät*'.

Satz 1 (Bohr-Mollerup; Charakterisierung der Gammafunktion)

Es existiert genau eine Funktion $f\colon\ ]0,\infty[\ \longrightarrow\ ]0,\infty[$ *mit*

(1) $f(x+1) = xf(x)$ *für* $x > 0$

(2) $\log\circ f$ *ist konvex* *(Bez.: f „logarithmisch konvex")*

(3) $f(1) = 1$

Die Gammafunktion (für $x > 0$)

Beweis: Zur *Existenz* genügt — nach 1. und 2. — der Nachweis, dass Γ *logarithmisch konvex* ist, hier also $(\log\circ\Gamma)''(x) \geq 0$ für $x > 0$ gilt. Dies ist äquivalent zu

$$\left(\Gamma'(x)\right)^2 \leq \Gamma''(x)\Gamma(x)\,.$$

Setzen wir

$$\varphi(t) := \left(t^{x-1}\cdot e^{-t}\right)^{\frac{1}{2}} \quad \text{und} \quad \psi(t) := \left(t^{x-1}\cdot e^{-t}\right)^{\frac{1}{2}}\log t\,,$$

so folgt diese Aussage unmittelbar mit der Cauchy-Schwarzschen Ungleichung

$$\left(\int_0^\infty \varphi(t)\psi(t)\,dt\right)^2 \leq \left(\int_0^\infty \left(\varphi(t)\right)^2 dt\right)\left(\int_0^\infty \left(\psi(t)\right)^2 dt\right);$$

denn hier ist die linke Seite gleich $\left(\Gamma'(x)\right)^2$ und die rechte gleich $\Gamma(x)\,\Gamma''(x)$.

Eindeutigkeit: Es sei $f\colon\ ]0,\infty[\longrightarrow\ ]0,\infty[$ mit (1), (2), (3). f ist genau dann logarithmisch konvex, wenn mit der Funktion $h := \log\circ f$ für alle $x_1, x_2 > 0$ und $\lambda \in\ ]0,1[$

$$h(\lambda x_1 + (1-\lambda)x_2) \;\le\; \lambda h(x_1) + (1-\lambda)h(x_2) \quad \text{bzw.}$$

$$f(\lambda x_1 + (1-\lambda)x_2) \;\le\; \big(f(x_1)\big)^{\lambda}\cdot\big(f(x_2)\big)^{1-\lambda}$$

gilt. Aus (3) und (1) folgt

$$f(n+1) \;=\; n! \quad \text{für } n \in \mathbb{N}_0\,. \tag{4}$$

Im Folgenden seien $x \in\ ]0,1]$ und $n \in \mathbb{N}$: Wegen

$$n + x = x(n+1) + (1-x)n$$

folgt aus der logarithmischen Konvexität von f

$$f(n+x) \le \big(f(n+1)\big)^{x}\cdot\big(f(n)\big)^{1-x} \underset{(4)}{=} (n!)^x\big((n-1)!\big)^{1-x} \;=\; n!\,n^{x-1}\,; \tag{5}$$

analog ergibt sich aus $n+1 = x(n+x) + (1-x)(n+x+1)$ die Ungleichung

$$\begin{aligned} n! &\underset{(4)}{=} f(n+1) \;\le\; \big(f(n+x)\big)^{x}\cdot\big(f(n+x+1)\big)^{1-x} \\ &\underset{(1)}{=} \big(f(n+x)\big)^{x}\big((n+x)f(n+x)\big)^{1-x} \;=\; f(n+x)\,(n+x)^{1-x} \qquad \text{bzw.} \end{aligned}$$

$$f(x+n) \;\ge\; n!\,(n+x)^{x-1}\,. \tag{6}$$

Zusammen mit

$$f(x+n) \underset{(1)}{=} (x+n-1)\cdots(x+1)x\cdot f(x)$$

liefern (5) und (6)

$$\frac{n!\,(n+x)^{x-1}}{x(x+1)\cdots(x+n-1)} \;\le\; f(x) \;\le\; \frac{n!\,n^{x-1}}{x(x+1)\cdots(x+n-1)}$$

bzw.

$$\Big(1+\frac{x}{n}\Big)^{x} \;\le\; \frac{f(x)}{\frac{n!\,n^x}{x(x+1)\cdots(x+n)}} \;\le\; 1+\frac{x}{n}\,.$$

Hieraus folgt

$$f(x) \;=\; \lim_{n\to\infty} \frac{n!\,n^x}{x(x+1)\cdots(x+n)}\,. \tag{7}$$

□

Folgerung 2 (GAUSSsche Produktformel)

Für $x > 0$ gilt

$$\Gamma(x) = \lim_{n \to \infty} \frac{n!\,n^x}{x(x+1)\cdots(x+n)}$$

bzw.

$$\Gamma(x+1) = \lim_{n \to \infty} \frac{n!\,n^x}{(x+1)\cdots(x+n)}.$$

Beweis: Die erste Beziehung folgt aus (7). Die zweite liest man dann daraus mit der Funktionalgleichung der Gammafunktion ab. □

Mittels elementarer Umformungen erhält man

$$\frac{n!\,n^x}{(x+1)\cdots(x+n)} = \frac{n^x}{\prod_{\nu=1}^{n}(1+\frac{x}{\nu})} = \frac{\exp(x\cdot\log n)}{\prod_{\nu=1}^{n}(1+\frac{x}{\nu})}$$

bzw.

$$\frac{1}{\frac{n!\,n^x}{(x+1)\cdots(x+n)}} = \exp\Big(x\Big[\sum_{\nu=1}^{n}\frac{1}{\nu} - \log n\Big]\Big)\prod_{\nu=1}^{n}\Big[\Big(1+\frac{x}{\nu}\Big)\exp\Big(-\frac{x}{\nu}\Big)\Big].$$

Aus der Analysis I sollte bekannt sein:

$\sum_{\nu=1}^{n}\frac{1}{\nu} - \log n \longrightarrow C \quad (n \longrightarrow \infty)$ (C := 0.577... **‚Euler-Konstante'***)

Mit erneuter Anwendung der Funktionalgleichung erhält man so die *Produktdarstellung:*

$$\frac{1}{\Gamma(x)} = x\exp(Cx)\prod_{\nu=1}^{\infty}\Big[\Big(1+\frac{x}{\nu}\Big)\exp\Big(-\frac{x}{\nu}\Big)\Big]$$

Das Produkt $\prod_{\nu=1}^{\infty}\Big[\big(1+\frac{x}{\nu}\big)\exp\big(-\frac{x}{\nu}\big)\Big]$ ist natürlich durch $\lim_{n\to\infty}\prod_{\nu=1}^{n}\Big[\big(1+\frac{x}{\nu}\big)\exp\big(-\frac{x}{\nu}\big)\Big]$ erklärt.

Für $u, v \in\,]0,\infty[$ führen wir nun durch

$$B(u,v) := \int_0^1 t^{u-1}(1-t)^{v-1}\,dt$$

die *„Betafunktion"* bzw. das 1. EULER*sche Integral* ein.

* In MAPLE wird diese Konstante *„gamma"* genannt.

(Die Existenz des Integrals ergibt sich mit den aus Analysis I vertrauten Methoden.)

Analog zu den Überlegungen zur Gammafunktion erhält man, dass die partiellen Funktionen $B(\cdot, v)$ logarithmisch konvex sind.

Zwischen der Betafunktion und der Gammafunktion besteht folgender Zusammenhang:

Satz 3

$$\boxed{B(u,v) \;=\; \frac{\Gamma(u)\cdot\Gamma(v)}{\Gamma(u+v)} \quad \textit{für } u,v>0}$$

Beweis: Es sei $0 < \varepsilon < 1 - \delta < 1$; durch die partielle Integration

$$\begin{aligned}\int\limits_{\varepsilon}^{1-\delta} t^u(1-t)^{v-1}\,dt &= \int\limits_{\varepsilon}^{1-\delta}(1-t)^{u+v-1}\Big(\frac{t}{1-t}\Big)^u dt\\ &= -\frac{(1-t)^{u+v}}{u+v}\cdot\left(\frac{t}{1-t}\right)^u\Bigg|_{\varepsilon}^{1-\delta} + \int\limits_{\varepsilon}^{1-\delta}\frac{u}{u+v}(1-t)^{v-1}t^{u-1}\,dt\end{aligned}$$

erhält man nach Grenzübergang

$$B(u+1,v) \;=\; \frac{u}{u+v}\,B(u,v)\,. \tag{$*$}$$

Für festes $v \in \,]0,\infty[$ betrachten wir die durch $H(u) \;:=\; \dfrac{B(u,v)\,\Gamma(u+v)}{\Gamma(v)}$ definierte Funktion $H\colon\,]0,\infty[\longrightarrow]0,\infty[$. H ist logarithmisch konvex, da $B(\cdot,v)$ und $\Gamma(\cdot\,+v)$ dies sind. Nach 1. (Seite 281) und $(*)$ hat man $H(u+1) = u\,H(u)$. Wegen $\Gamma(v{+}1) = v\Gamma(v)$ und $B(1,v) = \frac{1}{v}$ gilt $H(1) = 1$ und so $H = \Gamma$ nach Satz 1, also die Behauptung. □

Folgerung 4 („Ergänzungssatz von Euler“)

Für $0 < \beta < 1$ *gilt* $\boxed{\Gamma(\beta)\Gamma(1-\beta) \;=\; \dfrac{\pi}{\sin(\beta\pi)}}\,.$

Beweis: Für $0 < \beta < 1$ hatten wir gesehen (siehe Seite 197)

$\dfrac{\pi}{\sin(\beta\,\pi)} \;=\; \displaystyle\int\limits_0^{\infty}\frac{x^{\beta-1}}{1+x}\,dx$. Mit der Substitution $\tau \;=\; \frac{1}{1+x}$ bzw. $x \;=\; \frac{1}{\tau} - 1$ erhalten wir für die rechte Seite:

$$\int\limits_1^0\Big(\frac{1}{\tau}-1\Big)^{\beta-1}\tau\Big(-\frac{1}{\tau^2}\Big)\,d\tau \;=\; \int\limits_0^1(1-\tau)^{\beta-1}\tau^{-\beta}\,d\tau \;=\; B(1-\beta,\beta) \underset{(\text{Satz } 3)}{=} \ell.S.\ \square$$

Speziell für $\beta = \frac{1}{2}$ ergibt sich

$$\Gamma\left(\frac{1}{2}\right) = \sqrt{\pi}\,,$$

woraus man noch einmal

$$\int_{-\infty}^{\infty} e^{-x^2}\,dx = \sqrt{\pi}$$

gewinnen kann.

9.2 Die Gammafunktion im Komplexen

Für die Fortsetzung der Gammafunktion auf komplexes Argument schließen wir an die Überlegungen zur Produktdarstellung an. Wir betrachten für $\nu \in \mathbb{N}$ und $z \in \mathbb{C}$:

$$h_\nu(z) := \left[\left(1 + \frac{z}{\nu}\right)\exp\left(-\frac{z}{\nu}\right)\right] - 1$$

h_ν ist eine ganze Funktion. Als einfache Übungsaufgabe bestätigt man

$$|(1-z)\exp(z) - 1| \le |z|^2, \text{ falls } |z| \le 1\,,$$

also folgt, indem man $-\frac{z}{\nu}$ statt z betrachtet,

$$|h_\nu(z)| \le \frac{|z|^2}{\nu^2}, \quad \text{falls } |z| \le \nu\,.$$

Für $R \in \,]0,\infty[$ und $|z| \le R$ hat man daher

$$|h_\nu(z)| \le \frac{R^2}{\nu^2}, \quad \text{wenn } \nu \ge R\,.$$

Damit ist $\sum\limits_{\nu=1}^{\infty} |h_\nu(z)|$ gleichmäßig konvergent auf $\overline{U_0^R}$, also $\sum\limits_{\nu=1}^{\infty} h_\nu(z)$ lokal absolut gleichmäßig konvergent.

Wir zeigen zunächst:

a) Durch $P_n(z) := \prod\limits_{\nu=1}^{n} [1 + h_\nu(z)]$ *wird eine Funktionenfolge* (P_n) *definiert, die lokal absolut gleichmäßig konvergiert.*

b) Ist $P(z) := \lim\limits_{n\to\infty} P_n(z) =: \prod\limits_{\nu=1}^{\infty} [1 + h_\nu(z)]$ *für* $z \in \mathbb{C}$, *so ist* P *eine ganze Funktion.*

Beweis: Es ist nur *a)* zu zeigen; denn *b)* folgt dann aus dem Satz von WEIERSTRASS II. Wir haben oben gesehen: Zu festem $R \in \,]0,\infty[$ existieren — abhängig von R — $\alpha_\nu \in [0,\infty[$ so, dass $|h_\nu(z)| \le \alpha_\nu$ für $z \in \overline{U_0^R}$ gilt und $\sum_{\nu=1}^{\infty} \alpha_\nu < \infty$. Für $n > m$ ist

$$P_n(z) - P_m(z) = P_m(z)\Big(\prod_{\nu=m+1}^{n} [1+h_\nu(z)] - 1\Big).$$

Für $z \in \overline{U_0^R}$ hat man

$$|P_m(z)| \le \prod_{\nu=1}^{m} (1+|h_\nu(z)|) \le \prod_{\nu=1}^{m}(1+\alpha_\nu) \le \prod_{\nu=1}^{m} \exp(\alpha_\nu) = \exp\Big(\sum_{\nu=1}^{m} \alpha_\nu\Big)$$
$$\le \exp\Big(\sum_{\nu=1}^{\infty} \alpha_\nu\Big) < \infty\,, \quad \text{also gleichmäßige Beschränktheit.}$$

$$\left|\prod_{\nu=m+1}^{n} [1+h_\nu(z)] - 1\right| \le \prod_{\nu=m+1}^{n} (1+\alpha_\nu) - 1 \underset{\text{s. o.}}{\le} \exp\Big(\underbrace{\sum_{\nu=m+1}^{n} \alpha_\nu}_{\longrightarrow 0}\Big) - 1 \longrightarrow 0$$

für $m \longrightarrow \infty$. (Hier sieht man die erste Ungleichung leicht durch Induktion.) □

Folgerung 5

Durch $h(z) := z\exp(Cz)\prod_{\nu=1}^{\infty}\Big[\Big(1+\frac{z}{\nu}\Big)\exp\Big(-\frac{z}{\nu}\Big)\Big]$ $(z \in \mathbb{C})$ *ist eine ganze Funktion* h *definiert.*

Zusatz 6

h *hat genau die Elemente von* $-\mathbb{N}_0 := \{0,-1,-2,\dots\}$ *als einfache Nullstellen.*

Der *Beweis des Zusatzes* folgt aus den obigen Überlegungen unter Beachtung von:

$$\prod_{\nu=1}^{\infty} [1+h_\nu(z)] = \prod_{\nu=1}^{m} [1+h_\nu(z)] \underbrace{\prod_{\nu=m+1}^{\infty} [1+h_\nu(z)]}_{\longrightarrow 1\ (m \longrightarrow \infty):\ \text{s. o.}}$$ □

Damit definieren wir — unter Beachtung der Produktdarstellung im Reellen:

Definition: $\boxed{\Gamma(z)} := \big(h(z)\big)^{-1} \quad (z \in \mathbb{C} \setminus (-\mathbb{N}_0))$ *„Gammafunktion"*

Bemerkung 7

Γ ist holomorph und Fortsetzung der reellen Gammafunktion.

Der Identitätssatz liefert mit 1. (Seite 281) und dem Ergänzungssatz von EULER die

Bemerkung 8

a) $\Gamma(z+1) = z\Gamma(z) \quad \big(z \in \mathbb{C} \setminus (-\mathbb{N}_0)\big)$

b) $\dfrac{1}{\Gamma(z)\Gamma(1-z)} = \dfrac{\sin(\pi z)}{\pi} \qquad (z \in \mathbb{C} \setminus \mathbb{Z})$

c) *Γ hat für $m \in \mathbb{N}_0$ in $-m$ einen einfachen Pol mit Residuum $(-1)^m/m!$.*

Beweis: Es ist nur noch das *Residuum* zu berechnen: *a*) zeigt $\Gamma(z+m+1) = z(z+1)\cdots(z+m)\Gamma(z)$. Daraus liest man ab: $\Gamma(z)(z+m) \longrightarrow \frac{(-1)^m}{m!}$ für $z \longrightarrow -m$. □

In *b*) kann die linke Seite wie folgt umgeformt werden:

$$\ell.S. \underset{a)}{=} h(z)\cdot\left(\tfrac{1}{-z}\right)\cdot h(-z) \overset{\checkmark}{=} z\prod_{\nu=1}^{\infty}\left(1-\tfrac{z^2}{\nu^2}\right).$$

b) zeigt zudem, wie die linke Seite (stetige Ergänzung!) für beliebiges $z \in \mathbb{C}$ gelesen werden kann.

Damit erhalten wir — unter Beachtung des Identitätssatzes — die

Bemerkung 9 (Produktdarstellung des Sinus)

$$\boxed{\sin z = z\prod_{\nu=1}^{\infty}\left(1-\frac{z^2}{\pi^2\nu^2}\right)} \qquad (z \in \mathbb{C})$$

Dabei ist die Konvergenz lokal gleichmäßig.

Setzt man hierin speziell $z = \pi/2$, so erhält man

$$1 = \tfrac{\pi}{2}\prod_{\nu=1}^{\infty}\left(1-\left(\tfrac{1}{2\nu}\right)^2\right) = \tfrac{\pi}{2}\prod_{\nu=1}^{\infty}\left(1-\tfrac{1}{2\nu}\right)\left(1+\tfrac{1}{2\nu}\right) = \tfrac{\pi}{2}\prod_{\nu=1}^{\infty}\tfrac{(2\nu-1)(2\nu+1)}{(2\nu)^2},$$

also die

Bemerkung 10 $$\boxed{\frac{\pi}{2} = \prod_{\nu=1}^{\infty}\frac{4\nu^2}{(2\nu-1)(2\nu+1)}}$$ („WALLIS-Produkt")*

* Diese Beziehung kann man auch relativ einfach ‚elementar' herleiten!

Gammafunktion für reelles Argument

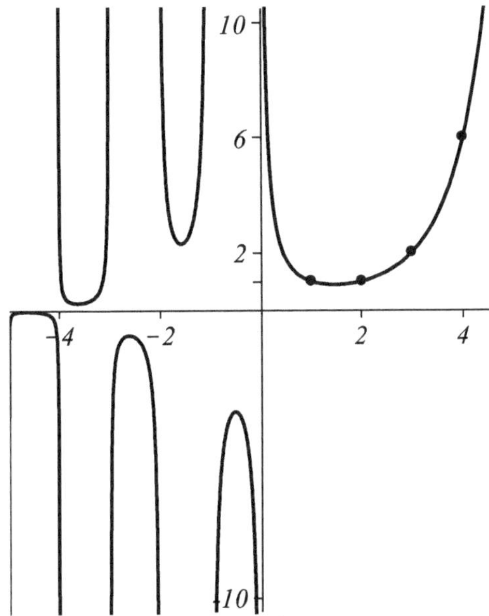

Betrag der Gammafunktion im Komplexen

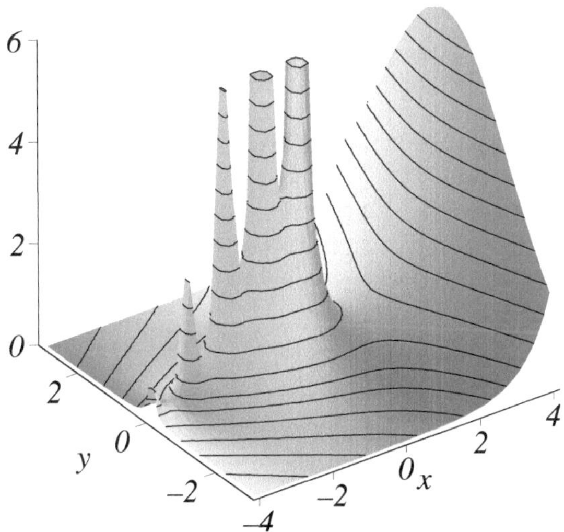

Mit $\varphi_n(z) := z \prod_{\nu=1}^{n} \Big(1 - \frac{z^2}{\pi^2 \nu^2}\Big)$ $(n \in \mathbb{N}, z \in \mathbb{C} \setminus \pi\mathbb{Z})$ besagt Bemerkung 9

$$\varphi_n(z) \longrightarrow \sin z \quad (n \longrightarrow \infty) \quad \text{lokal gleichmäßig.}$$

So folgt mit dem Satz von WEIERSTRASS II

$$\varphi_n'(z) \longrightarrow \cos z \quad (n \longrightarrow \infty) \quad \text{lokal gleichmäßig.}$$

Damit ergibt sich durch ‚logarithmische Differentiation' von φ_n:

$$\frac{\varphi_n'(z)}{\varphi_n(z)} = \frac{1}{z} + \sum_{\nu=1}^{n} \frac{2z}{z^2 - \pi^2\nu^2} \longrightarrow \cot z \quad (n \longrightarrow \infty) \quad \text{lokal gleichmäßig.}$$

Somit hat man für $z \in \mathbb{C} \setminus \pi\mathbb{Z}$:

Bemerkung 11 (Partialbruchdarstellung des Cotangens)

$$\cot z = \frac{1}{z} + \sum_{\nu=1}^{\infty} \frac{2z}{z^2 - \pi^2\nu^2}$$

Die Konvergenz ist lokal gleichmäßig.

Wir haben hier die Produktdarstellung des Sinus und die Partialbruchdarstellung des Cotangens ohne Benutzung des Satzes von MITTAG-LEFFLER und des Produktsatzes von WEIERSTRASS gewonnen und so — für eine weiterführende Vorlesung — den entsprechenden Themenkreis schon etwas vorbereitet.

9.3 Stirling-Formel

Wir geben abschließend eine *elementare* Herleitung* der STIRLING-Formel mit exaktem Fehlerterm.

Die Berechnung von $n!$ für große n wird u. a. in Kombinatorik, Wahrscheinlichkeitstheorie und Statistik immer wieder benötigt. Wegen des hohen Aufwandes ist eine bequeme Näherungsformel hilfreich. Eine erste Version der u. a. Formel wurde 1730 von James STIRLING (1692–1770) gegeben.

Die hier dargestellte Herleitung verzichtet bewusst etwa auf den Einsatz der Reihenentwicklung für die Logarithmusfunktion, damit diese wichtige Formel auch bei vergleichsweise geringen Mathematikkenntnissen (etwa im Oberstufenunterricht der Schule) zugänglich wird.

$$n! \sim \sqrt{2\pi n}\left(\frac{n}{e}\right)^n$$

„$\sim$" bedeutet *„asymptotisch gleich"*, d. h. der Quotient der beiden Seiten geht für $n \longrightarrow \infty$ gegen 1. Es wird also eine Aussage über den *relativen Fehler* gemacht. Diese Aussage wird unten noch präzisiert!

Wir betrachten

$$f(n) := \frac{n!}{n^{n+\frac{1}{2}}e^{-n}} \qquad (n \in \mathbb{N}).$$

* Die Idee dieser elementaren Herleitung stammt von F. W. SCHÄFKE, der Überlegungen von CÉSARO (1904) aufgriff und verallgemeinerte; man vergleiche dazu auch [Art, S. 20–24].

1. $$\frac{f(n)}{f(n+1)} = \left(\frac{n+1}{n}\right)^{n+\frac{1}{2}} e^{-1} = \left(\frac{1+\frac{1}{2n+1}}{1-\frac{1}{2n+1}}\right)^{n+\frac{1}{2}} e^{-1}$$

Für $0 < x < 1$ $\left(\text{nachher setzen wir } x := \frac{1}{2n+1}\right)$ gilt:

2. $$\exp(2x) < \frac{1+x}{1-x} < \exp(2x) \cdot \exp\left(\frac{2}{3}\,\frac{x^3}{1-x^2}\right)$$

Beweis: 1. *Ungleichung:* $\exp(2x) = 1 + 2x + 2x^2 + \sum_{n=3}^{\infty} \frac{2^n}{n!} x^n$;

$$\frac{1+x}{1-x} = (1+x)\sum_{n=0}^{\infty} x^n = 1 + \sum_{n=1}^{\infty} 2x^n = 1 + 2x + 2x^2 + \sum_{n=3}^{\infty} 2x^n\,;$$

unter Berücksichtigung von $2^n/n! < 2$ für $n \geq 3$ folgt die Behauptung.

2. Ungleichung: Durch Ausmultiplizieren erhält man:

$$(1+x)^2 = 1 + 2x + x^2 < \left(1 + 2x + 2x^2 + \tfrac{4}{3}x^3 + \tfrac{2}{3}x^4\right)\left(1 - x^2 + \tfrac{2}{3}x^3\right)$$

Nach Division durch $(1 - x^2)$ hat man:

$$\frac{1+x}{1-x} < \left(1 + 2x + 2x^2 + \frac{4}{3}x^3 + \frac{2}{3}x^4\right)\left(1 + \frac{2}{3}\,\frac{x^3}{1-x^2}\right) \overset{\checkmark}{<} r.S. \qquad \square$$

In 2. setzen wir $x := 1/(2n+1)$ und erhalten

$$\exp\left(\frac{1}{n+\frac{1}{2}}\right) = \exp(2x) < \frac{1+x}{1-x} < \exp\left(\frac{1}{n+\frac{1}{2}}\right)\exp\left(\frac{2}{3}\,\frac{x^3}{1-x^2}\right),$$

nach Potenzieren mit Exponent $n + 1/2$:

$$e < e \cdot \frac{f(n)}{f(n+1)} < e \cdot \left(\exp\left(\frac{2}{3}\,\frac{x^3}{1-x^2}\right)\right)^{n+\frac{1}{2}}$$

Für den mittleren Term wurde dabei 1. verwendet!

Über

$$\frac{2}{3}\,\frac{x^3}{1-x^2} = \frac{2}{3}\,\frac{\left(\frac{1}{2n+1}\right)^3}{1-\left(\frac{1}{2n+1}\right)^2} = \frac{2}{3}\,\frac{\frac{1}{2n+1}}{(2n+1)^2-1}$$
$$= \frac{1}{3}\,\frac{\frac{1}{n+\frac{1}{2}}}{4n^2+4n} = \frac{1}{12}\,\frac{1}{n+\frac{1}{2}}\left[\frac{1}{n} - \frac{1}{n+1}\right] \quad \text{folgt:}$$

3. $$1 < \frac{f(n)}{f(n+1)} < \exp\left(\frac{1}{12}\left[\frac{1}{n} - \frac{1}{n+1}\right]\right)$$

Wegen $0 < f(n+1) < f(n)$ existiert ein $\sigma \geq 0$ mit $f(n) \longrightarrow \sigma$.

Für $n < N$ erhält man durch Multiplizieren von 3. (Teleskop-Produkt!)

$$1 < \frac{f(n)}{f(N)} < \exp\Big(\frac{1}{12}\Big[\frac{1}{n} - \frac{1}{N}\Big]\Big).$$

$N \longrightarrow \infty$ (für festes n) zeigt $\sigma > 0$ und

$$1 < \frac{f(n)}{\sigma} < \exp\Big(\frac{1}{12n}\Big).$$

Die Argumentation mit ‚$n+1$' statt ‚n' liefert zunächst „$\leq$", Multiplikation mit $\dfrac{f(n)}{f(n+1)}$ zeigt dann „$<$".

Mit dem WALLIS-Produkt erhält man durch einfache Umformungen

$$\sigma \longleftarrow \frac{(f(n))^2}{f(2n)} = \Big(\frac{2(2n+1)}{n}\prod_{\nu=1}^{n}\frac{4\nu^2}{(2\nu-1)(2\nu+1)}\Big)^{1/2} \longrightarrow \sqrt{2\pi}\,.$$

Zusammen hat man also:

Für $n \in \mathbb{N}$ *existiert* $\Theta_n \in \,]0,1[$ *so, dass*

$$\boxed{n! = n^{n+\frac{1}{2}}e^{-n}\sqrt{2\pi}\exp\Big(\frac{\Theta_n}{12n}\Big)}\,.$$

MWS zu Kapitel 9

Die Γ-Funktion

Wichtige MAPLE-Befehle dieses Kapitels:

convert(..., GAMMA), convert(..., factorial), simplify(..., GAMMA)
product, Product
asympt

9.1 Zur Γ-Funktion im Reellen

```
> restart: assume(x>0):
  g := Int(exp(-t)*t^(x-1), t=0..infinity): % = value(%);
```

$$\int_0^{\infty} e^{-t}\, t^{x-1}\, dt = \Gamma(x)$$

Maple kennt also (für positives x) die über das 2. EULERsche Integral definierte Gammafunktion Γ und dazu auch als eigenständige Funktion den durch lnGAMMA $:= \ln \circ \Gamma$ definierten Logarithmus der Gammafunktion.

```
> with(plots):
  Punkte := pointplot([seq([m,GAMMA(m)],m=1..4)],color=black,
                      symbol=solidcircle,symbolsize=18):
  Funktionen := plot([GAMMA,lnGAMMA],0..4.2,y=-0.5..6.2,
                     color=[black,gray],thickness=2):
  display(Punkte,Funktionen,labels=[" "," "]);
```

Gammafunktion und Logarithmus davon

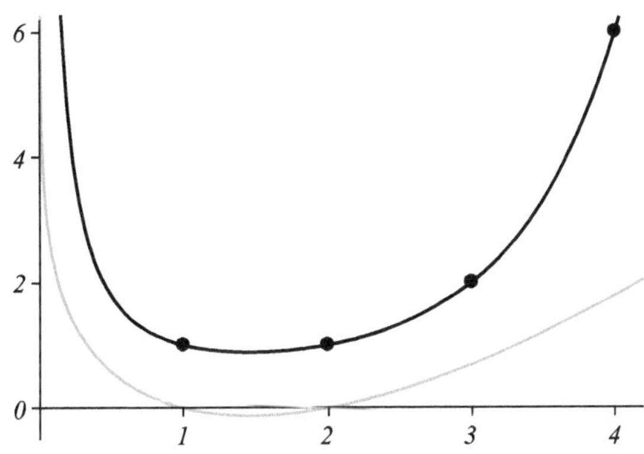

Maple kennt natürlich auch die *Funktionalgleichung der Gammafunktion* und Definition und Wert der EULER-*Konstante:*

```
> GAMMA(x+1): % = expand(value(%));
```

$$\Gamma(x+1) = \Gamma(x)\,x$$

```
> Limit(Sum(1/k,k=1..n) - ln(n),n=infinity): % = value(%);
```

$$\lim_{n\to\infty}\left(\sum_{k=1}^{n}\frac{1}{k}-\ln(n)\right)=\gamma$$

```
> rhs(%) = evalf(rhs(%),20);
```

$$\gamma = 0.57721566490153286061$$

Den Beginn der *Reihenentwicklung bei* 0 erhält man durch:

```
> series(GAMMA(x),x=0,2);
```

$$x^{-1}-\gamma+\left(\frac{1}{12}\pi^2+\frac{1}{2}\gamma^2\right)x+\mathrm{O}(x^2)$$

Von der Fakultät rechnet Maple zur Gammafunktion um durch:

```
> n!: % = convert(%,GAMMA);
```

$$n! = \Gamma(n+1)$$

Zurück geht's mit:

```
> GAMMA(n+1): % = expand(convert(%,factorial));
```

$$\Gamma(n+1) = n!$$

Auch die *Ableitung der Gammafunktion* berechnet Maple mühelos:

```
> diff(GAMMA(x),x);
```

$$\Psi(x)\,\Gamma(x)$$

Diese Antwort ist zwar richtig, aber für die meisten Nutzer doch eher kryptisch, da die *Digammafunktion* Ψ herangezogen wird. Deshalb bezeichnen wir hier die Funktion, die über das zweite EULERsche Integral definiert ist, mit „Gamma" und erhalten:

```
> Gamma := unapply(g,x): Diff(value(Gamma(x)),x) = diff(Gamma(x),x);
```

$$\frac{d}{dx}\Gamma(x) = \int_0^{\infty} e^{-t}\,t^{x-1}\ln(t)\,dt$$

```
> restart: pr := (n!*n^x)/Product((x+nu),nu=1..n):
  Limit(pr,n=infinity):
  % = value(%);
  # alternativ: % = limit((n!*n^x)/product((x+nu),nu=1..n),n=infinity);
```

$$\lim_{n\to\infty} \frac{n!\,n^x}{\prod_{\nu=1}^{n}(x+\nu)} = \lim_{n\to\infty} \frac{n!\,n^x\,\Gamma(x+1)}{\Gamma(x+n+1)}$$

Offenbar kennt Maple die erforderliche Formel nicht. Man kann das Wissen von Maple in folgender Weise erweitern:

```
> `simplify/GAMMA_erw` := proc(f::dependent(x))
    f := subs({limit(n!*n^x*GAMMA(x+1)/GAMMA(x+n+1),n=infinity)
       = GAMMA(x+1)},f)
  end proc:
```

Wir versuchen es jetzt noch einmal:

```
> Limit(pr,n=infinity): % = simplify(value(%),GAMMA_erw);
```

$$\lim_{n\to\infty} \frac{n!\,n^x}{\prod_{\nu=1}^{n}(x+\nu)} = \Gamma(x+1)$$

Wir weisen darauf hin, dass `simplify/GAMMA_erw` nur eine eingeschränkte Flexibilität besitzt, da es nicht tolerant auf kleine Veränderungen in der Eingabe reagiert.

```
> pr2 := x*exp(gamma*x)*Product((1+x/nu)*exp(-x/nu),nu=1..n):
  Limit(pr2,n=infinity):  % = value(%);
```

$$\lim_{n\to\infty} x\,e^{\gamma\,x}\prod_{\nu=1}^{n}\left(\left(1+\frac{x}{\nu}\right)e^{-x/\nu}\right) = \frac{1}{\Gamma(x)}$$

```
> restart: assume(u>0,v>0):
  Int((1-t)^(v-1)*t^(u-1), t=0..1): % = value(%);
```

$$\int_0^1 (1-t)^{v-1}\,t^{u-1}\,dt = B(u,\,v)$$

Maple kennt also auch (für positive u, v) die über das 1. EULERsche Integral definierte *Betafunktion.*

```
> assume(0<beta,beta<1):
  GAMMA(beta)*GAMMA(1-beta): % = simplify(value(%),GAMMA);
```

$$\Gamma(\beta)\,\Gamma(1-\beta) = \frac{\pi}{\sin(\pi\,\beta)}$$

Auch den *Ergänzungssatz* von EULER kennt Maple also (wenn man ihm mit der Option „GAMMA“ im Befehl simplify etwas auf die Sprünge hilft).

```
> 'GAMMA'(1/2) = GAMMA(1/2);
```

$$\Gamma\left(\frac{1}{2}\right) = \sqrt{\pi}$$

9.2 Die Gammafunktion im Komplexen

```
> restart: with(plots):
  complexplot3d(GAMMA(z),z=-4-3*I..2+3*I,view=0..6,grid=[50,50],
    style=patchcontour,orientation=[-135,45],axes=frame,
    tickmarks=[3,3,3]);
  # Auf manchen Rechnern ist es ratsam, "grid" zu reduzieren!
```

Im Komplexen sieht $|\Gamma|$ so aus:

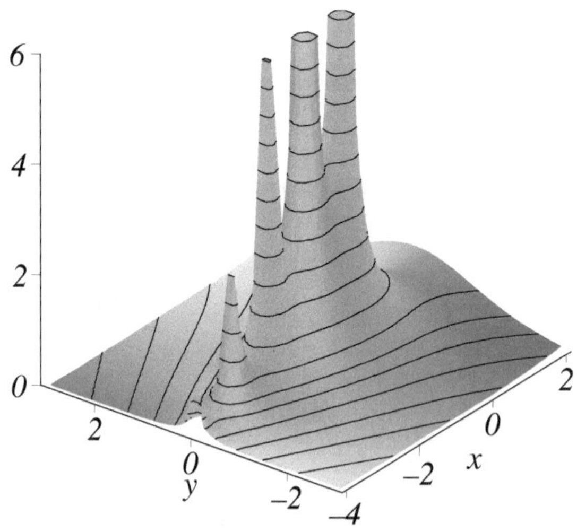

Auf $\mathbb{R} \setminus -\mathbb{N}_0$ erhält man den folgenden Graphen:

```
> plot(GAMMA(x),x=-5..5,-10..10,color=black,discont=true,
    tickmarks=[4,4],thickness=2);
```

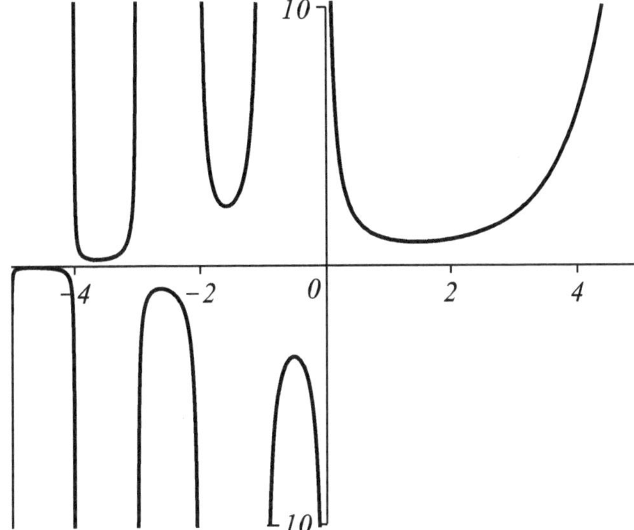

Die *Residuen der Gammafunktion* kann man mit Maple wie folgt berechnen:

```
> seq(residue(GAMMA(x),x=-n), n=0..6);
```

$$1, -1, \frac{1}{2}, -\frac{1}{6}, \frac{1}{24}, -\frac{1}{120}, \frac{1}{720}$$

```
> pr := z*Product(1 - (z/(Pi*nu))^2,nu=1..n):
  Limit(pr,n=infinity): % = simplify(value(%),GAMMA);
```

$$\lim_{n\to\infty} z \prod_{\nu=1}^{n} \left(1 - \frac{z^2}{\pi^2\,\nu^2}\right) = \sin(z)$$

Auch die *Produktdarstellung des Sinus* kann man also Maple abgewinnen. Jetzt versuchen wir noch das WALLIS-*Produkt:*

```
> w := Product(4*nu^2/((2*nu-1)*(2*nu+1)),nu=1..n):
  Limit(w,n=infinity): % = value(%);
```

$$\lim_{n\to\infty} \prod_{\nu=1}^{n} \frac{4\,\nu^2}{(2\,\nu-1)\,(2\,\nu+1)} = \frac{1}{2}\,\pi$$

Abschließend sehen wir uns noch die *Partialbruchdarstellung des Cotangens* an:

```
> restart: S := 1/z + Sum(2*z/(z^2 - (Pi*nu)^2),nu=1..n):
  Limit(S,n=infinity): % = value(%);
```

$$\lim_{n\to\infty} \left(\frac{1}{z} + \sum_{\nu=1}^{n} \frac{2\,z}{z^2 - \pi^2\,\nu^2}\right) = \cot(z)$$

9.3 Stirling-Formel

Maple kennt auch die STIRLING-Formel:

```
> restart: stirling := n -> n!/((n/exp(1))^n*sqrt(2*Pi*n)):
  Limit(stirling(n),n=infinity): % = value(%);
```

$$\lim_{n\to\infty} \frac{1}{2} \frac{n!\,\sqrt{2}}{(\frac{n}{e})^n\,\sqrt{\pi\,n}} = 1$$

Das kann Maple durchaus genauer beschreiben:

```
> stirling(n) = asympt(stirling(n),n,3);
```

$$\frac{1}{2} \frac{n!\,\sqrt{2}}{(\frac{n}{e})^n\,\sqrt{\pi\,n}} = 1 + \frac{1}{12\,n} + \frac{1}{288\,n^2} + \mathrm{O}\left(\frac{1}{n^3}\right)$$

Der Ausdruck $1/(12\,n)$ ist uns ja schon aus den Überlegungen des Textes vertraut! Den nächsten Term $1/(288\,n^2)$ kann man mit ähnlicher — jedoch wesentlich aufwendigerer — Rechnung wie im Text gewinnen.

10 Anhang zu Maple

10.1 Ein erster Einstieg in Maple

Maple ist eines der ausgereiftesten *Computeralgebra-Systeme* und ein in vielfacher Hinsicht mächtiges Werkzeug für Mathematik, Naturwissenschaften und Ingenieurwesen. Seine Stärke liegt u. a. in der Fähigkeit, *symbolisch rechnen* zu können. Man kann natürlich mit Maple auch ganz normale numerische Berechnungen durchführen und dabei noch die Anzahl der zu berücksichtigenden Stellen wählen. Aber im Gegensatz zum numerischen Rechnen, wo die Resultate meist durch Rundungsfehler verfälscht werden, hat man beim symbolischen Rechnen keinerlei Informationsverlust. Zudem wird dem Benutzer viel lästige und fehleranfällige Rechenarbeit abgenommen. Eine weitere wesentliche Stärke von Maple ist die *Visualisierungsmöglichkeit* von Funktionen und anderer geometrischer Objekte. Besonders eindrucksvoll kann man durch *Animationen* den dynamischen Charakter vieler Sachverhalte herausarbeiten. Dies macht Maple interessant als Motivationsvehikel für den Einsatz in der Lehre, wenn es darum geht, abstrakte Sachverhalte im wahrsten Sinne geometrisch *begreifbar* zu machen.

Maple ist im Prinzip eine gewöhnliche Programmiersprache, die allerdings meist *interaktiv* eingesetzt wird. Der Wortschatz dieser Sprache ist zudem sehr umfangreich und orientiert sich an mathematischen Inhalten. Ihr Erlernen erfolgt idealerweise (in Ansätzen) schon in der Schule, einfach aber auch noch in den Grundvorlesungen Analysis und Lineare Algebra, indem man parallel zu deren Fortschreiten immer wieder neue Vokabeln einführt und deren Handhabung am aktuellen Stoff einübt. Auf diese Weise steigt der Schwierigkeitsgrad unmerklich an.

Unser Buch wendet sich keineswegs nur an Leser, die bereits über Maple-Grundkenntnisse verfügen. Jedoch erwarten wir eine gewisse Bereitschaft und das Interesse, sich auf das Wechselspiel zwischen dem theoretischen und dem MWS-Teil der jeweiligen Kapitel einzulassen. Dabei kann man auf vielfältige Weise weitere *Hilfestellung* erhalten. Sehr gute Maple-Bücher sind z. B. [Heck], [Kof] und [Walz], die leider auf älteren Maple-Versionen basieren. Als aktuelle Maple-Einführung empfehlen wir das kürzlich in Neuauflage erschienene Buch [Br/Me]. Besonders empfehlenswert ist die Internet-Seite von Maplesoft `http://www.maplesoft.com`. Die Menüpunkte *Support* und *Ressourcen* oder die Suche nach Stichworten wie *Tutorials* und *Manuals* zeigen exemplarisch, wie man Zugang zu vielen nützlichen Informationen erhalten kann.

Die Hilfe-Funktion

Das Arbeiten mit Maple wird durch die Hilfe-Funktion optimal unterstützt. Dazu klickt man etwa Help in der Menüleiste an. Quick Reference im Untermenü informiert über die Möglichkeit, die Benutzeroberfläche von Maple im *Document-Mode* oder *Worksheet-Mode* zu betreiben. Wir legen großen Wert darauf, unterschiedliche Textbereiche wie z. B. *Maple-Eingabe*, *Maple-Ausgabe* sowie *erläuternden Text* klar zu strukturieren und voneinander abzuheben. Deshalb bevorzugen wir in unserem Buch den befehlsorientierten Worksheet-Mode. Will man sich erst einmal einen groben Überblick verschaffen über das, was Maple alles bietet, empfiehlt sich der Menüpunkt Take a Tour of Maple . Man hat dann die Wahl zwischen Ten Minute Tour und Maple Portal . Die *Ten Minute Tour* vermittelt einen kurzen Überblick und grundlegende Informationen für das Arbeiten mit Maple. Umfangreichere Informationen über Maple-Konzepte liefert das *Maple Portal.* Informationen für spezielle Nutzergruppen findet man in den Unterportalen *Engineers, Students* und *Math Educators.* Erste (interaktive) Schritte mit Maple kann man z. B. auch mit Hilfe eines der oben genannten Bücher machen. Wir weisen zudem noch auf die im Literaturverzeichnis aufgeführten weiteren Bücher zu Maple hin. Kurzinformationen über die Syntax von Maple-Befehlen erhält man (etwa für *plot)* leicht auf folgende Weise:

```
> ?plot
```

Für das praktische Arbeiten ist es oft sehr hilfreich, die Beispiele der Hilfe-Seite ins Worksheet zu kopieren und sie auszuführen bzw. auf die eigenen Bedürfnisse anzupassen. Eine weitere Hilfemöglichkeit bietet der *Help-Browser.* Klickt man auf Help , so öffnet sich ein Menü mit zahlreichen wichtigen Menüpunkten, von denen z. B. Maple Help auf Topic Search und Text Search führt. Bei der Eingabe von topic wirkt *Topic Search* wie ?topic . Mit Hilfe von *Text Search* kann man nach Stichwörtern in den Hilfe-Seiten suchen.

Elementare Rechnungen

Dieser Abschnitt will und kann keine Maple-Einführung ersetzen. Wir empfehlen deshalb, zusätzlich Maple-Help aufzurufen. Dadurch wird ein Fenster geöffnet, auf dessen linker Seite eine Liste von Verzeichnissen zu sehen ist. Anklicken von Getting Started sowie des Unterverzeichnisses Tutorials führt auf Tutorien, die je nach Bedarf näher angeschaut werden sollten.

Annahmen über Variable

```
> restart: sqrt(a^2); # Quadratwurzel
```

$$\sqrt{a^2}$$

Ohne weitere Annahmen über a kann Maple offensichtlich diesen Ausdruck nicht vereinfachen.

```
> assume(a,real): simplify(sqrt(a^2));
```

$$|a\tilde{}|$$

Mit dem Befehl assume machen wir Annahmen über a. Normalerweise hängt Maple dann eine Tilde an den Variablennamen an. Mit additionally kann man weitere Annahmen hinzufügen und mit about kann man erfahren, welche Annahmen über eine Unbekannte gemacht worden sind.

```
> assume(a>0): about(a); sqrt(a^2);
Originally a, renamed a~:
is assumed to be: RealRange(Open(0),infinity)
```

$$a\tilde{}$$

```
> assume(a,real): sqrt(a^2); simplify(%,symbolic);
```

$$\sqrt{a\tilde{}^2}, \quad a\tilde{}$$

Vorsicht: Die Option symbolic bewirkt offenbar Vereinfachungen, bei denen a als nicht-negativ betrachtet wird. Eigentlich müsste sich $|a\tilde{}|$ ergeben.

Alternativ ist der nachgestellte Befehl assuming empfehlenswert, wenn *assume* nur *lokal* wirken soll:

```
> restart: simplify(sqrt(a^2)) assuming a::real;
```

$$|a|$$

Einige wichtige reelle Zahlen

Maple kennt sowohl Pi als auch pi :

```
> Pi; pi;
```

$$\pi, \quad \pi$$

Es kennt aber nur für *Pi* einen Zahlenwert:

```
> evalf(Pi,9); evalf(pi,9); # evaluate using floating point arithmetic
```

$$3.14159265, \quad \pi$$

Die EULERsche Zahl e:

```
> evalf(exp(1),40); evalf(e,40);
```

$$2.718281828459045235360287471352662497757, \quad e$$

Nach der folgenden Anweisung kennt Maple auch die übliche Schreibweise:

```
> alias(e=exp(1)): evalf(e,40);
```

$$2.718281828459045235360287471352662497757$$

eval, evalb, evalc

eval und subs liefern (fast) immer dasselbe Resultat:

```
> restart: eval(z^2+1,z=2), subs(z=2,z^2+1);
```

$$5\,,\;5$$

```
> eval(sin(z)/cos(z),z=0), subs(z=0,sin(z)/cos(z));
```

$$0\,,\;\frac{\sin(0)}{\cos(0)}$$

Vollständige Auswertung:

```
> restart: a := b: b := c: c := d: eval(a);
```

$$d$$

Auswertungen unterschiedlicher Tiefe:

```
> eval(a,1), eval(a,2), eval(a,3), eval(a,4);
```

$$b\,,\;c\,,\;d\,,\;d$$

Auswertung logischer Ausdrücke:

```
> expr := x*(x-1) = x^2-x; expand(expr);
```

$$\mathit{expr} := x\,(x-1) = x^2 - x\,,\quad x^2 - x = x^2 - x$$

Der Variablen `expr` wird also der logische Ausdruck `x*(x-1)=x^2-x` als Wert zugewiesen.

```
> evalb(expr), evalb(expand(expr));
```

$$\mathit{false}\,,\;\mathit{true}$$

evalb liefert offensichtlich unterschiedliche Ergebnisse, da es Ausdrücke nicht vereinfachen kann. Vergleichen wir dies mit is :

```
> is(expr);
```

$$\mathit{true}$$

Und noch ein Vergleich von `evalb` und `is`:

```
> evalb(Pi>3), evalb(evalf(Pi)>3), is(Pi>3);
```

$$3 < \pi\,,\;\mathit{true}\,,\;\mathit{true}$$

Wir wenden deshalb bevorzugt den Maple-Befehl `is` an.

Auswertung von Ausdrücken mit komplexen Zahlen:

```
> abs(x+I*y), evalc(abs(x+I*y));
  subs(z=x+I*y,exp(z)): % = evalc(%);
```

$$|x + I\,y|\,,\;\sqrt{x^2+y^2}\,,\quad e^{x+I\,y} = e^x\cos(y) + I\,e^x\sin(y)$$

evalc interpretiert offensichtlich ungebundene Variable als *reelle* Größen.

Anführungszeichen

Maple kennt drei verschiedene Arten von Anführungszeichen: linksgerichtete (bei Windows auch „gerade“ genannt) oder Apostroph,* rechtsgerichtete (Gravis, accent grave)** und Doppelanführungszeichen.

Linksgerichtete Anführungszeichen

```
> restart: x := 2: y := 'x'; y;
```

$$y := x, \quad 2$$

Linksgerichtete Anführungszeichen — eigentlich ′, im Ausdruck meist ' — bewirken eine *verzögerte Auswertung:* Durch die Wertzuweisung $y := 'x'$ erhält y zunächst den Namen von x zugewiesen, erst im nächsten Schritt den tatsächlichen Wert von x. Man kann dies dazu nutzen, die Variable x wieder zu einer ungebundenen Variablen zu machen, aber auch um die Lesbarkeit von Ausgaben zu erhöhen:

```
> x := 'x'; x;
```

$$x := x, \quad x$$

```
> 'sin'(0)=sin(0);
```

$$\sin(0) = 0$$

Verzögerte Auswertung einer Variablen ist z. B. dann notwendig, wenn sie als Ausgabeparameter in einer Prozedur verwendet wird. Beim Programmaufruf muss der *Name* des Parameters (und nicht, wie sonst üblich, sein aktueller Wert) übergeben werden *(call by name* an Stelle von *call by value)*:

```
> a := 25: b := 7: r := 1: q := iquo(a,b,'r'); r; b*q+r;
```

$$q := 3, \quad 4, \quad 25$$

Die Variable r liefert den Rest bei ganzzahliger Division. Da ihr vor Aufruf von iquo bereits ein Wert zugewiesen wurde, muss man 'r' schreiben und erhält den Ausgabewert $r = 4$.

Rechtsgerichtete Anführungszeichen — eigentlich `, im Ausdruck meist ‘ — dienen zur Kennzeichnung von *Symbolen*, also von Bezeichnern für Variable. Ihre Verwendung ist dann notwendig, wenn ein Variablenname unzulässige Zeichen enthält, z. B. die Variable r' (vgl. Seite 262).

```
> restart: `r'`, type(`r'`,symbol);
  `r'` := "r'"; type(%,string);
  r := '`r'`'; r;
```

* Den Apostroph findet man auf einer deutschen Tastatur auf derselben Taste wie #. Auf manchen Tastaturen liefert der Akut (accent aigu) das gleiche Ergebnis.

** Auf einer deutschen Tastatur erhält man dieses Zeichen, indem man mit der Umschalttaste (Shift) die Taste „accent grave“ rechts neben dem „ß“ drückt.

$$r', \mathit{true}, \quad r' := \text{“}r'\text{”}, \quad \mathit{true}, \quad r := r', \quad \text{“}r'\text{”}$$

Wir haben hier zugleich die *Doppelanführungszeichen* ins Spiel gebracht, mit denen *Strings* gekennzeichnet werden. Man ahnt, dass man durch virtuosen Einsatz von Anführungszeichen jeden Überblick verhindern kann.

Abkürzungen mit *macro* und *alias*

Der macro -Befehl dient bei der *Eingabe* zur Abkürzung von Funktions- und Kommandonamen sowie zur Definition von Konstanten. Mit Hilfe von alias kann man Ausdrücke bei der *Ein- und Ausgabe* vereinfachen.

```
> restart: macro(J=BesselJ):
  Diff(J(0,x),x): % = value(%);
```

$$\frac{d}{dx}\,\mathrm{BesselJ}(0, x) = -\mathrm{BesselJ}(1, x)$$

```
> restart: alias(J=BesselJ):
  Diff(J(0,x),x): % = value(%);
```

$$\frac{d}{dx}\,\mathrm{J}(0, x) = -\mathrm{J}(1, x)$$

```
> restart: macro(s=1.2345): s;
```

$$1.2345$$

```
>  s := 3;
Error, invalid left hand side of assignment
```

Durch den macro-Befehl ist s eine *geschützte* Variable geworden. Machen wir nun ‚ganz naiv' den Versuch, s mit dem Wert $\sqrt{2}$ zu definieren:

```
> restart: macro(s=sqrt(2)): s, s^2;
```

$$\sqrt{2}, 2$$

```
> s := 3; s;
```

$$\sqrt{2} := 3, \quad 3$$

Wir erhalten ein ‚erstaunliches' Resultat! So ist es offenbar richtig:

```
> restart: macro(s=eval(sqrt(2))): s, s^2;
```

$$\sqrt{2}, 2$$

```
> s := 3;
Error, invalid left hand side in assignment
```

Schleifen, bedingte Anweisungen, Prozeduren

Zu Beginn eine Schleife mit Inkrement 2, welche alle ungeraden Zahlen kleiner 20 aufaddiert:

```
> restart: s := 0:
  for k from 1 to 20 by 2 do s := s+k end do:
  s;
```

$$100$$

Die Verwendung von bedingten Anweisungen demonstrieren wir im Zusammenhang mit der Definition der Prozedur *Fib*, welche die durch

$$f_0 = 0,\ f_1 = 1,\ f_n = f_{n-1} + f_{n-2}$$

rekursiv definierte Folge von FIBONACCI-Zahlen liefert:

```
> Fib := proc(n)
    if n=0 then 0
      elif n=1 then 1
      else Fib(n-1)+Fib(n-2)
    end if
  end proc:
  seq(Fib(n),n=0..10);
```

$$0, 1, 1, 2, 3, 5, 8, 13, 21, 34, 55$$

Auf Feinheiten, z. B. sich durch die Verwendung von option remember alte Zwischenergebnisse in einer Erinnerungstabelle zu merken und dadurch Rechenzeit zu sparen, haben wir hier bewusst verzichtet.

Das Arbeiten mit den Worksheets zu diesem Buch

Beim ersten Durcharbeiten kann man die Worksheets einfach ‚fast wie einen Film' ablaufen lassen. Größeren Gewinn hat man natürlich durch aktives Mittun. Im Normalfall empfiehlt es sich, die Worksheets Schritt für Schritt auszuführen und — eventuell mit Unterstützung der Hilfe-Funktion — nachzuvollziehen. Schwierigkeiten bereiten eventuell Prozeduren. Hier ist es häufig zweckmäßig, gezielt Print-Anweisungen einzubauen, um anhand der Zwischenresultate zu verfolgen, was im einzelnen darin abläuft. Bei dem bisweilen sehr umfangreichen Maple-Code zur Erstellung von Graphiken raten wir dazu, durch Auskommentieren, Ändern der Strichstärken und Farben Teile zu lokalisieren.

Stolperfallen und wie man sie meidet

- restart nicht vergessen; denn Variablen, die irgendwann vorher mit Werten belegt worden sind, können zu falschen Ergebnissen führen.
- z. B. den Multiplikationsoperator * vergessen
- Vergleichsoperator = und Wertzuweisungszeichen := verwechseln
- zu viele, zu wenige oder falsche *Klammern*
- falsche *Anführungszeichen* (z. B. \` \` und ' ' verwechseln)
- bei Bereichen: eventuell ... statt ..
- pi und Pi verwechseln
- *i nicht als Laufvariable* benutzen, falls *i* als imaginäre Einheit vereinbart ist (siehe Abschnitt 10.2).
- Eventuelle Probleme durch Verwendung der *dito-Operatoren* % , %% bzw. %%% , wenn die Anweisungen eines Worksheets nicht der Reihe nach ausgeführt werden. Diese Probleme lassen sich vermeiden, wenn man derartige Rückverweise nur innerhalb einer Anweisungsgruppe verwendet und andernfalls Wertzuweisungen an Hilfsvariable vornimmt, auf die man sich dann bezieht.

10.2 Der Befehl *interface*

Mit dem Befehl interface kann man eine Reihe von Voreinstellungen, welche die Kommunikation zwischen Maple und der Benutzeroberfläche regeln, den eigenen Bedürfnissen anpassen. Durch restart werden alle vorgenommenen Änderungen zurückgesetzt. Von den zahlreichen Optionen dieses Befehls interessieren uns hier nur die folgenden drei:

Standardmäßig ist I bei Maple die imaginäre Einheit. Wie folgt kann man diese mittels der Option imaginaryunit etwa zu J abändern:

```
> restart: I^2; interface(imaginaryunit=J): I^2; J^2;
```

$$-1, \quad I^2, \quad -1$$

Variablen, über die mittels *assume* eine Annahme gemacht worden ist, werden in der Regel durch Anhängen einer Tilde gekennzeichnet:

```
> assume(x>0): x+1;
```

$$x\tilde{} + 1$$

Dies kann man auf folgende Weise unterbinden:

```
> interface(showassumed=0):
  assume(x>0): x+1;
```

$$x + 1$$

Will man den Maple-Code einer Bibliotheksroutine, etwa von *nextprime*, ansehen, ergibt der erste Versuch:

```
> print(`nextprime`);
```

proc(n) ... end proc

Der eigentlich interessierende Rumpf der Prozedur wird also nicht angezeigt. Dies erreicht man wie folgt:

```
> interface(verboseproc=2): print(`nextprime`);
```

```
proc(n)
option
`Copyright (c) 1990 by the University of Waterloo. All rights reserved.`;
local i, t1;
  if type(n, integer) then
    if n < 2 then 2
    else
      if irem(n, 2) = 0 then t1 := n + 1 else t1 := n + 2 end if;
      for i from t1 by 2 while not isprime(i) do end do;
      i
    end if
  elif type(n, numeric) then error "argument must be integer"
  else 'nextprime(n)'
  end if
end proc
```

10.3 Die Initialisierungsdatei

Häufig benutzte Maple-Befehle und Voreinstellungen kann man in die Initialisierungsdatei von Maple auslagern. Unter *Windows* heißt diese *maple.ini* und ist etwa in einem Verzeichnis mit Namen `C:\Programme\Maple 15\Users` gespeichert; unter *Unix/Linux* befindet sie sich im Home-Verzeichnis und wird mit *.mapleinit* (mit einem Punkt am Anfang) bezeichnet. Beim Start von Maple (und nach jedem Restart) werden die Anweisungen dieser ASCII-Textdatei ausgeführt. Bei der Erstellung dieses Buches wollten wir die von uns in Kapitel 1 des öfteren vorgenommene Um- und Neudefinition der imaginären Einheit mittels

```
interface(imaginaryunit=i): macro(I=i):
```

nach jedem Restart automatisch ausführen lassen. Ferner wollten wir mittels

```
interface(showassumed=0):
```

die Maple-Eigenheit unterdrücken, Variablen, über die mittels *assume* Annahmen gemacht werden, eine Tilde anzuhängen und dadurch den Maple-Output manchmal schwerer lesbar zu machen.

Das Zip-Archiv der Maple-Worksheets, das über die Springer-Seite dieses Buches (siehe Abschnitt 10.5) heruntergeladen werden kann, enthält die von uns (ab Kapitel 2) verwendete Version von *.mapleinit* :

```
interface(imaginaryunit=i): macro(I=i): # Um- und Neudefinition von I
interface(showassumed=0): # Unterdrueckt Tilde nach assume
plots[setoptions](axesfont=[TIMES,ITALIC,12],
                  labelfont=[TIMES,ITALIC,14],font=[TIMES,ITALIC,14]):
plots[setoptions3d](axesfont=[TIMES,ITALIC,12],
                  labelfont=[TIMES,ITALIC,14],font=[TIMES,ITALIC,14]):
macro(red=COLOR(RGB,184/256, 20/256, 11/256)):
```

10.4 Der Befehl *transform*

Ein Blick hinter die Kulissen

Der transform -Befehl aus dem Plottools-Paket hat sich für unser Buch als vielseitig einsetzbarer Maple-Befehl erwiesen, dessen Leistungsfähigkeit in der Maple-Literatur meist nicht genügend erkannt wird. Seine Wirkungsweise wollen wir an einem einfachen Beispiel erläutern. Die Funktion f (s. u.) wird durch $F :=$ transform(f) zu einer Graphiktransformation, die hier 2D- in 3D-Graphikstrukturen wandelt. Wir wollen uns genauer anschauen, wie dies geschieht:

```
> restart: with(plots): with(plottools): Digits := 4:
  f := (x,y) -> [2*x,2*y,x^2+y^2-1]/(1+x^2+y^2):
       # stereographische Projektion
  F := transform(f): # Graphiktransformation zu f
  Punkt := disk([1,2],0.2,color=black,numpoints=20,style=patchnogrid):
       # Punkt z=1+2i
  Kugel := plot3d(1,theta=0..2*Pi,phi=0..Pi,coords=spherical,
                  shading=zgrayscale):
  display(Punkt,axes=framed,scaling=constrained,view=[0..2,1..3],
    tickmarks=[2,2],title="Graphikstruktur Punkt");
  display(F(Punkt),Kugel,axes=framed,scaling=constrained,orientation
    =[60,60],tickmarks=[3,3,3],title="Graphikstruktur F(Punkt)");
```

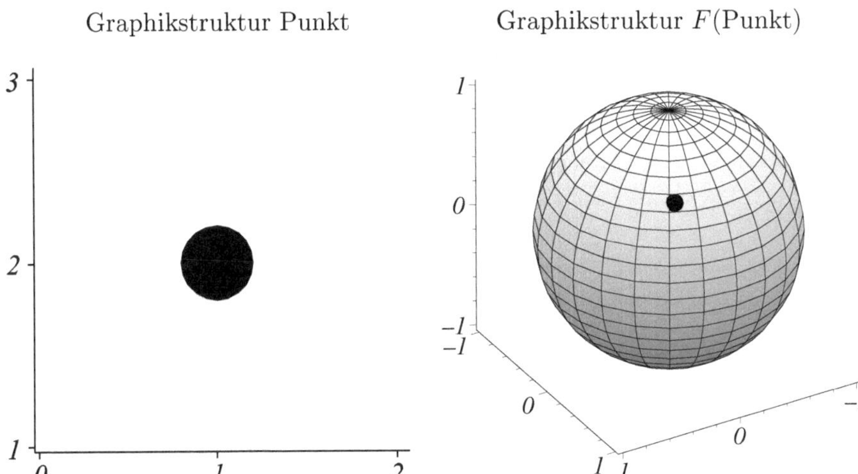

Dazu führen wir schrittweise eine Reihe von Maple-Anweisungen durch, deren meist umfangreiche Ausgaben hier im Buch unterdrückt werden. Als erstes schauen wir uns die Graphikstruktur *Punkt* genauer an und erhalten durch

```
> Punkt;
```

POLYGONS([[1.2, 2.], [1.190, 2.062], [1.162, 2.118], [1.118, 2.162], [1.062, 2.190], [1.000, 2.200], [0.9382, 2.190], [0.8823, 2.162], [0.8381, 2.117], [0.8098, 2.062], [0.8000, 2.000], [0.8098, 1.938], [0.8382, 1.882], [0.8824, 1.838], [0.9383, 1.810], [1.000, 1.800], [1.062, 1.810], [1.117, 1.838], [1.162, 1.882], [1.190, 1.938], [1.200, 2.000]], COLOUR(*RGB*, 0., 0., 0.), STYLE(*PATCHNOGRID*))

Maple's interne Darstellung. Es handelt sich offensichtlich um eine Folge von drei Operanden. Mit dem Befehl op(1,Punkt) greifen wir auf den ersten Operanden zu:

```
> op(1,Punkt):
```

Dies ist eine Liste von 2D-Punkten, die mittels der stereographischen Projektion in 3D-Punkte transformiert werden sollen. Unter Zuhilfenahme von map geht dies sehr einfach. Versucht man es im ersten Anlauf mit

```
> Punkt_3D := map(f,op(1,Punkt));
Error, invalid input: f uses a 2nd argument, y, which is missing
```

so erhält man eine Fehlermeldung, denn hier wird f auf Punkte der Form $[x, y]$ angewendet. Durch $f([x, y])$ wird f nämlich fälschlich nur auf *ein* Argument angewendet; korrekt wäre vielmehr der Aufruf $f(x, y)$. Das Problem lässt sich mit folgendem Maple-Befehl lösen:

```
> op([x,y]);
```

$$x, y$$

Offensichtlich ist also $f(x, y) = f(\mathrm{op}([x, y]))$. Den Ausdruck auf der rechten Seite kann man mit dem Verknüpfungsoperator @ auch in der Form $(f@\mathrm{op})([x, y])$ schreiben. Im zweiten Anlauf sind wir erfolgreicher:

```
> Punkt_3D := map(f@op,op(1,Punkt)):
```

Wir substituieren in *Punkt* den ersten Operanden durch die Liste *Punkt_3D* und erhalten so eine 3D-Graphikstruktur:

```
> f_Punkt := subs(op(1,Punkt)=Punkt_3D,Punkt):
```

Mittels

```
> display(f_Punkt,Kugel,axes=framed,scaling=constrained,
          orientation=[60,60],tickmarks=[3,3,3]):
```

überzeugen wir uns schließlich, dass *f_Punkt* dieselbe Graphik liefert wie *F(Punkt)*. Durch unsere Konstruktion von *f*_Punkt haben wir also die Wirkungsweise der Graphiktransformation F nachvollzogen.

Einbettung einer 2D- in eine 3D-Graphik

Will man eine 2D- und eine 3D-Graphikstruktur als *Array* in einer Zeile nebeneinander ausgeben, so muss man zunächst dafür sorgen, dass beide Graphikstrukturen hinsichtlich der Dimension vom gleichen Typ sind. Dies kann man z. B. mittels *transform* durch Einbettung in eine Ebene des dreidimensionalen Raumes erreichen:

```
> restart: with(plots): with(plottools):
  f := transform((x,y) -> [2*x,2*y,x^2+y^2-1]/(1+x^2+y^2)):
  g := transform((x,y) -> [x,y,0]): # Einbettung in Äquatorebene
  h := z -> z^3:
  r := -1.5-1.8*I..1.5+1.8*I:
  p := conformal(h,r,grid=[30,30],numxy=[150,150],color=[black,red]):
  Kugel := plot3d(0.99,theta=0..2*Pi,phi=0..Pi,coords=spherical,
              shading=zgrayscale,style=patchnogrid,scaling=constrained):
  display(Array([display(g(p),orientation=[90,0]),
                 display(Kugel,f(p))]));
```

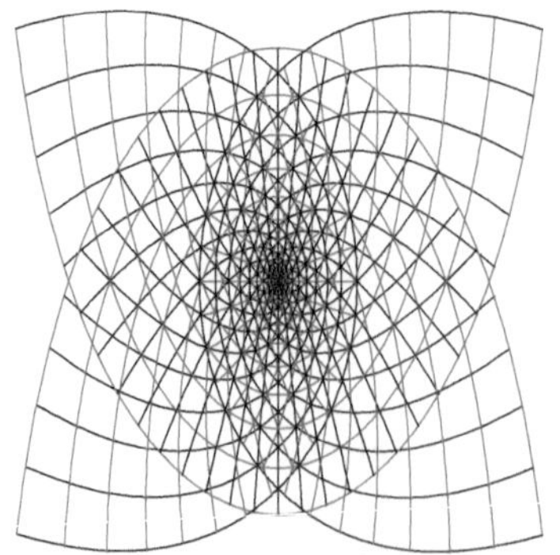

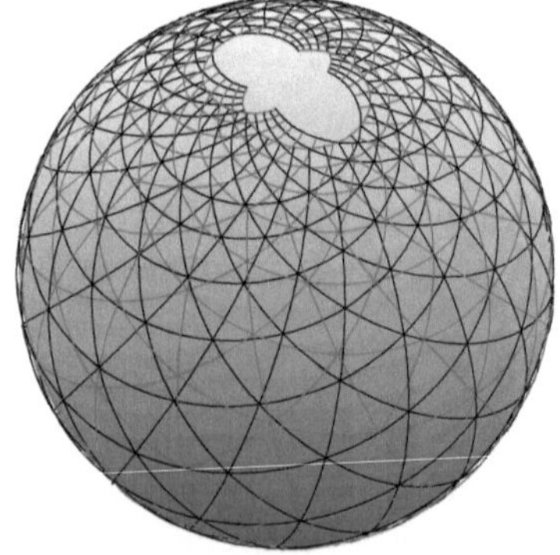

Dieses Bild diente als Vorlage für die Graphik auf der Titelseite dieses Buches. Die Berechnung dieser Graphik kann *sehr lange* dauern.

10.5 Eigene ‚Pakete' als Textdateien definieren

Das mitgelieferte Paket verdi enthält *ver*schiedene *Di*enstleistungsprogramme, die im Buch häufig benutzt werden und daher recht hilfreich sind.

Die Erstellung eigener Pakete erfordert Detailkenntnisse, womit wir den Leser dieses Buches — insbesondere den Gelegenheitsbenutzer von Maple — nicht belasten wollen. Deshalb werden unsere Pakete *cauchy, hurwitz und verdi* wegen ihres geringen Umfanges mittels save als Textdateien (mit Endung .txt) abgespeichert. Wir demonstrieren dieses Vorgehen am Beispiel von verdi und beginnen mit der Definition der Prozeduren *c2p, p2c* und *pfeil* dieses Paketes. *p2c* und *c2p* (*p*air *to* *c*omplex bzw. *c*omplex *to* *p*air) sind Maple-Realisierungen der linearen isometrischen Abbildungen φ bzw. φ^{-1} (vgl. Kapitel 3, Seite 74f):

```
> restart:
  c2p := proc(z) [evalc(Re(z)),evalc(Im(z))] end proc:
  p2c := proc(z) z[1]+I*z[2] end proc:
```

Der Durchlaufungssinn von Kurven lässt sich mit Hilfe der Prozedur *pfeil* sehr leicht markieren und verdeutlichen:

```
> pfeil := proc(Arg,tau,delta,Farbe)
    local t,u,v,w1,w2,g,eps,h,Dg;
    eps := 10^(-Digits):
    if type(Arg,procedure) then
      g := Arg else g := unapply((1-t)*Arg[1]+t*Arg[2],t) end if:
    u := evalf(g(tau)): h := evalf(sqrt(eps)*max(1,abs(tau))):
    Dg:= evalf((g(tau+h)-g(tau))/h):
    v := evalf(g(tau+delta/abs(Dg)));
    w1:= evalf(u+I*0.3*(v-u)): w2 := evalf(u-I*0.3*(v-u)):
    plottools[polygon]([c2p(v),c2p(w1),c2p(w2)],color=Farbe,
                              style=patchnogrid)
  end proc:
```

Das Argument *Arg* bedeutet entweder eine Prozedur ($\rightsquigarrow$ Parameterdarstellung einer Kurve) oder ein Paar $[a,b]$ komplexer Zahlen ($\rightsquigarrow$ Strecke). Als Parameterdarstellung der Verbindungsstrecke verwenden wir $g := t \longmapsto a + t(b-a)$ $(t \in [0,1])$. Die Prozedur *pfeil* erzeugt zu Kurvenpunkten u, v einen Pfeil, der nur aus seiner Spitze besteht und von $u := g(\tau)$ nach $v := g\bigl(\tau + \frac{\delta}{|g'(\tau)|}\bigr)$ weist. Die Ableitung $g'(\tau)$ wird mittels *numerischer* Differentiation berechnet, um z. B. bei stückweise definierten Funktionen (mittels *piecewise*) Probleme zu vermeiden. Die folgende Skizze macht die geometrischen Verhältnisse klar:

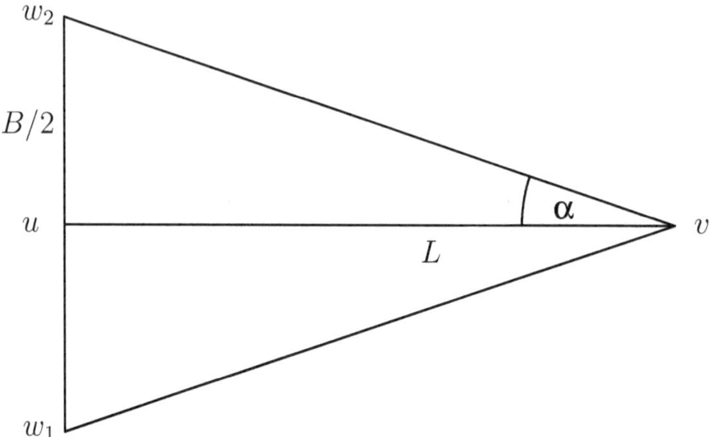

Offenbar gilt $L = |v - u|$ und $\tan(\alpha) = \frac{B}{2L}$; mithin ist $B = 2\tan(\alpha)\,|v - u|$. Im Maple-Code von *pfeil* haben wir $\tan(\alpha) = 0.3$ gewählt. Man beachte, dass der Parameter δ in etwa die Pfeilgröße beschreibt; denn $|v - u|$ ist approximativ gleich $|g'(\tau)|\,\frac{\delta}{|g'(\tau)|} = \delta$.

Das gesamte Paket kann folgendermaßen im ASCII-Format als Textdatei (eine Ebene oberhalb des aktuellen Verzeichnisses) gespeichert werden:

```
> save c2p,p2c,pfeil, "../verdi.txt":
```

Auch nach einem Neu- bzw. Restart von Maple lassen sich die Prozeduren dieses Paketes mittels read wieder bereitstellen. Wir überprüfen dies an *c2p* :

```
> restart: read "../verdi.txt":
  c2p(2+3*I);
```

$$[2, 3]$$

Beendet man obigen *read-Befehl* mit Semikolon statt Doppelpunkt, so erscheint zusätzlich der Maple-Code der Prozeduren dieses Paketes.

Die von uns gewählte Vorgehensweise ist auch für unsere Pakete *cauchy* und *hurwitz* einfach zu handhaben, die Teil der Netzversion der Worksheets sind. Da unsere Pakete geringen Umfang haben, stört es nicht, dass sie innerhalb eines Worksheets erstellt werden.

Zur Handhabung und zum Herunterladen unserer Worksheets

Alle in diesem Buch beschriebenen Maple-Worksheets und Dateien werden in Form eines Zip-Archivs zum Herunterladen bereitgestellt. Dem Leser soll so lästige und fehleranfällige Tipp-Arbeit abgenommen werden. Man gelangt an dieses Archiv über folgende Internet-Seite des Springer-Verlags

http://www.springer.com/mathematics/analysis/book/978-3-642-29411-2

durch Anklicken der Schaltfläche Maple Codes . Nach dem Entpacken des Archivs wird die Verzeichnisstruktur entsprechend der von uns verwendeten Arbeitsumgebung wiederhergestellt:

KAP1	1_1.mw	KAP6	6_1.mw
	1_2.mw		6_2.mw
	1_3.mw		
	1_4.mw	KAP7	7_1.mw
	1_5.mw		7_2.mw
	1_6.mw		7_3.mw
			7_4.mw
KAP2	2_1.mw		
	2_2.mw	KAP8	8_1.mw
	2_3.mw		8_2.mw
	2_4.mw		8_3.mw
KAP3	3_1.mw	KAP9	9_1.mw
	3_2.mw		9_2.mw
	3_3.mw		9_3.mw
	3_4.mw		
		KAP10	maple_anh.mw
KAP4	4_1.mw		verdi.mw
	4_2.mw		cauchy.mw
	4_3.mw		hurwitz.mw
			mapleinit
KAP5	5_1.mw	verdi.txt	
	5_2.mw	cauchy.txt	
	5_4.mw	hurwitz.txt	

Wir hoffen, so dem Leser den Einstieg in die Nutzung der Worksheets zu erleichtern. Dem erfahrenen Maple-Anwender bleibt es unbenommen, die Arbeitsumgebung seinen Präferenzen anzupassen.

Symbolverzeichnis

Kurven, Kurvenintegrale

Möbius-Transformation

Sonstiges

Namen- und Sachverzeichnis

I

J

K

L

M

N

O

P

Q

R

S

Index zu Maple

E

F

G

H

I

J

L

S

T

U

V

W

Z

Sonderzeichen

Literaturverzeichnis

Funktionentheorie, Analysis ...

[Ahl] AHLFORS, L. V. (1979): *Complex Analysis.* McGraw-Hill, New York

[Art] ARTIN, E. (1964): *The Gamma function.* Holt, Rinehart and Winston, New York

[Con] CONWAY, J. B. (1978): *Functions of One Complex Variable I.* Springer, Berlin

[De/Ho] DEUFLHARD, P., HOHMANN, A. (2002): *Numerische Mathematik I.* de Gruyter, Berlin

[Fi/Li] FISCHER, W., LIEB, I. (2005): *Funktionentheorie.* Vieweg+Teubner, Wiesbaden

[Hen] HENRICI, P. (1974): *Applied and Computational Complex Analysis, 1.* John Wiley & Sons, New York

[Heu I] HEUSER, H. (2009): *Lehrbuch der Analysis, Teil 1.* Vieweg+Teubner, Wiesbaden

[Heu II] HEUSER, H. (2008): *Lehrbuch der Analysis, Teil 2.* Vieweg+Teubner, Wiesbaden

[Ho] HOFFMANN, D. (1995): *Analysis für Wirtschaftswissenschaftler und Ingenieure.* Springer, Berlin

[Jae] JÄNICH, K. (2008): *Funktionentheorie.* Springer, Berlin

[Kab I] KABALLO, W. (2000): *Einführung in die Analysis I.* Spektrum, Heidelberg

[Kab II] KABALLO, W. (1997): *Einführung in die Analysis II.* Spektrum, Heidelberg

[Ma/Ho] MATHEWS, J.H., HOWELL, R.W. (2012): *Complex Analysis for Mathematics and Engineering.* Jones and Bartlett Publishers, Sudbary MA

[Me/Va] MEYBERG, K., VACHENAUER, P. (2006): *Höhere Mathematik, Band 2.* Springer, Berlin

[Nee] NEEDHAM, T. (2011): *Anschauliche Funktionentheorie.* Oldenbourg, München

[Pen] PENNISI, L. L. (1976): *Elements of Complex Variables.* Holt, Rinehart and Winston, New York

[Tri] TRIEBEL, H. (1981): *Analysis und mathematische Physik.* Hanser, München

[Wa I] WALTER, W. (2004): *Analysis 1.* Springer, Berlin

[Wa II] WALTER, W. (2002): *Analysis 2.* Springer, Berlin

Weiterführende Literatur zur Funktionentheorie

[Be/So] BEHNKE, H., SOMMER, F. (1972): *Theorie der analytischen Funktionen einer komplexen Veränderlichen.* Springer, Berlin

[Fr/Bu] FREITAG, E., BUSAM, R. (2006): *Funktionentheorie.* Springer, Berlin

[Hu/Co] HURWITZ, A., COURANT, R. (1964): *Vorlesungen über allgemeine Funktionentheorie und elliptische Funktionen.* Springer, Berlin

[Rem] REMMERT, R., SCHUMACHER, G. (2002): *Funktionentheorie I.* Springer, Berlin

[Rud] RUDIN, W. (1979): *Real and Complex Analysis.* McGraw-Hill, New York

[Weg] WEGERT, E. (2012): *Visual Complex Functions.* Birkhäuser, Basel

Literatur zu Maple

[PrG] BERNHARDIN, L. ET AL. (2011): *Maple 15* ***Programming Guide.*** Maplesoft, Waterloo

[Ab/Br] ABELL, M., BRASELTON, J. (2005): *Maple by Example.* Elsevier Academic Press, San Diego

[Br/Me] BRAUN, R., MEISE, R. (2012): *Analysis mit Maple.* Vieweg+Teubner, Wiesbaden

[Cor] CORLESS, R.M. (2002): *Essential Maple 7.* Springer, Berlin

[Fo/Ho] FORST, W., HOFFMANN, D. (2005): *Gewöhnliche Differentialgleichungen — Theorie und Praxis.* Springer, Berlin

[Heck] HECK, A. (2003): *Introduction to Maple.* Springer, Berlin

[Kam] KAMERICH, E. (1999): *A Guide to Maple.* Springer, Berlin

[Kli] KLIMEK, G., KLIMEK, M. (1997): *Discovering Curves and Surfaces with Maple.* Springer, Berlin

[Kof] KOFLER, M. ET AL. (2002): *Maple: Einführung, Anwendung, Referenz.* Pearson, München

[Kr/No] KREYSZIG, E., NORMINTON, E.J. (2006): *Maple Computer Guide.* John Wiley & Sons, New York

[Rov] ROVENSKI, V. (2000): *Geometry of Curves and Surfaces with Maple.* Birkhäuser, Basel

[St/Ka] STROEKER, R.J., KAASHOEK, J.F. (1999): *Discovering Mathematics with Maple.* Birkhäuser, Basel

[Walz] WALZ, A. (2002): *Maple 7: Rechnen und Programmieren.* Oldenbourg, München

[Wes] WESTERMANN, T. (2011): *Mathematik für Ingenieure.* Springer, Berlin

[Wes 2] WESTERMANN, T. (2012): *Ingenieurmathematik kompakt mit Maple.* Springer, Berlin